成本管理（上冊）

—— 基本概念與會計系統

Cost Management I

原著／Maryanne M. Mowen

Don R. Hansen

譯者／吳惠琳

序言

　　第二版的「成本管理」仍然著重探討當代企業組織的成本管理機制。過去二十年間企業經營環境的劇烈變化，仍然不斷地深深影響成本會計與成本管理的理論與實務。舉凡企業逐漸強調提供認定價值給消費者、全面品質管理、將時間視爲競爭要素、資訊與製造技術的大幅革新、市場的全球化趨勢、服務業的快速成長以及生命管理等等，莫不反映出企業經營環境的變遷。這些變革其實都是因應企業創造與維持競爭優勢的需求而生。對於許多企業而言，傳統的成本管理資訊系統不再能夠提供用以創造與維持競爭優勢所需要的資訊。因此，身處當代環境的企業需要更爲精密複雜的資訊，方能擬訂出迅速、正確的決策。基本上，當代成本管理制度較傳統成本管理制度更爲詳盡確實；不容諱言地，施行當代成本管理制度的成本勢必高出許多。當代成本管理制度的存在意味著，其所帶來的好處顯然遠遠超過成本。相反地，食古不化的企業如一味地固守傳統的成本管理制度，將可能爲了節省有限的成本而錯失可觀的利得。

　　傳統與當代成本管理制度並存的現象同樣暗示著，企業必須深入研究瞭解兩種制度的優缺得失。換言之，筆者在構思成本管理一書的內容時，便決定採用能夠提供便捷的、符合邏輯的架構之系統方法。系統方法有助於讀者清楚地分辨出傳統與當代成本管理制度之異同，更容易抓住全書的重點。有系統地研讀方法同樣有助於避免人工的「整合」這兩種制度。眞正的整合應該是研擬出共同的術語——幫助讀者定義每一種制度，進而探討兩種制度的異同的共同語言。接下來，筆者再以個別的章節來解說傳統與當代的成本方法與控制方法。筆者相信如此將可避免讀者的混淆，進而眞正瞭解當代與傳統方法之間的差異。此外，讀者亦可視需要反覆地深入研讀當代方法或傳統方法。儘管如此，筆者並未統一採用介紹決策的章節之型式。本書當中介紹決策的章節能夠幫助讀者瞭解資訊的改變對於決策的影響。例如，當企業決定放棄傳統的單位基礎成本管理制度，而改採更豐富的作業基礎成本管理制度時，對於自製或外購決策究竟有何影響？

讀者群

本書係專為大學程度的學生所撰寫。書中分別針對傳統與當代的成本管理、會計制度、控制等課題進行探討，相當適合一個學期或兩個學期的課程。此外，本書亦可做為研究所的選用教材。

主要特色

本書共有幾項獨特的特點——有助於簡化教學，循序漸進地介紹讀者認識現今企業經營大環境。筆者撰寫本書的目標之一是減少教師所必須花費的時間與資源，但是同樣能夠達到讓學生們瞭解與熟悉當代成本管理的相關課題。為了方便教師與學生對於本書的創新教學方法有一清楚的認知，謹此詳述本書的每一項主要特色。

系統化架構

本書採用系統化的架構組織。第一章至第三章旨在介紹成本管理資訊系統的相關基本概念與工具。第四章至第九章則以產品成本制度為討論重點。第二篇的內容即為成本管理資訊系統的第一項重要目標：提供計算服務、產品與其它管理階層所關心的標的之成本所需的資訊。第二篇又可細分為傳統成本方法與當代成本方法。提供決策所需資訊也是成本管理資訊系統的另一重要目標。第十章至第十五章的內容則以傳統決策方法與當代決策方法為主題。至於成本管理資訊系統的第三項重要目標則在於規劃與控制。第十六章至第二十二章正是探討規劃與控制的議題。本篇內容同樣可以細分為傳統的規劃與控制方法以及當代的規劃與控制方法。

當代議題

本書著重於深入且整合的成本管理之當代議題。然而，整合並不僅僅意味著在介紹傳統成本管理之餘，再增加幾頁的篇幅來點綴如此而已。整合成本管理的當代議題代表著本書提供了有系統的架構來介

紹傳統與當代議題，並且找出能夠連結兩種制度與方法的共同術語。整合成本管理的當代議題同樣意味著筆者認同傳統方法與當代方法之間的差異，進而必須分別予以研究和剖析。以下說明了當代議題的性質與內容。

歷史觀點

第一章扼要說明了成本會計的歷史發展。從歷史的角度觀之，讀者方能瞭解為什麼曾經興盛多時的傳統成本管理制度不再適用某些環境。第一章同樣也說明了促使成本管理實務改變的因素。此外，第一章也針對管理會計人員的角色轉變，提出說明，並強調何以發展跨職能的專業知識是身處當代企業經營環境的關鍵因素。筆者深深感覺本書第一章的內容頗具新意，而且遠比一般教科書籍的開場白來得豐富紮實。第一章可謂本書的菁華所在。

提供認定價值給顧客

落實價值鍊的觀念，能夠提供認定價值給顧客。「價值鍊」的觀念首先出現在第一章，爾後在第二章當中則有更詳盡的定義與說明。第九章更針對價值鍊分析，進行了完整的探討。價值鍊分析係指經理人必須瞭解與善用內部與外部關連，以創造長期的競爭優勢。文章當中並且舉例說明了如何進行價值鍊分析。這些釋例清楚地說明了如何靈活運用價值鍊的概念——這是其它教科書籍所沒有的特色。因此，筆者認為這些結合實務的例子正是本書的一大特色。

會計制度與成本管理制度

第二章針對會計資訊系統與其次要系統提出了明確的定義。書中並明確地分辨財務會計制度與成本管理資訊系統（此一作法具有許多不同的用意）。成本管理資訊系統又可細分為成本會計資訊系統與作業控制系統。第二章並針對傳統成本管理制度與當代成本管理制度提出明確的定義與釋例解說。第二章並提出了企業選擇當代成本管理制度，而非傳統成本管理制度的考量因素。

第二章也介紹了三種成本分配方法：直接追蹤、動因追蹤、與分攤。作業、資源、和成本動因也都有明確的定義。一旦建立一般成本分配模式之後，便可用以幫助學生們瞭解傳統成本管理制度與當代成本管理制度之間的差異。書中並且清楚地解說不同的成本管理制度對於組織結構之影響。

作業制成本方法與作業制管理制度

本書討論了許多作業制成本制度的用途與應用。

作業制產品成本模式首先出現於第二章，到了第八章則有詳細的說明。第八章並且提出作業制成本法相較於單位基礎成本法的優點。此外，第八章也說明了如何認定與分類作業，以便找出同質成本群。除了作業屬性與作業存貨的定義之外，第八章也說明了如何利用資源動因，將成本分配至各項作業。筆者相信，本書對於作業制成本制度的說明遠遠勝過其它任何教科書籍。

為了充份瞭解作業制成本制度的運作，學生們也必須瞭解用以支撐此一制度所需要的資料。因此，筆者便定義並舉例說明了作業制關連性資料庫。學生們得以藉此瞭解作業制成本制度的實際意義，堪稱本書的另一項主要特色。

作業成本會隨著作業產出的改變而改變。第二章首先定義了變動、固定、以及混合作業成本習性。第三章則接續著介紹分解固定作業成本與變動作業成本的方法。本書對於成本習性分析的解說遠比其它教科書籍來得淺顯易懂。傳統作法通常強調成本是產量的函數。筆者則揚棄這種作法，而認為成本是會隨著生產作業而改變的作業產出之函數。

第三章除了定義與探討作業資源使用模式之外，並且利用作業資源使用模式來定義作業成本習性。作業資源使用模式在許多當代的理論架構與實務應用上扮演著相當重要的角色。作業資源使用模式可以應用於價值鍊分析（第九章）、戰略性決策與相關成本分析（第十一章）以及作業制責任會計制度（第二十章）。廣泛地應用作業資源使用模式則是本書的另一項主要特色。

及時效果

第九章、第十三章與第二十章分別針對及時製造制度、及時採購制度及其成本管理實務提出定義,並且進行討論。書中並比較了及時制度與傳統製造實務的異同。舉凡及時制度對於成本可追蹤性、存貨管理、產品成本方法、責任會計制度等等,本書均有深入的剖析。

生命週期成本管理

第九章定義並比較了三種不同的生命週期觀點:生產生命週期、行銷生命週期與消費生命週期。書中並且說明如何利用這些概念來進行策略規劃與分析。後續的章節則解說如何將生命週期的概念應用於定價與獲利分析(第十四章與第十五章)。最後,本書並在當代責任會計制度的章節裡(第二十章)探討生命週期預算制度。這些生命週期的釋例內容既深且廣,有助於學生們瞭解其從未被發覺的成效與意涵。

責任會計制度與製程價值分析

新的責任會計制度強調製程的控制與管理,亦即透過製程價值分析的機制來控制與管理製程。第二十章當中則有製程價值分析的明確定義與詳盡討論。為了幫助讀者確實瞭解製程價值分析,書中列舉了為數可觀的實例。此外,本書亦說明了附加價值成本報告與不具附加價值成本報告。

第二十章比較了傳統責任會計制度與當代責任會計制度的異同,幫助學生瞭解這兩種制度方法之間的主要概念差異。第二十章同樣也顯示傳統方法用於控制新製造環境的限制。

品質成本:衡量與控制

一般教材通常只是簡略地說明品質成本的定義,並且一筆帶過品質成本報告的格式與內容。本書第二十一章除了討論品質成本績效報告之外,也說明了品質作業的附加價值內涵。最後,筆者還介紹了當

今許多企業奉爲圭臬的 ISO 9000 的認證制度。

生產力：衡量與控制

新的製造環境必須搭配新的績效衡量方法。生產力便是其中之一，然而大多數的成本會計與管理會計教科書卻未針對此一課題進行深入的探討。本書第二十二章則是完整地探討生產力的相關議題，其中包括了如何衡量作業生產力與製程生產力等前所未見的全新內容。

策略性成本管理

第八章詳盡地介紹了策略性成本管理的內容。瞭解策略性成本分析是新的製造會計制度成功的重要關鍵。筆者相信本書的介紹與說明是目前市面上一般教科書籍所不及的一大特色。

限制理論

第十三章完整地介紹了限制理論 (TOC)。第十三章利用線性規劃的架構來說明限制理論。線性規劃架構不僅能夠清楚地闡釋限制理論的精義，更有助於學生們瞭解線性規劃的價值。

服務業

本書並未忽略服務業在現今經濟體制當中的重要程度，因此也利用相當的篇幅來說明成本管理制度下分配服務成本的原則與規定。本書除了彰顯服務業的環境和製造業的環境同樣複雜的事實之外，也逐一介紹了服務業的諸多特點。這些特點使得實務上不得不針對成本管理會計原則進行修正。許多章節都談到了服務業的相關議題，像是產品成本方法、定價方法以及品質與生產力衡量制度等等。

專業倫理道德

強烈的專業倫理道德是每一位會計人員必須具備的個人特質。筆

者相信學生們對於企業的倫理道德議題會感到相當興趣，因此特別點出許多可能發生倫理道德衝突的情形。第一章提及倫理道德的角色，並轉載管理會計協會所訂定的倫理道德標準。爲了強化專業倫理道德的觀念，每一章結尾的個案研究裡面都會出現一題倫理道德的相關議題。舉例來說，重點爲定價方法與收入分析的第十四章便要求學生們去調查周圍的人們對於定價的公平正義與倫理道德標準的觀感。介紹國際情勢的第十九章則更進一步地探討了不同倫理道德制度之間的兩難局面。

行爲課題

倫理道德行爲只是人類受到成本管理制度影響的種種行爲當中的其中一項。用以規劃、控制與做決策的成本管理制度會影響人們的行爲表現。本書便在許多地方適時地提出行爲決策理論的觀點。舉例來說，第十五章便介紹了簡單的期望理論來探討經理人對於利潤與損失的態度。第十六章也不忘以專門的篇幅來討論預算的行爲面影響。筆者相信將會計問題與行爲問題整合分析有助於學生們更透徹地瞭解會計人員的時代角色。

實例說明

筆者自教授成本會計與管理會計的經驗中瞭解到，學生們比較能夠接受和瞭解以實例來闡述會計觀念的教學方式。眞實世界的例子能使抽象的會計觀念變得具體，更爲枯燥的學術理論增添許多趣味和生氣。此外，眞實的例子往往也比較富有變化與樂趣。有鑑於此，本書的每一個章節都引用許多眞實的釋例。

先進的教學方法

筆者將本書定位爲幫助學生們學習成本會計與成本管理概念的工具書籍。有別於一般教科書籍的地方是本書的可讀性極高。筆者除了

努力豐富各章的內容之外，亦不忘引用例子和眞實世界的情形來解說抽象的理論。本書特有的「學生適用」(student-friendly)之特色分述如下。

全書當中總共設計了兩篇圖片論文，生動地解說成本管理的概念。第一篇圖片論文是接續在第七章的結尾，主要是闡述採用傳統方法的企業所持有的成本觀念。第二篇圖片論文則是在第十五章結尾處，內容則在於闡述採用當代方法的企業所持有的成本觀念。這兩篇圖片論文的主要目的其實在於佐證兩種方法對於身處現代經濟體制的企業都各有其一定的影響。

所有的章節（第一章除外）至少都有一道課後練習的題目與解答。這些問題係專爲每一章的重點內容所設計的計算題目，旨在加強學生們對於章節內容的瞭解與印象，以便進行其它的練習與研究工作。

所有的章節末尾都有整合性的問題與討論。這個部份強調的是開發學生們的溝通技巧。本書針對每一章節的學習重點，都設計了相關的問題與練習。在文章當中，不時在左邊的註解欄裡穿插了學習目標與章節重點。個案研究的題目是由淺而深，逐漸加重題目的困難度。此外，每一章的個案研究至少都會包括一道倫理道德的題目。

本書的創新作法之一是以路跑自行車公司爲例，將學習過的成本會計與成本管理課題不斷地加入個案研究的題目當中。讀者可以靈活應用學習過的觀念，利用 Excel 或 Lotus 1-2-3 等套裝軟體來設法解決路跑公司所面臨的種種問題。

每一章末尾的個案研究當中，如遇有必須利用 Lotus 與 Excel 套裝軟體來解答的題目，都會以下列符號予以標註。筆者設計這些題目的用意在於督促學生們善用電腦工具來解答成本會計問題。

本書最後並備有字彙簡索。每一章的末尾同樣也列出了各章的重要字彙，並標示出這些字彙出現的頁數。

筆者儘可能地利用精簡的圖表來取代冗長的文字說明。在筆者多年的教學經驗中，許多學生必須「看到」圖表才能夠眞正瞭解抽象的理論與學說，因此筆者針對許多關鍵的概念精心設計了許多圖表，以期提升讀者的吸收程度。可想而知，筆者當然也引用了相當多的數據實例。

在每四篇的末尾，筆者另外設計了一個綜合研究個案，方便講師們整合前面章節所介紹過的觀念。每一個綜合研究個案同樣也包含了練習題目，講師可以視需要挑選其中任何一道題目來做重點複習與講解。

鳴謝

本書能夠順利付梓，應當感謝許多熱心人士的鼎力協助。填答問卷的受訪者與討論小組成員也為本書建立了紮實的理論架構。所有審閱者所提出的見解與觀感更是豐富本書內容的一大活水源頭。筆者謹此致上最深謝意。

Adnan M. Abdeen
California State University-Los Angeles

Al Chen
North California State University

Philip G. Cottell Jr.
Miami University

Steven A. Fisher
California State University-Los Angeles

Robert Giacoletti
Eastern Kentucky University

Donald W. Gribbon
Southern Illinois University at Carbondale

Mahendra Gupta
Washington University

Robert Hansen
Western Kentucky University

Jon R. Heler
Auburn University at Montgomery

Jay S. Holmen
University of Wisconsin-Eau Claire

David E. Keys
Northern Illinois University

Leslie Kren
University of Wisconsin, Milwaukee

Joseph Lambert
University of New Orleans

Douglas Poe
University of Kentucky

Anthony Presutti
Miami University

Roderick B. Posey
University of Southern Mississippi

Jack M. Ruhl
Louisiana State University

John H. Salter
University of Central Florida

Douglas Sharp
Wichita State University

Dan Swenson
University of Wisconsin-Oshkosh

Les Turner
Northern Kentucky University

Catherine A. Usoff
Bentley College

Philip Vorherr
University of Dayton

Timothy D. West
Iowa State University

另外筆者也要特別感謝負責校閱本書與解答手冊內容的愛荷華州立大學的 Marvin Bouillon。經由他的仔細校閱，全書的品質才得以提升。

我們同樣感謝 Marvin Bouillon 能夠鼎力協助修正 Open Road, Inc. 的補充教材。Marvin Bouillon 的努力使得本書的系統架構更為加完備紮實，有助於讀者以全新的角度來瞭解成本管理資訊系統如何能夠輔助管理決策的擬訂、規劃與控制。

對於許許多多在奧克拉荷馬州立大學就讀，並曾針對「成本管理：會計與控制」一書提出建議的學生們，筆者在此一併致上謝意。這些優秀的學生們其實就是本書的真正讀者群。這些受訪的學生們不僅具有良好的常識，而且幽默感十足，更為本書增添了清楚明瞭、豐富生動的閱讀樂趣。

筆者更欲藉此機會向管理會計師協會表達最深的謝意。管理會計師協會非常熱心慷慨地同意筆者引用管理會計師資格考試的題目，以及管理會計人員的倫理道德標準。我們同樣感謝美國執業會計師協會，同意筆者引用執業會計師資格考試的部份題目。

最後，筆者特此感謝 SouthWestern College Publishing 專案小組全體成員的參與和貢獻。專案組長 Mary Draper 始終是筆者背後的有力推手。沒有 Draper 女士的組織能力與優秀創意，本書將可能停留於雜亂無章的文字階段。開發編輯 Mignon Worman 則是本書能夠如期付梓的幕後功臣。生產編輯 Peggy Williams，Litten Editing and Production 的 Malvine Litten 負責將原稿改編成為適合二十一世紀的現代化教材。封面與內頁設計師 Joe Devine 以及圖片編輯 Jennifer Mayhall 讓抽象的會計概念轉換為新穎的圖表、章節導讀和圖片輔助說明等生動有趣的型式。另外，Mark Hubble、Steve Hazelwood、Dave Shaut 和 Elizabeth Bowers 等好友一路的支持與協助則讓筆者銘記在心。

Don R. Hansen
Maryanne M. Mowen

作者簡介

　　本書作者 Don R. Hansen 博士任教於美國奧克拉荷馬州立大學的會計系。Hansen 教授除了具有楊百翰大學的數學系學士學位之外，並於一九七七年自美國亞歷桑納大學取得博士學位。Hansen 教授主要專精於生產力衡量制度、作業制成本方法以及數學模式等領域的研究。Hansen 教授發表過許多關於會計和工程的著作與文章，並曾刊載於 The Accounting Review、The Journal of Management Accounting Research、Accounting Horizons 以及 IIE transactions 等知名刊物上。另外，Hansen 教授也曾擔任 The Accounting Review 的編輯，而且目前也是 Journal of Accounting Education 的聯合編輯。此外，Hansen 教授也非常愛好打籃球、觀賞運動節目以及研讀西班牙文與葡萄牙語。

　　本書的另一位作者 Maryanne M. Mowen 博士則是美國奧克拉荷馬州立大學的會計系副教授。Mowen 副教授是於一九七九年取得亞歷桑納州立大學的博士學位。Mowen 博士以科際整合的方式從事成本與管理會計的教學工作。值得一提的是，Mowen 博士還擁有歷史與經濟學的雙學士學位。此外，Mowen 博士在行爲決策理論的研究上也頗有建樹。Mowen 博士訪談過許多知名企業，其中包括了 IBM、Clarke Industries、Phelps Dodge、Energy Education、Arizona State Department of Education。Mowen 博士除了認眞教學以外，對於高爾夫球、旅遊和猜字遊戲也都十分熱衷。

目錄

成本管理（上冊）
基本概念與會計系統

傳統成本會計

第一章
成本會計與成本管理之介紹

學習目標

研讀完本章內容之後，各位應當能夠：

一．解說財務會計、管理會計與成本會計間之異同。

二．說明會計制度之演進。

三．說明並探討成本會計的新近課題。

四．探討會計制度對內部與外部報告之重要性。

五．解說現今成本會計人員對跨職能專業知識技術之需求。

六．說明成本會計人員在組織中扮演之角色。

七．解說經理人與會計人員之道德行為之重要性。

八．說明內部會計人員可取得之三項專業證照。

　　傳統上，成本會計 (Cost Management) 強調存貨與產品成本之決定。成本依照功能的不同而分門別類，製造成本的計算必須耗費相當多的人力與時間。時至今日，產品成本對於企業經營仍然具有相當的重要性；然而會計人員卻必須提供更豐富而詳盡的資訊。以美體小舖為例，便需要精確的成本資訊用以整合生產與零售服務。他們的生產方法與產品種類變化迅速。品質與生產力兼顧的目標促使他們需要新的管理方法。組織層級的扁平化與低階管理人的授權需要更多營運的相關資訊來支援每位員工所做的決策活動。企業內的會計人員必須扮演新的角色，擔負更多更廣的職責，不再受限於傳統的狹隘定義。成本會計也逐漸演變為成本管理。

財務、管理與成本會計

學習目標一

解說財務會計、管理會計與成本會計間之異同。

　　企業內部會計資訊系統可以分為二大主脈：財務會計制度與管理會計制度。這兩大制度的主要差異在於目標使用者的不同。**財務會計** (Financial Accounting) 係以提供資訊給企業外部使用者為目的；這一類的使用者包括投資人、政府機關與銀行等。此類使用者對於企業資訊的需求各有不同，因此財務會計報表的製作係依照定義明確之規定與形式，或又稱一般公認會計原則 (GAAP)。**管理會計** (Management Accounting) 則以提供資訊給企業內部使用者為目的。基本上，凡是企業經理人為規劃、控制、與決策所需之資訊，均可藉由管理會計確認、蒐集、評估、分類與報告。由於每一家企業的內部資訊需求不同，也由於企業經理人負責管理企業內部的會計人員，因此並無所謂的標準管理會計制度或報表形式。每一家企業均得根據自身的需求擬訂內部管理會計制度。

　　成本會計 (Cost Accounting) 融合了財務會計與管理會計。成本會計乃提供一家企業的成本資訊，對於外部部和內部使用者皆適用。成本會計用於財務會計時，係根據一般公認會計原則製作生產與銷貨成本。成本會計資訊做為內部用途時，則為規劃、控制與決策的基礎。

　　值得注意的是，成本會計制度、管理會計制度與財務會計制度均為企業會計資訊系統的其中一環，缺一不可。可惜的是，在實務上成

本會計與管理會計卻往往受到財務會計的牽制。管理會計報表往往也採用與財務會計相同的資料庫。企業為了更能滿足內部使用者的需求，而必須擴大資料庫或創造新的資料庫。舉例來說，投資人可能只對企業的整體獲利能力感到興趣，但是企業內部的經理人可能更想瞭解個別產品的獲利能力。完備的會計制度理當反應企業整體獲利能力與個別產品的獲利能力，而關鍵便在於彈性－－會計制度應能提供豐富的資訊滿足不同目的。成本會計人員必須能夠研擬出一套會計制度，兼顧企業內部與外部使用者的需求。

當代企業紛紛致力**成本管理** (Cost Management)。此術語內涵的變遷並非字面上的修飾而已。成本管理需要更深入地瞭解企業的成本結構。經理人必須能夠決定各種經營活動與製程的長期與短期成本，以及商品與勞務的成本等。企業經營活動與製程方面的成本包括規劃、控制、決策等成本，往往無法在財務報表中反映出來。舉例來說，美國汽車大廠克萊斯勒的會計人員利用作業活動為基礎的成本法來決定新的迷你貨車應該使用幾對電路線束最為經濟實惠。電路線束是將一堆線路綁在一起，常見於汽車儀錶板下方。設計小組希望使用九對，組裝部卻只要一對，其它部門亦各有不同意見。然而基於作業活動成本的考量，最後的定論是最佳的數量是二對。回想二十年前，會計作業絕少參與計劃階段。車商恐怕只得後知後覺，等實際生產上線之後再計算其成本。

會計制度之演進

會計制度之歷史可以追溯到一萬年前。由於貿易活動的興起，古早的人類文明遂發展出會計制度。然而隨著貿易的日益興盛與交易的日漸複雜，會計制度也隨之不斷改善、更臻完備。

學習目標二
說明會計制度之演進。

早期會計制度

會計在人類歷史上起源甚早。**圖** 1-1 介紹幾種歷來曾經使用過的會計工具。最早的會計工具約在五千到一萬年前出現，當時是利用

圖 1-1

傳統會計工具

雖然在一般人的印象中，算盤常令人聯想起中國人，但事實上算盤是在西元前一千七百年左右在巴比倫首度問世。(左圖)

西元一千三百年間，古印加人利用不同顏色的繩結來記錄資訊。西元一五二七年，西班牙人入侵，將印加帝國的會計人員誤以為是天主教士而大肆屠殺（因為印加人使用的繩結與天主教士的念珠外形相似）。而在喪失這項古老的資料庫之後不久，印加帝國隨之瓦解(右圖)。

塗上紅點的石頭和外圍寫上楔形文字的乾泥塊來做註記。人類學家認為，人類首次嘗試書寫的目的是為了記錄資產，而楔形文字的發明則可歸功蘇美人的會計需求。史前時代的農人利用石頭做為計算與追蹤農作物的記號。不同的形狀，如圓錐形、半圓形和角錐形等，各有特定的意義。舉例來說，一個圓柱形可能代表一頭家畜、二個圓柱形則代表二頭家畜，以此類推。蘇美人將這些圖騰存放在空心的球狀泥塊裡，泥塊的外圈則以符號註明所有人與其所擁有的物品數目和內容。不久之後，寫有楔形文字的泥塊標籤取代了原有的球狀泥塊。

　　到了十五世紀，貿易日趨複雜，促使財物的所有人必須尋求更為完備的制度來記錄各式各樣的經濟交換行為。一位義大利的僧侶帕西歐里 (Fra Lucas Pacioli) 有鑑於生活中必須記錄各種商業交易，遂發明了複式簿記 (double-entry bookkeeping)。

　　帕西歐里在一四九四年於威尼斯發表的著作 Summa de Arithmetica, Geometria, Proportion et Proportionalita，正是歷史上第一本會計教科書。複式簿記的正確度結構逐漸改善，是會計制度發展史上的重要進程。

　　工業革命的誕生促使財務會計制度的發展。製造活動走出家庭，

圖 1-1（續）

首部成功上市的計算機，
係由 William Seward
Burroughs 於一八九二年
取得專利。（左圖）

右圖的電子計算機於一九
七一年推出時的市價爲一
百美元。時至今日，速度
更快、體積更小、功能更
多的機種卻只需要不到五
美元的費用。

進入具有現代動力的工廠。大量製造的工廠需要許多個別投資人和銀
行的資金援助。這些外來的投資與企業合作型態的發展，意味著企業
的所有人不再獨攬管理的職務。定期製作的財務報表與獨立的帳目稽
核代表企業更加重視與外部相關單位溝通的態度。機器取代人工與製
造標準化的趨勢提供了成本會計發展的最佳環境。這些時代背景有助
於讀者瞭解製造成本科目類別的功能。

當代會計

　　二十世紀所使用的製造成本與內部會計程序多於一八八〇年至一
九二五年間成形。有趣的是，早期的會計發展（一九一四年以前）多
與管理產品成本有關－－計算個別產品的獲利率，並利用計算的結果
做爲策略性決策的依據。然而到了西元一九二五年，存貨成本的概念
取而代之成爲會計的重點－－也就是將製造成本分攤於產品中，如此
一來，存貨成本即可提供給財務報表的外部使用者。

　　財務報告的目的成爲成本會計制度沿革的動力。管理人員與企業
本身開始接受個別產品的總平均成本之資訊，而明顯地不再需要個別

產品的明細精確的成本資訊。只要企業的產品同質性高、耗用資源的比率相當，從財務成本制度導出的平均成本資訊便已足夠。此外，即使對於產品差異逐漸增加的部份企業來說，計算精確成本資訊必須付出驚人的高額成本。對多數企業而言，追求精確的成本制度的成本更遠超過其獲利。

改善傳統成本制度不具管理效能的動作出現在一九五○年代與一九六○年代。然而當時的重點多集中於如何使財務會計資訊對內部使用者更有用，而非創造一套全新的資訊與步驟。

數十年來慣用的產品成本法與管理會計實務僅適用特定的決策環境與特定的製造技術。自第二次世界大戰結束以來，經濟的快速成長帶來了高度的生產力與強烈的商品需求，促使企業誤以為自身必須更加緊密地掌握會計制度。會計人員依照一般公認會計原則製作的財務報表莫不強調產品與存貨成本。只要保持整體的高獲利率，企業便忽略個別產品線獲利情況。然而到了一九八○與一九九○年代，全球普遍的經濟衰退再加上白熱化的國際競爭大幅削減了利潤邊際，促使企業開始重視精確的產品成本及成本控制在管理決策中所扮演的關鍵角色。

成本會計的新近課題

學習目標三

說明並探討成本會計的新近課題。

置身現今的經濟環境中，企業必須重新調整成本會計與成本管理的結構。近年來，全球競爭壓力改變了經濟的本質，許多美國的製造商大幅改變企業經營方式。種種改變提供創造新的成本會計的環境。環境的改變使得傳統會計制度所能提供的資訊不敷使用。對許多企業來說，強調精確的成本會計制度將為企業帶來更大的效益。為此，更進步的成本管理會計制度便應運而生。導致這些重大變革的主要趨勢包括：

☐ 顧客導向

☐ 全面品質管理

☐ 將「時間」視為競爭要素

- ❑ 日新月異的資訊科技
- ❑ 製造環境的改進
- ❑ 服務業不斷成長
- ❑ 全球競爭

　　本書將針對上述主題進行簡短的討論，幫助讀者瞭解這些主題對於成本會計與管理會計之影響。

顧客導向

　　現代企業強調傳遞價值給顧客的觀念。會計人員與經理人將**價值鍊** (Value Chain) 定義為需要設計、開發、製造、行銷及遞送產品與服務給顧客之活動。根據此一定義，企業必須自我省思的關鍵問題是其製程或活動對於顧客是否重要。先進的成本管理制度必須追蹤所有對於顧客而言重要的各種活動之相關資訊。舉例來說，現代的顧客認為產品的遞送或服務也是產品的一部份。企業除了強化技術與製造方面之競爭能力外，亦必須提升遞送產品與反應顧客需求的速度。以聯邦快遞 (Federal Express) 為例，他們便體察到顧客的需求，成功地開發出美國郵政局無法服務的市場。時至今日，許多顧客認為延遲交貨形同無效的交易。為了因應這種觀念的變革，會計制度必須擬訂新的指標，以確實追蹤品質與生產力。

　　值得注意的是，企業也擁有內部顧客。企業的行政人員必須為生產部門服務。例如，會計部門為生產經理製作成本報告。顧客導向的會計部門必須確認報告所提供的資訊具有時效、而且容易供人判讀。繁瑣而過時的報告必須嚴格淘汰。

　　顧客的需求是成本管理制度的核心。本書融合價值鍊的概念，無論是企業內部的顧客或外部的顧客都在討論範圍內。

全面品質管理

　　廢棄物的再利用與減廢，是追求製造績效的二大基本原則。為了

在現今全球競爭激烈的環境中永續經營，製造績效是企業存續的關鑑因素。全球首屈一指的大型企業莫不致力於嚴守製程與減廢此二大目標。**全面品質管理**的原則正逐漸取代傳統的品管態度。簡而言之，經理人必須努力創造讓生產線工人製造出完美（零缺點）產品的環境。

服務業同樣重視品質的改善。服務業的情況較為特殊的原因是每一位員工的服務品質不一，公司研擬各種制度協助員工維持穩定的服務水準。例如，專門提供現役與退役軍官各種保險商品的金融服務業者 USAA，於一九八〇年代中期便斥資開發一套資訊科技。凡是往來的文件（包括要保書、支票、審核文件等）均以電子掃描方式儲存在光碟內。當顧客打電話詢問公司是否收到新房子的要保書時，服務人員只要敲擊幾個電腦鍵盤按鍵，就可以立即回答顧客的疑問。採用這項電腦科技之前，服務人員必須到檔案櫃裡或者到業務員的辦公桌上翻箱倒櫃才能找到需要的資訊，某些情況下甚至需要多達兩週的時間。如今已經躍居全球領導企業的 USAA 每一個月都會為有興趣採用這套系統的企業安裝與示範。品質成本的計算與報告是當代製造業與服務業成本管理制度的主要特色。

將「時間」視為競爭要素

時間是價值鍊裡所有環節的關鑑要素。全球大型企業均以壓縮設計、測試、生產的循環來縮短量產上市的時間。這些企業裁減不具附加價值的時間，亦即對顧客不具價值的時間（諸如倉儲作業的時間等），以便迅速地提供產品或服務。有趣的現象是，縮減不具附加價值的時間似乎同時帶來品質的提升。前例中的 USAA 在完成時間管理的同時，也改善了服務的品質。當然，凡此種種努力的整體目標是為了提升顧客的肯定。

或許讀者會問，時間與產品生命週期有何關聯？各行各業的科技創新速度不斷加快，產品的生命週期卻可能大幅縮短。經理人必須能夠迅速果決地反應市場的異動，於是便需要能夠供其判斷的資訊。以惠普 (Hewlett-Packard) 為例，經過研究發現，研發新產品時，寧可超出預算百分之五十，也不宜延後上市六個月。此一成本與時間的關

聯也是成本管理制度的一部份。

日新月異的資訊科技

現代資訊科技的的創新與變革分為二大層面。其一與電腦整合的製程密切相關。在自動化的製程當中，電腦能夠監控每一道作業流程。透過電腦搜集彙整的大量資訊，經理人幾乎能夠同步掌握生產線的實際情況。電腦能夠持續地追蹤產品的動向，即時報告已經生產的數量、已經耗用的原料、不良品與產品成本等資訊。完備的功能資訊系統並能整合製造、行銷與會計資料。

自動化機器設備不僅提升品質，更能長期保存龐大的資料。為了充份發揮複雜的資訊系統之價值，經理人必須能夠取得這些系統的資料－－他們必須能夠迅速地擷取與分析系統中儲存的資料。換言之，這套系統必須搭配有力的分析工具。

第二個層面則是提供有力的分析工具，諸如個人電腦 (Personal Computers)、試算軟體與製圖套裝軟體等。個人電腦扮演著企業資訊系統之溝通管道的角色，試算表與製圖程式則是經理人使用與分析資料的工具。絕大多數的企業都設置了個人電腦與輔助軟體，以協助經理人進行分析決策。由於個人電腦及人性化、易操作的軟體已普及化，使得經理人能夠獨立分析，降低對集中式資訊系統部門的依賴。如果個人電腦終端機與企業資料庫連線，經理人便能夠更加迅速地取得製作報告所需的資訊。成本會計人員亦能彈性地回應管理階層對於複雜的產品成本計算的需求。此外，電腦的計算能力使得會計人員能夠針對個別的情況與條件製作不同的報告。許多企業發現，由於成本管理系統回應能力的提升，已不需要像以往一樣按月製作大量的內部財務報表，進而節省可觀的成本。

製造環境的改進

日新月異的科技改變了製造技術，也對成本會計與管理會計造成可觀的影響。舉凡產品成本制度、控制制度、資源分配、存貨管理、成本結構、資金預算、變動成本和許多其它會計方法都受到環境變遷

的影響。有遠見的經理人和會計人員必須體察這些變遷及其對會計方法的影響。

作業制成本法 (Activity-Based Costing)

國際知名的管理大師 Peter Drucker 明白指出會計上的作業成本法對於企業回應顧客需求的重要性。他曾經表示道：

傳統製造業的成本會計並未記錄非營業成本，例如不良品的成本、機器故障之成本、零件短缺之成本等。事實上，這些未予記錄與未獲控制的成本甚至和傳統會計方法記錄的帳面成本一樣高。為了克服這項缺點，近十年來出現的一種新的成本會計方法——稱為「作業成本法」——便記錄了所有成本。作業成本法並將傳統會計遺漏的這些成本歸納為附加價值成本。未來的十年間，這種新式的作業成本法會逐漸普及，屆時企業便能有效地控制製造活動。

作業成本法不僅「記錄所有成本」，更採行一種全新的成本觀念。作業成本法記錄並分析隱含的作業與製程之成本，找出無附加價值的作業內容，進而提升附加價值作業的效率。

電腦整合之製程 (Computer-Integrated Manufacturing)

自動化製造系統能讓企業減少存貨、提高產能、改善品質與服務、縮減作業時間、並增加產量。換言之，自動化能為企業帶來競爭優勢。自動化製造系統的典型作法是採用及時制度，迅速反應顧客對於品質與交貨時間的需求。隨著愈來愈多的企業採行自動化製造系統，競爭的壓力迫使其它的企業紛紛起而效尤。對於許多製造業而言，自動化製造系統等於公司存續的代名詞。

自動化製造系統可以分為三個層次，分別是：獨立作業的機器設備、訓練有素的操作人員和全面整合的工廠。無論企業的目標是哪一個層次，在著手採用自動化製造系統之前都必須先執行一套資源利用

更爲集中的簡化製程。根據經驗指出，單單只要確實執行及時制度，就能夠達到全面整合工廠的百分之八十的效益。

企業一經決定採用自動製造系統，可能會導入電腦整合製造系統 (CIM, Computer-integrated Manufac-turing System)。電腦整合製造系統的主要功能爲：(1) 利用電腦輔助設計系統 (CAD, Computer-aided Design System) 設計產品；(2) 利用電腦輔助工程系統 (CAE, Computer-aided Engineering System) 測試設計的結果；(3) 利用電腦輔助製造系統 (CAM, Computer-aided Manufacturing System，是一套利用電腦控制的機器與機器人進行製造的系統)製造產品；以及 (4) 利用資訊系統連結不同的自動化原件。

電腦輔助生產系統中有一項名爲彈性製造系統(Flexible Manufacturing System)的特別項目。彈性製造系統是利用電腦主機控制的機器人與其它自動化設備全程製造各類產品，它具有利用相同設備來製造不同產品的能力。

及時製造系統　(Just-In-Time Manufacturing)

及時製造系統是一種需求引動系統 (Demand-Pull System)，也就是在顧客需要的時候才製造需要的數量，也就是由需求來決定製造的產品。每一道流程僅製造下一道流程需要的部份。零件與原料在眞正需要的時候才及時送達。

及時製造系統能夠減少存貨，提升品質管制，進而改變生產的安排與方式。基本上，及時製造系統強調藉由降低存貨成本與解決其它經濟問題來達到持續改善的目標。存貨的減少能使資金轉用在其它生產性投資上。另一方面，品質的提升有助於強化企業的競爭力。及時製造系統與傳統製造方式不同點爲促使企業提升品質控制、提高生產力，準確地掌握生產成本。

服務業不斷成長

隨著傳統煙囪工業的式微，服務業逐漸興起。在美國，服務業部門的產值與員工約佔總體經濟四分之三的比例。許多服務業更大舉進

軍國際市場；一九九二年，美國服務業的外貿順差高達五百九十億美金。專家預測，隨著生產力的提高，服務業的規模與實力仍將持續擴大。法令規章紛紛放寬對服務業的限制（例如航空業與通訊業等），有助於活絡服務業的良性競爭，但也對許多業者造成不小的衝擊。面對開放市場的激烈競爭，服務業的經理人愈來愈需要會計資訊做為規劃、控制與決策的依據。為了滿足資訊與生產力的需求，服務業勢必尋求完備的管理會計資訊。

服務業不斷成長的趨勢所帶來的主要課題是服務業者必須更加體認成本會計制度的效用。為了達到提升服務業者體認的目標，我們必須將成本管理的概念應用至服務業的經營管理實務。此外，服務業的獨特性也促使我們必須適當地修正成本管理的方法以符合服務業的個別情況。

全球競爭

交通運輸與通訊科技的改善使得製造業與服務業紛紛進軍國際市場。數十年前，美國的企業對於日本、法國、德國與新加坡的同業所從事的活動既不清楚也不在乎。受到地理區隔的影響，這些外國企業並非競爭者。時至今日，各行各業，無論規模大小，都必須正視全球競爭所帶來的機會與壓力。例如，Vitro Technology, Ltd.是一家專門生產玻璃管的小公司，藉由拓展外銷市場成功地解決了存貨的頭痛問題。位居市場規模的另一端的大型企業如寶鹼 (Procter & Gamble)、可口可樂 (Coca Cola) 等則正積極開發中國大陸市場。日本製造的汽車在出廠二週後就可以在美國上市。投資銀行與管理顧問可以和國外分支機構進行即時的溝通。交通運輸與通訊科技的改善促使所有企業致力於國際市場，不斷追求更高的品質與生產力。同樣地，企業必須擁有完備的會計資訊以利控制成本、提升生產力與提高獲利率。

圖 1-2

傳統會計制度與資料庫關連式會計制度

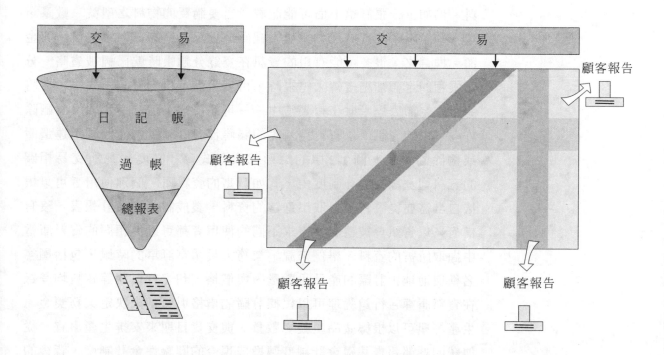

制度面切入法

　　會計制度可以解釋為記錄令我們感興趣的交易之方法。這套系統可能簡單可能繁複，端視其記錄的內容而定。舉例來說，一般大學生的財務制度就相當簡單，可能只有一本存摺和一個皮夾。想要消費的時候就計算一下手中的現金即可。偶爾心血來潮的時候，核對一下銀行的記錄和存摺上的餘額是否吻合。絕大多數情況，大學生並不需要繁複的帳簿文書作業，更不需要逐筆記錄分類帳，自己一個人就身兼採購與付款的雙重功能。然而隨著收支科目的增加，上述的隨興作法就不適用。以僱有數名員工的小型企業為例，一個員工無法單憑記憶儲存所有的收支明細；企業必須指派幾位員工同時負責採購、付款、與行銷。此時，企業需要一套標準化的技巧。

　　現代企業普遍採用的制度是一套以資料為基礎的關聯性會計方法。讀者一定會問，這究竟是什麼意思？解答讀者的疑問之前，讓我們先

學習目標四

探討會計制度對內部與外部報告之重要性。

來看看傳統的會計制度。圖 1-2 中的漏斗代表傳統會計制度。圖中最上端是企業完成的各項交易與相關文件。這些文件涵蓋了豐富的資料。例如，一張訂單上面可能記載了需要購買的物料之型號、數量、成本和請購單位或員工。分類帳裡僅僅登錄訂單的日期、科目、與金額。換言之，很多可能有用的資訊在登錄分類帳時就已經被省略。分類帳裡的金額加總後轉入總帳時，再度遺漏可用的資訊。最後，再將總帳的金額表達予財務報表當中－－可想得知，這一道步驟又將刪除許多可用的資訊。以資料為基礎的關聯性會計制度則能保留上述遺漏或刪除的資訊。圖 1-2 中的矩形代表新式會計制度。凡與交易相關的資訊均登錄在會計制度內，有如豐富的資料庫。個別使用者可以根據自身需要從資料庫中取出適當的資料，製成制式的會計報表。沒有任何一項資訊會被遺漏。需求不同的使用者都可以從相同的資料庫當中擷取所需的資料。舉例來說，業務人員填寫訂單的時候，包括顧客名稱與地址，訂購的產品、數量、與價格，和交貨日期等資料均登錄在資料庫裡。行銷經理可以根據訂購的價格與數量來決定業務獎金。生產經理可以根據產品型號、數量、與交貨日期來安排生產事宜。從傳統的外部報告基礎會計制度轉換成現今的關聯性會計制度，背後的推手是日新月異的科技。功能強大的個人電腦和網路系統使得企業內部需求不同的使用者均能迅速取得資訊。會計制度的演進也帶來了觀念上的變革。會計人員在建立會計制度與製作輔助文件時，必須顧及其對內部決策者的影響。本書將會專文介紹成本管理的制度方法，強調企業經理人為做出內部決策與外部決策而使用會計資料－－包括與財務相關及非財務相關之資料。

成本管理－－跨職能 (Cross-Functional) 觀點

學習目標五

解說現今會計人員對企業各項職能之專業知識之需求。

現代管理會計人員必須瞭解企業中的各項職能，包括製造、行銷、配銷與顧客服務。當企業跨足國際市場時，其會計人員尤其必須具備跨職能的專業知識。舉例來說，會計人員必須瞭解各項產品成本的精確定義。企業內部的會計人員已經脫離傳統的製造成本法，改採更為全面性的會計方法。這種新的產品成本計算方法必須考慮原始設計與

測試成本、製造成本、配銷成本、和銷售與業務成本等。因此，受過完整教育、確實瞭解短期內與長期內各項成本定義差異的會計人員，才能決定哪些才是與決策相關之資訊。

能以企業各項職能的角度思考的員工才能擁有健全的觀點，增加對於問題與解決方式的瞭解。舉例來說，日本汽車製造商如何獲得及時生產的觀念？一九六五年，Taiichi Ohno 先生（日本豐田汽車及時生產制度的創始人）走訪美國的汽車製造商與超級市場。Ohno 先生對於美國業者在商品陳列與產品流動的表現留下深刻印象，並體認出超級市場的消費者「引動」商品流通的道理。基於此一體認，回到日本後，Ohno 先生便致力於在需要的時間和地點上「引動」豐田汽車的零件製造。

讀者或許會問，何以成本管理會和行銷、管理與財務產生關聯？難道成本會計人員不能夠以傳統方法計算製造成本？答案是否定的。企業採取制度方法時，我們可以發現企業的各項職能交互相關；針對一項職能擬訂的決策往往會影響其它職能。譬如，許多製造商常會鼓勵（多以提供優惠折扣的方式）批發與零售業者購買超過他們能夠很快轉賣的數量。這樣的作法卻導致批發與零售業者無法消化存貨，短期內反而會暫停採購。表面上看來這是行銷的問題，但事實上並非如此－－至少並非全是行銷的問題。一旦銷售量減少，生產也跟著降低。如此一來，像寶鹼、必治妥 (Bristol-Myers Squibb)與金頂電池 (Duracell)等從事民生消費用品的企業便出現了產量高低落差過大的問題。到了銷售旺季，工廠必須連夜加班應付（打了大量折扣的）產品需求；然而一到淡季，工廠卻形同停頓，工人也面臨裁減的命運。事實上，這樣的銷售模式反導致增加數百萬元的外加生產成本。如果企業的員工能夠從各種職能的角度來思考，也就不會出現上述例子中見樹不見林的盲點。

彈性需求

目前尚未出現成本管理制度。對某一家企業很重要的成本，可能與另一家企業毫無關聯。同樣地，在同一家企業內，在某些情況下很

重要的成本，在其它情況下可能就不重要。舉例來說，Stillwater's Mission of Hope 是一所專門收容照顧無家可歸的民眾的非營利機構。這所非營利機構的董事詢問其會計人員如何對其用來收留民眾的建築物進行估價。也就是問，建築物的成本是多少？這位會計人員的回答是：「你為什麼想知道？如果是為了保險的目的－－決定應該購買多少保額－－那麼你需要的是重置成本。如果你是要訂出出售的價格（然後在其它地方另外再蓋一棟），那麼你需要的是不動產的市價。如果你問的是資產負債表上的成本，那麼答案是歷史成本。」這段談話讓我們得知，不同的目的需要不同的成本。聰明的會計人員不應只是努力找出答案，而是應該深入瞭解問題背後的原因，如此才能提出適當的答案。良好的成本管理制度則能協助會計人員找出這些問題的答案。

設計成本管理制度的時候，必須分析與瞭解企業所處環境的結構。製造業與服務業所分別擬訂的成本管理制度就會有相當明顯的差異。當然，這二種產業往往會有重疊的情況。某些製造業者就非常強調顧客服務；某些服務業者則強調其「產品」的品質。零售業的特性又不相同，需要的是另一套制度。

成本資訊之行為影響

成本會計並非中立的工具；也不是以公正不偏的方式反應事實的背景資料。相反地，成本會計資訊制度也參與企業的塑造。如果企業所有人注意特定的資訊，表示他（她）認為這些資訊是重要的；若他（她）忽略某些資訊，等於暗示這些資訊並不重要。有一則流傳久遠的笑話，內容是說會計人員知道所有東西的成本，卻不知道它們的價值。當然這只是一則笑話。事實上，現今的會計人員有如估計價值的專家。本書將探討計算成本與追求品質的方法、分辨附加價值的作業與非附加價值的作業方法、生產力的計算與會計方法等。舉凡企業的所有人、經理人與會計人員均應注意會計資訊制度所傳遞的訊息。

現代成本與管理會計人員之角色

現代的商業刊物莫不專文介紹全球屬一屬二的大型企業。這些執牛耳的龍頭企業熟知其市場及其產品。他們不斷致力於改善產品的設計、製造與配銷。這些企業在全球市場上擁有雄厚的競爭力。同樣地，會計人員也能夠屹立全球市場。國際間知名的會計人員不僅聰明，而且還有備而來。他們不僅受過完整的教育和訓練而能夠彙整與提供財務資訊，更能夠隨著會計專業與所處產業的趨勢與步調一起脈動。此外，全球頂尖的會計專業人員必須熟知其企業所處國家之風俗習慣和財務會計原則。有鑑於國際化趨勢的重要性，本書亦另闢章節探討國際環境中之成本管理。

學習目標六

說明成本會計人員在組織中扮演之角色。

線上與幕僚人員

成本與管理會計人員在企業組織內扮演的是支援角色，輔助組織內其他成員執行組織的基本目標。直接負責組織基本目標的功能稱為**線上人員** (line positions)。一般而言，線上人員負責製造與銷售公司

圖 1-3

部份組織圖（製造業）

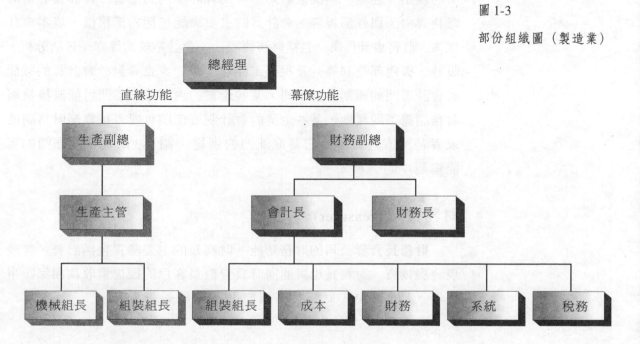

的產品或服務。另一方面,對於組織基本目標僅負有間接責任的支援性角色則稱爲**幕僚人員** (staff positions)。

舉例來說,假設組織的基本使命是製造與銷售雷射印表機。製造與行銷部門的副總經理、工廠經理和生產線員工就是線上直接人員。財務與人力資源部門的員工、成本會計人員和採購經理等則爲幕僚人員。

圖 1-3 是企業組織的部份架構,包含製造與財務部門。因爲組織的基本目標之一是製造,因此與製造功能直接相關的部門與員工均屬線上員工。而包括會計長與成本會計經理在內的管理會計人員雖然對於組織具有相當的影響,但是對於製造部門的經理人卻不具管理權威。擔任線上職能的經理人制定影響生產的政策與決策。在此同時,負責提供與說明會計資訊的會計人員對於政策與決策的擬訂仍具相當的貢獻。

會計長   (Controller)

會計長是公司會計部門的主管。由於管理會計對於企業經營具有攸關影響,因此會計長經常被視爲企業最高管理階層的一員,參與企業的規劃、控制、與決策活動。身爲會計部門的主管,會計長必須同時負責內部與外部報告。會計長的主要職能包括內部稽核、成本會計作業、財務會計作業(包括財務報表)、會計系統的建立(包括分析、設計、與內部控制等)及稅務工作等。每一家企業對於會計長的職能與會計部門的編制各有不同。某些企業的內部稽核部門可能直接隸屬財務副總;同樣地,某些企業的會計制度部門可能直接隸屬財務副總或者甚至直接隸屬其它幕僚部門的副總。圖 1-3 則是會計部門的可能編制中的一種。

財務長   (Treasurer)

財務長負責公司的財務功能。財務長的主要職責包括融資、管理現金與投資。財務長也可能同時負責監督客戶的授信與收款和保險事宜等。圖 1-3 中,財務長必須向財務副總報告。

規劃、控制與決策之資訊

　　成本與會計人員負責編列內部與外部報告。身為會計部門的一員，成本與管理會計人員負責蒐集、處理和報告相關資訊，以便輔助經理人進行規劃、控制與決策。

規劃　(Planning)

　　規劃係指針對為達到特定的目標所需的行動，研擬詳細計畫的管理活動。規劃之前必須先設定目標，並說明達到既定目標的方法。舉例來說，某家公司可能訂有提高短期與長期獲利的目標，方法則是提升產品的整體品質。隨著產品品質的提升，公司能夠降低不良率，減少顧客訴怨，精簡目前用於品檢的人力，...最後則能提高獲利。但是公司應當如何才能達成上述目標？良好的計畫可能會提出與供應商合作改善原料的品質、建立品質控制圈及研究產品瑕疵進而找出原因等具體方法。

控制　(Controlling)

　　監督計畫之執行與採取糾正的動作稱為**控制**。控制經常必須配合**反饋** (Feedback)。反饋是指能夠用以評估或修正執行計畫的各項步驟之資訊。根據得到的回饋，經理人可能決定讓計畫繼續執行，可能決定採取修正行動讓計畫重回正軌，或者可能決定重新擬定中程規劃。

　　反饋是控制功能的重要環節。在這個環節上，會計再一次扮演重要的角色。會計人員編制**績效報告**，比較實際結果與計劃內容，提供回饋。會計人員編制的績效報告對於管理規劃影響甚鉅。舉例來說，美國航空公司 (American Airlines) 在一九八〇年代後期曾經執行一項大規模的成長計畫。計畫初期獲利表現良好，但是到了一九九〇年卻開始出現虧損。截至一九九三年為止，已經累計虧損了十二億美元。成長計畫完全失敗，美國航空目前正在進行裁員。

決策　(Decision Making)

在不同的行動方案當中選擇最適當方法的過程稱為**決策**。決策的管理功能往往與規畫和控制交互相關。不具決策能力的經理人無法進行規劃。經理人必須在眾多目標與方法當中審慎篩選，並確實執行業經選定的目標。控制職能的原理也是一樣。

如果經理人擁有充份的資訊據以評估不同的計畫，則能改善決策的品質。會計資訊系統的主要功能，就是提供決策所需的資訊。美國航空便針對航空業務的所有範圍進行成本控制。舉例來說，將乘客餐點中的沙拉去掉橄欖的決定每一年可以節省八萬美元。雖然這個數目在公司總收入與總成本中比例並不高，但是長期來看節省的成本仍然相當可觀。當然，經理人必須在節省成本與減少對乘客的服務間取得平衡。美國航空的乘客們甚至可能從來不曾發覺飛機上餐點的任何變化。

會計與道德行為準則

學習目標七

解說經理人與會計人員之道德行為之重要性。

近年來，企業道德成為各界關注的焦點。人們不斷思考企業道德行為與其它道德行為有何不同。人們想要瞭解，企業道德是否應該或者是否能夠在企業教育訓練課程中教授。傳統的觀念認為，企業的經濟績效優於一切。然而，經理人與管理會計人員卻不能抱持著企業的唯一目標就是企業淨值極大化的錯誤認知。利潤極大化的目標之前提為利潤的獲得乃經由合法的與符合道德原則的手段。雖然合法與道德原則始終是成本與管理會計方法的內在本質，但會計人員有義務明白彰顯這些原則。為了協助會計人員達成這項目標，本書當中提出的許多問題都將涉及道德原則。

道德行為

道德行為是指選擇「正確的」、「適當的」與「公正的」行為。人們對於描述道德的辭彙往往各有不同的見解，世界各國對於道德的重視程度當然也就高低不一。然而無論如何，所有的道德體系都有一

項共通的原則，就是團體的每一位成員對於其他成員的福祉都具有某種程度的責任。願意爲了團體福祉而犧牲個人的利益，是道德行爲的最高表現。

爲了團體福祉而犧牲個人利益的觀念引申出現代文明的核心價值觀－－也就是以較爲具體的辭彙說明對錯的價值觀。「管理會計」一書中，撰寫有關道德行爲章節的作者 James W. Bracker 曾經這樣表示：

道德或倫理教育如要具有實質的意義，我們必須在所謂「正確的」價值觀上取得共識。 Michael Josephson 在其著作「教授道德決策與理性分析」中便提出十項公認的價值觀。各項關於歷史、哲學、與宗教的研究結果顯示，人類道德生活中的確具有某些共通的、歷久不變的價值觀。

這十大價值觀逐漸衍生成為決定對錯的行為準則。換言之，這些行為準則提供人類行為的依據…

文中提出的十大價值觀爲：

1. 誠實
2. 正直
3. 信守承諾
4. 忠誠
5. 公平
6. 關心
7. 尊重
8. 守法
9. 追求卓越
10. 負責

雖然看似矛盾，但事實上爲了團體福祉犧牲個人利益不僅正確，能夠提升個人價值感，更能營造良好的企業精神。擁有強烈道德觀念的的公司可以創造顧客與員工的高度忠誠。說謊或欺騙的人或者可能僥倖贏得短暫的勝利，但是卻經不起時間的考驗。抱持永續經營理念的企業將會發現，誠實而公平地對待每一位成員才是長遠之道。

管理會計人員之道德行爲標準

大多數的企業組織會針對經理人與員工制定行爲標準。專業機構

圖 1-4

管理會計人員之道德行
為標準

一、能力

管理會計人員有責任：

＊不斷地增進知識與技能，以維持適當水準之專業能力。

＊遵守相關法令、規章與技術標準，履行其專業責任。

＊針對相關與可靠的資訊進行適當分析之後，編製完整清晰的報表與建議。

二、保密

管理會計人員有責任：

＊除經授權外，不得洩露在工作過程中取得之機密資訊；法律另有規定者，不
在此限。

＊適當地告知部屬關於其工作過程中取得之機密資訊之保密責任，並且監督部
屬的活　動以確保機密性之維持。

＊不得利用或意圖利用工作過程中取得之機密資訊，親自或透過第三者謀取不
道德或非法的利益。

三、正直

管理會計人員有責任：

＊避免實質或形式上的利害衝突，並且勸說任何有潛在衝突之所有關係人。

＊拒絕從事有損其以合乎道德規範之方式履行職責之任何活動。

＊拒絕將會影響或可能將會影響其行為之任何形式之賄賂。

＊不得主動或被動地阻撓組織達成其合乎法律與道德規範之目標。

＊瞭解並傳達足以妨礙對活動做出負責的判斷、或妨礙達成良好績效之專業
限制或其　它限制條件。

＊傳達不利與有利的資訊與專業判斷或意見。

＊不得從事或支持詆毀其專業之任何活動。

四、客觀

管理會計人員有責任：

＊公正客觀地傳達資訊。

＊充份揭露合理預期將會影響潛在使用者對其所提報告、意見和建議之瞭解之
所有相關資訊。

道德衝突之解決方法

在應用職業道德規範時，管理會計人員在分辨不道德行為或在解決道德衝
突等方面可能會遇到問題。遇到重大道德問題時，管理會計人員必須遵守組織
中足以解決上述衝突之既定政策。如果這些政策無法解決道德衝突，管理會計
人員必須考慮採取下列行動方案：

＊與直屬上司討論遇到的問題。如果直屬上司可能涉及這個問題，則一開始就
應向更高一層次的管理當層呈報。如果第一次呈報問題之後，無法獲得滿意
的解決方法，則將問題轉呈再高一層次的管理階層。

＊如果直屬上司是最高執行長 (Chief Executive Officer) 或職位相當者，則可接受的會覆可能來自稽核委員會、執行委員會、董事會、信託委員會、或業主。如果直屬上司與問題無關，則應先向直屬上司報告後方得進行越級報告。

＊藉由和公正的顧問進行秘密討論，釐清相關觀念，以獲取對於可能行動方案之瞭解。

＊如經各階層之內部呈報之後，道德衝突依然存在者，管理會計人員除向該組織辭職外，並向組織之適當代表呈遞說明問題內容與處理經過之備忘錄之外，可能別無選擇。

＊除法律另有規定外，將遇到的問題傳達給非其組織僱用或與其組織無關的機構或個人是不適當的行為。

也會制定道德標準。例如，管理會計協會 (Institute of Management Accounting) 便針對管理會計人員訂出一套道德標準。一九八三年六月一日，管理會計協會的管理會計原則委員會發表聲明，提出管理會計人員之道德行為標準。這份聲明指出，必須明確告知管理會計人員「其不得做出任何違反聲明中之道德標準之行為，亦不得縱容企業組織之其他成員做出違反聲明中之道德標準之行為。」圖 1-4 列出道德行為標準的內容，以及面對各種道德衝突時之解決之道。

　　接下來將為各位說明道德行為標準之應用。假設一位經理人的獎金和呈報的利潤有關，利潤提高，獎金就隨之增加。基於這樣的假設，經理人具有提高利潤的動機，其中當然可能包括違反道德標準的途徑。舉例來說，經理人可能利用延遲員工應得的升遷機會或改用比較便宜的零件來製造產品等方式，以求達到提高利潤的目的。如果經理人的動機純粹只是為了增加獎金，那麼無論是阻礙員工升遷或者是改用廉價的零件，都是違反道德標準的不當行為，都無法為公司或為員工爭取最大利益。那麼究竟應該由誰來為這樣的行為負責？畢竟獎金制度可鼓勵經理人提高利潤。是獎金制度的問題，還是選擇提高公司利潤的經理人的問題？抑或二者都有問題？

　　事實上，二者都應負起責任。組織必須設計合理之評估與獎金制度，將不利行為的動機降至最低。然而設計一套完美的獎金制度的想法在現實中並不可行。經理人必須負責避免曲解獎金制度。前述道德行為標準第三項第 3 小條的涵義正是如此：管理會計人員應當「拒絕

將會影響或可能將會影響其行爲之任何形式之賄賂。」爲了增加獎金而刻意創造的業績可能違反這項標準。換言之，經理人不得爲了增加獎金而從事違反道德標準之行爲。

道德行爲

內部會計人員經常面對的道德兩難局面是報告「壞消息」的職責。會計人員應當如何遵守管理會計人員之道德行爲標準？曾在 Morton Thiokol 任職的工程師 Roger M. Boisjoly 在其回憶錄「會計面面觀」(Accounting Horizons) 中詳細描述當年他反對推出後來市場反應不佳的產品挑戰者號 (Challenger) 的決定。柏爵禮先生提到，「他在航太工業擔任二十七年工程師的經驗裡所學習到的寶貴經驗是，每一個人都是所有道德事件的綜合產物。」柏爵禮先生認爲，人們遇到道德衝突時有三種選擇：逃避、辯護、和自利。逃避是指離開所屬的公司或部門以期避免道德衝突。辯護是指發言擁護道德原則。自利是指爲了自身的利益與事業而犧牲他人。

明確地說，會計人員不僅應當遵守道德標準，更應對適當關係人表達道德上的關切。

專業證照

學習目標八

說明內部會計人員可以取得之三項專業證照。

目前內部會計人員可以取得三項不同的專業證照，分別是合格管理會計師執照 (CMA)、合格公共會計師執照 (CPA) 與合格內部審計師執照 (CIA)。每一項執照針對成本或管理會計人員的不同專業技能提供認證。基本上，申請人必須具備一定的學歷背景和工作經驗，並在通過考試後才能取得執照。通過考試、取得專業證照，即代表其擁有一定的專業能力。此外，取得這三項執照者必須不斷地進修專業知識與技能，才能保有證照。由於證照代表對於持有人的專業能力的認定，因此大多數企業都會鼓勵其管理會計人員取得專業證照。

合格管理會計師 (CMA)

一九七四年，美國管理會計人員協會 (IMA) 制定了合格**管理會計師**執照，用以規範管理會計人員的資格。參加資格考試者必須通過一系列的考試，符合學經歷的要求，並持續參與進修教育，方能取得合格管理會計師執照。

合格管理會計師的考試內容主要包括四個部份：(1) 經濟、財務、與管理學；(2) 財務會計與報告；(3) 管理報告、分析與行為之議題；以及 (4) 決策分析與資訊系統。這項考試的內容反應出合格管理會計的需求，並強調合格管理會計和企業其它職能之互動關係比其它會計功能頻繁的特點。

設置合格管理會計師執照的主要目的之一是將合格管理會計定位成與其它會計功能不同之專業職能。許多企業補助其合格管理會計人員為準備參加資格考試而上課進修之費用，甚至以其它獎金的激勵方式鼓勵其管理會計人員取得管理會計師執照。

合格公共會計師 (CPA)

合格**公共會計師**執照是會計專業中歷史最悠久的證照。和合格管理會計師不同的是，合格公共會計師執照是外部稽核人員所應具備的基本專業資格。外部稽核人員必須對企業編制的財務報表進行簽證。根據法律規定，惟有合格公共會計師具有外部稽核人員資格。合格公共會計師必須通過國家考試，並取得執業所在地政府機關之執業執照。雖然合格公共會計師並未包括管理會計專業，許多合格管理會計人員仍然傾向取得合格公共會計師執照。

合格內部審計師執照 (CIA)

另一項內部會計人員可以取得的專業證照是合格**內部審計師**執照 (CIA)。這項執照始於一九七四年，建立這項證照制度的背景和註冊管理會計師執照的背景相似。註冊內部審計師負責評估企業內部的各

項活動。註冊內部審計師並不屬於其所稽核之任何部門，而是直接隸屬企業的最高管理階層。有感於內部稽核與外部稽核或管理會計之原理均不相同，許多註冊內部審計師紛紛認為有必要建立內部稽核的專業認證制度。內部稽核人員必須通過內容廣泛的資格考試，且應具有一定程度的專業能力與二年的工作經驗。

結語

經理人利用會計資訊來找出問題、解決問題、進而評估績效。會計資訊的目的在於協助經理人完成規劃、控制與決策行為。規劃是針對為達成特定目的所需的行動，進行詳細的描述。控制則是監督計畫的執行。決策則是在眾多行動方案中做出最適當的選擇。　管理會計與財務會計的主要差異在於目標使用者的不同。管理會計資訊係針對內部使用者，而財務會計資訊則是針對外部使用者。管理會計不受財務報表規定之限制。相較於財務會計，管理會計提供的資訊較為詳盡、廣泛，且與企業各項職能的互動關係較為密切。　管理會計人員負責蒐集、計算、分析、編制、解說、與傳達管理階層需要的資訊，以期達成組織的基本目標。管理會計人員必須敏銳地察覺經理人對於資訊的需求。管理會計人員是企業組織的幕僚，肩負提供資訊的職責；管理會計人員往往與企業的管理過程密切相關，是管理隊伍中的重要成員。

製造環境的改變帶來了顧客導向、全面品質管理、將「時間」視為競爭要素、資訊科技的日新月異、製造環境的改進、服務業不斷成長與全球競爭等影響管理會計環境之主題。受到許多製造業不斷創新的影響，傳統的管理會計原則也跟著改變。服務業的成長與各項限制的放寬亦提高了對管理會計原則的需求。

管理會計輔助經理人提升企業的經濟績效。遺憾的是，部份經理人過度強調經濟面的因素而涉及違反道德與違法的行為。這些違反道德與違法行為必須依賴管理會計制度才能產生，不當的管理會計制度甚至會助長這一類行為。為了強掉道德行為對於利潤極大化目標的規範效力，本書在每一章末尾提出的許多問題當中都將特別強調道德的議題。

企業組織的內部會計人員可以取得的三項專業證照分別是：合格管理會計師執照 (CMA)、合格公共會計師執照 (CPA) 與合格內部審計師執照 (CIA)。近年來，合格管理會計師執照逐漸受到重視，普遍受到業界的認同。合格公共會計師執照主要是針對執業會計師所設置的專業證照；然而許多管理會計人員亦都持有這項證照。合格內部審計師執照適用的對象是內部稽核人員，同樣也受到普遍的認同。

重要辭彙

Certified Internal Auditor (CIA) 合格內部審計師

Certified Public Accountant (CPA) 合格公共會計師

Certified Management Accountant (CMA) 合格管理會計師

Controller 會計長

Controlling 控制

Cost management 成本管理

Decision Making 決策

Ethical Behavior 道德行為

Feedback 反饋

Financial Accounting 財務會計

Just-in-time (JIT) 及時製造制度

Line Position 線上人員

Management Accounting 管理會計

Performance Reports 績效報告

Planning 規劃

Cost Accounting 成本會計

Staff Position 幕僚人員

Total Quality Management 全面品質管理

Treasurer 財務長

Value Chain 價值鍊

問題與討論

1. 何謂成本管理，其與成本會計有何不同？

2. 說明規劃、控制、與回饋之間的關聯。

3. 績效報告在控制功能方面扮演何種角色？

4. 管理會計與財務會計有何不同？

5. 幕僚職能與線上職能有何不同？

6. 會計長應為最高管理階層幕僚之一員。你贊成或是反對這樣的說法？請解釋你的理由。

7. 解說財務報表在管理會計之發展過程扮演何種角色？企業是否只為了編製外部報告而選擇存貨成本作為產品成本？請解釋你的理由。

8. 說明並探討影響成本會計原則之當代新主題。

9. 日趨激烈的全球競爭環境對於企業之會計資訊需求有何影響？

10. 個人電腦大幅提升經理人處理與利用會計資訊之能力。你是否同意這樣的說法？請解釋你的理由。

11. 何謂彈性製造系統？

12. 會計長在企業組織當中扮演何種角色？請說明會計長負責控制的企業活動。

13. 何謂道德行為？管理會計過程中的道德行為，是否可以經由教導的方式學得？

14. 相較於道德標準較低的企業，道德標準較高的企業能夠獲致更高的經濟績效。你是否同意這樣的說法？為什麼？

15. 複習管理會計人員應該具備的道德行為標準。你是否認為這些標準會影響管理會計人員之道德行為？請解釋你的理由。

16. 說明內部會計人員可以取得的三項會計專業證照。你認為哪一種證照對於管理會計人員最有用處？為什麼？

17. 管理會計師資格考試的四大內容為何？這些內容與管理會計和財務會計各有何關聯？

個案研究

| 1-1
財務與管理會計 |

戴淑姍是就讀幼兒發展系的大四學生。她希望在畢業以後開設一間托兒所。她發現除了照顧幼兒的知識技能外，她還需要企業經營方面的訓練。淑姍決定選修至少一門會計課程，但是不確定自己應該選擇財務會計或是管理會計。她需要瞭解這二門課程的個別優點。

作業：寫一封信向淑姍說明財務會計與管理會計之間的異同。說明二者對於托兒所的經營各有何優點。

| 1-2
會計歷史 |

西元十五世紀期間，黃金、寶石、藥物和來自遠東的香料對當時的歐洲人來說相當珍貴。這些東西必須透過海路運輸繞過地球的大半週之後才能抵達歐洲，因此價格非常昂貴。葡萄牙的水手曾經嘗試繞過非洲然後航向遠東地區。哥倫布卻認為如果向西而行反而能夠更快、更容易抵達目的地，於是他向當時的西班牙女王伊莎貝拉建議一項交易：西班牙資助三艘裝備齊全的船隻，授予哥倫布正式的頭銜，和通航後貿易往來的部份所得，哥倫布則負責開發到印度洋的直航路線，並在遠東地區設置貿易專用港都。哥倫布的這項提議雖然曾經遭到葡萄牙的國王約翰二世的否決，但卻獲得西班牙伊莎貝拉女王的首肯。一四九二年八月三日，三艘分別命名為 Nina、Pinta 和 Santa Maria 的船隻正式從西班牙啟航。

作業：假設一四九二年的時候已經有一種通訊工具，能夠讓哥倫布在

長達八個月的航程中每個月定期向伊莎貝拉女王提出十五分鐘的口頭報告。伊莎貝拉女王會想要瞭解哪些關於交易成果的資訊？請列出女王可能想問的問題，並將每一道問題歸類爲財務管理或成本管理的類別。隨著時間的增加，問題的內容是否會跟著改變？（提示：各位可以先翻閱百科全書，瞭解哥倫布的相關事蹟，會使得角色扮演的活動更爲簡單。）

　　許多郵件訂購電腦與軟體廠商都設置了顧客服務專線電話。其中部份是免付費電話，部份仍須付費。撥打服務專線的顧客可能會在線上等待三秒鐘到二十分鐘不等的時間。

> 1-3
> 顧客導向

作業：評估這些公司在設置顧客服務專線時，可能列入考量的所有成本。（提示：你是否也應將顧客的成本列入考慮範圍？）

　　請觀察下列狀況：

　　經理：「最後一季的收入如果能夠增加七萬五千元，那麼我的部門就可以達到超前目標利潤的百分之十，我就可以得到一萬元的獎金。然而根據第四季的預估，情況並不樂觀。我眞的很需要那一萬元的獎金。我知道有一個方法可以幫我拿到那一筆獎金。我只要要求手下最能幹的三位業務員向對我們的產品有興趣的顧客爭取訂單就可以了。反正一到明年再取消這些訂單不就得了。」

> 1-4
> 道德行為

作業：什麼樣的選擇才是正確的決定？爲什麼會有道德上的難題出現？有沒有任何方法可以重新設計會計報告制度，避免經理人打算進行的這一類的行爲？

　　擔任工廠經理的莫馬克正爲了工廠會計長打算施行新的品質成本制度而大發雷霆。「如果我們要開始記錄所有的廢料，那麼工作永遠都無法完成。大家對於自己什麼時候產生哪些廢料，都一清二楚。何必麻煩還要記錄廢料？簡直是浪費時間，我絕對不同意！」

> 1-5
> 成本資訊之行為影響

作業：

1. 你為什麼認為會計長要求的是廢料的書面記錄？如果「大家都知道」廢料率的數據，製作書面記錄可以帶來哪些好處？

2. 現在請站在莫馬克的立場，分析他的說法當中哪些是正確的？

<table>
<tr><td>1-6
會計資訊之管理用途</td></tr>
</table>

　　下列所有情況都需要使用會計資訊來執行一項或一項以上之管理活動：規劃、控制（包括績效評估）和決策。說明適用各個情況的管理活動，並說明會計資訊在此活動中扮演的角色。

1. 經理：「最近有一家供應商和我接洽，表示願意以 20 塊的單價賣真空管給我們公司。目前是由我們公司自行生產真空管。我需要瞭解如果我們向外購買真空管的話，我們可以避免哪些成本。」

2. 經理：「這一份報告指出，我們花費的物料成本比原定的金額多出百分之二十 (20%)。經過調查，已經找出發生這個問題的原因。我們使用的原料比原定的品質要低，廢料也就超過正常水準。只要恢復原定的品質水準，我們可以將超出的成本降到百分之十 (10%)。」

3. 經理：「我們的業務人員表示他們的業績預定會超過去年的百分之十五 (15%)。我想要銷售的增加對於獲利的預期影響。同時我也想要知道每一個月的預估現金收入與現金支出。我感覺可能會需要短期融資。」

4. 經理：「有鑑於市場競爭激烈，我們需要設法提高製程效率。目前我們正在考慮採用二種不同的自動製造系統。我需要知道與這二種系統相關的未來現金流量。」

5. 經理：「最近一次董事會上，我們擬訂了百分之二十五(25%)的銷售利潤的目標。我需要知道我們必須賣出多少單位的產品才能達成這項目標。一旦我有了預估的銷售數字，接下來就需要據此擬出促銷計畫。然而在計算預估銷售數字的同時，我也需要知道預估單價和其它的成本資訊。」

6. 經理：「或許哈里遜醫學診所 (Harrison Medical Center) 不應該提供太多項目的醫療服務。某些服務項目似乎看不出來有任何利潤可言。我尤其特別關心心理健康的服務項目。自從診所開業以來，

這項服務似乎沒有帶來任何利潤。我想要知道如果我刪除這項服務的話，可以避免哪些成本。同時我也要瞭解刪除心理健康服務項目，對於其它醫療服務的影響。某些病患選擇這家診所的原因可能就是因為我們提供週全的醫療服務也說不定。」

管理會計人員在企業的管理過程中扮演積極的角色。管理會計人員參與的管理過程包括擬訂策略性、技術性、與作業性的決策，並協助整合企業組織的所有功能。為了達成上述目標，管理會計人員必須擔負下列職責：(1) 規劃，(2) 控制，(3) 績效評估，(4) 確保資源的可靠度，以及 (5) 編制外部報告。

作業：說明管理會計人員的五項主要職責，並舉出每一項職責的實例和實務上採用的方法。

> **1-7**
> 管理會計人員之角色

下文是巴爾尼公司 (Barney Manufacturing) 三位員工的工作職責。

戴薇絲是成本會計經理，主要負責與紫色恐龍填充玩具產品線的相關製造成本的計算與蒐集。她同時也負責定期編制報告，比較實際成本與預算成本的差異。這些報告會提供生產線經理與工廠經理參考。戴薇絲則協助解說這些報告。

史文生是生產經理，主要負責紫色恐龍填充玩具的生產。他負責監督生產線工人、協助擬訂製程、確定生產目標的達成。同時史文生也負責控制製造成本。

安德斯是行銷經理，主要負責銷售與遞送產品給玩具零售商。他負責監督行銷資源與廣告活動的運用，並監督業務人員的工作。同時安德斯也負責管理送貨的卡車司機，與控制所有行銷的相關成本。

作業：說明戴薇絲、史文生與安德斯等三人分別屬於線上人員或幕僚人員，並說明理由。

> **1-8**
> 線上人員與幕僚人員

請就下列四則報紙社論，提出你的看法與意見。

1. 商科學生來自社會的各個階層。如果這些學生的家庭、小學、和中學教育都沒有進行倫理道德教育，那麼念大專的時候，

> **1-9**
> 道德議題

道德教育的成效也就有限。

2. 除非多數美國人都接受爲了整體福祉而犧牲個人利益的觀念，否則這樣的行爲不可能發生。

3. 有能力的主管爲了社會的利益而管理員工與資源。金錢報酬和職稱只不過是工作表現優異的副產品罷了。

4. 不具道德操守的企業與個人就好像賭城拉斯維加斯的賭客一樣，最終都將二手空空地被淘汰。

| 1-10 |
| 道德議題 |

愛樂得公司是股權集中的投資服務集團，過去五年來的業績非常耀眼，大多數的高階管理階層都配發百分之五十 (50%) 的紅利。此外，最高階的財務主管和執行長的紅利則高達百分之一百 (100%)。愛樂得公司預估仍將維持高紅利的榮景。

近來，擁有普通股百分之三十五 (35%) 股權的高階管理階層發現一家大公司有意購併愛樂得。愛樂得公司的管理階層擔心這家公司可能會提出優厚條件拉攏其他股東，以致無法挽回被併購的命運。一旦愛樂得被併購，目前的管理階層可能不會被新的公司留任。爲此，管理階層正在考慮變更部份會計政策與方法，以違反一般公認會計原則所編製的報表讓愛樂得變成不具併購價值的公司。管理階層要求會計長狄爾霖進行上述變更，並向狄爾霖表示並不打算立即讓最高管理階層以外的任何人知道這些變更。

作業：參酌管理會計人員的道德行爲標準，評估狄爾霖的主管考慮進行的變更是否適當。針對狄爾霖爲了解決道德難題而應採取的各項步驟。

| 1-11 |
| 道德行爲 |

韋伯森公司 (Webson Manufacturing Company) 是一家生產航空工業零組件的公司，最近正在進行一項電腦系統轉換的的大工程。擔任會計長的達麥克成立了問題解決小組以減輕電腦系統轉換後產生的會計問題。達麥克指定副會計長蕭莫琳來領導問題解決小組，小組的成員則包括了成本會計人員藍包伯、財務分析人員魏辛亞、一般會計主管巴梅傑和財務會計人員葛喬治。

過去一個月以來，問題解決小組每星期都會定期召開一次會議。

蕭莫琳堅持參與所有小組成員的發言，以便蒐集資訊、做出問題解決小組的最終決定或行動、並呈交會議報告給達麥克。蕭莫琳也利用小組討論時間來討論與達麥克和公司最高管理階層的事件和爭議。最近一次的週會上，蕭莫琳告訴小組成員她聽無意間聽見達麥克講電話的時候，好像提到可能有一位競爭者想要收購公司股票。現在，幾乎公司的所有員工都在私下討論公司出售持股和公司被購併對他們的工作的影響。

作業：蕭莫琳和小組成員討論公司可能被購併的行為是否違反道德標準？請引用本章介紹的道德行為標準來支持你的論點。

JLA 電子公司是一家製造與銷售電腦與通訊設備的美國高科技公司。JLA 業已成功地研發出一種重量很輕的掌上型傳真系統，稱為Porto-Fax。使用這套系統的人可以輕易地收取與傳送資訊。根據行銷研究結果指出，這項產品的市場潛力可觀，並建議立即採取試銷行動。

<table>
<tr><td>1-12
道德責任</td></tr>
</table>

JLA 目前雖然擁有過剩的產能，但是公司卻決定另外興建廠房來生產 Proto-Fax，並且已經進展到決定廠房地點的進度。已經籌組工會的員工認為公司的這項決定是為了避免工會介入新產品的生產。負責選擇新廠地點的專案小組已經收到許多國內外的競標單，分別提供各項優惠條件吸引 JLA 到該地設廠。

這些優惠條件中有部份是針對個人的利益，例如提供專案小組成員優惠房租、減免不動產稅賦、餐廳的貴賓證、和免費參觀當地運動比賽等。其它與公司獲利相關的優惠條件則包括減免稅賦、低利或無息貸款、政府補助、和低價不動產等。行銷研究結果還指出，未來 Proto-Fax 的價格將是影響銷售的主要原因，進而建議專案小組選擇成本最低的地點設廠。

作業：

1. 何謂企業社會責任？
2. JLA 電子公司在決定新廠地點時，是否考慮到它的社會責任？
3. 說明專案小組成員的道德責任。

4. 討論現有廠房的工會在上述情況中可能具有的責任。

1-13
道德

Heart Health Procedures (HHP) 的外部稽核人員正在進行財務報表的年度稽核工作。根據規定，外部稽核人員編制了一份稽核報告，即將交由 HHP 的執行長 (Chief Executive Officer, CEO) 與主財務長 (Chief Financial Officer, CFO) 簽署認可。稽核報告的內容當中包括了證明：

剩餘或閒置的存貨均以淨變現價值表示，且
剩餘存貨或跌價存貨均以損失表示。

HHP 是以其研發的一種利用獨特的吹氣過程打通受阻的心臟血管而起家。近年來，由於競爭對手遭到美國食品藥物署 (FDA) 強迫停產類似的心臟血管吹氣裝置，HHP 的市場佔有率因而大幅提高。HHP 向單獨的一家供應商採購吹氣裝置中最重要也是最昂貴的組件。二年前，HHP 和供應商簽訂了五年的採購合約，合約價格是當年度的價格再加上各年度的通貨膨賬率。簽訂這項長期合約的用意是確保產品組件的供應，並避免新的競爭者加入。然而到了去年，HHP 的主要競爭者利用更新、更便宜的組件研製出技術上更為領先的產品。這項新產品已經通過 FDA 的認證，而且非常受到醫界的歡迎。HHP 預估目前已經呈現疲軟的市場佔有率將會大幅削減，而其採用的組件將因為競爭者使用的新組件而出現價格滑落的現象。主要競爭者已經授權部份外圍供應商以優惠的的價格購買這項新組件。目前，HHP 正在調查這項新組件的銷售情況。

HHP 的主管試用一項根據公司整體利潤訂定的紅利計畫。擔任製造部副總經理的洪吉姆負責生產與倉儲部門。在進行稽核期間，洪吉姆向執行長與主財務長表示，他並不知道公司有閒置存貨的情形，同時他也不知道有存貨或採購合約的價格遠高於目錢市價的情形。雖然副會計長倪瑪麗曾經告知洪吉姆由於市場佔有率下滑造成目前存貨過盛以及由於先前簽訂的五年採購合約造成重大損失的事實，但是洪吉姆仍然堅持其說法。倪瑪麗向她的會計長提到上述情況。這位會計長同樣也參與公司的紅利計畫，會計長的直接主管就是執行長。倪

瑪麗和外部稽核人員共同進行年度稽核時發現，外部稽核經理也沒有察覺存貨與採購合約的問題。倪瑪麗相當擔心這個情況，不知道應該如何處理。

作業：

1. 假設會計長並未告知執行長與主財務長公司的實際情況，請參酌「管理會計人員之道德行為標準」來探討會計長的道德考量。
2. 假設倪瑪麗認為會計長的行為有違道德，且會計長並未將其發現告知執行長與主財務長公司，說明倪瑪麗應該採取哪些步驟來解決這個情況。回答問題時請參酌「管理會計人員之道德行為標準」。
3. 說明 HHP 可以採取哪些行動來改善公司內部的道德情況。

　　說明合格管理會計師 (CMA)、合格公共會計師 (CPA) 以及合格內部審計師 (CIA) 的定義。對於內部會計人員而言，這三項專業證照各有何優點？（如有需要，各位可分別向全美會計人員協會 (Institute of Management Accountants)、各州會計專業委員會 (state Board of Accountancy) 與內部稽核人員協會 (Institute of Internal Auditors) 洽詢註冊管理會計師、註冊公共會計師與註冊內部審計師的相關資訊。）

> 1-14
> 研究工作

　　美體小舖向來被視為企業界的道德模範。舉例來說，美體小舖不會利用動物進行產品測試，此外，美體小舖在第三世界國家支付員工的薪資高達第一世界國家的水準。然而近來，美體小舖卻也遭致從事不道德行為的批評（例如發表不實的廣告內容）。請到圖書館查閱有關美體小舖的資料。你認為美體小舖是一所具有道德還是不具道德的企業？請寫一篇三到五頁篇幅的文章陳述你的觀點。請採用你所參閱的文章內容來支持你的觀點。

> 1-15
> 研究工作

第一篇

成本管理之基礎概念

第二章
成本管理之基本概念

學習目標

研讀完本章內容之後，各位應當能夠：

一．說明成本管理資訊系統、其目標及重要的次系統，並說明與其它作業和資訊系統之關聯。

二．解說成本分配過程。

三．定義有形產品與無形產品，並解說產品成本為何會有不同的定義。

四．編製製造業與服務業之損益表。

五．說明作業動因與成本習性間之關係。

六．解說傳統成本管理制度與當代成本管理制度間之差異。

　　　　研究成本會計與成本管理，必須先對基本的成本概念與術語和製造成本概念與術語的相關資訊系統進行瞭解。我們必須在建立基本的架構之後，才能眞正瞭解成本會計與成本管理領域中的各項課題。系統觀念就是達成這項學習目標的有效架構。但是何謂資訊系統？不同的目的是否各有不同的系統？同樣地，何謂成本？不同的目的是否也有不同的成本？本章內容著重介紹這些基本課題，作爲研讀本書的基礎。作者並不打算在此就以驚人的篇幅介紹所有的系統與成本，而是將在書中陸續介紹其它的系統與成本概念。然而，本章所介紹的基本概念仍是研讀往後章節的基礎。

系統架構

學習目標一

說明成本管理資訊系統、其目標及主要的次系統，並說明其與其它作業與資訊系統之關聯。

　　　　所謂**系統** (system) 是指爲達成特定目標所執行的一道或多道步驟的相關環節的組合。爲了讓讀者具體地瞭解此一概念，謹以家庭空調系統爲例說明。家庭中的空調系統是由數個相關的部份組合而成，包括壓縮機、風扇、恆溫器、和送風管路。家庭空調系統中最明顯的過程是空氣的冷卻；另一道過程則是冷風的輸送。這套系統的主要目標是提供舒適、涼爽的室內環境。值得注意的是，這套系統的每一個環節對於最終目標的達成都具有相關的影響。例如，如果沒有送風管路，即使其它部份都正常運作，還是沒有辦法達到冷卻的效果。

　　　　那麼究竟這套空調系統是如何運作的呢？這套系統的運作核心是它的步驟。簡而言之，一套系統接收不同步驟投入的結果後，轉換成符合系統目標的產出。以冷卻步驟爲例，首先需要投入的是溫暖的空氣、冷媒、和電力。這些投入再轉換成冷卻的空氣，也就是冷卻步驟的產出。冷卻步驟的產出，也就是冷空氣，對於空調系統的最終目標的達成具有舉足輕重的影響。冷卻後的空氣和電源又成爲送風步驟的投入。這道步驟是將投入的冷空氣輸送至所有的出風口，如此一來，室內降至理想的溫度後，就達成這套系統的目標了。**圖** 2-1 是空調系統的作業模式。

會計資訊系統

　　會計資訊系統也具有同樣的特點：(1) 交互相關的組成要件；(2) 步驟；(3) 目標。此處所謂相關的環節包括了訂單、銷售與應收帳款以及現金收據、存貨、總帳與成本管理等。這些交互相關的環節本身也都是獨立的系統，因此稱為會計資訊系統的次系統 (sub-system)。步驟則包括了資料的蒐集、記錄、總結與管理。某些步驟也可能是正式的決策模式－－亦即利用投入的內容，提供建議的決策做為產出的模式。會計資訊系統的最終目標是提供產出資訊給使用者。於是，**會計資訊系統** (Accounting Information System) 涵蓋了交互相關的人工與電腦作業，利用資料的蒐集、記錄、彙整、分析等步驟（亦即利用決策模式）將資料轉換成有用的資訊，並提供給使用者。

　　從實務的觀點來看，會計資訊系統是利用各項步驟將投入轉換成滿足這套系統的最終目標之產出。換言之，會計資訊系統的作業模式遵循著和一般的系統相同的模式。然而，會計資訊系統仍有二大不同特點。首先，會計資訊系統的投入通常是經濟事件。其次，會計資訊系統的作業模式另有一項重要的特色：資訊的使用者。這套資訊系統的產出結果會引發使用者不同的行動。某些情況下，產出的結果可能是使用者採取特定行動的基礎。這種情況尤以戰略性或策略性決策最為常見，反倒是例行性的決定較沒有這種情況。在其它情況下，輸出的結果可被用來確認業經採取的行動具有預定的效果。另一種常見的使用者行動則是回饋，事實上，回饋往往又成為後續作業系統績效的投入。**圖 2-2** 說明了會計資訊系統的作業模式，在圖中，投入、處理、產出等環節都以實例做為說明。（圖中僅以數例做為代表。）值得注意的是，圖中的資訊產出環節的其中一項是私人溝通，此乃因為許多使用者可能不耐等待正式的結果出爐，而直接向資訊提供者（例

如會計人員等）溝通以便及時取得所需的資訊。

前文中介紹的主要是會計資訊系統。接下來的篇幅中，作者主要將介紹會計資訊系統的一個重要的次系統。會計資訊系統可以分為二大次系統：(1) 財務會計資訊系統，與 (2) 成本會計資訊系統。這二大次系統彼此交互相關、密不可分，但是本章的重點將以成本會計資訊系統為主。理論上，財務會計資訊系統與成本會計資訊系統擁有相連的資料庫，財務會計資訊系統的產出可以作為成本會計資訊系統的投入，反之亦然。

圖 2-2

會計資訊系統之作業模式

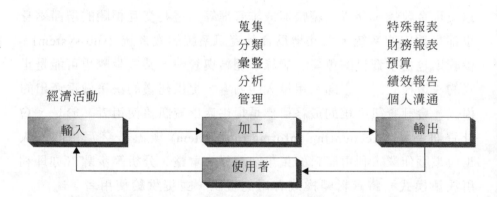

財務會計資訊系統 (Financial Accounting Information System)

財務會計資訊系統是會計資訊系統的分支，主要負責產出資訊給外部使用者。財務會計資訊系統是以符合特定規定與條件之經濟事件與過程為投入。財務會計的投入、與規範處理過程的規定和條件之性質係依循證券交易委員會 (Securities Exchange Commission, SEC) 與財務會計標準委員會 (Financial Accounting Standards Board, FASB) 之定義。財務會計資訊系統之最終目標是編製外部報告（財務報表），以供投資人、債權人、政府機關與其他外部使用者等做為投資決策、管理效能評估、企業活動之監督與法令規範等用途。

成本管理資訊系統 (Cost Management Information System)

成本管理資訊系統是會計資訊系統的分支，主要利用可以滿足管理目標之投入與步驟，將資訊產出給內部使用者。值得注意的是，成

本管理資訊系統並不受規範投入與步驟之正式規定之限制。事實上，規範投入與步驟之規定是以管理目標為基準。成本管理資訊系統共有三項概括性的目標。

1. 提供服務、產品與其它管理階層有興趣之事項的成本資訊。
2. 提供決策所需之資訊。
3. 提供規劃與控制所需之資訊。

　　關於滿足第一項目標的資訊，其規定端視計算成本事項之性質與管理階層想要瞭解的理由而定。舉例來說，符合財務會計標準委員會規定之產品成本可以用來計算存貨價值（表示於資產負債表上），並據以編製損益表（此時也需要銷售成本）。此時，便需要知道物料、人工與其它製造投入等的成本。此外，某些情況下，經理人可能想要瞭解與產品相關之所有成本，做為戰略性與策略性獲利分析的依據。遇此情況，便需要產品設計、開發、行銷與通路等相關之其它成本資訊。成本資訊也可做為規劃與控制功能之基本投入，可以幫助經理人決定應該做什麼、為什麼應該做、應該如何進行、以及應該做到何種程度。例如，新產品的預估收入與成本可能影響新產品的設計與行銷活動。也就是說，預估收入與成本可能涵蓋新產品完整的生命週期。因此，新產品設計、開發、測試、生產、行銷、通路與服務等預估成本便成為不可或缺的資訊。最後，成本資訊更是許多管理決策的重要投入。例如，負責決定公司應該繼續自製零組件或者應該向供應商採購零組件的經理人將會需要相關的、及時的、正確的成本資訊。更精確地來說，這位經理人將會需要瞭解物料、人工、與製造零組件相關之生產投入等之成本以及如果停產這項零組件時將可刪除上述哪些成本等資訊。此外，與外購零組件相關之成本，包括進料與倉儲等內部作業之成本在內，也是重要的參考依據。

成本管理資訊系統與其它作業系統和功能之關係

　　成本管理資訊系統產生的成本資訊必須對企業整體具有利用價值。因此，品質優良的成本管理系統應該具有企業組織的全方位觀點。擔任不同職能的經理人利用成本資訊來做出決策與評估。舉例而言，工程部門的經理人必須擬訂與產品設計相關之策略性決策。不同的設計帶來不同的成本（不同的設計可能在生產、行銷、與服務成本上出現極大的差異）。針對不同的設計，經理人必須擁有可靠而且正確的成本資訊，才能做出最適當的決策。為了提供可靠而且正確的成本資訊，成本管理系統除與設計和開發系統產生互動外，也必須和生產、行銷與顧客服務系統產生關聯。戰略性決策所需之成本資訊也是同等重要。譬如：業務經理決定接受可能低於正常售價之訂單時，便需要可靠而正確的成本資訊。在報告顯示生產系統產能閒置時接受上述訂單，公司才有獲利可言。換言之，健全的決策必須整合成本管理系統、行銷

圖 2-3

整合式成本管理系統

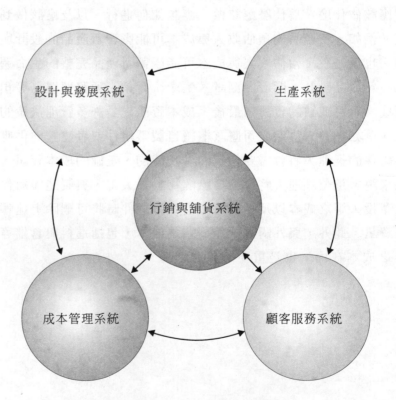

與通路系統以及生產系統。上述二個例子告訴我們，成本管理系統必
須具有企業組織的全方位觀點，必須適當地整合組織內部的非財務職
能與系統。以往少有成本管理系統與其它作業系統整合之作法。然而
當前競爭激烈的環境卻促使企業必須更加密切地注意所有職能領域的
成本管理課題。**圖** 2-3 說明了企業組織內部預期的互動關係。

　　在**圖** 2-3 中，成本管理系統自所有作業系統取得資訊，並提供
資訊給這些作業系統。在可能的範圍內，成本管理系統應與組織的作
業系統整合。職能的整合能夠降低資料的重覆儲存與使用，延長資訊
的時效，提高製作可靠且正確的資訊之效率。

圖 2-4

產品或服務之價值鍊作
業

　　如**圖** 2-3 所示，整合的成本管理系統暗示我們，管理階層必須
強調價值鍊所有環節的成本管理。價值鍊 (Value Chain) 係指產品
（或服務）設計、開發、生產、行銷、通路與服務所需之一連串的活
動。**圖** 2-4 說明了價值鍊的觀念。

　　價值鍊成本法是將成本分配予價值鍊中的各個環節。價值鍊活動
的成本報告是成本管理系統的重要產出。常見的應用是產品成本的計
算。分別計算價值鍊中不同環節的成本帶來了不同的產品成本的定義。
例如，傳統的產品成本定義（存貨價值與外部報告使用之銷售成本）
只有涵蓋生產活動的成本。價值鍊中的其它所有環節在發生當期則以
費用處理。本章稍後將再詳細說明產品成本定義。在這裡，讀者必須
瞭解的是我們對價值鍊所持的觀點將會影響成本管理資訊系統之設計。
企業組織必須確實認同成本管理系統的設計應該用以支援非財務職能
（包括產品設計、採購、生產、行銷、銷售、顧客服務與通路等）之
成本管理需求。這些概括性的設計目標可能需要成本管理系統提供比

外部報告規定之資訊產出更爲廣泛而精確的成本資訊。

不同目的之不同系統

　　財務會計系統與成本管理系統是不同的系統用以滿足不同目的之最佳例證。（你能說明這二套系統的個別目的嗎？）誠如前文所述，這二套系統其實是會計資訊系統的二大次系統。成本管理資訊系統同樣也擁有二大主要次系統：成本會計資訊系統與作業控制資訊系統。這二個次系統的目標與前文所述成本管理資訊系統之第一項與第三項目標（成本與控制目標）相呼應。這二個次系統的產出則能滿足第二項目標（決策目標）。

　　成本會計資訊系統 (Cost Accounting Information System) 是成本管理的次系統，用以計算管理階層需要之個別產品與服務及其它事項之成本。就外部財務報表來說，成本會計系統必須計算個別產品存貨價值，並導出銷售成本。此外，這些計算成本的方法必須符合證券交易委員會與財務會計標準協會之規定。上述規定並未要求個別產品的所有成本應與個別產品之需求相關連。因此，利用財務會計原則來定義產品成本可能導致低估或高估個別產品成本之現象。對於存貨價值與銷售成本來說，利用財務會計原則來定義則無此顧慮。存貨價值與銷售成本是以總數表示，低估與高估的報表在某些情況下仍可視爲正確的數據。

　　無論如何，就個別產品而言，扭曲的產品成本可能促使經理人作出重大的決策錯誤。舉例而言，經理人可能因此輕忽實際上獲利表現優異的產品。決策的擬訂需要正確的產品成本資訊。在可能範圍內，成本會計系統提出的產品成本應該正確無誤，同時應該符合財務報告之規定。不然，成本系統必須提出二套產品成本：一是符合財務報告規定之產品成本，二是滿足管理階層決策需求之產品成本。

　　作業控制資訊系統 (Operational Control Information System) 也是成本管理的次系統，用以提供正確且及時的回饋予經理人等做爲規劃與控制活動績效之參考依據。作業控制係指應該從事哪些活動，以及應該如何從事這些活動之課題。作業控制強調找出改善的機會，

以及協助當事人找出改善的方法。良好的作業控制資訊系統能夠提供資訊協助經理人進行作業之持續改善。

產品成本資訊在作業控制的過程中具有一定的影響，但並非唯一的變數。規劃與控制所需要的資訊較為廣泛，涵蓋了價值鍊的所有環節。例如，每一家以獲利為目的的製造業與服務業的生存目的是服務顧客。因此，作業控制系統的目標之一便是提升顧客接收的價值。企業生產的產品與服務應該符合特定的顧客需求（觀察這個觀點如何影響價值鍊中的設計與開發系統）。良好的品質、合理的價格、低廉的後續成本（產品的操作與維持）等同樣也是顧客極為關切的焦點。作業控制資訊系統的另一項相關目標則是藉由提供顧客滿意的價值來改善獲利情況。企業必須相對獲得合理的利潤，才能提供設計良好、品質優異、價格合理的產品。與品質、設計、後續顧客需求等相關之成本資遂成為管理規劃與控制的重要依據。

成本分配：直接分配、動因分配與分攤

讀者想要研究成本會計系統與作業控制系統，就必須瞭解成本的意義並熟悉與這二套系統相關之成本專業術語。此外，我們必須瞭解分配成本的步驟。成本分配是成本會計系統的主要步驟之一。近年來，如何改善成本分配步驟的課題更已成為成本管理領域的主要發展之一。在討論成本分配步驟之前，首先我們必須定義成本的意涵。

成本 (Cost) 是指與預期可替組織帶來眼前或未來的利益之產品或服務所犧牲的現金或與現金等值的價值。定義中包括與現金等值的價值係因非現金資產亦可用於交換預期生產的產品或服務。好比企業可以用設備來換得生產所需之物料。

成本的發生是為了帶來未來的利益。在追求利潤的企業組織內，未來的利益通常代表著收入。由於成本是用以創造收入，因此到期的成本就稱為**費用** (Expenses)。在每一個會計期間內，損益表上的收入扣除費用之後就是當期的利潤。**損失** (Loss) 是指並未創造任何收入利益的到期成本。舉例來說，沒有購買保險的存貨受到淹水之害後就會在損益表上以損失表示。許多成本則未在預定期間內到期。這些

學習目標二

解說成本分配過程。

未到期的成本歸類為損益表上的**資產**(Assets)。電腦和工廠廠房就是持續存在超過一個會計期間的資產。值得注意的是,成本應該歸類為費用或資產的主要差別在於時機。本書將在後面的章節再行詳述。

成本標的

管理會計系統的結構設計是用以計算與分配各項成本項目,稱為成本標的。所謂**成本標的** (Cost Objects) 包括了產品、顧客、部門、計畫、與活動等,是成本計算與分配的單位。舉例來說,如果我們想要找出廠房維修部門的經營成本,成本標的就是維修部門。如果目標是找出開發新玩具的成本,那麼成本標的就是新玩具的開發計畫。最後應當一提的是活動。**作業** (Activity) 是企業組織內工作的基本單位。活動亦可解釋為企業經理人為規劃、控制、與決策等目的所進行之一連串活動之總和。近年來,企業活動逐漸成為重要的成本標的。企業活動在成本分配的步驟中扮演相當重要的角色,且為當代管理會計系統的重要成份。常見的活動包括了為生產目的而設定規格的設備、移動物料與產品、採購零件、向顧客請款、支付帳款、維修設備、發出訂單、設計產品、檢驗產品等。值得注意的是,活動應由動作動詞(例如支付和設計等)與接受動作的標的(例如帳單和產品等)組合而成。此外,動作動詞與標的的將顯露出特定目標。

分配的正確性

將成本準確地分配在各項成本標的上是非常重要的工作。此處的準確性並不是依據所謂的「真實」成本的知識來測量。相反地,這是一種相對的概念,且與採用的成本分配方法的合理性與邏輯性有關。成本分配的目的是盡可能正確地計算與分配各該成本標的耗用的資源之成本。某些成本分配方法顯然較其它方法的正確度高。舉例說明之,假設我們想要找出戴伊蓮的午餐成本。戴伊蓮是一位經常光顧校園外的比薩店 Hideaway 的學生,這家比薩店的營業時間是中午十二點到下午一點。成本分配的方法之一就是計算中午十二點到下午一點間光

臨比薩店的顧客人數，再除以同時段的總收入。假設計算的結果是每一位午餐時段的顧客平均消費 4.5 美金，我們可以據此推斷戴伊蓮的午餐成本就是 4.5 美金。又或者，我們可以和戴伊蓮一起到餐廳裡，實地觀察她的午餐內容。假設戴伊蓮每天都吃一片比薩和一杯中杯飲料，花費固定是 2.5 美金。讀者很容易就可以辨別哪一種成本分配方法比較精確。第一種方法計算出來的 4.5 美金，顯然受到其他顧客（成本標的）的消費模式的影響而扭曲。經過進一步瞭解後發現，大多數用午餐的顧客點購的是 4.99 美金的特餐（包括迷你比薩、沙拉和中杯飲料）。扭曲的成本分配可能導致錯誤的決策與評估。舉例而言，如果工廠經理想要決定繼續自行生產電力或改向當地的電力公司購買電力，便需要進行精確的成本分配分析。電力生產成本的高估可能會促使工廠經理認為應該停止自行生產電力，改採外購。如果能夠精確地進行成本分配分析，或許工廠經理會做出維持自行生產電力的決定。從這個例子當中我們可以瞭解，粗糙的成本分配可能反而導致更高的成本。

可追蹤性 (Traceability)

揭露成本分配至不同標的的關係有助於提高成本分配的正確性。成本和成本標的之間互有直接或間接的關係。**間接成本** (Indirect Costs) 係指無法輕易且精確地分配至成本標的的成本。**直接成本** (Direct Costs) 則指可輕易且精確地分配至成本標的的成本。可以輕易地追蹤係指可以符合經濟效益的方法分配成本，可以精確地追蹤成本則指可以利用常見的會計關係來分配成本。因此，**可追蹤性** (Traceability) 就是指以符合經濟效益的方法，直接分配成本予具有常見會計關係的成本標的。能夠分配至各項成本標的的成本愈多，成本分配的正確性就愈高。可追蹤性對於正確成本分配的建立非常重要。作者必須另外強調的是，成本管理系統必須涉及各項成本標的。於是，某些特定的成本項目可能同時被歸類為直接成本與間接成本，端視其成本標的而定。舉例來說，如果工廠是成本標的，那麼工廠的冷氣與暖氣成本是直接成本；然而如果成本標的是這座廠房生產的產品，那麼工廠的冷氣與暖氣成本就是間接成本。

追蹤方法 (Methods of Tracing)

可追蹤性係指成本可以輕易、精確地分配成本的特性,而追蹤則是指利用可以觀察到的方法,針對成本標的耗用之資源進行實際之成本分配。分配成本標的之成本有二種方法: (1) 直接追蹤與 (2) 動因追蹤。**直接追蹤** (Direct Tracing) 是找出與分配成本標的具有特定或實質關聯之成本。找出與成本標的具有特定關聯之成本,最常利用實際觀察的方式。舉例說明之,假設電力部門是成本標的,則電力部門主管之薪資與用以生產電力之燃料就是與成本標的 (電力部門) 具有特定關聯 (經由實際觀察得知) 之成本。再以製造產品的物料與人工為例,這二者都具有可以實際觀察的特性,因此,這二者便可直接計入產品的成本。在理想狀況下,所有的成本都可以直接分配的方法計入特定成本標的之成本項目。然事與願違的是,實務上很難藉由實際觀察就能得知成本標的耗用資源的實際數量。因此,較理想的方法是利用因果邏輯來找出經由觀察可用以計算成本標的之資源耗用量之因素－－即動因。**動因** (Drivers) 是造成資源使用、作業使用、成本、與收益等改變之因素。**動因追蹤** (Driver Tracing) 則是利用動因來分配成本予成本標的。動因分配的精確程度雖然略遜於直接分配,但如因邏輯關係健全的話,仍可提高動因分配方法的正確性。

動因分配方法是利用二種動因來分配成本標的之成本:資源動因與作業動因。**資源動因** (Resource Driver) 測量作業活動對資源之需求,可用以分配各項作業活動之資源成本。以「設備維修」這項作業為例,這項作業耗用的資源包括零件、設備、工具、人工與能源 (設備與工具運轉的電力)。其中,設備、工具和物料可以直接分配予作業活動。至於電力與人工等資源則無法直接分配予作業活動。想要實際觀察設備維修耗用電力的情形,必須利用電表。然而電表並無法單獨計算單項作業活動耗用的電力。此時,便可利用「機器小時」這一項資源動因來分配電力。舉例來說,測量成本標的假設每一機器小時的電力成本是 0.5 美金,而設備維修這項作業活動總共花費 20,000 機器小時,則可推算出這項作業活動之電力成本為 10,000 美金 ($0.50 × 10,000)。作業活動的總成本是由可分配的資源成本與資源動因分

作業	潛在作業動因
設定設備	設定次數
移動物料	移動次數
訂購物料	訂購單份數
鑽孔	機器小時
重新設計產品	工程小時
付款	發票張數
檢查製成品	生產批次數目
維護設備	維護小時
提供電力	仟伍小時
包裝產品	盒數
安排生產排程	不同產品數目

圖 2-5

潛在作業動因之釋例

配成本加總而得。一旦找出設備維修的總成本，則又可以利用作業動因來計算耗用這項作業活動之成本標的之成本。**作業動因** (Activity Drivers) 估算成本標的對作業活動之需求，可用以分配各項作業活動之作業成本。換言之，作業動因和實際維修時數等都可用以分配成本標的（生產部門）之作業成本或設備維修成本。假設提供設備維修作業之成本為每一維修小時 20 元，生產部門總共使用了 2,000 個維修小時，則可推算出生產部門之作業成本為 40,000 元 ($20 × 2,000)。

圖 2-5 列示了幾項作業活動與其可能的作業動因的範例。

前文介紹的動因分配模式可以**圖** 2-6 來說明。動因分配模式是作業制成本法（成本分配方法之一）的核心。**作業制成本法** (Activity-based Costing) 首先分配作業活動的成本，然後分配成本標的之成本。本書將在後面的章節仔細說明作業活動與其它成本標的之成本分

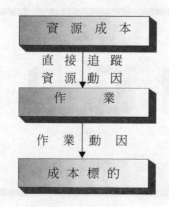

圖 2-6

利用動因追蹤來分配成本

配之計算程序。本章的重點在於瞭解我們可以利用直接追蹤、資源動因與作業動因等來分配成本於各項成本標的中。

間接成本之分配

間接成本無法分配至個別的成本標的。換言之,成本與成本標的之間並無具體之關聯,或者無法以符合經濟效益之方法找出此一關聯。分配成本標的之間接成本的動作稱為**分攤** (Allocation)。由於並無具體關聯,因此間接成本之分攤係以慣例為某種假設的關聯為基礎。以製造五種產品之工廠空調與照明為例,假設必須將能源成本分配至五項產品,則很難找出具體的關聯。依照慣例,我們可以利用每一項產品耗用的直接人工小時的比率來分配其能源成本。隨意分配成本標的之成本會降低成本分配的整體正確性。有鑑於此,計算成本的最佳政策是只要分配可以分攤的直接成本至成本標的即可。然而不容否認的是,除了正確性的考量之外,間接成本的分配可能另有其目的。例如,產品(即成本標的)間接成本之分配可能是基於外部報告的規定。無論如何,管理階層使用成本分配資訊的時候,仍應儘可能要求資訊的正確性。此外,直接成本與間接成本之分配應該分別列示。

成本分配之結語

前述段落的討論提出三種成本標的之成本分配的方法:直接追蹤、動因追蹤與分攤。**圖** 2-7 列示出這三種方法。就成本分配的精確性

圖 2-7

成本分配方法

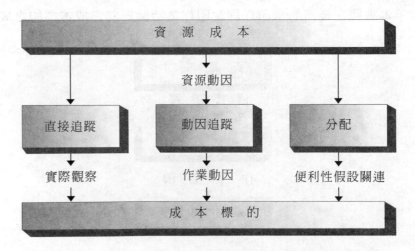

而言，因為直接追蹤的方法是利用實際觀察具體的關聯，因此結果最
為精確。動因追蹤是以稱為動因的具體因素將成本分配於標的之上。
動因方法的正確性端視動因所代表的具體關係之品質而定。找出具有
一定品質的動因之成本遠高於直接追蹤或分攤方法。事實上，分攤的
方法具有執行上簡便與成本低廉的優點。美中不足的是，分攤方法是
精確性最低的成本分配方法，並應儘可能避免使用。在許多情況下，
動因追蹤方法的高精確性所帶來的利益會超過其額外的計算成本。作
者將在稍後再詳細討論成本－－利益的課題。真正的重點是如何在形
形色色的成本管理系統中擇優施行。

產品與服務成本

　　企業組織的產出代表了最重要的成本標的之一。組織的產出有二
類：有形的產品與服務。**有形產品** (Tangible Products) 是利用人工
與資本投入（例如工廠、土地、與機器設備）將原料轉換成的產品。
電視、漢堡、汽車、電腦、衣服、與傢俱等都是常見的有形產品。**服
務** (Services) 是為顧客所從事的工作或作業，或是顧客利用組織的
產品或設施所從事的作業。企業亦可利用物料、人工與資本投入創造
服務。保險、醫療、喪葬、與會計等是為顧客所從事的服務。汽車租
賃、錄影帶出租與溜冰等則是顧客利用組織的產品或設施所從事的服
務。　服務與有形產品的差異主要可以分為三個方面:無形、短暫、不
可分割。無形是指服務的消費者在購買之前無法看見、感覺、聽見或
品嚐。換言之，服務是一種無形的產品。短暫是指服務無法儲存的特
性（部份特殊情況下，有形產品也無法儲存）。第三項的不可分割則
是指服務的生產者與消費者通常必須直接接觸才能夠產生交換動作。
事實上，服務往往無法從生產者獨立分割出來。舉例來說，眼科檢查
就需要病患與眼科醫生同時在場才能進行。然而有形產品的生產者卻
往往不需要和消費者直接接觸。常見的例子是購買汽車的消費者從來
不需要和製造汽車的工程師與裝配工人接觸。
　　生產有形產品的企業組織稱為製造業。生產無形產品的企業組織
則稱為服務業。生產產品或服務的企業組織，其經理人必須瞭解個別

學習目標三

定義有形與無形產品，並
解說何以有不同的產品成
本定義的原因。

產品的成本，其目的包括了獲利分析、以及和產品設計、定價、與產品組合相關之策略性決策。以位於美國俄亥俄州奧克拉荷馬市的 Fleming Co.為例，這家食品經銷商就發現將產品成本與零售消費者的服務成本分開計算是彈性行銷計畫的主要基礎。個別產品成本可以分配至有形產品或無形產品。於是，當我們討論產品成本的時候，事實上囊括了無形產品與有形產品。

為不同目的計算不同的成本

產品成本 (Product Cost) 是滿足特定管理目標的成本分配方法。因此，產品成本的定義端視產品所能達到的管理目標而定。產品成本的定義反應出一項成本管理的基本準則：「為不同的目的計算不同的成本。」然而我們卻不能單憑這項準則而一味地增加各種產品成本的計算方法。舉例說明之，財務報表的成本分配法主要是以分攤為基礎，為管理規劃與決策目的所需之個別產品成本分配主要則是以直接追蹤和動因追蹤為基礎。然而只要成本分配符合財務會計標準委員會對於產品成本之定義，則財務報表所使用的成本分配法可與為其它產品成本管理目標所使用之方法相同。在非必要情況下使用一項以上的產品

圖 2-8

產品成本定義之釋例

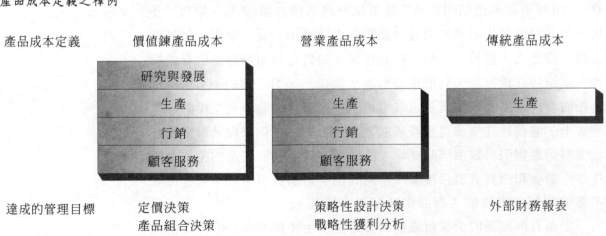

產品成本定義	價值鍊產品成本	營業產品成本	傳統產品成本
	研究與發展 生產 行銷 顧客服務	生產 行銷 顧客服務	生產
達成的管理目標	定價決策 產品組合決策 策略性獲利分析	策略性設計決策 戰略性獲利分析	外部財務報表

成本法不僅會造成混淆（尤其對非財務經理人更是如此），更可能降低成本管理資訊系統之可信度。

產品成本的定義會因其滿足目標之程度而有所差異。圖 2-8 列出三項產品成本定義與其個別滿足的目標。就定價決策、產品組合決策與獲利分析等而言，所有可以分配的成本必須分配至產品，並應包括主要價值鍊活動（例如：研發、生產、行銷與顧客服務等）之成本。策略性產品設計決策與戰略性獲利分析而言，就需要生產成本、行銷成本、與顧客服務成本（包括顧客售後成本）。就外部財務報表而言，財務會計標準委員會之規定要求只需將生產成本計入產品成本即可。其它目標則可能使用其它的產品成本定義（除圖 2-8 所示以外）。

產品成本與外部財務報表

成本管理系統的中心目標之一是計算外部財務報表所需之產品成本。就計算產品成本的目的而言，外部賦予之規定要求成本必須根據其滿足之特定目的或功能進行分類。成本可以分為二項主要的功能類別：生產成本與非生產成本。**生產成本** (Production Cost) 係指與製造產品或提供服務相關之成本。**非生產成本** (Nonproduction Costs) 係指與銷售功能和管理功能相關之成本。就有形產品而言，其生產成本與非生產成本經常分別稱為 *製造成本 (Manufacturing Costs)* 與 *非製造成本 (Nonmanufacturing Costs)*。生產成本可以再細分為 *直接物料 (Direct Materials)*、*直接人工 (Direct Labor)* 與 *費用 (Overhead)*。只有這三項生產成本可以計入外部財務報表之產品成本中。

直接物料 (Direct Materials)

直接物料係指可分配予業已生產之產品或服務之原料。這些原料可以直接計入產品成本，因為我們可以藉由實際的觀察來計算每一個產品耗用的原料數量。本身就是有形產品的部份內容或是在提供服務的過程中使用的原料通常也歸類為直接物料。舉凡汽車輪胎、傢俱的木料、威士忌的酒精、牛仔褲的布料、矯正牙套、外科手術用的紗布、葬儀棺木、飛機上的餐點等都是常見的直接物料。

直接人工 (Direct Labor)

直接人工係指可以分配予業已生產之產品的人工。和直接物料一樣，我們可以藉由實際的觀察來計算每一個產品或服務耗用的人工數量。將原物料轉換成產品或提供服務予顧客之員工歸類為直接人工。例如克萊斯勒汽車公司的裝配工人、餐廳的領檯、參與心臟手術的外科護士與達美航空的機師等都是常見的直接人工。

費用 (Overhead)

費用係指除直接物料與直接人工以外所有生產成本。在製造業中，費用也稱為**工廠負荷** (Factory Burden) 或**製造費用** (Manufacturing Overhead)。費用成本涵蓋的範圍相當廣。除了直接人工與直接物料以外，還需要許多投入才能生產產品。常見的費用包括建築與設備的折舊、維修、耗用物料、物料處理、電費、廠房佈置、和工廠安全等。**耗用物料** (Supplies) 通常係指雖為生產所必需、但不包括在製成品內或不在提供服務時使用之原料。舉凡速食店所使用的餐具清潔劑、生產設備使用之潤滑油等均為常見的耗用物料。

至於包括在製成品內，但卻不具重要性的直接物料通常視為間接原料，而記做費用。這項作法是基於成本與便利之考量，因為分配這些原料成本的成本要遠遠超過其所帶來的效益。傢俱所使用的膠水和玩具就是實務上常見的例子。

直接人工的加班成本通常也以費用處理。其基礎理論是基本上沒有任何特定的生產過程可以做為加班的理由。但若加班成本變成所有生產過程的常態的話，則改以間接製造成本處理。值得注意的是，只有加班成本本身記做間接製造成本。假設工人的日常時薪是 8 美金，加班的時候加發 4 美金，這時候只有加發的 4 美金可以記做費用，原本日常的 8 美金薪資仍以直接人工成本處理。然而某些情況下，費用可能與特定的生產過程相關聯，例如生產已達百分之百 (100%) 的產能時所接下的特殊訂單即屬之。遇此特殊情況，因為加班而加發的薪資記做直接人工成本較為適當。

銷售與管理成本 (Selling and Administrative Costs)

　　非製造成本可分爲二類：銷售成本與管理成本。就外部財務報表而言，銷售成本與管理成本屬於**期間成本** (Period Costs)。期間成本係指在發生當期即耗用完畢之成本。換言之，期間成本不得分配予產品，亦不得列入損益表上的存貨價值。就製造業而言，期間成本的比率可能非常重，經常超過銷售收入的百分之二十五 (25%)，確實控制期間成本會比延用與生產成本領域一樣的控制方法節省較多的成本。以美國通用汽車爲例，自一九九二年以來已將平均每年高達三十八億美金的健康保險費用削減了百分之八 (8%)。另一方面，寶鹼公司則花費龐大的資金投入廣告以提升其在中國大陸的洗髮精與清潔劑的市場佔有率。寶鹼的單月廣告成本遠遠超過最具媒體概念的中國大陸的企業整年度的廣告成本。從試用品成本與送發試用品的數千名當地員工的成本可以看出，大陸地區的行銷預算勢必佔了寶鹼公司總預算中相當程度的比重。就服務業而言，銷售成本與管理成本的相對重要性端視所提供服務之性質而定。舉例而言，醫生和牙醫非常少涉及行銷活動，銷售成本也就相當降低。此外，航空公司就可能需要可觀的行銷成本。

　　凡爲產品或服務之行銷與舖貨所必需之成本稱爲**行銷成本** (Marketing Costs) 或**銷售成本** (Selling Cost)。這些成本經常被稱爲取得訂單成本 (Order-getting Costs) 與完成訂單成本 (Order-filling Costs)。常見的銷售成本包括：業務員的薪資與佣金、廣告、倉儲、運送與客戶服務等項目。前二項屬於取得訂單成本；其餘三項則屬於完成訂單成本。

　　與企業組織之一般管理相關，且無法合理地分配爲行銷或生產成本的所有成本，稱爲**管理成本** (Administrative Costs)。一般管理的職責在於確保適當地整合企業的各項作業，以利實現企業的整體使命。舉例說明之，企業的總經理必須兼顧行銷與生產的效率，監督行銷與生產的個別角色。適當地整合這二項職能，對於企業整體獲利的極大化目標影響甚鉅。常見的管理成本包括高階主管的薪資、法律顧問費用、年報的印製、一般會計作業以及研究發展等。

主要成本與加工成本 (Prime and Conversion Costs)

製造與非製造的分類方式是頗為重要的成本概念。非製造成本與製造成本之間的職能界限是非存貨成本 (Noninventoriable Costs) 與存貨成本 (Inventoriable Costs) 概念的基礎——至少就外部財務報表的目的而言確是如此。不同的生產成本的結合同樣帶來了轉換成本與主要成本的概念。

主要成本 (Prime Costs) 係指直接物料成本與直接人工成本的加總。**轉換成本** (Conversion Costs) 係指直接人工成本與費用成本的加總。就製造業而言，轉換成本可以解釋為將原料轉換成為最終產品的成本。

外部財務報表

學習目標四

編製製造業與服務業之損益表。

外部財務報表規定，成本必須依照功能別分類。編製損益表的時候，生產成本、銷售成本、與管理成本必須分別列示。分別列示的原因是生產成本視為產品成本，而銷售成本與管理成本則視為期間成本。因此，已銷產品之生產成本在損益表上應以費用（銷售成本）標示。

圖 2-9

製造業損益表
一九九八年十二月三十一日

銷貨收入		$2,000,000
銷貨成本：		
期初製成品存貨	$　250,000	
加項：製造成本	1,200,000	
可供銷貨成本	$1,450,000	
減項：期末製成品存貨	(150,000)	1,300,000
毛邊際		$　700,000
減項：營業費用		
銷售費用	$　300,000	
行政費用	150,000	(450,000)
稅前收益		$　250,000

未銷產品之生產成本在損益表上則以存貨標示。銷售費用與管理費用視爲期間成本，應認列費用，做爲期間與當期之減項。上述成本均不列示於損益表上。

製造業之損益表

以製造業之功能分類方式編製之損益表，如圖 2-9 所示。這份損益表係遵照初級財務會計課程中介紹過的傳統格式所編製。根據功能別分類計算的損益通常稱爲**攤配成本計算損益** (Absorption-costing Income) 或**全額成本計算損益** (Full-costing Income)，因爲所有製造成本都應完全分配予產品中。

所謂的攤配成本計算法係根據功能類別將費用分開，自收益中扣

圖 2-10

製造成本表
一九九八年十二月三十一日

直接物料		
期初存貨	$200,000	
加項：購料	450,000	
可得物料	$650,000	
減項：期末存貨	(50,000)	
使用直接物料		$600,000
直接人工		350,000
製造費用：		
間接人工	$122,500	
折舊	177,500	
租金	50,000	
水電	37,500	
財產稅	12,500	
維護	50,000	450,000
增加總製造成本		$1,400,000
加項：期初在製品		200,000
總製造成本		$1,600,000
減項：期末在製品		(400,000)
製造成本		$1,200,000

除後即爲稅前純益。如**圖** 2-9 所示，費用主要分爲二大類：銷貨成本與營業費用。這二大類別分別與企業組織的製造費用與非製造費用互相呼應。銷貨成本係指與售出數量之直接物料、直接人工、與費用等之成本。在計算銷貨成本之前，必須先決定製造成本。

製成品成本 (Cost of Goods Manufactured)

製成品成本係指當期製造完成之產品的總成本。分配予製成品之成本只有直接物料、直接人工、與費用等製造成本。製成品成本其實是經由一連串複雜的計算而得，因此另有製成品成本表 (Statement of Cost of Goods Manufactured) 做爲輔助說明。依據**圖** 2-9 之損益表所編製的製成品成本表見於**圖** 2-10。 值得注意的是，在**圖** 2-10 中，本期製造總成本加上期初的製造成本後才是最終的總製造成本。總製造成本扣除期末的製造成本後才是製成品成本。如果製成品成本僅僅屬於單一產品，那麼將製成品成本除以製成品數量後就是單

圖 2-11

服務業損益表 **一九九八年十二月三十一日**		
銷貨收入		$ 325,000
減項：		
銷售服務成本：		
期初在製品		$ 10,000
增加服務成本：		
直接物料	$ 50,000	
直接人工	90,000	
費用	115,000	
	255,000	
總計	$265,000	
減項：期末在製品	15,000	250,000
毛利		$ 75,000
減項：營業費用		
銷售費用	$ 4,000	
行政費用	17,500	21,500
稅前收益		$ 53,500

位平均成本。例如，假設圖 2-10 是香水瓶的生產所編製的製成品成本表，當期製造了 240,000 個瓶子。則單位平均成本就是每瓶 5 美金（$1,200,000/240,000）。

在製品 (work in process) 包括特定期間內尚未完全完成之所有產品。期初在製品為期初所有的在製品存貨。期末在製品則為期末所有的在製品存貨。在製成品成本表中，這些在製品的成本均記做期初在製品成本與期末在製品成本。期初在製品成本代表前一會計期間的製造成本；期末在製品成本則代表下一會計期間的製造成本。無論是前述哪一種情況，都必須增加額外的製造成本才能將在製品加工成為製成品。

服務業之損益表

圖 2-11 是服務業損益表的範例。在服務業中，其服務的銷貨成本與製造業產品的銷貨成本的計算方式並不相同。和製造業明顯不同的是，服務業沒有製成品存貨——因為他們沒有辦法儲存服務。為此，服務的銷貨成本就等於製成品成本。此外，如圖 2-11 所示，當期的服務銷貨成本（與製成品相等）可以根據圖 2-9 同樣的格式來計算。從圖 2-11 中，我們可以看出事實上仍有在製服務的存在。例如，建築師繪製的設計圖可能尚未完成，或者牙醫師的有多位病患可能處於不同的治療階段。

作業動因與成本習性

編製外部財務報表之成本資訊雖然重要，卻也不容忽略其它產品成本目標與作業控制之成本資訊。對於成本型態之瞭解是滿足這些額外目標的基本條件。其中，對於作業成本之瞭解尤其重要。瞭解作業成本有助於產品成本之分配，並可做為預算編列與決策制訂之重要輸入。為了瞭解成本習性，作者必須在此介紹幾項作業術語。

學習目標五

說明作業動因與成本型態間之關聯。

成本習性概念 (Cost Behavior Concepts)

　　每一項作業活動都有投入與產出。**作業投入** (Activity Inputs) 是爲製造產出之作業所耗用的資源。作業投入是促使作業之執行的因素，並可分爲四類：原料、能源、人工、與資金。作業將投入的資源進行轉換，然後得到產出。**作業產出** (Activity Outputs) 則是作業的結果或產品。舉例來說，假設作業活動的內容是搬移物料，那麼投入就是箱子（物料）、油料（能源）、堆高機操作人員（人工）以及堆高機（資金）。產出的結果就是物料移動的完成。**作業產出計算方法** (Activity Output Measure) 能夠讓我們瞭解完成作業之次數，是評估產出的量化工具。舉例而言，移動的次數可能就是移動物料這一項作業之產出計算。產出計算方法能夠有效地計算作業之需求，與作業動因關係密切。**成本習性** (Cost Behavior) 可以說明作業投入的改變與作業產出改變之間的關聯。**圖 2-12** 舉出投入、作業、作業產出、與成本習性之間的關聯。爲了找出成本型態，必須確立作業的定義，找出並計算產出與投入，進而計算作業產出的改變對於投入成本的影響。想要找出成本習性，最困難的工作或許會是如何找到計算作業產出的好方法。

　　我們可以藉由作業活動的分類來簡化導出計算作業產出方法的過程。作業可以分爲四大類別：(1) 單位層次，(2) 批次層次，(3) 產品層次，與 (4) 設施層次。作業分類的方法非常有效，因爲不同層

圖 2-12

作業成本習性模式

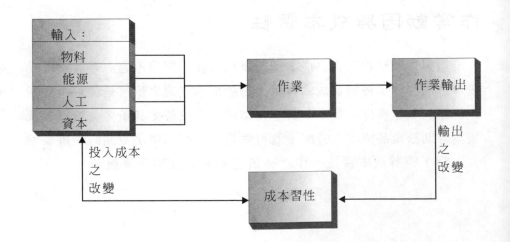

次的相關作業成本可以反應作業動因的不同類型。作業的每一項定義清楚地表示出此一特點。**單位層次作業** (Unit-level Activities) 係指每一次生產一單位的產品所完成的作業。舉凡刨光、裝配等都屬於單位層次作業。單位層次作業的產出計算方法稱為**單位層次動因** (Unit-level Drivers)，包括了產品的單位數量、直接人工小時、和機器小時等。**批次層次作業** (Batch-level Activity) 係指每一次生產大量產品所完成的作業。批次層次作業之成本須視實際數量而定，但仍以每一批次實際生產的數量為限。舉凡設廠、檢驗、生產進度與物料處理等都屬於批次層次作業。批次層次作業的產出計算方法稱為**批次層次動因** (Batch-level Drivers)。常見的動因計有批次數目、檢驗小時、生產訂單數量、與移動次數等。**產品層次作業** [Product-level (sustaining) Activities] 係指用以支援企業生產之各項產品所完成的作業。這一類的作業耗用的資源係用以開發產品或協助產品的生產與銷售。產品層次作業的內容與成本會隨著產品項目的增加而增加。工程上的改變、開發產品測試步驟、行銷產品、製程工程、與結束訂單等都是常見的產品層次作業。產品層次作業的產出計算方法稱為**產品層次動因** (Prouct-level Drivers)，包括了變更訂單的次數、製程數目、結束訂單的數目等在內。**設施層次作業** (Facility-level Activities) 係指維繫工廠的一般製程所完成的作業。提供設施、維護樓板地面、提供廠房安全等都屬於設施層次作業。此一類別的作業活動很難導出有效的產出計算方法，但一般而言仍可以廠房規模（平方英呎）、維護的樓板地面面積與安全警衛人員的人事等做為評估依據。

　　作業成本型態是非常有用的資訊－－可用於協助預算編製、支援持續性的改善活動、戰略性決策與產品定價。一般而言，成本型態可以歸納為固定成本、變動成本、混合成本等三種型態。

固定成本

　　固定成本 (Fixed Costs) 係指作業動因改變時總數仍然維持在相關範圍內之成本。為了說明固定成本習性，我們以生產個人電腦的工廠為例。這座工廠的其中一個部門負責插入三吋半的磁碟機。每一台

經過這個部門的個人電腦都會插入二個磁碟機。我們將這個部門的作業定義為插入磁機，並以處理的個人電腦的數量為作業動因。這個部門共有二道生產線。每一道生產線每一年可以處理最多 10,000 台電腦。每一道生產線的工人都由一位年薪 24,000 美金的主管負責督導。產量不超過 10,000 台時，二道生產線只需要一名主管；產量在 10,001 到 20,000 台時，則需要二名主管。各個階段的產量所需要的主管人員薪資成本如下。〔這座工廠係每日電腦 (Days Computers) 所有〕。

分配成本習性的第一道步驟是定義作業動因。在前述個案中，作業動因就是處理完成的電腦數量。第二道步驟是定義**相關範圍** (Relevant Range)，也就是假設企業正常運作時的固定成本關係的範圍。假設相關範圍落在 12,000 台到 20,000 台處理完成的電腦中間。值得注意的是，隨著產量的增加，主管人員薪資總成本始終維持在上述範圍上。無論產量是 12,000 台、16,000 台或 20,000 台，每日電腦支付給主管人員的薪資始終是 48,000 元。

值得特別注意的是，固定成本的定義中的「總數」。產量提高的同時，主管人員薪資總成本雖然維持不變，但是單位成本卻會隨著作業動因的改變而改變。前例中，在相關範圍內，主管薪資的單位成本由 4.0 元降至 2.40 元。受到單位固定成本習性的影響，我們很容易得到固定成本會因作業動因的改變而改變的錯誤印象，事實不然。單位固定成本往往會誤導使用者，進而影響決策。總固定成本往往是比較

圖 2-13

固定成本習性

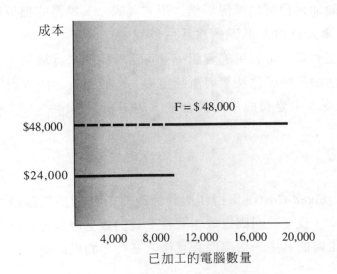

安全的決策參考依據。 以線性圖來表示的話,我們可以對於固定成本的性質獲得更深的瞭解。在**圖** 2-13 中,相關範圍內的固定成本習性可以直線來表示。值得注意的是,不論產量是 12,000 台電腦或 16,000 台電腦,薪資成本都是 48,000 元。直線代表著成本並未隨著作業動因的改變而改變。在相關範圍內,總固定成本可以下列簡單的線性公式來表示:

$$固定成本 = 48,000 元$$

在每日電腦的個案中,產量介於 10,001 台至 20,000 台間的時候,主管薪資成本都是 48,000 元。換言之,主管薪資是固定成本的型態,此時,固定成本公式可以「固定成本 = 48,000 元」來表示。嚴格說來,這道公式的假設是固定成本永遠(包括**圖** 2-13 中直線向縱軸延伸的虛線部份)維持在 48,000 元的水準。雖然這項假設並不成立,但只要採用相關範圍內的數據便不致影響判斷的正確性。

變動成本

變動成本 (Variable Costs) 係指其變動與作業動因呈現直接相關關係之成本。為了說明上的方便,此處仍然沿用每日電腦的例子來說明。作業內容是插入磁碟機,作業動因則是處理過的電腦數量。每一部電腦需要二個三吋半的磁碟機,每一個磁碟機的單價是 30 美金。換言之,每一部電腦的磁碟機成本是 60 美金 (2 × $30)。不同產量階段的磁碟機成本如下:

每日電腦		
磁碟機成本	處理過的電腦數量	單位成本
$ 240,000	4,000	$60
480,000	8,000	60
720,000	12,000	60
960,000	16,000	60
1,200,000	20,000	60

　　處理的電腦數量愈多，磁碟機的總成本呈同比例增加。舉例來說：當產量由 8,000 台增加一倍至 16,000 台的時候，磁碟機的總成本也由 480,000 美金增加為 960,000 美金。值得注意的是，直接物料的單位成本是一常數。

　　變動成本同樣也可以用線性公式來表示。此時，總變動成本取決於作業動因。其關係如下：

$Y_v = VX$

Y_v 係指總變動成本

V 係指單位變動成本

X 是作業動因數量

圖解 (Graphical Description)

　　前述每日電腦的例子當中，直接物料的成本關係是 $Y_v = \$60X$，X 是指處理完畢之電腦數量。圖 2-14 則以圖型來說明變動成本的內容。變動成本習性是通過原點的直線。值得注意的是，當產量為零的時候，總變動成本也是零。隨著產量的增加，總變動成本也跟著增加。我們可以從圖當中看出，總成本是隨著電腦產量（作業動因）的增加而增加；斜線則代表變動成本增加的比率。當產量為 12,000 台的時

圖 2-14

變動成本習性

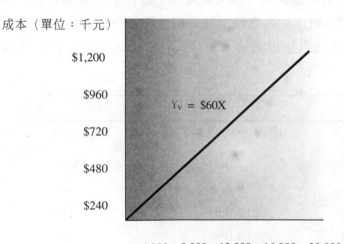

成本（單位：千元）

$Y_v = \$60X$

已加工的電腦數量

候，磁碟機的總成本是 720,000 美金($60 x 12,000)；當產量增加到
16,000 台的時候，總成本則為 960,000 美金。

線性關係假設 (Linearity Assumption)

變動成本的定義和**圖** 2-14 都隱含著磁碟機成本與電腦產量之間

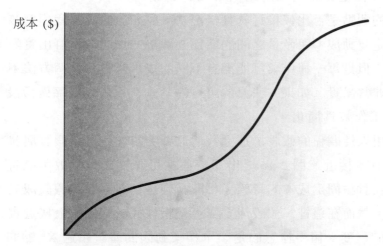

圖 2-15

變動成本之非線性特性

作業動因之單位數量

圖 2-16

變動成本之相關範圍

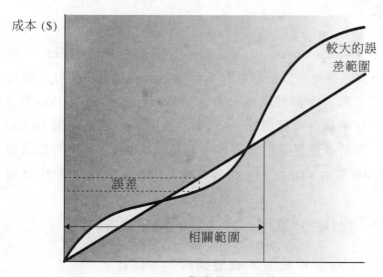

作業動因之單位數量

具有一線性關係。成本的線性關係的假設是否合理？成本真的與作業
動因呈同比例增加嗎？如果事實並非如此，那麼這個假設的線性成本
函數與實際的成本函數有多接近？

　　經濟學者通常都會假設變動成本是以遞減的比例逐漸增加至一定
產量後，才以遞增的比例繼續增加。圖 2-15 就說明了這種非線性習
性 (Nonlinear Behavior)。在圖 2-15 當中，變動成本也隨著產量的
增加而增加，但是並非呈現同比例增加的關係。

　　非線性的觀點是否比較接近真實情況？果真如此的話，我們應該
如何才能判定變動成本與產量之間的關係？解決方法之一是訂出實際
成本函數－－但是每一種作業可能擁有不同的成本函數，這個方法不
僅費時而且非常昂貴（如果方法真的可行的話）。以線性關係做假設
會使得分析工作較為簡化。

　　如果採用線性關係的假設，那麼我們最關心的就是這項假設與真
實成本函數有多接近。圖 2-16 提出了一些採用線性成本函數可能帶
來的結果。在討論固定成本的時候，相關範圍是指成本關係假設成立
的作業範圍。然而在這裡，假設成立與否是指線性成本函數最接近實
際成本函數的程度。值得注意的是，單作業動因的產量超過 X^* 點的
時候，線性函數就會大幅偏離真實成本函數。

混合成本

　　混合成本 (Mixed Costs) 包含了固定的部份和變動的部份。舉
例來說：業務員的薪資通常是固定的本薪加上根據業務狀況訂定的佣
金。假設每日電腦有十位業務員，每一位的薪水是年薪 30,000 美金
外加每賣出一台電腦就可獲得的 50 元美金的佣金。如果賣出 10,000
台電腦，則（與業務員相關）總銷售成本是 800,000 美金－－即固定
薪資成本 30,000 美金 (10 × $30,000) 外加 500,000 的變動成本 ($50
× 10,000)。

　　混合成本的線性公式為

$$Y = 固定成本 + 總變動成本，也就是$$

Y=F + VX，其中

Y 係指總成本

以前述的每日電腦為例，銷售成本的公式為：

$$Y=\$300,000 + \$50X$$

不同的銷售作業層次的銷售成本如下：

每日電腦

銷售 固定成本	銷售 變動成本	總成本	銷售 數量	單位 銷售成本
$300,000	$ 200,000	$ 500,000	4,000	$125.00
300,000	400,000	700,000	8,000	87.50
300,000	600,000	900,000	12,000	75.00
300,000	800,000	1,100,000	16,000	68.75
300,000	1,000,000	1,300,000	20,000	65.00

　　圖 2-17（假設相關範圍是在 0 到 20,000 台電腦之間）說明了前述混合成本的例子。混合成本是由一條與縱軸相交（本例的交點為

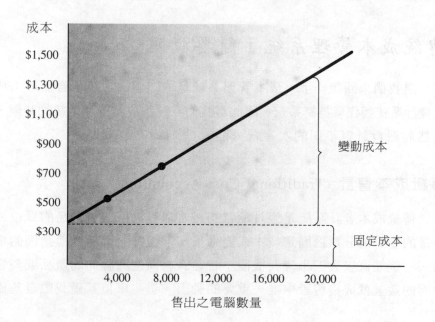

圖 2-17

混合成本習性

售出之電腦數量

30,000 美金）的直線所代表。交點和原點間的距離是固定的部份，而斜率（本例為 50 美金）則代表了每一單位的作業動因所引起的變動成本。

傳統與當代成本管理系統

學習目標六

解說傳統與當代成本管理系統間之差異。

成本管理系統可以廣泛地分為**傳統成本管理系統** (Traditional Cost Management Systems) 與**當代成本管理系統** (Contemporary Cost Management Systems)。目前二種系統方法實務上都被採用。雖以傳統成本管理系統的使用較為普遍，但是當代成本管理系統的使用正在逐漸增加，尤以面對產品多樣化、產品複雜程度日漸增加、產品生命週期逐漸縮短、品質要求不斷提高、競爭壓力嚴重等趨勢的企業組織較能接受。這些企業施行及時製造方法，並且引進先進的製造技術（將在第九章再做詳細介紹）。對於身處先進的製造環境當中的企業來說，傳統的成本管理系統可能不再適用。這些企業需要更多相關的、及時的成本資訊來建立長期的競爭優勢。企業組織必須提升顧客接收到的價值，同時亦須提高利潤。確實瞭解成本習性、增加產品成本計算的精確性、以及不斷致力改善成本等都是身處先進的製造環境的企業存續的重要課題。

傳統成本管理系統：簡要說明

讓我們來回想一下，成本管理系統是由二個次系統組合而成：成本會計系統與作業控制系統。因此當我們在討論成本管理系統的時候，自然而然會針對不同的次系統分開討論。

傳統成本會計 (Traditional Cost Accounting)

傳統成本會計系統是假設所有的成本都可以根據製成品的單位或數量的變動而分類為固定成本或變動成本。換言之，與其他動因的單位－－例如直接人工小時與機器小時等具有高度關聯的的產品或其它動因的數量就成為假設中唯一重要的動因。這些單位基礎或數量基礎

的動因可用於分配生產成本予產品中。只採用單位基礎作業動因來分
配生產成本予成本標的成本會計系統稱為**傳統成本系統** (Traditional
Cost System)。由於單位基礎作業動因通常不是能夠解釋具體關係之
動因，因此產品成本分配作業必須視為分攤（請讀者回想一下，分攤
係指根據假設的關係或基於方便所進行之成本分配）。因此，我們可
以說傳統成本會計系統具有分攤密集的傾向。

　　傳統成本會計系統的產品成本計算目標多半是為了財務報告的目
的而將生產成本分配予存貨與銷貨成本。而包括**圖** 2-8 當中列示的
價值鍊與作業成本定義等在內的廣義產品成本定義，則無法取得做為
管理用途。無論如何，傳統成本會計系統往往提供了傳統產品成本定
義的有效變數。舉例來說，傳統成本會計系統可以表示單位產出的主
要成本與變動製造成本（變動製造成本是直接物料、直接人工、與變
動費用以及變動習性的定義則與單位基礎作業動因有關）。

傳統成本控制 (Traditional Cost Control)

　　傳統作業控制系統 (Traditional Operation Control System) 將
成份分配予組織單位，要求組織單位的經理人負責控制分配之成本。
將實際結果與標準或預定結果做一比較，即可測量績效。傳統作業控
制系統強調績效的財務測量（非財務測量通常予以忽略）。根據經理
人控制成本的能力，給予獎勵。換言之，傳統方法是將成本分配予負
責成本發生之個人。獎勵制度的設計是用以激勵這些負責人妥善管理
成本。這項傳統方法是基於個別組織次級單位（稱為責任中心）的績
效最大時，整體企業的績效也會最大的假設。

當代成本管理系統：簡要說明

　　由於製造業與服務業的企業競爭環境劇烈改變，當代成本管理系
統也隨之不斷演進。當代成本管理系統的整體目標是改善成本資訊的
品質、內容、相關性、與時效。一般而言，當代成本管理系統比傳統
成本管理系統更能符合更多的管理目標。

當代成本會計 (Contemporary Cost Accounting)

當代成本會計制度 (Contemporary Cost Accounting System) 強調成本追蹤勝於成本分攤。動因追蹤的角色大幅增加,已能找出與產出量無關的動因(稱為非單位基礎作業動因)。同時考量單位基礎作業動因與非單位基礎作業動因的作法提高了成本分配的準確性,與成本資訊的整體品質和相關性。同時採用單位基礎與非單位基礎作業動因將成本分配予成本標的的成本會計制度,稱為**作業基礎成本制度** (Activity-Based Cost System)。以「將原料與在製品從工廠內的某一流程移動到另一流程」為例,產品流動動作的次數會比製成品的數量更能夠估算出產品對於原料處理作業的需求。事實上,製成品的數量可能與測量產品對於原料處理之需求毫不相干。(一批 10 單位的某一產品可能比一批 100 單位的其它產品需要更多的原料處理作業。)所以,我們可以說當代成本會計系統具有追蹤密集的傾向。

圖 2-18

作業制管理模式

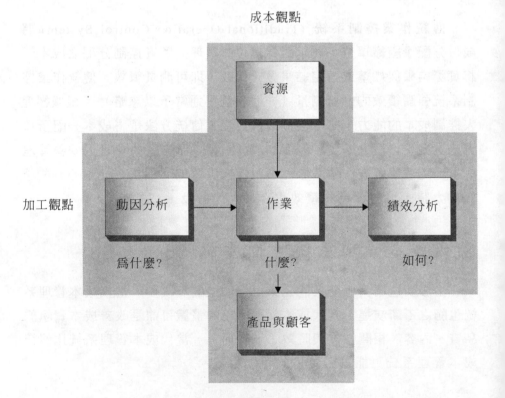

　　當代成本管理系統在產品成本的計算上具有相當的彈性。當代成本管理系統可以為各種管理目標（包括財務報告目標在內）製作成本資訊。為了獲致更佳的規劃、控制、與決策品質，當代成本管理系統強調定義廣泛的產品成本計算方法。於是，「為了不同目的而有不同成本」的格言才算真正實現。

當代成本控制 (Contemporary Cost Control)

　　當代作業控制次系統與傳統的作業控制系統同樣也有極大的差異。傳統成本管理會計系統強調成本的管理。然而現金普遍建立的共識認為，*作業管理* (Activity-Based Management)－－而非成本管理－－才是成功地控制先進製造環境的關鍵要素。於是，**作業制管理** (Activity-Based Management) 成為當代作業控制系統的心臟。作業制管理強調作業的管理，以達成改善顧客接收到的價值與企業提供此一價值所回收的利潤之目標。作業制管理包括動因分析、作業分析、與績效評估，並以作業制成本法視為資訊的主要來源（參見**圖** 2-18）。值得注意的是，在**圖** 2-18當中，縱軸強調追蹤成本標的之成本－－先追蹤作業之資源成本，再追蹤成本標的之成本。**圖** 2-18列示的是作業制成本法的構面〔稱為成本觀點 (Cost View)〕，進而做為控制構面〔稱為步驟觀點 (Process View)〕的重要投入。步驟觀點強調的是找出造成作業成本的因素（解說成本為何發生）、做了哪些工作（找出作業內容），並評估完成的工作與獲致的結果（作業執行的良窳）。換言之，當代控制系統需要作業的詳細資訊。

　　這項新方法強調作業的可靠度而非成本，強調系統最大的整體績效而非個別績效。作業活動跨越職能與部門的界限，採用全面的控制方法。此外，這種控制形式認為個別次級單位的效率並不一定會帶來最大的系統整體績效。另一項主要差異亦值得一提。在當代作業控制資訊系統當中，績效的財務測量與非財務測量同等重要。**圖** 2-19針對傳統成本管理系統與當代成本管理系統的特點，提出比較。

圖 2-19

傳統成本管理制度與當
代成本管理制度之比較

傳統成本管理制度	當代成本管理制度
1. 單位基礎動因	1. 位基礎與非單位基礎動因
2. 以分攤為主	2. 以追蹤為主
3. 產品成本方精密而嚴謹	3. 產品成本方法眾多而有彈性
4. 強調管理成本	4. 強調管理作業
5. 零星的作業資訊	5. 詳細的作業資訊
6. 個別單位績效的最大化	6. 制度整體的績效的最大化
7. 使用績效的財務衡量指標	7. 使用績效的財務與非財務衡量指標

成本管理系統的選擇

當代成本管理系統具有多項優點，包括產品成本計算的準確性更高、決策品質的提升、策略性規劃的改善以及作業管理能力的提升等。然而如果沒有成本，這些優點便無法存在。當代成本管理系統較以往複雜，需要更多的作業測量－－然而測量作業的成本相當可觀。

經理人在決定是否執行當代成本管理系統時，必須瞭解測量作業的成本與發生誤差的成本。**測量成本** (Measurement Costs) 係指與

圖 2-20

最適成本管理系統

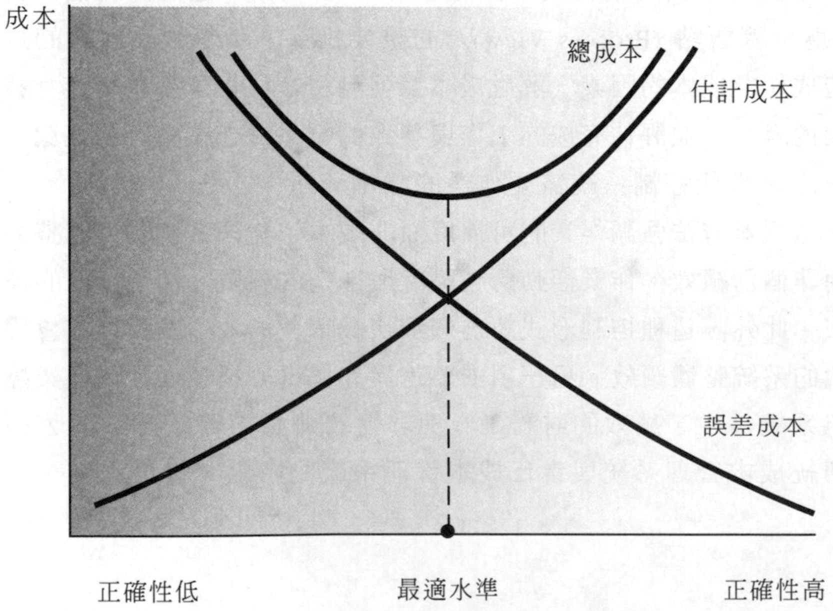

成本管理系統所需之測量相關之成本。**誤差成本** (Error Costs) 則指與根據不正確的產品成本或劣質的成本資訊而做出不良決定之成本。

最適成本管理系統 (Optimal Cost management System) 係指能將測量成本與誤差成本降至最低的系統。然而值得注意的是，這二項成本互有衝突。較為複雜的成本管理系統產生的誤差成本較低，但是測量成本較高（試想必須找出與分析多少項目的作業，必須使用多少動因來分配成本予產品）。圖 2-20 說明了誤差成本與測量成本間之關聯。圖 2-20 傳遞出一項明確的訊息。當代成本管理系統雖然較為正確，卻可能不是部份組織的最適成本系統。事實上，對某些企業而言，他們的最適成本管理系統可能更為簡單、傳統、且以單位為基礎。此一事實或可說明了何以大多數企業仍然採行傳統系統的原因。

然而製造環境的某些改變卻正促使企業逐漸偏愛更為複雜、更為正確的成本管理制度。例如新資訊科技的引進降低了測量的成本。電腦化生產規劃系統與功能更強大、價格更便宜的電腦能讓使用者更輕鬆地蒐集資料，並進行評估。測量成本降低後，圖 2-20 當中的測量成本曲線向右下方移動，總成本曲線也會跟著向右下方移動。此時，

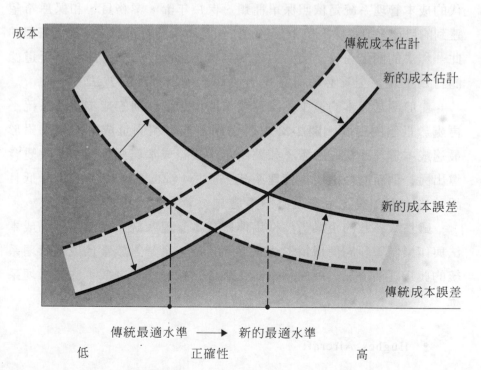

圖 2-21

轉移成本：更現代化的成本管理制度

最適成本管理系統可以確保更高的正確性。

許多企業的誤差成本也已經有所改變。由於競爭的程度和性質不斷改變，誤差成本隨之增加。舉例來說，競爭趨烈可能促使企業放棄某些看起來不具獲利能力的產品。競爭的性質改變，同樣也會增加誤差成本。例如，如果市場上出現集中在單一產品的競爭者，此時企業必須根據更為正確的成本資訊（因為所有的成本都屬於同一產品）來重新擬訂定價與行銷策略。由於成本資訊更為正確，產品較為集中的企業比多樣產品的企業（可能採取分攤的成本系統而非分配成本予個別產品）可能獲得更高的市場佔有率。其它包括放鬆管制與及時製造制度（造成更為集中的生產環境）等因素同樣促使誤差成本的增加。誤差成本的增加反應在數據上，就是圖 2-20 當中不斷向右上方移動的誤差成本曲線，使得總成本曲線也隨之向右移動。於是，較為正確的成本制度將達到最適的程度。

另一項不斷增加的成本是違反道德行為的成本。例如，由於部份保險業務員違法販賣退休計畫等保險，致使大都會人壽保險公司總共支付了二千萬美金的罰款，而且必須退還五千萬的保費給投保人。當代的成本管理系統是依照保單種類、保戶年齡、業務員、和保戶希望達到的目標來追蹤保險銷售業務的作法是希望針對問題儘早提出警訊。此一作法的關鑑在於企業必須控制其作業活動。如果可能有違反道德的行為出現，企業必須擬訂找出與修正不當行為的方法。

由於測量成本的減少和誤差成本的增加，目前的成本管理系統不再處於最適的程度。圖 2-21 說明了誤差成本和測量成本的變動對於最適成本管理系統的影響。如圖所示，誤差成本與測量成本的改變會導出另一個新的最適成本管理系統。於是，當企業的測量成本降低且誤差成本增加後，企業就必須考慮施行新的當代成本管理系統。

雖然大多數的企業仍然採用傳統成本管理系統，然而作業制成本法與作業制管理的使用情形也正逐漸普及，企業對於當代成本管理系統的興趣逐漸增加。下面列舉的企業便已採行作業制成本法與管理系統。

◆ Hughes Aircraft

- ◆ Caterpillar

- ◆ Xerox

- ◆ National Semiconductor

- ◆ Tektronix

- ◆ Dayton Extruded Plastics

- ◆ Armintead Insurance

- ◆ Zytec

事實上，這些只是已經採用新成本管理系統的企業當中的小部份例子。

結 語

系統架構提供成本管理研究的邏輯基礎。成本管理系統是會計資訊系統的次系統，必須能夠滿足成本、控制、與決策目標。成本與控制目標可以用來定義二大主要次系統：成本會計系統與作業控制系統。

成本會計系統作業模式的一大主要特點是成本分配的過程。成本會計系統的主要目標在於將成本分配予成本標的。此一成本分配過程亦可細分為三道步驟：直接追蹤、動因追蹤、與分攤。其中，分攤是準確性最低、最不被人採用的方法。一般說來，成本會計系統的設計應該儘量避免使用分攤的方法。瞭解成本分配的過程是研究成本管理系統的基礎。研讀本章的時候，讀者只需要對成本分配擁有廣泛的概念架構即可。後面的章節裡將會更詳盡地探討成本分配機制。

本章也介紹了產品與服務成本，並提出幾項產品成本定義。外部財務報告使用的產品成本定義尤其重要，因此本章做了詳盡的介紹。本章還介紹了製造業與服務業的外部損益表的格式。隨著服務業的規模不斷擴大，我們尤其必須瞭解服務的定義，以及服務與有形產品之間的差異。文中亦特別強調服務業的成本管理。 成本習性同樣也是成本會計與控制的基礎。作業動因是引起作業成本變動的因素。作業動因可以用以解釋與說明成本習性。作業層次的的成本習性分為三類：固定成本、變動成本、與混合成本。讀者務必瞭解每一項成本的定義。後續關於傳統與當代控制課題的章節相當仰賴成本習性的概念。

最後，作者探討了傳統成本管理系統與當代成本管理系統間之差異。圖 2-19 列舉出這二套系統間的主要差異，讀者應當仔細研讀。再一次提醒讀者，本章目標是針對傳統與當

代成本管理系統間之差異，建立廣泛的、觀念的瞭解。讀者在閱讀完各種不同的系統之後，才會深入而詳盡地瞭解各種系統之間的差異。

習題與解答

　　Serenity Funeral Home 是一家提供全套殯葬服務的公司。根據以往的經驗，Serenity 是利用下列公式來表達其總費用成本：Y=$100,000 + $250X，其中 Y 是指總費用成本，X 是指葬禮的次數。費用成本的分配是將總費用除以葬禮的次數。每一次葬禮的直接物料成本在 750 到 5,000 美金之間，視喪家選擇的棺木而定，平均數值為 2,000 美金。每一次葬禮的直接人工成本平均為 500 美金。每一次葬禮的平均價格為 3,500 美金。 Serenity 每一年發生的銷售與管理成本總數則為 100,000 美金。（總管理成本和銷售成本的比例為 3:1）

作業：

1. Serenity 銷售的是有形產品或無形產品？試說明之。
2. Serenity 是使用傳統成本會計系統，或當代成本會計系統？試說明之。你認為這是正確的選擇嗎？請說明你的理由。
3. Serenity 的年度總估計費用成本是多少？
4. Serenity 的年度總估計固定費用成本是多少？
5. Serenity 的年度總估計變動費用成本是多少？
6. 每一次葬禮的費用成本是多少？
7. 請計算年度的單位產品成本。
8. 請為 Serenity 編製損益表。

解答

1. 葬禮是無形的產品。葬禮是服務，無法儲存，且與顧客相連（不可分割的特性）。
2. 利用單位基礎動因（葬禮的次數）來分配費用成本（明顯的只有直接物料與直接人工成本）的作法屬於傳統的成本會計系統。傳統的成本會計系統對於地區性的殯葬公司來說，應該相當適用。產品差異性不高、銷售與管理成本僅佔總成本的一小部份，而且幾乎沒

有重製成本（此例沒有研發成本）。於是，產品成本主要取決於生產成本。此外，由於沒有多樣化的產品，再加上費用成本僅佔產品成本的一小部份的事實，動因分配的重要性隨之降低（可利用直接追蹤分配直接物料與直接人工。）

3. Y = 100,000 + 250 (1,000)

　Y = 100,000 + 250,000

　Y = 350,000 美金

4. 100,000 美金

5. 250,000 美金

6. 350,000 美金／1,000 = 350 美金

7. 單位產品成本：

直接物料	$2,000
直接人工	500
費用	350
	$2,850

8.

Serenity Funeral Home

損益表

一九九七年十二月三十一日

銷貨		$3,500,000
銷貨成本：		
直接物料	$2,000,000	
直接人工	500,000	
費用	350,000	(2,850,000)
淨利		$ 650,000
減項：營業費用		
銷售費用	$ 25,000	
管理費用	75,000	(100,000)
稅前損益		$ 550,000

Jazon Manufacturing 生產二種不同型號的相機。其中一種擁有自動對焦功能，另一種則需要使用者手動調整焦距。這二種產品都是利用批次方法生產。每生產一批相機，就必須設定相機的規格。手動調焦相機比自動調焦相機多需要二個零件。手動調焦相機需要較多的人工裝配、較少的機器小時。雖然手動調焦相機需要較多的人工，生產機器設備的規格設定也較為複雜，比自動調焦相機需要更多的設定作業資源。這二種相機的多數零件（但非全部）係向外部的供應商採購。由於手動調焦相機需要多用二個零件，因此也就需要更多的採購與進貨作業。目前，Jazon 只將製造成本分配予這二項產品。費用成本則以工廠為單位彙整之後，再依個別產品耗用直接人工小時的比例分配。所有其它的成本都視為期間成本。

Jazon 會編製工廠內所有部門的預算－－包括維修與採購等支援部門。部門經理的績效是根據其控制成本的能力進行評估與獎勵。個人的管理績效則為實際成本與預算成本的比較。

作業：

1. Jazon 使用的是傳統成本管理系統，或是當代成本管理系統？試說明之。

2. 假設你想要設計一套準確性更高的成本會計系統，你會做哪些改變？請具體說明改變的內容，並解說你所擬訂的改變為什麼會提升成本分配的正確性。

3. 若要執行當代作業控制系統，必須進行哪些改變？請解說你認為這些改變能夠改善控制的理由。

解答

1. 根據個案中提供的資料，我們可以判斷 Jazon 使用的是傳統會計管理系統。首先，產品成本僅由生產成本來決定。明顯地，Jazon 利用財務會計系統來導出製成品的產品成本資訊。其次，僅利用直接人工小時——單位基礎動因——來分配費用成本。由於許多費用成本可能是由非單位動因所引起，代表了成本分配相當依賴分攤方法。第三，公司藉由鼓勵部門經理達成費用的預算目標的方式來控制成本。強調部門績效，而非全面的系統績效。此外，部門績效指憑財

務工具來測量。

2. 強調分配而非分攤，可以提升產品成本法的準確性。這樣的結果顯示這二項產品對於特定作業的需求差異頗大。二種產品分別耗用的設備規格設定、進料與採購資源等情況明顯不同。此外，直接人工小時可能與這二種產品耗用前述資源的模式毫無關聯。於是，作業動因較能夠反應差異化的資源耗用情況，進而改善成本分配的準確性。Jazon 需要利用直接追蹤與資源動因來分配成本予各項作業中，然後再將作業成本分配予使用各該作業動因的產品。Jazon 也應將計算不同的——但更具管理相關性的——產品成本的可能性納入考量，例如價值鍊成本與作業成本等。

3. Jazon 需要將其控制重點由目前的成本管理轉向作業管理。換言之，必須從部門績效的極大化目標，改為系統全面績效的極大化。為了進行上述變革，Jazon 將會需要提供更詳盡的作業相關資訊。由於成本是因為作業而發生，作業管理才是較為符合邏輯的成本控制方法。

重要辭彙

Absorption-costing (full-costing) income 攤配成本（全額成本）計算損益

Accounting information system 會計資訊系統

Activity 作業

Activity drivers 作業動因

Activity inputs 作業投入

Activity output 作業產出

Activity output measure 作業產出測量

Activity-based cost system 作業制成本系統

Activity-based costing 作業制成本法

Activity-based management 作業制管理

Administrative costs 管理成本

Allocation 分攤

Assets 資產

Batch-level activities 批次層次作業

Batch-level drivers 批次層次動因

Contemporary cost accounting system 當代成本會計系統

Conversion cost 轉換成本

Cost 成本

Cost accounting information system 成本會計資訊系統

Cost Behavior 成本習性

Cost management information system 成本管理資訊系統

Cost Object 成本標的

Cost of goods sold 銷貨成本

Direct Costs 直接成本

Direct labor 直接人工

Direct materials 直接物料

Direct tracing 直接追蹤

Drivers 動因

Driver tracing 動因追蹤

Error costs 誤差成本

Expenses 費用

Facility-level activities 設施層次作業

Financial accounting information system 財務會計資訊系統

Fixed costs 固定成本

Indirect costs 間接成本

Loss 損失

Marketing (selling) costs 行銷（銷售）成本

Measurement costs 衡量成本

Mixed costs 混合成本

Noninventoriable (period) costs 非存貨(期間)成本

Nonproduction costs 非生產成本

Operational control information system 作業控制資訊系統

Optimal cost management system 最適成本管理系統

Overhead 費用

Prime cost 主要成本

Product cost 產品成本

Production costs 生產成本

Product-level drivers 產品層次動因

Product-level (sustaining) activities 產品層次作業

Relevance range 相關範圍

Resource drivers 資源動因

Service 服務

System 系統

Tangible products 有形產品

Traceability 可追蹤性

Tracing 追蹤

Traditional cost system 傳統成本制度

Traditional operation control system 傳統作業控制系統

Unit-level activities 單位層次作業

Unit-level drivers 單位層次動因

Value chain 價值鍊

Variable costs 變動成本

Work in process 在製品

問題與討論

1. 何謂系統？
2. 何謂會計資訊系統？
3. 財務會計資訊系統與成本管理資訊系統間有何差異？
4. 成本管理資訊系統的目標為何？
5. 何謂價值鍊？
6. 成本管理系統為什麼應該和價值鍊的作業系統整合？
7. 請就成本管理系統的二大主要次系統提出定義與說明。
8. 何謂成本標的？請舉例說明之。
9. 何謂作業？請以製造業的實例說明之。

10. 何謂直接成本？何謂間接成本？

11. 何謂可追蹤性？何謂追蹤？

12. 請解說直接追蹤與動因追蹤間之差異。

13. 何謂分攤？

14. 何謂動因？何謂資源動因？何謂作業動因？請舉出一個資源動因的實例和一個作業動因的實例。

15. 請解說動因分配的原理。

16. 何謂有形產品？

17. 何謂服務？

18. 請解說服務與有形產品間之差異。

19. 請舉出三種產品成本的定義。為什麼我們需要不同的產品成本定義？

20. 請指出決定產品製造成本（為外部報告的目的）的三項成本要素。

21. 製造業和服務業的損益表有何差異？

22. 請解說為什麼成本習性的知識是對經理人有用的資訊。

23. 何謂作業投入？何謂作業產出？

24. 相關範圍在固定成本的定義中扮演合種角色？相關範圍在變動成本的定義中又扮演何種角色？

25. 在單位基礎下，固定成本是可變動的，變動成本是固定的。你同意這樣的說法嗎？請解釋你的理由。

26. 請說明傳統成本管理系統與當代成本管理系統有何主要差異。

27. 在什麼時機下，企業會選擇當代管理成本系統來取代傳統的系統？哪一些因素促使企業開始採行當代管理成本系統？

個案研究

　　一般而言，系統包含下列特點：(1) 交互相關的組成要件；(2) 步驟；(3) 目標。系統的作業模式也能找出投入與產出。以下列出與自動推進系統相關之項目：

2-1
系統觀念

 a. 引擎

 b. 燃料

 c. 動力火車

    d. 氧氣

    e. 安全、可靠的運輸

    f. 電力系統

    g. 燃燒過程

    h. 能源

    i. 移動

作業：

1. 將上述項目分別歸入下列各項類別當中：

    a. 交互相關的組成要件

    b. 步驟

    c. 目標

    d. 投入

    e. 產出

2. 繪圖說明這一套自動推進系統的作業模式。

3. 討論成本管理資訊系統與自動推進系統間相似之處。這二個系統間的二大主要差異為何？利用成本管理資訊系統的作業模式來輔助說明。

| 2-2 |
| 成本會計資訊系統 |

下列項目均與成本會計資訊系統有關。

    a. 直接物料之使用

    b. 分配直接物料成本予個別產品

    c. 直接人工成本的發生

    d. 生產設備的折舊

    e. 成本會計人員

    f. 投遞產品成本外加百分之二十五(25%)的價格之標單

    g. 電力成本的發生

    h. 物料處理成本的發生

    i. 電腦

    j. 分配直接人工成本予產品中

    k. 計算產品的成本

l. 做出自製零件而不外購的決策

m.印表機

n. 詳細說明個別產品成本的報表

o. 分配費用成本予個別產品

作業：

1. 將上述項目分別歸入下列類別當中：

a. 交互相關的組成要件

b. 步驟

c. 目標

d. 投入

e. 產出

f. 使用者動作

2. 繪製說明成本會計系統的作業模式圖形——利用題目中的項目做
　 為模式的例子。

3. 根據你所繪製的作業模式，找出其所使用的產品成本定義是屬於：
　 價值鍊、作業抑或傳統。

　　Grant Company 採用製造中心 (manufacturing cell) 的概念來生
產產品。其中的一個製造中心生產汽車用的發電機。假設這個負責生
產汽車發電機的製造中心是成本標的，而且下面列舉的項目的全部或
部份須分配予製造中心。

> 2-3
> 成本分配方法

a. 製造中心主管的薪資

b. 製造中心所處的工廠之空調電力

c. 用以生產發電機的物料

d. 製造中心的設備維修（由維修部門負責）

e. 用以生產發電機的人工

f. 工廠所有員工用餐的餐廳

g. 廠房的折舊

h. 用以生產發電機設備的折舊

i. 生產用的物料的訂購成本

j. 工程技術支援（由工程部門提供）

k. 工廠與樓地板維護成本

l. 工廠人事單位的成本

m.廠房與土地的稅項

作業：找出哪一種成本分配法可以用來分配每一項作業的成本予發電機製造中心——直接追蹤、動因追蹤或分攤。如果答案是動因追蹤，請指出一項能夠追蹤成本的作業動因。

2-4
產品成本定義

產品成本有三種定義：(1) 價值鍊的定義；(2) 作業的定義；與 (3) 傳統的定義。請找出哪一種定義最適合下列各種情況（並說明你的理由）。

a. 擬訂新產品的價格

b. 為外部報告的目的而進行製成品存貨之估價

c. 將不同的產品做成產品組合以帶來公司長期的競爭優勢

d. 從不同的產品設計當中做出最適的選擇

e. 為外部報告的目的而計算銷貨成本

f. 決定是否提高現有產品的價格

g. 決定接受或拒絕價格低於正常售價的特殊訂單

h. 從各種可能的新產品中，選擇應該開發、生產和銷售的產品

2-5
製成品與銷貨的成本

Thompson Company 生產桌燈。九月初的時候，會計人員提出下列資訊：

原料存貨	$18,500
在製品存貨	12,000
製成品存貨	10,200

九月份當中，直接人工成本是 $40,500，原料採購成本是 $80,000，總費用成本是 $105,750。九月底的存貨為：

原料存貨	$16,800
在製品存貨	23,500
製成品存貨	9,100

作業：

1. 請編製九月份的製成品成本表。

2. 請編製九月份的銷貨成本。

登南公司是一家製造名為「普吉斯」的兔子填充玩具的廠商。去年度總共生產 50,000 個兔子，每一隻的單價是 $20。兔子填充玩具的實際單位成本如下。

2-6	
編製損益表：製造業	

直接物料	$2.00
直接人工	3.00
變動費用	2.50
固定費用	4.00
實際單位成本	$11.50

唯一的銷貨費用是銷售每一單位可得的 $2 佣金，與總數為 $100,000 的廣告費用。管理費用固定為 $50,000。期初與期末都沒有存貨。

作業：請編製成本吸收法的損益表。

Morgon Company 是一家製造廠商。以下資料擷取自該公司一九九八年的會計記錄。

2-7	
製造成本與銷貨成本	

直接人工	$12,500
原料採購	7,500
使用的耗用物料	675
工廠保險	350
支付的佣金	2,000
工廠管理人員薪資	1,225

（接續下頁）

廣告	782
物料處理	2,745
在製品存貨，1997.12.31	12,500
在製品存貨，1998.12.31	14,250
物料存貨，1997.12.31	3,475
物料存貨，1998.12.31	2,000
製成品存貨，1997.12.31	5,685
製成品存貨，1998.12.31	3,250

作業：

1. 編製製成品成本表。
2. 編製銷貨成本表。

2-8
損益表；成本概念；服務業

江比爾在美國堪薩斯州威齊塔市擁有並經營三家 Frazer Speedo 的連鎖店。 Frazer Speedo 是汽車油料與服務的經銷店－是美國中西部相當受歡迎的連鎖經銷店。這家連鎖店也為顧客更換變速箱與動力方向盤的油料。今年五月份，物料採購為 $80,000，期初物料存貨為 $47,300，期末物料存貨為 $15,250。同月間，支付直接人工 $63,000。發生的費用為 $110,000。廣告費用為 $5,000。每一連鎖店每一個月必須支付加盟權利金 $2,000。五月份的收入為 $400,000。

作業：

1. 在五月份，為更換油料與潤滑油所使用的物料成本為何？
2. 五月份的主要成本是多少？
3. 五月份的加工成本是多少？
4. 五月份的總服務成本是多少？
5. 請編製五月份的損益表。

2-9
成本習性

莫里森公司是一家生產計算機的製造商。根據以往經驗，他們發現其總製造成本可由下列公式表示：維修成本 = $100,000 + $2X，其中 X 係指所生產的計算機的數量。一九九八年間，這家公司總共生產了 200,000 台計算機。他們需要瞭解一九九八年的實際維修成本。

作業：

1. 何謂作業？何謂作業的作業動因？？

2. 一九九八年所發生的實際維修成本是多少？

3. 一九九八年所發生的總固定維修成本是多少？

4. 一九九八年所發生的總變動維修成本是多少？

5. 每生產一單位的維修成本是多少？

6. 每一單位的固定維修成本是多少？

7. 每一單位的變動維修成本是多少？

8. 請就下列不同產量，重新計算第 5~7 題的答案：(1) 100,000 台與 (2) 400,000 台。請解說計算出來的答案。

請將下列作業內容分別歸類：單位層次、批次層次或設施層次，並針對每一項作業舉出一個可能的作業動因。

2-10
作業分類

    a. 設定機器設備

    b. 在途支票

    c. 卸貨——原料

    d. 淡化水（水處理設施）

    e. 交貨

    f. 訂購耗用物料

    g. 重製產品

    h. 管理零件

    i. 搬移物料

    j. 手術前進行血型測試

    k. 提供全工廠的安全

    l. 處理保險理賠

    m. 提供空間做為生產之用

    n. 特別產品測試

    o. 提供廠房的空調設備

    p. 加速批次產品的生產

    q. 產品支援工程

<table>
<tr><td>2-11
成本分類</td></tr>
</table>

請將下列作業投入的成本分別歸類：變動、固定或混合。找出每一項作業與可以藉以定義該項作業之相關作業動因。舉例來說，假設資源投入是「襯衫布料」，作業內容是「縫製襯衫」，那麼成本習性就是「變動的」，至於動因則是「生產的數量單位」。請以下列格式來作答。

作業	成本習性	作業動因
縫製襯衫	變動	生產的數量單位

a. 運轉磨坊的動力

b. 除草機的引擎

c. 廣告

d. 業務獎金

e. 堆高機的柴油

f. 倉庫的折舊

g. 用以搬運在製品的堆高機之折舊

h. 醫院之醫療部門使用的 X 光片

i. 提供顧客使用的租賃汽車

j. 牙醫師使用的補牙用汞合金

k. 為設定生產設備所使用的薪資、設備與物料

l. 用以申請保險理賠的表格

m. 用以維修生產設備的設備、人工與零件

n. 廣告傳單的列印與郵資

o. 與採購相關的薪資、表格與郵資

<table>
<tr><td>2-12
成本習性：分類與圖表</td></tr>
</table>

Smith Concrete Company 擁有十輛組裝卡車。每一年每一輛卡車可以（平均）運送 10,000 立方碼的水泥（實際載運量須視各輛卡車的容量、天候與運輸距離而定）。每一輛卡車都需要一位駕駛。每一位駕駛的人工成本是每年 $25,000。每一輛卡車的折舊平均為 $20,000。原料（水泥、砂石等）的成本是每一立方碼 $25。

作業：

1. 製作圖解說明下列三項成本：卡車司機的工資、卡車的折舊和原料。縱軸為成本，橫軸為立方碼水泥。假設水泥的銷售量在 0 到 100,000 立方碼之間。

2. 假設正常狀況下公司的水泥年產量是 80,000 到 90,000 立方碼。你會如何定義這三項成本？

　　傳統的成本會計系統依賴單位基礎作業動因來分配成本予成本標的中。這些動因解釋了成本如何隨著單位產量的變動而變動的情形。單位基礎動因測量每生產一單位時作業的使用情形。找出下列各項作業動因中，能夠解釋成本隨著單位產量的變動而變動的情形，並將其它的動因分別歸類為批次層次、產品層次、或設施層次。

> 2-13
> 單位基礎作業動因

a. 設備設定的次數

b. 直接人工小時

c. 訂購單的數量

d. 每仟瓦小時（機器密集的生產設定）

e. 機器小時

f. 物料移動的次數

g. 直接人工小時

h. 直接物料價格

i. 檢查小時

j. 重製小時（重製小時係指用以修正瑕疵品或不良品的人工小時）

　　銳特塑膠製品公司是一家小公司，近年來專門生產塑膠餐盤。雖然公司的獲利表現一向不錯，但是近年來由於市場競爭激烈的緣故而出現獲利下降的情況。許多競爭者提供一系列的塑膠製品，但是這家公司的管理階層卻認為這樣的作法會帶來競爭上的劣勢，所以工廠只有專門生產塑膠餐盤。三年前，公司做出增加一個產品線的決策。管理階層認為現有廠房的閒置產能可以很容易地調整轉為生產新產品之用。每一座工廠都增加一條產品線。例如，位於亞特蘭大的工廠增加塑膠杯的生產線。此外，生產一組塑膠杯（一打）的變動成本和生產

> 2-14
> 成本資訊與決策；
> 單位基礎動因與非
> 單位基礎動因；
> 單代系統與傳統系統

一組塑膠餐盤的變動成本相同。（此處變動成本係指生產數量改變時所有成本的變動，包括直接物料、直接人工與能源和其它機器成本等單位基礎變動費用。）由於固定費用的部份沒有改變，預估新產品將會大縛幅增加（亞特蘭大廠的）利潤。

　　二年前，新產品正式上線，然而各廠（包括亞特蘭大廠在內）的獲利卻沒有改善——事實上，利潤不升反降。在調查新產品失敗的原因時，公司的總經理發現利潤沒有如預期中增加的原因是所謂的固定成本群也同時間大幅爆增。總經理約談了亞特蘭大廠每一個支援部門的經理人。以下是四位經理的典型反應。

物料處理部門：生產塑膠杯的額外批次使得物料處理的需求增加。我們必須添購一臺堆高機，僱用更多的人力來處理物料。

品檢部門：塑膠杯的檢查工作比塑膠餐盤困難。雖然每一批只抽樣一個做檢查，但是塑膠杯的批次比塑膠餐盤多了很多。我們不得不僱用更多的人手來檢查。

採購部門：新產品線增加了訂購單的數目。我們必須使用更多的資源來處理這些增加的工作量。 會計部門：會計部門必須處理的交易比以前增加了很多，因此必須增加人手。

作業：

1. 試說明爲什麼增加新產品線的結果不是當初預期的結果？

2. 如果採用當代成本管理系統，是否可以避免這些問題？如果可以，你是否會建議公司採用當代成本管理系統？試說明與討論當代成本管理系統與傳統成本管理系統間之差異。

2-15
系統概念；傳統成本會計系統與當代成本會計系統

　　下面列舉的項目分別與傳統成本會計資訊系統或當代成本會計資訊系統有關，還是與二者均有關聯（即二套系統均具備之項目）。

　　a. 直接物料之使用

　　b. 利用直接追蹤法，將直接物料成本分配於產品中

　　c. 直接人工成本之發生

　　d. 利用直接追蹤法，將直接人工成本分配於產品中

　　e. 設定成本之發生

f. 利用設定之次數做爲作業動因的設定成本之分配

g. 利用直接人工小時做爲作業動因的設定成本之分配

h. 成本會計人員

i. 提出產品成本外加百分之二十五(25%)之價格標

j. 採購成本之發生

k. 利用直接人工小時做爲作業動因的採購成本之分配

l. 利用訂購單之數目做爲作業動因的採購成本之分配

m. 物料處理成本之發生

n. 利用物料移動之次數做爲作業動因的物料處理成本之分配

o. 利用直接人工小時做爲作業動因的物料處理成本之分配

p. 電腦

q. 計算產品之成本

r. 繼續製造零件而不外購之決策

s. 印表機

t. 顧客服務成本之發生

u. 利用顧客抱怨之次數做爲作業動因的顧客服務成本之分配

v. 個別產品成本明細之報告

w. 業務獎金

x. 將利用銷貨數量做爲作業動因的業務獎金分配於產品中

y. 工廠廠房折舊

z. 利用直接人工小時將工廠廠房折舊分配於產品中

作業：

1. 請將下列各項分別歸類爲傳統成本會計資訊系統或當代成本會計
   資訊系統：

   a. 交互相關的部份

   b. 步驟

   c. 目標

   d. 投入

   e. 產出

   f. 使用者的行動

試說明二套系統之間的差異。哪一種系統能夠提供使用者的行動最佳的支援？試說明之。

2. 繪製圖分別說明這二套系統——並分別舉例說明之。

3. 以作業模式為依據，說明這二套系統的相關成本與優點。應該採用哪一套系統？

2-16
當代作業控系統與傳統作業控制系統

以下列出與當代作業控制系統或與傳統作業控制系統相關之行動。

a. 比較維修部門的預算成本與實際成本。

b. 維修部門的經理收到一筆超越預算績效的獎金。

c. 資源成本先分配予作業，再分配予產品中。

d. 採購部門被設計成責任中心。

e. 找出與列出作業內容。

f. 作業活動分為對組織具附加價值或不具附加價值的作業。

g. 建立產品物料使用的標準，並與產品物料使用的實際情況比較。

h. 隨時追蹤完成作業的成本。

i. 移動之距離視為物料處理成本發生的原因。

j. 公司獎勵買到低於標準價格之零件的採購人員。

k. 經由重新設計工廠佈置而大幅降低物料處理作業的成本。

l. 針對生產 1,000 單位的實際人工成本超過允許的人工標準的原因，進行調查。

m. 隨時計算和追蹤不良品的數量。

n. 要求工程部門找出降低設定時間至目前的百分之七十五(75%)的水準的方法。

o. 驗收部門的經理裁減二名員工，以符合第四季的預算目標。

作業：將上述各項分別歸類為當代作業控制系統或傳統控制系統，並說明你的理由。

2-17
損益表；製成品成本表

1998 年，賀尼柏公司共生產了 2,000 個皮製馬鞍，馬鞍的單位售價是 \$350。 1998 年的期初製成品存貨有 250 個馬鞍，期末則有 350 個製成品存貨。這家公司的會計記錄顯示如下資訊：

原料採購	$160,000
原料存貨，1998.01.01	23,400
原料存貨，1998.12.31	33,400
直接人工	100,000
間接人工	20,000
租金、工廠廠房	21,000
折舊，廠房設備	30,000
水電費，工廠廠房	5,978
薪資，業務主管	55,000
獎金，業務員	38,000
一般管理	61,000
在製品存貨，1998.01.01	6,520
在製品存貨，1998.12.31	7,498
製成品存貨，1998.01.01	40,000
製成品存貨，1998.12.31	57,050

作業：

1. 編製製成品成本表。
2. 計算 1998 年單位產品之生產成本。
3. 編製成本吸收法的損益表。

　　Golding Company 從事電視遊戲的設計、生產、與行銷。大多數的遊戲內容多具有腦力激盪的性質。這家公司的所有人農哈洛堅信自己的員工必須具備很強的分析與解決問題的技能。員工在錄用前，都必須答覆面試主管指定的問題。問題的內容通常與員工的專業知識技能相關。假設你正在應徵初級會計人員，這家公司的會計長除了希望測試你對於基本成本術語和概念的瞭解外，同時也想評估你的分析能力。會計長提出公司所擁有的一座工廠在 1998 年度的會計資訊如下。這座工廠生產三種電視遊戲。這三種電視遊戲耗用的資源完全相同，所以生產成本一樣。根據研究顯示，直接人工成本是費用成本的最佳成本動因。非單位動因都不是重要的相關因素。直接物料和直接人工與生產的單位數量呈同比例增加。

> 2-18
> 製成品成本：成本分類：解決問題

a. 費用成本公式：Y = $20,000 + 0.25X，其中 X 係指直接人工成本。

b. 單位變動製造成本（直接物料 + 直接人工 + 變動費用）為 $20。

c. 當期總變動製造成本為當期加工成本之百分之二百 (200%)。

d. 生產數量（包括所有類型的遊戲）為 10,000 單位。

e. 期初在製品是期末在製品成本的二分之一 (1/2)。

f. 當期沒有期初或期末的原物料或製成品之存貨。

g. 銷貨成本是 $190,000。

作業：請編製 1998 年的製成品成本表。

> **2-19**
> 損益表；服務成本；
> 服務屬性

客利福公司是一家稅務服務公司。這家公司位於美國芝加哥市，擁有十位專業人員和五名專技人員。這家公司並未替中小企業或個人顧客服務。下列資料係以 1998 年 7 月 31 日為準。

已經完成的報稅服務	2,000
尚未完成的稅務服務，1997.08.01	$60,000
尚未完成的稅務服務，1998.07.31	$100,000
已完成的服務成本	$890,000
期初直接物料存貨	$20,000
採購，直接物料	$40,000
直接人工	$800,000
費用	$100,000
管理費用	$50,000
銷售	$60,000

作業：

1. 請編製已完成的服務成本表。

2. 參考第 1 題的成本表。主要成本為何？此一主要成本是否適用所有的服務業？如果不是，請舉出一個例外的實例。

3. 假設處理一項稅務的平均收費為 $700。請編製這家公司的損益表。

4. 試討論服務與有形產品間之三項差異。這些差異對於第 1 題中的

計算有何影響？

藍森公司生產微電腦廠商使用的電路板。1998 年，這家公司報
告了下列數據：

在製品存貨，01.01	$12,500
在製品存貨，12.31	12,500
製成品存貨，01.01（24,000 單位）	120,000
製成品存貨，12.31（12,000 單位）	60,000
原料存貨，01.01	20,000
原料存貨，12.31	30,000
已使用之直接物料	70,000
直接人工	100,000
工廠折舊	15,000
薪資，生產主管	30,000
間接人工	20,000
水電費用，工廠	6,000
業務獎金	8,000
薪資，業務主管	20,000
折舊，工廠設備	5,000
管理成本	12,000
耗用物料	4,000

1998 年，這家公司總共生產了 50,000 單位，並以 $12 的單價賣
出 62,000 單位。

作業：

1. 請編製製成品成本表，並算出每生產一單位的全部製造成本。
2. 請利用成本吸收法編製損益表。

歐力芬公司是一家生產電子電路板的公司。其位於美國紐約白原市的工廠生產錄放影機使用的電路板（這也是這一座工廠生產的唯一產品）。根據直接人工小時導出的製造成本公式如下：

總製造成本 ＝ \$300,000 ＋ \$15X（其中 X 係指直接人工小時）

這一座工廠每年生產 10,000 個電子電路板，但是年度產能可以達到 15,000 個的水準。預估市場狀況將不允許工廠擴充錄放影機電路板的生產。然而這家公司卻發現可以增加一項新產品——小型電視機專用的電路板——的機會。現有的設備可以做適當的調整來生產這項新產品（每一批生產二個電路板，如此一來現有的設備可以同時生產二種電路板）。工程師估計新產品的單位直接人工小時和原來一樣。藉由上述資訊，會計長認為會發生同樣的每一人工小時的變動成本。會計長同時也表示，固定成本亦將維持在 \$300,000——亦即這些成本不應隨著產量的增加而變動。換言之，同時生產二種電路板並不會改變原有的製造成本公式。

在做出生產新產品的最後決策之前，公司僱用了一位顧問來分析新產品對於公司成本負擔的影響。這位顧問找出了可能會受到新產品影響的三項主要作業，分別是採購、工程與設備設定。目前公司是將採購與工程視為固定成本。然而這位顧問卻指出，這二項成本其實會隨著非單位作業動因的改變而改變。此外，這些作業的需求（藉由作業動因的估計）也會隨著新產品的加入而增加。這位顧問還指出，從單一產品線轉為多產品線的生產還會增加另一項費用作業:重新設定設備以因應批次生產的需求。根據進一步的分析，其它製造成本也會隨之躍升。這位顧問認為這些製造成本的成本習性可由直接人工小時——單位基礎作業動因——來解釋。為此，這位顧問（利用直接追蹤的方法）將成本分配給三項非單位動因的費用作業。最後再由四項不同的作業動因導出下列成本公式：

採購成本 ＝ \$40,000 ＋ \$30X$_1$，其中 X$_1$ 係指訂購單的數量
工程成本 ＝ \$50,000 ＋ \$100X$_2$，其中 X$_2$ 係指工程訂單的數量
設定成本 ＝ \$15,000 ＋ \$1,000X$_3$，其中 X$_3$ 係指設定次數
剩餘費用成本 ＝ \$100,000 ＋ \$15X$_4$，其中 X$_4$ 係指直接人工小時

這位顧問同時也針對每一項產品提出作業需求的估計：

	錄放影機用的電路板	電視機用的電路板
產品單位數量	10,000	5,000
直接人工小時	20,000	10,000
訂購單數量	2,000	2,000
工程訂單數量	500	1,000
設定	10	10

作業：

1. 請計算沒有新產品的情況下，生產錄放影機用的電路板的總成本。你認為這樣的成本正確嗎？試說明你的理由。

2. 請利用原始的直接人工小時的成本公式，計算這二項產品的個別的總生產成本。

3. 請利用顧問導出的成本公式，計算這二項產品的個別的總生產成本。請解釋第 2 題與第 3 題的答案不同的原因。你認為哪一個答案是最正確的預測？為什麼？

4. 請利用原始的單位基礎成本公式，計算這二項產品的個別的單位變動成本。接下來，再請利用顧問提出的公式當中的變動要素，計算單位成本。哪一種方法可以得到最正確的成本分配？試說明你的理由。

5. 請解說直接追蹤、資源動因、與作業動因在顧問的分析過程中所可能扮演的角色。

巨門營造公司是由葛山姆於一九五○年創立的家族企業。公司成立初期，組織編制只有葛山姆本人和三名負責瓦斯、水、與下水道管線埋設工程發包的員工。目前這家公司已經擁有 25 到 30 名員工，並由創辦人的兒子葛傑克負責經營。公司的主要業務是埋設管線。

公司的業務來自中央與地方政府機關。施工地點集中在內布拉斯加州境內。這家公司的年營業額平均為三百萬美元，利潤則介於營業額的百分之零到百分之十 (0%-10%)。

> 2-22
> 成本分類；損益表；
> 單位基礎成本習性；
> 服務業。

　　過去三年來受到景氣衰退與同業競爭激烈的影響，獲利率均未達平均水準。有鑑於市場競爭激烈，葛傑克投入研究同業競標工程時提出的價格。每次競標失敗時，葛傑克都會努力地分析自己的公司和競爭者在價格上出現差異的原因，以提高未來投標的競爭力。

　　葛傑克認為公司目前採用的會計系統效率不佳。這套會計系統是將收入扣除所有費用後的餘額視為淨利。換言之，這套會計系統並沒有分別列示埋設管線的成本、取得合約的成本以及管理成本等。所有的投標價格都是以埋設管線的成本為基礎。

　　同時，葛傑克也認同成本習性的重要性。他相信，只要知道哪些是變動成本，哪些是固定成本，就可以提出更具競爭性的價格。舉例來說，這家公司經常會有設備閒置不用的情形（公司必須備有較多的設備才能參與大型工程計畫的投標）。如果公司獲得的標案足以平衡變動成本並充份利用閒置設備的話，就可以提高設備操作人員的生產效能，進而降低操作人員的流動率。事實上，如果獲得的標案注入的收益超過變動成本，更可以提升公司的獲利。

　　基於上述種種想法，葛傑克開始仔細地閱讀前一年度的損益表（如下所示）。首先，他注意到員工的薪資是根據設備小時來計算的，平均薪資是每一設備小時 $165。然而當他想要將各項成本分門別類的分析以找出成本習性時，頓覺無所適從。他甚至不知道應該如何將自己的薪水 $114,000 分配給各項成本動因。葛傑克的工作中大約有一半的時間是用於準備投標和參與投標，另一半的時間則用於一般行政管理事務。

巨門營造公司

損益表

一九九八年十二月三十一日

薪資（18,200 設備小時，每一設備小時 $165）	$3,003,000	
減項：費用		
水電費	$ 24,000	
機器操作員工資	218,000	
租金（辦公建築）	24,000	（接續下頁）

會計師費用	20,000
其它直接人工	265,700
行政人員薪資	114,000
主管薪資	70,000
管線	1,401,340
輪胎與油料	418,600
折舊，設備	198,000
技術員薪資	50,000
廣告	15,000
總費用	2,818,640
淨利	$ 184,360

作業：

1. 請將損益表列示的成本分類為：(1) 埋設管線的成本（生產成本）；
(2) 取得標案的成本（銷售成本）；與 (3) 一般管理成本。再將生
產成本細分為直接物料、直接人工與費用成本。這家公司沒有重要
的在製品（大多數的工程是在一天內完成）。

2. 利用第 1 題的分類，編製成本吸收損益表。埋設管線的每一設備
小時的平均成本是多少？

3. 假設唯一重要的作業動因是設備小時。此外，假設這家公司只有
典型的變動成本與固定成本二類。請將上述成本分門別類歸為變動
成本或固定成本。並建立可以說明這家公司成本結構的成本公式。

4. 假設公司目前仍有閒置設備。葛傑克在準備參與一項標案，他有
信心以 $140 的價格贏得這項標案。請說明葛傑克對於成本習性的
瞭解如何幫助他做出投標價格的決策。

魏喬安在美國喬治亞州亞特蘭大市開設一家建築公司，並擔任總
經理的職務。她安排了和艾凱特碰面。艾凱特和魏喬安是一起長大的
堂兄妹，目前艾凱特在魏喬安的同業的公司擔任主任會計員的工作。
艾凱特是一位能力很強、也很成功的會計人員，但是最近在私人財務
上遇到了一些問題。艾凱特的兒子生了一場重病，他必須想辦法支付
高達 $20,000 的醫藥費。湊巧的是，艾凱特的大女兒今年正要進入大

> 2-23
> 成本資訊與道德行
> 為；服務業

學就讀。　另一方面，魏喬安則是努力地建立成功的建築事業。最近她剛取得一家總部位於佛羅里達州奧蘭多市的大型建築公司開設分公司的權利。設立分公司的頭二年，分公司規模雖小，但是利潤相當不錯。然而魏喬安必須設法贏得喬治亞新的州辦公大樓的標案，才能在亞特蘭大的建築市場上真正佔有一席之地。她和艾凱特的碰面正是為了與她計畫提出的標單有關。

「凱特，我的公司正在一個轉捩點上。如果我可以取得州政府的標案，公司就能夠一帆風順。這項標案將會帶來 $600,000 到 $700,000 的收入。此外，公司公開發行以後將可以再帶來 $200,000 到 $300,000 的資金。」

「我瞭解，」艾凱特回答道。「我的老闆也很冀望這項標案能夠替公司帶來大筆的利潤。但是這個行業競爭非常激烈。還是新手的妳，恐怕很難贏得這項標案。」

「或許你的看法錯了。你忽略了二項重要的因素。首先，我擁有本地建築業所有的資源與能力。其次，我在政界有些關係。去年，我就積極參與州長選舉，擔任競選經費募款的聯合主席。州長對於我的表現印象深刻，很希望我能夠贏得這項標案。我有信心我提出的標單將會非常具有競爭力。我唯一的顧慮就是必須擊敗妳們公司。如果我的投標價格比較低，州長就能夠幫我拿到這項標案。」

「聽起來大有可為。如果妳拿到這項標案，恐怕會令許多人大失所望。這些人一定會抗議要求交由本地的建築師來承包這件工程，而不是外來的公司。以妳的公司規模來看，勢必需要奧蘭多的協助。如此一來，恐怕會引起許多爭議。」

「話是如此，但是這家分公司是由我負責經營。誰能否認我是本地市民的事實？聽著，只要你肯助我一臂之力，我想我一定能夠贏得這項標案。還有，如果我能順利承包這項工程，一定分給你直接的好處。也就是說，等我拿到標案以後，我就可以聘請一位會計人員，到時候我會以非常優厚的條件挖你跳槽。我可以提供給你 $20,000 的跳槽紅利，這是奧蘭多已經答應的條件。奧蘭多方面希望我能將亞特蘭大的分公司經營得有聲有色。除了跳槽紅利以外，我會把你的年薪提高百分之二十 (20%)，如此一來，你的財務問題就可以迎刃而解。

畢竟我們是從小一塊兒長大的堂兄妹，天底下哪有自家人不幫自家人的，不是嗎？」

「喬安，如果我太太知道妳提出的條件可以解決我們的財務問題，一定高興極了。我當然希望妳能夠贏得這項標案。言歸正傳，我可以幫上什麼忙？」

「很簡單。想要拿下這項工程，我必須贏過你的公司。在我提出標單之前，我希望你先看過一遍。我想借助你的專業能力來剔除標單上過高的或是不合理的成本。扣除掉過高的成本，並刪除與標案沒有直接關聯的成本，我相信我提出的標單就足以擊敗你的公司。」

「喬安，這是小事一件。但是如果妳贏得標案後我就跳槽到妳的公司上班，不曉得旁人會怎麼想？難道他們不會懷疑嗎？畢竟大家都一致看好我的公司會拿下這件工程。如果讓人發現我看過妳的標單，我的麻煩就大了。更何況媒體不難查出我們之間的親戚關係。」

「嗯，你的顧慮也有道理。我們必須謹慎行事。我想我可以安排一筆金額更大的紅利。或許你不適合到我的公司來上班。再不然，我也可以透過關係在州政府裡安插一個像是審計單位之類的職位給你。」

作業：

1. 如果你是艾凱特，你會怎麼做？請詳細說明你的決定所持的理由。
2. 如果艾凱特同意替魏喬安審閱標單，可能會有哪些結果？對於魏喬安的提議，艾凱特又有什麼顧慮？這些顧慮是否會影響他的決定？更重要的是，艾凱特是否應該傾向於接受魏喬安的另一種安排（更高的紅利與政府公職）？「東窗事發」的可能性是否影響艾凱特的決定？
3. 請就管理會計人員應具的道德標準（參閱第一章），來評論魏喬安提出的建議。如果艾凱特同意閱讀魏喬安的標單，將會違反哪些道德標準？假設艾凱特是內部管理會計協會的會員，且擁有管理會計師資格。

第三章
作業成本習性

學習目標

研讀完本章內容之後,各位應當能夠:

一. 定義與說明成本習性,解說資源利用模式在讀者瞭解成本習性時所扮演的角色。

二. 利用高低點法、散佈圖法、與最小平方法,將混合成本分解為固定成本與變動成本。

三. 評估成本公式的可靠度。

四. 解說如何利用多重回歸分析法來瞭解成本習性。

五. 探討如何利用管理判斷來判定成本習性。

　　　　成本具有變動、固定、或混合變動與固定的習性。瞭解成本與作業產出之間的變化關係是規劃、控制與決策等職能的重要基礎。例如，舉凡預算編列、保留或撤消某一產品線的決策以及部門的績效評估等都必須仰賴對於成本習性型態的瞭解。事實上，對於成本習性一無所知或瞭解不深，都可能導致品質低劣的——甚至是致命的——決策。本章將深入探討成本習性型態，以建立讀者研究其它成本管理課題的紮實基礎。舉例來說，變動成本系統會將所有的成本分別歸類為固定成本或變動成本。然而實務上是否所有的成本都可以歸入這兩種成本習性呢？此一成本分類方法係建立於何種假設與限制之上？此外，我們對於變動成本與固定成本的定義是否週詳？最後值得我們深思的是，我們可以採取哪些步驟來找出混合成本中的固定成本與變動成本？我們如何確保這些步驟的正確性？

成本習性與資源利用模式

學習目標一

定義與說明成本習性，解說資源利用模式在成本習性的瞭解上扮演的角色。

　　　　成本習性 (Cost Behavior) 是指相對於作業產出水準的變動而維持固定或隨之變動的成本型態。無論作業產出增加或減少而維持總數不變的成本稱為固定成本。隨著作業產出的增減和總數同步增減的成本即為變動成本。在經濟學上，通常假設變動成本與固定成本均為已知數。管理會計人員必須能夠分解固定成本與變動成本。實務上的作法必須考量時距、資源利用情況、與作業產出的衡量指標。瞭解這些概念有助於我們瞭解成本習性分析的困難與問題。

時距 (Time Horizon)

　　　　固定成本或變動成本的劃分取決於時間長短。根據經濟學的定義，**長期** (Long Run) 而言所有的成本都是變動成本；**短期** (Short Run) 來看，則至少有一項成本屬於固定成本。讀者或許會問，究竟何謂短期？不同成本的短期定義亦有所差異。舉例來說，直接物料的定義就比較明確。好比 Starbucks 咖啡館，儘管接下來的數小時店內備有的咖啡豆數量是固定的，但仍然可能把咖啡豆（直接物料）視為變動成

本。然而位於 Cherry Creek 的咖啡店面的租金就很難劃分短期或長期；時距可能橫跨一到數年。因此，此項成本視為固定成本處理。某些時候，時距長短的劃分須視管理階層的判斷與預估成本習性的目的而定。例如，爭取一次性的特殊訂單可能只需要一個月的時間，便足以製妥標單並取得訂單。其它決策——例如停產或產品組合等——的影響卻可能延續更長的時間。如此一來，其成本必須視為長期變動成本處理，例如產品設計、產品開發、市場開發與市場進入等決策。短期成本通常無法充份反映產品設計、製造、行銷、鋪貨與支援等成本。近來，許多關於長期與短期成本習性的新見解紛紛出現，它們參酌了為完成作業所需的作業與資源。

作業、資源利用與成本習性

作業產能 (Activity Capability) 單純地係指完成作業的產能。為了完成特定的作業，必須具備特定的產能。而所需產能之多寡則視每一項作業要求之績效水準而定。我們通常可以假設所需的作業產能與完成作業的效率水準具有正比關係。此一作業績效的效率水準稱為**實際產能** (Practical Capability)。我們必須利用資源來完成作業。**資源** (Resources) 就是我們用以完成作業的經濟元素。**資源耗用** (Resource Spending) 係指取得完成作業之產能的成本。**資源利用** (Resource Usage) 係指用以生產作業產出所使用作業產能的數量。換言之，資源利用等於作業產出。如果取得的作業產能並未完全利用，那麼就產生所謂的**未利用產能** (Unused Capability)，亦即取得的產能與實際作業產出之間的差異。資源耗用與資源利用之間的關係可以用來定義變動與固定成本習性。為說明其關連性，首先，我們必須瞭解資源的供給方式。

資源可以透過二種方式提供：(1) 利用時（需要的時候）與 (2) 利用前。**在需要時才提供的資源** (Resources supplied as used and needed) 係自由地決定購買所需的資源數量。此時，供給的資源數量等於需要的資源數量。這一類的資源不會出現未利用產能的情況（資源利用＝資源供給）。**在利用之前提供的資源** (Resources supplied in advance of usage) 是透過明文的或隱含的契約所取得的預定數量

的資源。而不考慮可取得的資源可否充份利用的問題。預先提供的資源可能超過所需數量；換言之，這一類的資源可能出現未利用產能的情況。

在需要時才提供的資源及其成本習性

在需要時才提供的資源，其成本與利用的資源成本相同，因此資源的總成本會隨著資源需求的增加而增加。因而我們可以將這一類的資源成本視為變動成本。舉例來說，在及時製造環境中，物料是在需要的時候才予以提供。利用產出的單位數量作為作業產出的衡量指標或作業動因，我們可以清楚地看出隨著產出單位數量的增加，原料的利用（與成本）也會同比例增加。同樣地，能源也是在需要的時候才予以提供。利用仟伍作為作業產出的衡量指標（作業動因），我們同樣可以得到隨著能源需求的增加，能源成本也隨之增加的事實。然而值得注意的是，在這兩個例子當中，資源的供給與利用是以作業產出作為衡量指標（作業動因）。

在利用之前提供的資源及其成本習性

許多資源是在實際需要之前便已先行取得。作者謹以兩個實例來說明這類資源的取得方式。首先，企業會利用支付現金頭期款或以簽訂定期現金付款的明文契約等方式取得多期的服務產能 (Multi-period Service Capabilities)。建築與設備的購買或租賃就是典型的預先取得資源的例子。這一類資源每一年的費用與資源的實際利用情況並無關聯；換言之，這些費用可以定義為固定費用。這些費用主要是與**承諾性固定費用** (Committed Fixed Expenses) 有關，亦即與為提供長期作業產能而發生之成本有關。

組織預先取得資源的另一個實例，也是更重要的實例則是採用隱含契約的方式——通常是與組織內的員工之間的隱含契約。這一類的隱含契約強調道德，含藏著即使企業組織可能經歷作業數量的暫時性衰減，卻仍將維持既有的人力水準的承諾。企業組織為了克服維持這一類固定費用的困難，必要時候也會改採僱用臨時員工的變通方式。

企業組織聲明利用臨時員工的主要理由是彈性——亦即符合需求的浮動、爲了控制企業組織的縮編、以及爲了緩衝主要員工失業的可能。

這一類的資源耗用主要與**自由裁量性固定費用** (Discretionary Fixed Expenses) 有關——亦即爲取得短期作業產能而發生的成本。以 $150,000 的薪資僱用三位全職工程師來提供處理 7,500 份不同訂單的產能就是隱含契約的一種形式（不同的訂單是用以衡量資源產能與資源利用的動因）。當然如果實際只處理了 5,000 份不同的訂單，相信不會有任何一位工程師會遭到資遣——當然除非需求的減少是永久性的。

控制與決策的隱含意義

前文說明的作業制資源利用模式可以改善管理控制與決策的品質。作業控制資訊系統能夠鼓勵管理者更加注意控制資源的利用與耗用情況。例如，設計良好的作業系統可以讓管理者瞭解新產品組合的決策所可能帶來的資源需求變動。增加新的定製產品可能增加各種費用作業的需求；如果沒有足夠的未利用作業產能，那麼資源利用必須增加。同樣地，如果作業管理帶來了超額作業產能（爲了找出降低資源利用的方式而發生），管理者就必須仔細地思考如何處理超額產能。消除超額產能或可降低資源利用，進而提升整體獲利。又或者，利用超額產能來增加產出可以提高收入，而不致增加資源利用。本書第二十章將針對管理作業如何影響資源利用與耗用做更詳盡的探討。

作業制資源利用模式同樣可以幫助管理者求出因爲自製或外購、接受或拒絕特殊訂單、保留或撤消產品線等決策所造成的資源供給與需求的變動。此外，這個模式可以提升傳統管理會計決策模式的效益。本書將在第三篇（第十章到第十五章）的部份再行探討此一模式對於決策品質的影響。這些章節介紹的決策模式多與成本習性具有重要關聯。

作業產出的衡量指標

總變動成本會隨著作業產出的改變而改變。固定成本則維持不變，不受作業產出變動的影響。因此，爲了探討各項成本的成本習性，就

必須先衡量作業產出。本書在第二章曾經提過，作業產出的衡量指標是作業動因。所以，為了瞭解成本的習性，首先我們必須找出隱含的作業內容和用以衡量作業產能與產出的相關動因。瞭解成本與作業之間關聯性的需求促使我們必須找出作業產出的適當衡量指標，亦即所謂的作業動因。舉例來說，物料處理產出可能是由動作的次數來衡量，運輸貨物的產出可能是由銷售數量來衡量，醫院床單清洗的產出可能是由送洗床單的重量來衡量等。動因的選擇不僅各家企業有所不同，同時也和衡量的作業內容或成本有關。

　　作業動因可以利用衡量**作業產出或利用** (Activity Output/Usage) 的變動情形，來解釋作業成本的變動。一般而言，作業動因分為：單位層次動因與非單位層次動因。單位層次動因可以解釋隨著產出單位變動而變動的成本。直接原料的重量、用以運轉生產機器的電力仟伍、與直接人工小時等都是單位層次作業動因的常見例子。非單位層次動因可以解釋隨著產出單位以外的因素變動而變動的成本。非單位層次動因又可細分為三類：批次層次、產品層次、設施層次。批次層次的成本傾向於隨著批次數目的變動而變動。產品層次的成本傾向於隨著不同產品的數目變動而變動。設施層次的成本則傾向於維持不變，並視為固定成本處理──至少短期間內應為固定成本。常見的非單位基礎作業產出衡量指標包括了設備的設定、工作訂單、工程變更的訂單、檢查小時以及物料移動次數等。

　　傳統的成本管理系統中，只採用單位基礎動因的假設。當代的成本管理系統中，則同時兼顧單位基礎動因與非單位基礎動因。換言之，當代成本管理系統比傳統管理成本系統更能提供豐富的成本習性的觀點。此外，為因應日益廣泛的作業內容，我們的確需要瞭解成本習性的型態。

　　現在讓我們仔細地瞭解變動作業成本與固定作業成本。如果某項作業的成本習性型態是完全變動的或完全固定的，那麼就可以將成本分攤至適當的科目。就混合成本來說，我們可以分解出變動的與固定的部份，然後再分攤至正確的科目當中。本書第二章曾經介紹過，線性成本函數未必能夠反映實際的成本習性。隱含的成本函數實際上可能是非線性的性質。我們的目標是讓固定成本、變動成本或混合成本

的成本習性分類方式儘可能接近真實，這樣的分類方式才有意義。舉例來說，當成本習性呈現階梯函數的時候，固定成本與變動成本的分類方式就可以幫助我們瞭解此一成本習性。

階梯式成本習性 (Step-Cost Behavior)

前文中我們在探討成本習性的時候，都是假設成本函數（無論是線性函數或非線性函數均如此）是連續的。實際上，部份成本函數可能是不連續的，如**圖** 3-1 所示。這一類的成本函數稱為階梯式函數。**階梯式成本函數** (Step-Cost Function) 是指在某一段作業產出範圍內成本是固定的，到了某一作業產出水準時成本會突然增加，然後維持不變，每一次作業的範圍皆相近。**圖** 3-1 中，作業產出在 0 到 20 單位的時候，成本始終維持在 $100 的水準。然而當產量到達 20 到 40 單位的時候，成本則躍升至 $200 的水準。

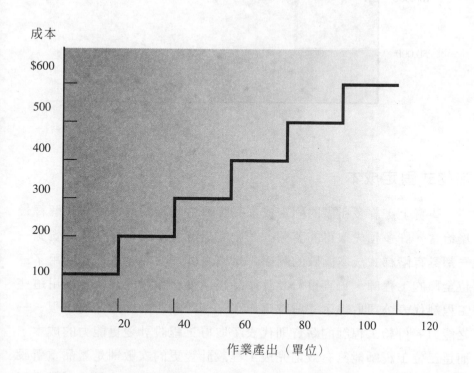

圖 3-1

階梯式成本函數

階梯式變動成本

　　具備階梯式成本習性的物品必須以大量採購的方式購買。階梯的寬度決定了作業產出的範圍，亦即決定了必須取得的資源數量。**圖** 3-2 當中的階梯寬度是 20 個作業單位。當階梯寬度較窄時，如**圖** 3-1 所示，資源成本會隨著資源利用（根據作業產出來衡量）的小幅變動而改變。階梯寬度較窄的階梯式成本定義為**階梯式變動成本**(Step-Variable Costs)。我們通常會利用典型的變動成本的假設，來分析階梯寬度較窄的階梯式變動成本。

圖 3-2

階梯式固定成本

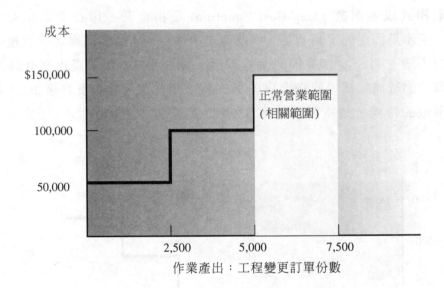

階梯式固定成本

　　事實上，許多所謂的固定成本其實可由階梯式成本函數來解釋最為恰當。許多預先取得的資源——尤其是涉及隱含契約行為的資源——都具有階梯式成本函數的關係。舉例來說，假設一家公司僱用了三位全職的工程師，負責重新設計產品以期符合顧客的需求。僱用這些工程師代表公司取得了完成特定作業——即重新設計產品的工程——之能力。付給工程師的薪資則代表了取得工程設計變更能力的成本，而這三位工程師能夠有效地完成工程設計變更的次數則是產品重新設計的工程能力的量化指標。另一方面，完成變更訂單的數目則是資源實際利用情況的指標。假設每一位工程師的年薪都是 $50,000，每一

位工程師每年可以處理 2,500 件的工程變更訂單。這家公司則以 \$150,000 (\$50,000 × 3) 的總成本取得了處理 7,500 件 (3 × 2,500) 工程變更訂單的產能。此一資源的特性是產能必須以大量方式取得（每一次僱用一位工程師）。**圖** 3-2 說明了這個例子的成本函數。值得注意的是，階梯的寬度是 2,500 個單位，比**圖** 3-1 列示的成本函數的階梯寬了許多。階梯寬度較寬的階梯式成本習性被定義為**階梯式固定成本** (Step-Fixed Costs)。

在實務上，階梯式固定成本屬於固定成本的範圍。多數的階梯式固定成本在公司的正常營業範圍內會維持固定不變。假設正常營業範圍是在 5,000 到 7,500 個單位之間（如**圖** 3-2 所示），公司將會花費 \$150,000 在工程資源上。換言之，每一件變更訂單將會花費 \$25 (\$150,000/7,500)。將資源費用除以作業的實際產能後，可以得出平均單位成本，也就是**作業比率** (Activity Rate)，用以計算資源利用與未利用資源的成本。

舉例來說，假設該年度公司實際處理的訂單可能未達 7,500 件——換言之，所有有效訂單的處理資源可能並未完成利用。假設該年度公司實際處理的訂單為 6,000 件，**資源利用成本**就等於「作業比率」乘上「實際作業產出」，也就是 \$20 × 6,000 = \$120,000。此外，**未利用作業成本**等於「作業比率」乘上「未利用作業」，亦即 \$20 × 1,500 = \$30,000。值得注意的是，由於資源（重新設計工程）必須以整數方式取得，因此才會有未利用產能的出現。即便是公司早已預期到市場上只有 6,000 件變更訂單的需求，卻很難只僱用 2.4 位工程師 (6,000/2,500)。

上述例子說明了預先取得的資源，在資源的供給與資源的利用（需求）上可能會出現差異。此一現象僅可能發生在具有固定成本習性（預先取得的資源）的作業成本中。一般而言，傳統成本管理系統僅僅提供與供給的資源成本相關的資訊，而當代成本管理系統則會分別列示使用了多少作業及其利用成本。此外，提供的資源與利用的資源之間的關係可由下列其中一道公式說明之：

有效作業 ＝ 作業產出 ＋ 未使用的作業　　　　　　　　(3.1)

提供的作業成本 ＝ 已利用的作業成本 ＋ 未利用的作業成本

$$(3.2)$$

公式 3.1 代表實際單位的供給與需求間的關係，公式 3.2 則以數據來說明此一關係。

再以前述的工程變更訂單為例，其關係如下：

以實際單位表示（公式 3.1）：

有效訂單 ＝ 利用的訂單 ＋ 未利用的訂單

7,500 件訂單 ＝ 6,000 件訂單 ＋ 1,500 件訂單

以數據表示（公式 3.2）：

提供的作業成本 ＝ 已利用訂單的成本 ＋ 未使用訂單的成本

$150,000 = $120,000 + $30,000

作業與混合成本習性 (Activities and Mixed Cost Behavior)

由於作業活動利用的資源可能是預先取得，也可能是在需要的時候才取得，因此作業成本可能具備混合成本的習性。假設某一座廠房擁有自己的能源部門。這座廠房業已藉由建築與設備的投資（預先取得的資源）而取得能源供給的長期產能。廠房也已取得燃料以便需要時生產能源（在需要時才取得的資源）。建築與設備的成本與生產的能源仟伍小時無關，但是燃料成本卻會隨著仟伍小時需求的增加而增加。利用仟伍小時做為作業產出的衡量指標，我們可以看出能源供給作業同時具有固定成本與變動成本。

如前例電廠的例子所示，混合成本可以分解出固定與變動的部份。現在讓我們再看一個更具代表性的例子。假設有一家專門出租影印機的公司，租賃合約的內容是承租人在每一年的開始必須預付 $3,000 的租金。影印機的操作成本則是由這家公司負擔，平均每一張 $0.02 的成本包括了碳粉、紙張與維修成本。影印機的出租期間是五年，可

以影印 600,000 張紙。換言之，$3,000 代表了預先取得的資源的成本，而 $0.02 的平均成本則代表在需要的時候才取得的資源之成本。影印作業的成本習性可以由下列公式表達：

$$Y = \$3,000 + \$0.02X$$

其中 Y 係指每年總成本

X 係指每年影印張數

　　固定費用 $3,000 是為取得影印產能而須支付的成本，而使用此一產能仍須負擔其它成本。事實上，每影印一張，公司就必須負擔 $0.02 的額外成本。影印的張數愈多，公司必須支付的費用也愈多。如果整年度總共影印了 100,000 張，總成本就是 $5,000 [$3,000 + ($0.02 × 100,000)]。如果整年度總共影印了 150,000 張，總成本則為 $6,000 [$3,000 + ($0.02 × 150,000)]。總成本會隨著作業的增加而提高，但是無論影印多少張紙，公司都必須支付至少 $3,000 的固定費用。圖 3-3 說明了混合成本關係。值得注意的是，當作業產出為零的時候，仍然有成本存在。然而隨著作業產出的增加，總成本也跟著提高。

圖 3-3

混合成本

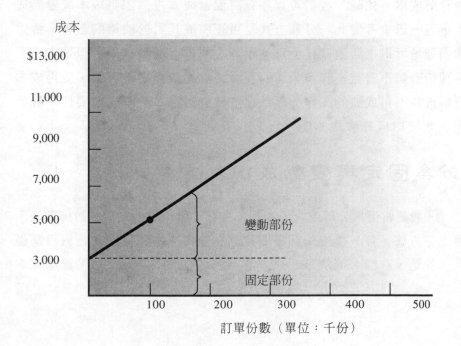

成本

訂單份數（單位：千份）

會計記錄的意涵

誠如前面關於影印機的例子，有時候我們可以很容易地就分解出混合成本中的變動部份與固定部份。然而更多時候我們惟一可得的資訊是作業總成本與作業產出的衡量指標（變數 Y 與 X）。舉例來說，會計系統通常會記錄特定期間內的維修作業總成本，以及各該期間內提供的維修小時時數。

然而一般的會計記錄卻沒有列示總維修成本當中有多少是代表固定費用，又有多少是代表變動費用。（沿用前面的影印機的例子，事實上，會計記錄甚至可能不會分解成本的細項。）會計系統純粹只是記錄總成本，而沒有進一步地分解出固定成本與變動成本。

成本分解的必要

由於會計記錄通常只會顯示總成本與混合成本項目當中的相關作業產出，因此我們必須將總成本分解成固定部份與變動部份。惟有依循公認的正式標準才能將所有成本分門別類納入適當的成本習性類別。

然而如果混合成本僅佔總成本的極小部份，或許就不需大費周章地分解成本。此時，我們可以逕自將混合成本視為固定成本或變動成本處理，毋須考慮此一分類方式是否正確或其對於決策的影響。當然我們還是可以主觀地直接分別列示固定成本與變動成本，但是實務上這種情形並不常見。許多公司的混合成本的金額相當可觀，使得成本分解成為不可或缺的工作。既然已經確立了成本分解的必要性，我們究竟應該如何分解成本呢？

將混合成本區分為固定與變動成份之方法

學習目標二

利用高低點法、散佈圖法、與最小平方法，將混合成本分解為固定成本與變動成本。

一般經常用以分解混合成本的方法有三種：高低點法、散佈圖法、最小平方法。每一種方法都需要建立在線性成本關係的簡化假設基礎上。於是，在深入瞭解每一種分解方法之前，我們先來複習直線成本公式。

Y = F + VX，其中

Y 係指作業總成本（因變數），

F 係指固定成本的部份（截距參數），

V 係指每單位作業的變動成本（斜率參數），

X 係指作業產出的衡量指標（自變數）

　　因變數 (Dependent Variable) 係指跟隨另一變數的值而變動的變數。在上面的公式當中，總作業成本就是一個因變數，也就是我們試圖預測的成本。**自變數** (Independent Variable) 則是衡量作業產出並解釋作業成本變動的變數。自變數是一項作業動因。自變數的選擇與其經濟合理性有關。換言之，管理者必須找出引起因變數的產生或與因變數密切相關的自變數。**截距參數** (Intercept Parameter) 代表固定作業成本。從圖上來看，截距就是混合成本線與成本軸（縱軸）的切點到原點的部份。**斜率參數** (Slope Parameter) 代表的是每單位作業的變動成本。從圖上來看，斜線就是混合成本線的斜率。

　　由於會計記錄只會顯示 X 和 Y 的部份，因此必須利用已知的數值來預測 F 與 V。取得 F 與 V 的預測數值後，就可以估算出固定部份與變動部份，並預測作業產出改變時的混合成本習性。估算 F 與 V 的數值的方法有三種，分別爲高低點法、散佈圖法與最小平方法。

　　這三種方法都使用同樣的資料，如此才能進行比較。這些資料是爲物料處理作業而累積的資料。工廠經理認爲物料移動的次數是衡量作業的良好作業動因。假設安德森公司的會計記錄顯示過去十個月以來物料處理成本與物料移動的次數，明細如下：

月份	物料處理成本	移動次數
一月	$2,000	100
二月	2,500	125
三月	2,500	175
四月	3,000	200
五月	7,500	500
六月	4,500	300

七月	4,000	250
八月	5,000	400
九月	6,500	475
十月	6,000	425

高低點法　(The High-Low Method)

　　從基本幾何學的觀點來分析，我們知道二點可以決定一條直線。我們只要知道線上任何二點，就可以導出直線的公式。在前述的直線成本公式中，固定成本 F 是總成本線與縱軸的截距，單位變動成本 V 則是直線的斜率。已知線上二點，就可以得到截距與斜率。高低點法 (High-Low Method) 就是預先選定二點，用以計算截距與斜率。高低點法選定的是線上的高點與低點，高點的定義是作業水準最高的點，低點的定義則是作業產出水準最低的點。

　　假設點 (X_1, Y_1) 爲低點，點 (X_2, Y_2) 爲高點，則決定斜率與截距的公式分別爲：

V = 成本變動 / 作業變動

　 = $(Y_2 - Y_1) / (X_2 - X_1)$，且

F = 總混合成本 － 變動成本

　 = $Y_2 - VX_2$，或

F = $Y_1 - VX_1$

　　值得注意的是，固定成本的計算是利用 (X_1, Y_1) 或 (X_2, Y_2) 的總成本所求得。

　　對安德森公司來說，物料移動次數到達 500 次的時候會出現高點 $7,500，或以 (500, $7,500) 表示。低點 $2,000 則是在 100 次的時候出現，或以 (100, $2,000) 表示。找出高低點後，就可以計算出截距和斜率。

V = $(Y_2 - Y_1) / (X_2 - X_1)$

　 = ($7,500 - $2,000) / (500 - 100)

   = $5,500 / 400

   = $13.75

F = Y2 - VX2

   = $7,500 - ($13.75 x 500)

   = $625

利用高低點法導出的成本公式如下：

Y = $625 + $13.75X

　　假設十一月預估的移動次數是 350，套入成本公式後就可以得到總成本 $5,437.50，其中固定成本 $625，變動成本為 $4,812.50。

　　高低點法的優點是客觀。換言之，任何二個人只要使用的是同樣的資料都會得到相同的答案。此外，高低點法只需要任意二點的資料，就可以讓管理者很快地找出成本關係。例如，管理者手中雖然可能只有二個月的資料，仍然能夠概略地瞭解成本關係。

　　一般情況下，高低點法的成效不如另外二種方法。原因何在？首先，最高點與最低點往往屬於異常值，可能無法代表典型的成本作業關係。換言之，經由高低點法導出的成本公式無法預測將來可能發生的情況。為了克服高低點法取異常值的缺點，**散佈圖法** (Scatter-Plot Method) 則是選擇足以代表一般成本作業型態的二點做為計算的基礎。其次，即使最高點與最低點非異常值，其它的點組合卻可能更具代表性。散佈圖法能讓我們選擇比最高點與最低點更具代表性的組合來導出成本公式。

散佈圖法 (Scatter-Plot Method)

　　使用散佈圖法的第一步是決定資料代表的點，來表示物料處理成本與作業產出之間的關係。**圖 3-4** 就是一種**散佈圖** (Scattergraph)。縱軸代表總作業成本，橫軸代表作業產出（物料處理成本與物料移動次數）。仔細觀察**圖** 3-4 後我們更加相信物料處理成本與物料移動次數間呈線性關係的假設，在指定作業範圍內是合理的假設。於是，

散佈圖的目的之一便是確認假設中的線性關係的存在。此外，如果我們仔細分析散佈圖，可能會發現許多散佈的點與一般成本習性並不相符。這些點（異常值）可能是因為非經常性的事件所致。有了這樣的認知，我們就可以將例外的異常值排除在考慮範圍之外，或許就能估計出更接近事實的成本函數。

散佈圖可以幫助我們更進一步地瞭解成本與作業產出之間的關係。事實上，散佈圖的繪製可以讓我們清楚地將各點連成一線。在選擇連接最能反應各點關係的線時，管理者或成本分析師可以參考各項成本的歷來習性。實務經驗可以提供我們判斷物料處理成本習性的直覺能力；散佈圖便成為量化這種直覺能力的有效工具。散佈圖的功用是連接這些具有特定線性關係的點。讀者必須注意的是，散佈圖與其它統計圖是幫助管理者改善判斷能力的工具。這些工具並不足以限制管理者利用其專業判斷來變更各項工具的估計結果。

請各位再仔細地分析圖 3-4。根據圖中所提供的資訊，你會如何繪出各點之間的線性關係？假設你認為通過點 1 和點 6 的直線最能反映各點之間的關係，那麼你應當如何計算出截距和斜率，進而估計固定成本與變動成本呢？

圖 3-4

安德森公司之散佈圖

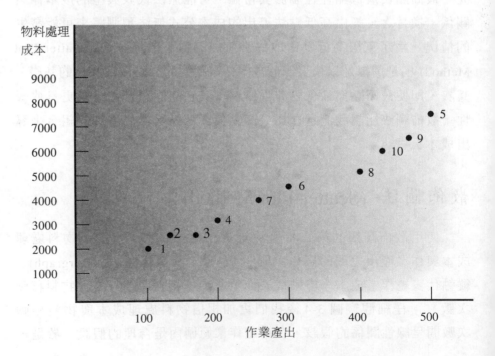

假設你選擇的最適線通過點 1 和點 6，則單位變動成本可由以下步驟導出。首先，假設點 1 對應的二軸交點分別是 $X_1=100$， $Y_1=\$2,000$，而點 6 對應的二軸交點則為 $X_2=300$， $Y_2=\$4,500$。〔座標的數據純粹是主觀的假設——此處僅為解說之用，點 (X_1, Y_1) 與點 (X_2, Y_2) 實際座標數字並不重要。〕接下來，我們可以利用這二點的座標求得斜率：

$$V = (Y_2 - Y_1) / (X_2 - X_1)$$
$$= (\$4,500 - \$2,000) / (300 - 100)$$
$$= \$2,500/200$$
$$= \$12.50$$

換言之，每一次物料移動的變動成本為 $12.50。假設每單位的變動成本已知，最後的步驟就是利用截距公式中的點 (X_2, Y_2) 來計算固定成本：

$$F = Y_2 - VX_2$$
$$= \$4,500 - \$12.50(300)$$
$$= \$750$$

當然我們也可以利用截距公式中的點 (X, Y) 來計算固定成本，得到同樣的結果：

$$F = Y_1 - VX_1$$
$$= \$2,000 - \$12.50(100)$$
$$= \$750$$

此時，我們可以算出物料處理成本中的固定部份與變動部份。物料處理作業的**成本公式** (Cost Formula) 可以表達為：

$$Y = \$750 + \$12.50X$$

利用這道公式，我們可以預測作業產出在 100 到 500 單位範圍內的物料處理總成本，並分解為固定部份與變動部份。舉例來說，假設

十二月份的計劃移動次數是 350次。利用上述公式，我們可以求出預估成本為 $5,125[$750 + ($12.50 × 350)]。求得的總成本中， $750 屬於固定成本， $4,375 屬於變動成本。

　　散佈圖法的優點之一是能夠讓成本分析員用目測來檢查成本資料。圖 3-5 列示的成本習性就不適合直接採用高低點法來分析。圖一當

圖 3-5

成本習性模式

圖一：非線性關係

作業成本

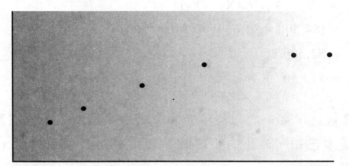

作業產出

圖二：遞增成本關係

作業成本

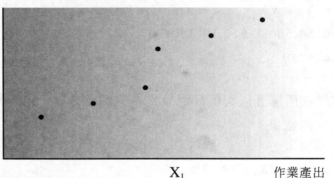

X_1　　　　　作業產出

圖三：例外情況之出現

作業成本

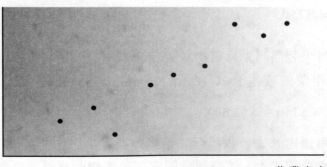

作業產出

中的作業成本與作業產出之間呈現非線性關係。常見的實例有大量採購直接原料所獲得的折扣，或是受到工人的學習曲線的影響所致（例如隨著工作小時的增加，工人的效率得以提升，總成本範而會降低）。**圖**二當中，當作業產出超過 X 單位時，成本會跳升許多——可能的原因是工廠必須增加一位主管或者必須採行二班制的生產作業。**圖**三當中顯示的異常值，明顯無法代表整體的成本關係。

如果我們將**圖** 3-4 當中的點 1 和點 6 連成一線，就可以求得物料處理的成本公式。實務上究竟應該選擇哪兩點來決定成本線取決於分析者的判斷。某些人可能利用檢查的方式選擇了通過點 1 和點 6 的成本線；其他人卻可能利用本身的判斷而選擇通過點 2 和點 4、或點 1 和點 5 的成本線。

散佈圖法的缺點是無法客觀地畫出一條最適線。成本公式的品質端視成本分析師主觀判斷的優劣而定。高低點法排除了主觀認定最適線的缺點。不論是由誰使用高低點法來分析，得到的結果都會一樣。

圖 3-6 針對利用高低點法與散佈圖法所分別得到的結果進行比較。我們可以看出二種方法在固定成本與變動比率的部份出現相當大的差異。物料移動次數在 350 次的時候，散佈圖法估計出來的物料處理成本是 $5,125，而高低點法估計出來的物料處理成本卻是 $5,438（四捨五入至整數）。哪一個數字才是「正確的」？由於這二種方法會導出差異極大的成本公式，我們不禁要問哪一種方法才是最好的方法。理想狀況下，我們需要的是既客觀、又能找出最適線的方法。最小平方法不僅能夠找出最適線，而且具有相當的客觀性。利用同樣的資料，最小平方法會導出和前述二種方法相同的成本公式。

	固定成本	變動比率	每移動 350 次之物料處理成本
高低點法	$625	$13,75	$5,438
離散法	750	12,50	5,125

圖 3-6

高低點法公式與離散法公式之比較

最小平方法 (The Method of Least Square)

截至目前為止，我們已經數度提及散佈圖上最接近各點的線。究竟「最適線」的意義為何？簡而言之，最適線就是最接近所有資料點的成本線。但是各位或許又會問，「最接近」又代表什麼意思？

請各位參考**圖 3-7** 的內容。圖中已經畫出一條任意的直線 (Y = F + VX)。圖中每一點到直線的距離為各點到直線間的垂直虛線部份。此一垂直距離就代表實際成本與線上預估成本之間的差異。以點 8 為例，其與直線的距離為 $E_8 = Y_8 - F + VX_8$，其中 Y_8 是實際成本，$F + VX_8$ 是估計成本，E_8 則代表該點偏離直線的程度。**偏差** (Deviation) 是指預估成本與實際成本之間的差異，在圖上則是各點到直線的距離。

圖 3-7

直線變異

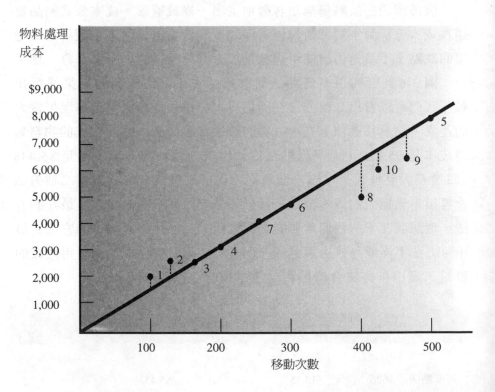

垂直距離代表各點和直線接近的程度，但是我們需要的是能夠衡量所有的點到直線之距離的方法。方法之一是將所有各點的距離加總起來。但是由於各點與直線的偏差值可能有正、可能有負，因此全部加總所得到的數值可能不具太多意義。例如，全部都略高於成本線的

各點加總起來可能會是非常高的數值，然而極度高於和低於成本線的
各點加總、相互抵銷後卻可能趨近於零。爲了克服這個問題，首先我
們可以先將各點與直線間的距離轉換成平方值，然後再將所有的平方
值加總起來。先將垂直距離平方的作法可以避免正、負值互相抵銷的
缺點。

　　爲了說明最小平方法，我們一起來練習計算以散佈圖法導出的成
本公式所得的近似值。

實際成本	估計成本 *	偏差值 **	偏差平方值
$2,000	$2,000	$ —	$ —
2,500	2,313	187	34,969
2,500	2,938	-438	191,844
3,000	3,250	-250	62,500
7,500	7,000	500	250,000
4,500	4,500	—	—
4,000	3,875	125	15,625
5,000	5,750	-750	562,500
6,500	6,688	-188	35,344
6,000	6,063	-63	3,969
總近似值			1,156,751

　　*估計成本 ＝ $750 + $12.50X，其中 X 爲與實際作業成本相關之作
業產出的實際數字，成本採四捨五入至整數。

　　**偏差 ＝ 實際成本 － 估計成本

　　總近似值是由各點與直線的偏差平方值的加總而得，因此所得數
值愈小，成本線就愈接近各點。舉例來說，散佈圖法導出的成本線之
總近似值爲 1,156,751。高低點法導出的成本線之總接近值則爲 2,429,
313。換言之，散佈圖法比高低點法更接近各點位置。這樣的結果證
明了前文當中散佈圖法的判斷優於高低點法的論點。

　　基本上，近似值的比較可以適用於所有的成本線。而最接近各
點的成本線就稱爲**最適線** (The Best-Fitting Line)。最適線的平方

差總數最小。而最小平方法的功能便是找出最適線。我們必須依據統計理論來導出代表最適線的公式。這些公式如下：

$$V = [\Sigma XY - \Sigma X \Sigma Y/n] / [\Sigma X^2 - (\Sigma X)^2/n] \qquad (3.3)$$

$$F = \Sigma Y/n - v(\Sigma X/n) \qquad (3.4)$$

人工計算　(Manual Computation)

為了求出 V 與 F 的數值，我們需要知道五項數據： n、ΣX、ΣY、ΣXY 與 ΣX^2。其中，n 是最容易知道的數據——算出資料中的所有點數即可。以前文中的安德森公司為例，資料中共有 10 個點。其它四項數據的計算過程如下：

ΣX	ΣY	ΣXY	ΣX^2
100	$ 2,000	$ 200,000	10,000
125	2,500	312,500	15,625
175	2,500	437,500	30,625
200	3,000	600,000	40,000
500	7,500	3,750,000	250,000
300	4,500	1,350,000	90,000
250	4,000	1,000,000	62,500
400	5,000	2,000,000	160,000
475	6,500	3,087,500	225,625
425	6,000	2,550,000	180,625
2,950	$43,500	$15,287,500	1,065,000

將各項加總數值 (Σ) 代入公式 3.3 與 3.4 中，我們可以求得：

$$V = [15,287,500 - (2,950 \times 43,500)/10]/[1,065,000 - (2,950)2/10]$$

$$= 2,455,000/194,750$$

$$= \$12.61$$

且

F = $43,500/10 - $12.61(2,950/10)

　　= $630

換言之，最小平方法的成本公式可以表示為：

　Y = $630 + $12.61X

　　由於導出的成本公式是最適線，因此可以更加正確地估計出物料處理成本。當物料移動次數為 350 的時候，最小平方法預估物料處理成本應為 $5,044[$630 + $12.61(350)]，其中 $360 為固定成本，$4,414 則屬變動成本。利用最小平方法作為預估的標準，散佈圖的成本線即可幾近於最小平方線。

電腦計算 (Computer Computation)

　　利用人工計算成本公式費時又費力。即使資料庫中只有十個資料點，也要花費可觀的人力與精神。隨著資料點的不斷增加，人工計算不再可行。幸運的是，諸如 Lotus ® 1-2-3 、 Quattro ® Pro 與 Mircorsoft ® Excel 等試算軟體都具有回歸計算的程式。使用者只需輸入資料點的數據即可。圖 3-8 是利用電腦軟體替前例中的安德森公司所計算出來的結果（係數與人工計算結果不同的原因是人工計算時四捨五入的誤差所致）。電腦計算的結果更可以涵蓋係數以外的預估數據。

參數	估計值	H_0 之 t 值 參數 = 0	Pr > T	參數之 標準誤
截距	631.25	2.326	0.045	271.394
移動次數	12.61	15.156	0.000	0.2832

R 平方 (R^2) 0.97

標準差 (S_e) 367

觀察值 10

圖 3-8

電腦列印資料：
安德森公司之釋例

成本公式的可靠度(Reliability of Cost Formulas)

　　我們可以利用圖 3-8 提供的電腦計算結果來瞭解預估成本公式的可靠度。這是散佈圖法或高低點法所無法提供的特色。當我們探討

學習目標三

評估成本公式的可靠度。

成本公式之可靠度的三項統計分析——*成本參數的假設檢定、接近程度與信賴區間*——的時候，就可以參考**圖** 3-8 的數據。所謂的**成本參數的假設檢定** (Hypothesis Test of Cost Parameters) 能夠顯示成本參數是否為零。此例中的**接近程度** (Goodness of Fit) 則能衡量成本與作業產出之間的關聯程度。最小平方法雖然能夠找出最適線，卻無法顯示其與各資料點究竟有多接近。因此，我們可以藉助接近程度的統計分析。至於**信賴區間** (Confidence Intervals) 則是針對不同的信心程度提出預估的成本。如此一來，管理者可以預測成本區間，而毋須侷限於單一成本數值。當然如果作業產出與成本之間具有完全的關聯，信賴區間就變成一個點，而且實際成本就是預估的成本。換言之，接近程度與信賴區間交互相關，都有助於成本分析人員瞭解成本公式的可靠度。

參數的假設檢定

再回到**圖** 3-8。表格中的最後三欄是與固定成本和變動成本參數 (F 和 V_1) 相關的統計資料。第三欄代表的是每一個參數的統計數據 t。這些統計數據 t 是用以檢定參數為零的假設。第四欄代表的是所達到的顯著水準。在 0.045 的水準時，固定成本參數 F 是顯著的。在 0.0001 的水準時（實際計算出來的水準應為 1.03×10^{-7}），變動成本參數 V_1 是顯著的。因而我們似乎可以推斷物料移動的次數是相當顯著的解釋變數——物料處理成本的動因。此外，我們也能夠據以確認固定物料處理成本的存在。第五欄代表的是每一個參數的標準誤。標準誤可以用來計算第三欄的統計數據 t。我們將第二欄的係數除以對應的標準誤，就可以得到第三欄的統計數據 t。

接近程度

一開始，我們假設單一作業動因（作業產出變數）就可以解釋作業成本的改變（變異）。在安德森公司的例子當中，物料移動的次數似乎可以解釋物料處理成本的改變。**圖** 3-4 的散佈圖證實了上述推

斷，因為物料處理成本與作業產出（利用物料移動次數而求得）似乎
呈現同向的動作。成本總變異中的絕大比例或許可以藉由作業產出變
數來解釋。我們可以從統計的角度來決定究竟可以解釋多少比例的變
異。利用自變數（此例中即為作業產出的數值）來解釋因變數的變異
的比例稱為**限定係數** (Coefficient of Determination)。此一比例其
實就是接近程度的數值。能夠解釋成本變異的比例愈高，就愈能接近
真實的成本線。由於限定係數是指所能解釋的變異之比例，因此範圍
恆介於 0 到 1.00 之間。**圖** 3-8 提供的資料中，限定係數是以 R^2 代表。
當係數是 0.97 的時候，就代表物料移動的次數可以解釋百分之九十
七的物料處理成本之變異情形。最後的結果告訴我們最小平方線就是
最適線。

　　限定係數的好與壞之間並沒有清楚的界限。然而我們可以確定的
是，　R^2 愈接近 1.00 的時候，愈能反應真實的成本習性。但是究竟
百分之八十九夠不夠好？百分之七十三呢？甚至是百分之四十六？答
案是視情況而定。當你所採用的成本公式的限定係數是 0.75 的時候，
你必須知道自變數能夠解釋四分之三的成本變異。你也必須知道另有
其它因素或其它因素的組合才能解釋剩餘四分之一的成本變異。每個
人對於錯誤的容忍度不同，你或許想要利用其它自變數（例如物料移
動小時，而非原先的物料移動次數）或利用回歸分析法（將在本章稍
後專文介紹）來提高成本公式的可靠度。

人工計算　(Manual Computation)

　　限定係數 R^2 可由下列公式求得：

$$R^2 = V[\Sigma XY - \Sigma X\Sigma Y/n]/[\Sigma Y^2 - (\Sigma Y)^2/n] \qquad (3.5)$$

　　其中 V 係指利用最小平方法求得的斜率

為了計算前例中物料處理成本的限定係數，必須先知道 V、n、ΣX、
ΣXY、ΣY 與 ΣY^2 等數值。除了 ΣY^2 之外，其它的數據我們先前在計
算 V 的時候都已經求出。ΣY^2 的計算如下：

ΣY^2
$ 4,000,000
6,250,000
6,250,000
9,000,000
56,250,000
20,250,000
16,000,000
25,000,000
42,250,000
36,000,000
$221,250,000

利用上述數據，便可以求得限定係數。

$R^2 = 12.61[15,287,500-(2,950 \times 43,500)/10]/[221,250,000-(43,500)2/10]$

$\quad = 12.60(2,455,000)/32,025,000$

$\quad = 0.97$

此一結果顯示最小平方線就是最適線。

相關係數 (Coefficient of Correlation)

衡量接近程度的另一項指標是相關係數，也就是限定係數的平方根。由於平方根可正可負，因此相關係數便介於 -1 到 +1 之間的範圍。假設相關係數為正，那麼二個變數（本例中是成本與作業）變動的方向相同，呈現正相關的關係。完全正相關的相關係數為 1.00。相反地，如果相關係數為負，雖然二個變數的變異仍可預期，但卻以相反的方向變動。完全負相關的相關係數為 -1.00。趨近於零的相關係數代表變數之間並無關聯。換言之，單憑某一變數的移動無法讓我們瞭解其它變數的移動。圖 3-9 說明了相關係數所代表的關聯性概念。

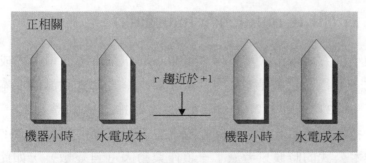

圖 3-9

相關性釋例

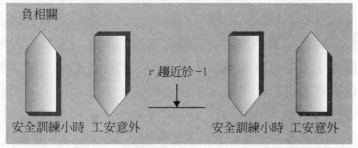

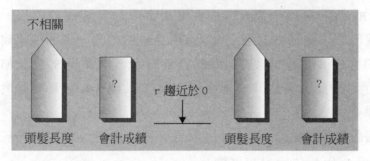

沿用前述安德森公司的例子，相關係數 (r) 等於：

$$r = \sqrt{0.97}$$

$$= 0.98$$

　　平方根爲正，代表 X 與 Y 之間具有正相關的關係。換言之，在作業產出（移動次數）增加的同時，物料處理成本也隨之增加。V 的數值爲正即代表正相關的關係。如果作業產出增加的同時，成本卻反而減少，則相關係數（與 V 的數值）爲負。物料處理成本與移動次數之間的高度正相關關係意味著移動次數是非常適合的作業動因。

信賴區間　(Confidence Intervals)

　　最小平方成本公式可以用來預測不同作業產出水準下的成本。舉例來說，當移動次數是 200 的時候，最小平方公式預測的成本為 $3,153〔$631.25 + $12.61 (200)，然後四捨五入到整數〕。一般情況下，我們認為估計成本與實際成本會有所不同。原因有二：第一，建立成本公式的時候只考慮了一項作業動因（自變數），如此導出來的成本公式可能忽略了其它重要的因素——其它也會影響成本（因變數）的作業產出。我們假設這些被忽略掉的因素只會對成本變數造成隨機的影響。省略這些隨機因素之後，我們才找出每一個 X 值（成本公式中代表作業產出的符號）所對應的成本分佈情況。我們並進一步假設成本是以常態方式分佈。其次，成本公式是利用觀察所得的估計值作為計算的依據。如果成本公式當中的斜率 (Slope)、變動成本 (V)、截距 (F) 估計有誤，都會造成實際成本與估計成本的差異。

　　我們可以衡量出上述二項原因所造成的差異，進而據以建立估計成本的信賴區間。如果資料點的數量夠大，標準誤 S_e 的數值可以非常接近實際成本與估計成本間的差異。以**圖** 3-8 的資料為例，求得的標準誤為 $367。

　　假設標準誤 S_e 的數值已知，便可利用指定信賴區間的統計數據 t 來找出 Y 估計值的信賴區間：

$$Y_f \pm tS_e$$

其中 Y_f 係指特定作業水準下的估計成本

　　估計成本加減標準誤的乘積之後，便求得可能數值的範圍。利用統計數據 t 分數，可以標示出信賴水準。信賴水準是測量估計區間會涵蓋實際成本的可能性之指標。換言之，95% 的信賴區間代表如果採取重覆的樣本，並建立 100 個信賴區間，那麼我們相信 100 個信賴區間當中會有 95 個涵蓋了實際成本。

　　我們再以安德森公司的例子來說明如何建立信賴區間。**圖** 3-8 當中的最小平方成本公式是 Y = $631 + $12.61X（固定成本截距四捨

五入至整數）。假設移動次數是 200，讓我們試著建立物料處理成本的 95% 的信賴區間。建立信賴區間之前，我們必須知道估計成本、標準誤、與 t 分數。估計成本是 \$3,153（前文中已經求出），標準誤是 367（圖 3-8），t 分數在自由度為 8，信賴區間為 90% 時則是 1.86。自由度的計算是 n-p，其中 n 代表用以計算成本公式的資料點的數量，p 代表成本公式中的截距數目（在安德森公司的例子裡，n 和 p 分別為 10 和 2）。圖 3-10 列出許多 t 值。利用這些資料可以求出信賴區間：

$$Y_f \pm tS_e$$

$$\$3,153 \pm 1.86 \ (367)$$

$$\$3,153 \pm 683$$

$$\$2,470 \leq Y \leq \$3,836$$

換言之，我們可以說我們具有百分之九十的信心，相信移動次數為 200 的時候，實際成本 Y 會落在 \$2,470 與 \$3,836 之間。在這個範圍內其實仍然有非常多的可能數值。結果顯示，此處的成本公式的估計效果其實並不如原先只依據限定係數的成本公式。信賴區間過寬是此成本公式美中不足的地方。然而如果我們使用更大的樣本（更多資料點），應可縮減信賴區間的寬度。樣本數增加，標準誤將減少，t 分數就會隨之減少。如果公司對於進行評估作業所擁有的歷史資料有限（樣本數必然較少），那麼或許應該著重相關性的檢視，而非成本估計。找出作業成本與作業動因之間的強烈統計關係可以幫助管理者確認其所選擇的動因是否正確。如此一來，管理者方能將成本分配予適當的成本標的之中。

圖 3-10

選定值之表格：t 分配*

自由度	90%	95%	99%
1	6.314	12.708	63.657
2	2.920	4.303	9.925
3	2.353	3.185	5.841
4	2.132	2.776	4.604
5	2.015	2.571	4.023
6	1.974	2.447	3.707
7	1.895	2.365	3.499
8	1.860	2.306	3.355
9	1.833	2.262	3.250
10	1.812	2.228	3.169
11	1.796	2.201	3.106
12	1.782	2.179	3.055
13	1.771	2.160	3.055
14	1.761	2.145	3.012
15	1.753	2.131	2.947
16	1.746	2.120	2.921
17	1.704	2.110	2.898
18	1.734	2.101	2.878
19	1.729	2.093	2.861
20	1.725	2.086	2.845
30	1.697	2.042	2.750
∞	1.645	1.960	2.576

* 這些數值係基於雙尾都很重要的假設 ---- 和信賴區間以及迴歸係數的假設測試一樣重要。值大於 30 的時候，直接使用最後一行。

多重回歸分析法 (Multiple Regression)

學習目標四

解說如何利用回歸分析法來瞭解成本習性。

　　在前文的安德森公司的例子當中，作業產出（移動的次數）的變動可以用於解釋百分之九十七的物料處理成本的變動。假設這項變數只能解釋百分之五十五的變動，那麼我們必須嘗試找出其它可以解釋成本變動的變數。舉例來說，移動的總距離或可列入考慮，特別是如果廠房的設計使得寶貴的時間花在運送零件與產品的的情況下更是如此。

當我們找出二項解釋性的變數（作業動因）時，必須修正線性公式的內容：

$Y = F + V_1X_1 + V_2X_2$，其中
X_1係指移動次數，X_2係指總距離

由於公式中出現三項變數，因此至少必須有三個資料點才能夠計算 F_1、V_1、與 V_2。這三個點必須標示在三度空間上，因此很難用目測來辨別。在這種情況下，散佈圖法或高低點法都不適用。

然而，我們卻可以利用最小平方法的延伸來導出涵蓋 F_1、V_1、與 V_2 的成本公式，進而找出最適線。無論最小平方法是用於導出二項或三項解釋性變數的公式，都稱為**多重回歸分析法** (Multiple Regression)。多重回歸分析法的計算過程相當複雜，在實務的應用上，必須利用電腦才能完成。

現在讓我們再回到安德森公司的例子。我們毋須大費周章地試圖找出其它作業動因，來修正物料處理成本估計結果。自變數（移動次數）可以解釋百分之九十七的物料處理成本的變動。假設安德森公司決定採用回歸分析來解釋設定成本的動因。安德森公司的成本分析師已經利用幾項作業動因來解釋設定成本的變動。目前找到的最佳動因是設定小時，可以解釋百分之五十五的總成本變動。經過進一步的瞭解之後，成本分析師相信零件的數量——產品複雜性的衡量指標——應該是設定成本的另一項動因。複雜性較高的產品比一般產品更需要使用不同的工具與技術較好的人工，因而提高了設定成本。找出 150 種不同的設定作為資料來源，我們就可以利用設定小時與零件數量來進行回歸分析。**圖** 3-11 列示了電腦計算的結果。

參數	估計值	H_0之t值 參數 = 0	Pr > T	參數之 標準誤
截距	2,000	1.96	.025	1,020.000
設定小時	50	81.96	.0001	0.610
零件數量	200	9.50	.0001	21.053
R 平方 (R^2) 0.93				
標準誤 (S_e) 60				
觀察值 150				

圖 3-11

多重回歸之部份電腦列印資料：設定成本公式

經由電腦計算所得到的結果包含了許多有趣與有用的資訊。成本公式可由前二欄定義之。參數欄可以找出個別的成本項目。截距即為固定作業成本，而二項作業動因則分別為設定小時與零件數量。估計攔裡的數值為個別作業動因的估計固定成本與單位變動成本。換言之，成本公式可以表示為：

$$Y = \$2,000 + \$50X_1 + \$200X_2$$

和只涵蓋單一作業動因的成本公式一樣，上述公式同樣也可以用於預測作業成本。舉例說明之，假設機器設備的設定預定花費 20 小時，並製造出包含五項零件的產品。此時，估計設定成本應為：

$$Y = \$2,000 + \$50(20) + \$200(5)$$
$$= \$4,000$$

值得注意的是，**圖** 3-11 當中的限定係數是 93%——增加產品複雜性的變數之後，解釋能力獲得大幅提升（單一動因的成本公式僅能解釋百分之五十五的設定成本的變動）。在回歸分析法中，R^2 通常係指判定回歸係數 (Multiple Coefficient of Determination)。另須注意的是，回歸分析法中也有估計標準誤 S_e。誠如前文所述，估計標準誤可以用於建立估計成本的信賴區間。為了說明此一特性，試求當 X_1 是 20 小時、X_2 是 5 項零件時，估計成本的百分之九十五的信賴區間（百分之九十五的信賴區間與 147 的自由度時的 t 值為 1.96）：

$$\$4,000 - 1.96(\$60) \leq Y \leq \$4,000 + 1.96(\$60)$$
$$\$3,882 \leq Y \leq \$4,118$$

讓我們再看一次**圖** 3-11。第三欄到第五欄代表與三項參數 (F、V_1 和 V_2) 有關的統計資料。第三欄代表每一項參數的 t 分數。這些 t 分數可以用於檢定參數不為零的假設。第四欄代表顯著水準。固定成本參數 F 在 0.25 的水準下是顯著的。其它二項參數在 0.025 的水準下則是顯著的。換言之，我們具有某種程度的信心相信設定小時與零件

數量這二項動因是有用的，而且設定作業具有固定成本的習性。這個例子清楚地說明了回歸分析法是找出作業成本習性的有效工具。

管理判斷 (Managerial Judgment)

　　管理階層的判斷對於成本習性的判定極具有攸關影響，而且是目前實務上最為廣泛使用的方法。許多管理者會單憑經驗與以往對於成本關係的觀察來判定固定與變動成本。然而這種方法仍有幾種不同的形式。部份管理者單純地將特定作業成本分配予固定類別，然後將其它作業成本分配予變動類別。這些管理者完全忽略混合成本的可能性。換言之，一家化學工廠在分析生產的化學產品的重量時，會將物料與設備視為標準的變動成本，而將其它所有的成本視為固定成本。即使是本書當中作為單位基礎變動成本的人工，也可能被這家公司視為固定成本。這種方法的特點是簡單易行。在選擇採用這種方法之前，管理階層應當確認每一項成本主要具有固定或變動的習性，同時據以制訂的決策對於成本分類的錯誤不具高度敏感性。為了說明管理判斷如何用以瞭解成本習性，謹以自動街道清洗機的第一大製造商愛爾清清潔公司 (Elgin Sweeper Company) 為例。愛爾清公司利用產量作為作業產出的衡量指標，將成本分解為固定與變動的部份。愛爾清公司的會計人員藉由他們對於公司的瞭解將費用分別歸入固定或變動的類別。他們採用的決策規定是如果一項費用在百分之七十五的時間裡是固定的，就視為固定費用，如果一項費用在百分之七十五的時間裡是變動的，就視為變動費用。

　　管理階層則可以找出混合成本，然後主觀地分解為固定與變動的部份——換言之，管理者依靠的是以經驗來判定成本當中特定部份是固定的，所以其餘部份必定是變動的。前文關於影印機的例子中，每年 $3,000 的固定成本與每張 $0.02 的變動率正是利用這項方法求得的。然後我們可以利用一個或一個以上的成本／數量資料點來計算變動部份。這種方法雖然利於計算混合成本，但是卻與嚴格的固定／變動二分法一樣落入類似的錯誤。換言之，管理階層可能做出錯誤的判斷。

　　最後，管理階層可以藉助經驗與判斷來修正統計估計的結果。或許經驗豐富的管理者可以「看穿」資料的內容，刪除明顯異常的資料點或者修正估計結果以符合成本結構或技術的預期變動。舉例來說，德可諾公司 (Tecnol Medical Products, Inc.) 大幅修改了製造醫療用頭罩的製造方法。在以往，生產醫療用頭罩需要密集的勞力和人工的手縫作業。德可諾公司研發出專用的高度自動化設備，進而成為同業中成本最低的供應商——與嬌生公司 (Johnson & Johnson) 和 3M 並駕其驅。德可諾公司快速擴增產品線與積極開發歐洲市場的動作意味著成本與收入的歷史資料在多數情況下呈現不相關的現象。德可諾公司的管理階層必須向前看，預測各項改變對於獲利的影響。統計上的技巧能夠精確地解釋過去的事實，卻不能夠達到管理階層真正想要的目的——預見未來。

　　利用管理階層的判斷來分解固定成本與變動成本的優點是簡單易行。當管理者對於公司與成本型態具有很深的瞭解的時候，這種方法可以帶來很好的結果。然而如果管理者不具良好的判斷能力，勢必會產生錯誤。因此，使用這種方法之前，必須週詳地考量管理者的經驗、錯誤發生的可能性以及錯誤對於相關決策的影響。

結語

　　成本習性是指成本變動相對於作業產出變動的關係。期間的長短對於成本習性的判定非常重要，因為短期內發生的固定成本可能會是長期的變動成本。變動成本係指總額會隨著作業使用的改變而改變的成本。我們通常假設變動成本與作業產出呈現同比例增加的關係。固定成本係指總額不會隨著作業產出改變而改變的成本。混合成本則兼具變動與固定的部份。資源使用模式有助於讀者更加增加成本習性。在使用之前預先取得的資源屬於承諾性與裁決性固定費用。在需要的時候才取得的成本屬於變動費用。部份成本——尤以裁決性固定成本最具代表性——傾向於具有階梯式成本函數。這些成本是以大量方式取得。當階梯的寬度夠大時，成本視為固定成本；否則會以變動成本函數來表示。

　　分解混合成本的方法有三種：高低點法、散佈圖法、與最小平方法。高低點法是從散佈圖中選擇相對於作業水準的最高與最低點。利用這二點來求出截距和其所共線的直線斜率。高低點法具有客觀、簡單易行的優點。然而如果最高點或最低點無法代表真正的成本關係，則會出現估計錯誤的結果。

　　散佈圖法必須觀察散佈圖（代表不同作業水準下其混合成本總額的點），然後選擇二個似乎最能代表成本與作業之間的關係的點。根據二點決定一線的定理，我們可以利用任意二點來決定截距和其所共線的直線斜率。截距代表估計的固定成本部份，斜率則代表單位作業的變動成本估計數值。散佈圖法適合用以找出非線性關係、異常值的存在、與成本關係改變的存在。這種方法的缺點是過於主觀。

　　最小平方法利用散佈圖上所有的資料點（異常值除外），並能找出所有資料點的最適線。利用每一點到直線的距離平方總和所導出的最適線最接近所有的點。最小平方法導出的成本線最接近資料點，因此較高低點法與散佈圖法為常用。

　　最小平方法的優點是能夠確保成本公式的可靠度。限定係數能夠幫助分析人員計算出特定作業動因所解釋的成本變異的數值。估計標準誤可以用於建立成本的預測區間。如果區間寬度過大，即便是動因能夠解釋極大比例的成本變異程度，導出的公式對於預測的功能仍然助益不大。最小平方法同樣可以利用一項以上的作業產出來建立成本公式。利用回歸分析法建立的公式同樣可以用於評估成本公式的可靠度。

　　管理階層的判斷可以單獨使用，或與高低點法、散佈圖法或最小平方法等搭配使用。管理者利用自身的經驗和其對成本與作業層次的瞭解來找出異常值、瞭解成本的結構性變化、進而根據預期的變動情況來調整參數。

習題與解答

　　湯普森公司 (Thompson Manufacturing Company) 僱用三位職員負責處理訂單業務。每一位職員的年薪是 $28,000，每一年可以處理 5,000 件訂單（在工作具有效率的情況下）。除了薪資以外，湯普森公司每年支出 $7,500 在表格、郵資等項目上。湯普森公司假設某一年度將會處理 15,000 件訂單。但該年度實際處理了 12,500 件訂單。

> I. 資源利用與成本習性

作業：

1. 請算出訂單作業的作業率，並將作業分解為固定部份與變動部份。
2. 請算出總有效作業，並將其分解為作業產出與未利用作業。
3. 請算出已供給資源的總成本，並將其分解為作業產出與未利用作業。

1.　　作業率 = [(3 x $28,000) + $7,500] / 15,000
　　　　　　 = $6.10/ 訂單
　固定比率 = $84,000/15,000
　　　　　　 = $5.60/ 訂單
　變動比率 = $7,500/15,000
　　　　　　 = $0.50/ 訂單

2.　　總有效作業 = 作業產出 + 未利用作業
　15,000 件訂單 = 12,500 件訂單 + 2,500 件訂單

3.　　　已供給作業成本 = 已利用作業成本 + 未利用作業成本
$84,000 + ($0.50 × 12,500) = ($6.10 × 12,500) + ($5.60 × 2,500)
$90,250 = $76,250 + $14,000

II. 高低點法與最小平方法

姜琳達是高登公司 (Golding, Inc.) 的會計人員。她決定要估計與公司的修護作業相關的固定成本與變動成本。她蒐集了過去六個月以來的資料：

修護小時	總修護成本
10	$ 800
20	1,100
15	900
12	900
18	1,050
25	1,250

作業：

1. 請利用高低點法，估計修護成本的固定與變動部份。再請利用成本公式，預測 14 個修護小時的總成本。

2. 請利用最小平方法，估計固定與變動部份。再請利用成本公式，預測 14 個修護小時的總修護成本。

3. 請計算最小平方法當中的限定係數與相關係數。

1. 利用高低點法，估計固定與變動成本。以 Y 代表總成本，X 代表小時時數，則：

$$V = (Y_2 - Y_1) / (X_2 - X_1)$$
$$= (\$1,250 - \$800)/(25 - 20)$$
$$= \$450/15$$
$$= \$30/ 每小時$$
$$F = Y_2 - VX_2$$
$$= \$1,250 - \$30(25)$$
$$= \$500$$
$$Y = \$500 + \$30X$$
$$= \$500 + \$30X$$
$$= \$500 + \$30(14)$$
$$= \$920$$

2. 利用最小平方法的計算過程如下：

ΣX	ΣY	ΣXY	ΣX^2
10	$ 800	$ 8,000	100
20	1,100	22,000	400
15	900	13,500	225
12	900	10,800	144
18	1,050	18,900	324
25	1,250	31,250	625
100	$6,000	$104,450	1,818

$$V = [\Sigma XY - \Sigma X\Sigma Y/n]/[\Sigma Y^2 - (\Sigma Y)^2/n]$$
$$= [104,450 - (100 \times 6,000/6)] / [1,818 - (100 \times 100/6)]$$
$$= \$4,450/151.33$$
$$= \$29.41/ 每小時$$
$$F = \Sigma Y/n - V\Sigma X/n$$
$$= \$6,000/6 - \$29.41(100/6)$$
$$= \$509.83$$

$$Y = 509.83 + 29.41X$$

$$= 509.83 + 29.41X$$

$$= \$921.57$$

3. 計算限定係數(R^2)與相關係數(r)的過程如下：

ΣY^2
\$ 640,000
1,210,000
810,000
810,000
1,102,500
1,562,500
\$6,315,000

$$R^2 = [V(\Sigma XY - \Sigma X\Sigma Y/n]/[\Sigma Y^2 - (\Sigma Y)^2/n]$$

$$= 29.41(4,450) / (6,135,000 - 6,000,000)$$

$$= 0.969$$

$$r = \sqrt{0.969}$$

$$= 0.985$$

重要辭彙

Activity Capacity 作業產能

Activity Rate 作業比率

Activity output (usage) 作業產出（利用）

Best-fitting line 最適線

Coefficient of correlation 相關係數

Coefficient of determination 限定係數

Committed fixed expenses 承諾性固定費用

Confident interval 信賴區間

Cost behavior 成本習性

Cost formula 成本公式

Cost of resource usage 資源利用成本

Cost of unused activity 未利用作業成本

Dependent variable 因變數

Deviation 偏差

Discretionary fixed expenses 自由裁量性固定費用

Goodness of fit 接近程度

High-low method 高低點法

Hypothesis test of cost parameters 成本參數的假設檢定

Independent variable 自變數

Intercept parameter 截距參數

Long run 長期

Method of least squares 最小平方法

Multiple regression 回歸分析法

Practical capacity 實際產能

Resource spending 資源耗用

Resources 資源

Resources supplied as used and needed 在需要的時候才提供的資源

Resources supplied in advance of usage 預先提供的資源

Resource usage 資源利用

Scattergraph 散佈圖

Scatterplot method 散佈圖法

Short run 短期

Slope parameter 斜率參數

Step-cost function 階梯式成本函數

Step-fixed cost 階梯式固定成本

Step-variable cost 階梯式變動成本

Unused capacity 未利用產能

問題與討論

1. 何以瞭解成本習性對於管理決策具有攸關影響？請舉例說明你的理由。

2. 期間的長短對於成本分解爲固定或變動部份有何影響？何謂「短期」？何謂「長期」？

3. 試解說資源耗用與資源利用之間的差異。

4. 在需要的時候才提供的資源與成本習性有何關聯？

5. 預先取得的資源與成本習性有何關聯？

6. 試解說承諾性固定成本與自由裁量性固定成本之差異，並分別舉出這二項成本的例子。

7. 試說明變動成本與階梯式變動成本之差異。在哪些情況下我們可以將階梯式變動成本視爲變動成本處理？

8. 階梯式固定成本與階梯式變動成本有何差異？

9. 何謂「作業比率」？

10. 我們嘗試將混合成本分解爲固定部份與變動部份時，會遇到什麼問題？

11. 爲什麼散佈圖的繪製適合作爲將混合成本分解爲固定部份與變動部份的第一步動作？

12. 試說明散佈圖法如何將混合成本分解爲固定成本與變動成本。接下來再說明高低點法又是如何將混合成本分解爲固定成本與變動成本。這二種方法有何不同？

13. 試比較散佈圖法與高低點法，其各有哪些優缺點。

14. 試說明最小平方法。爲什麼最小平方法會優於散佈圖法和高低點法？

15. 何謂「最適線」？

16. 最適線是否就是接近資料點的成本線？試說明你的理由。

17. 試說明何謂「接近程度」。請解釋限定係數的意義。

18. 限定係數與相關係數間有何差異？你比較傾向於使用哪一種接近程度的衡量指標？爲什麼？

19. 信賴區間的目的為何？

20. 在何種情況下必須利用回歸分析法來解釋成本習性？

21. 有些公司會主觀地將混合成本分配予固定成本或變動成本，而不用任何的科學或統計方法。試說明這種作法的理由。

個案研究

<table>
<tr><td>3-1
資源利用模式與成本習性</td><td>下表列出了幾項作業內容與其相關資源。請找出：(1) 成本動因；(2) 在需要的時候才取得的資源；(3) 預先取得的長期資源；(4) 預先取得的短期資源。此外，請將每一項資源分門別類歸為：(1) 變動的成本動因、(2) 承諾性的固定成本動因，或 (3) 自由裁量性的固定成本動因。</td></tr>
</table>

作業內容	資源說明
維修	設備、人工、零件
品檢	檢測設備、品檢員（每一位品檢員每天可以檢查五批產品），檢查的數量（檢查過程中必須銷毀抽樣的產品）
包裝	物料、人工（每一位包裝員將五個單產裝入盒子內）、輸送帶
應付帳款作業	出納、物料、設備與設施
生產線	輸送帶、主管人員（每一位主管負責三條生產線）、直接人工、物料

<table>
<tr><td>3-2
資源供給與利用；
作業比率；服務業</td><td>愛爾福社區醫院 (Alva Community Hospital) 僱用五位實驗人員，負責血液的標準測試。每一位實驗人員的年薪是 $30,000，每年可以處理 4,000 次測試。最近才添購的實驗室設備成本是 $300,000，估計使用年限為 20 年。測試儀器的成本是 $10,000，估計使用年限為 5 年。實驗室的設備和儀器都是採直線折舊的方式攤提。除了薪資、設備、儀器之外，愛爾福社區醫院還估計化學藥劑、表格、能源、和其它耗用物料等尚須花費 $200,000（假設總共處理 20,000 次測試的情況下）。而當年度實際進行的測試為 16,000 次。</td></tr>
</table>

作業：

1. 請將與血液測試作業相關的資源分別歸入：(1) 預先提供的長期資源、(2) 預先提供的短期資源、或 (3) 在需要的時候才供給的資源。

2. 請算出血液測試作業的作業比率，並將作業比率分解為作業產出與未利用作業。

3. 請算出總有效作業，並將總有效作業分解為已利用作業的成本與未利用作業的成本。

4. 請算出已提供資源的總成本，並將總成本分解為已利用作業的成本與未利用作業的成本。

海克公司 (Harker, Inc.) 生產大型工業機具。海克公司設有機具部門，部門內有數位稱為機具員的直接人工。每一位機具員的年薪是 $24,000，每年可以組裝最多達 250 單位的機具。海克公司也僱用數名主管負責開發機具規格計畫，與監督機具部門的生產作業。由於同時擁有規劃與管理的功能，這些主管都能確實監督機具員的工作情形。根據海克公司歷年來的會計與生產記錄顯示，產出單位及物料處理和管理成本之間具有下列關係（以年度為計算基礎）：

3-3
階段式成本：相關範圍

產出單位	直接人工	管理成本
0-250	$ 24,000	$ 40,000
251-500	48,000	40,000
501-750	72,000	40,000
751-1,000	96,000	80,000
1,001-1,250	120,000	80,000
1,251-1,500	144,000	80,000
1,501-1,750	168,000	120,000
1,751-2,000	192,000	120,000

作業：

1. 請繪製二份圖，一份列示直接人工成本與產出單位之間的關係，另一份列示管理成本與產出單位之間的關係。以成本為縱軸，產出

單位為橫軸。

2. 你會如何分類每一項成本？請說明你的理由。

3. 假設作業的常態範圍介於 1,251 到 1,500 單位之間，並根據此一作業水準來決定機具員的名額。此外，再假設下一年度的生產估計會再增加 500 單位。請問直接人工成本會增加多少（在什麼條件下會增加這些成本）？管理成本又會增加多少？在什麼條件下會增加這些成本？

3-4
成本習性：分類與圖示

　　PLW 水泥公司擁有十部混凝土攪拌車。每一輛攪拌車（平均）每年可以運送 10,000 立方碼的水泥（攪拌車容積、天候、與每一趟運送距離等因素均考慮在內）。每一輛攪拌車都需要一位司機。每一位司機的人工成本每年為 $25,000。攪拌車的折舊平均為 $2,000。原料（石灰礦等）約為每一立方碼 $25。

作業：

1. 請分別繪圖說明下列三項成本：司機的薪資、攪拌車的折舊、與原料。以成本為縱軸，每一年售出的水泥為橫軸。假設水泥的銷售量介於 0 到 100,000 立方碼之間。

2. 你會如何分類這三項成本？為什麼？假設這家公司的常態營業範圍落在 80,000 和 90,000 立方碼之間。你是否會改變分類的結果？為什麼？

3-5
散佈圖法：服務設定

　　過去五年以來，葉貝蒂開業執行牙醫業務。在工作中，她必須提供牙齒保健的服務。葉貝蒂發現這項服務的成本會隨著就診病患的增加而提高。最近八個月的服務成本資料如下：

月份	治療的病患人次	總成本
5	320	$2,000
6	480	2,500
7	600	3,000
8	200	1,000
9	720	4,500

（接續下頁）

10	560	2,900
11	630	3,400
12	300	2,200

作業：

1. 請根據資料點來繪製散佈圖。以成本為縱軸，病患就診人次為橫軸。仔細觀察散佈圖的內容。牙齒保健服務成本與病患就診人次之間是否具有線性關係？

2. 仔細觀察散佈圖的內容。假設成本分析師認為點 (560, 2,900) 與點 (300, 2,200) 最能夠說明成本與作業之間的關係。請導出通過這二點的成本線公式。你會選擇使用哪些資料點？你所選擇的成本線的公式為何？

3. 假設一月份估計會有 450 位病患就診接受牙齒保健服務。根據第 2 題導出的公式（分析師選擇的點所決定的成本線），一月份的牙齒保健服務估計成本是多少？

　　沿用個案 3-5 的資料。（注意事項：先做完個案 3-5，再做個案 3-6。或跳過個案 3-6 的第 3 題。）

> 3-6
> 高低點法

作業：

1. 請利用高低點法，導出牙齒保健服務的成本公式。

2. 請利用第 1 題導出的成本公式，算出一月份 450 位就診病患的牙齒保健服務估計成本。

3. 你認為哪一道成本公式——利用散佈圖法導出的成本公式，還是利用高低點法導出的公式——比較好？請說明你的理由。

　　沿用個案 3-5 的資料。

> 3-7
> 最小平方法

作業：

1. 請利用最小平方法，導出牙齒保健服務的成本公式。

2. 根據第 1 題導出的成本公式，一月份 450 位就診病患的牙齒保健服務估計成本是多少？

3. 請算出限定係數。根據這項衡量指標，你對第 1 題導出的成本公式有何看法？

3-8
高低點法；成本公式

　　去年度當中，資源利用的高點與低點分別發生在四月和十月（共有三項不同的資源）。這三項資源與機器作業有關。機器小時是作業動因。利用機器小時作為衡量指標，這三項資源與作業產出在高點與低點的總成本如下：

資源	機器小時	總成本
機器折舊		
低點	10,000	$130,000
高點	25,000	130,000
能源		
低點	10,000	13,000
高點	25,000	32,500
鑽探人工		
低點	10,000	22,000
高點	25,000	37,000

作業：

1. 請判定每一項作業投入（資源）的成本習性。利用高低點法來找出固定部份與變動部份。
2. 根據你對成本習性的瞭解，請算出在 15,000 機器小時的作業產出水準下，各項資源的估計成本。
3. 建立一道可以用於估計上述三項資源之總成本的成本公式。利用這道成本公式，估計 18,000 機器小時的作業產出水準下的總機器成本。一般而言，在什麼情況下可以將不同的成本公式整合成單一成本公式？

3-9
最小平方法；成本公式的評估

　　藉由最小平方法導出可以預測採購成本的成本公式。回歸分析採用 80 個資料點。計算結果如下：

截距	$30,500
斜率	10
相關係數	0.85
標準誤	$1,500

作業動因為訂購單的數量。

作業：

1. 何謂「成本公式」？

2. 請利用成本公式，估計處理 10,000 件訂購單時的採購成本。並請編製此一估計值的 95% 信賴區間。

3. 訂購單的數量可以解釋多少比例的採購成本變動？你認為這道公式具有良好的預測能力嗎？請說明你的理由。

媒鴻公司 (Materhorn, Inc.) 是一家生產錄放影機的製造廠商。 **3-10**
媒鴻公司打算找出修理保證作業的成本，並且已經找出二項他們認為 **回歸分析**
能夠解釋作業成本的重要動因：(1)產出的瑕疵品的數量和(2)品檢小時。為了檢定媒鴻公司對於作業動因的選擇是否正確，公司的成本分析師蒐集了過去 100 週的資料進行回歸分析。電腦計算結果如下：

參數	估計值	H_0 之 t 值 參數 = 0	Pr>t	參數的標準誤
截距	2,000	80.00	.0001	25.000
瑕疵品數量	60	2.58	.0050	23.256
品檢小時	-10	-1.96	.0250	5.103

$R^2 = 0.88$

$S_e = 150$

觀察值 100

作業：

1. 請寫出媒鴻公司修理保證作業的成本公式。

2. 假設媒鴻公司估計每週會生產出 100 個瑕疵產品，每週必須花費 150 個品檢小時，則估計修理保證成本應該是多少？

3. 請算出第 2 題中估計值 99% 的信賴區間。

4. 瑕疵產品的數量與修理保證成本呈現正相關或負相關的關係？品檢小時與修理保證成本呈現正相關或負相關的關係？

5. 成本公式中的 R^2 代表什麼？整體而言，你對於導出的修理保證成本公式的評價如何？

3-11
成本習性型態

下列各圖代表可能發生在企業組織內的成本習性型態。縱軸代表總成本，橫軸代表作業產出。

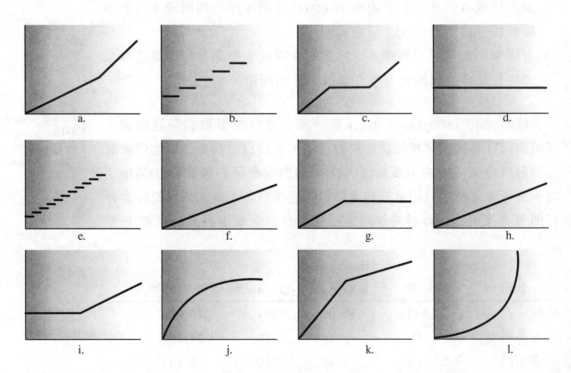

作業：針對下列各題描述的情況，選擇一種最能說明其成本型態的圖型。此外，並找出每一種情況下，可以衡量作業產出的動因。

1. 固定費用為每個月 $500 的時候，能源成本等於固定費用外加每一仟佰小時 $0.12 的費用。

2. 支付給業務員的佣金。年度業績不超過 $500,000 的時候，佣金是業績的百分之五；年度業績超過 $500,000 的時候，佣金是業績的百分之七。

3. 前 3,000 個外購零件的單位成本是 $12，採購量超過 3,000 個以後每個零件的成本是 $10。

4. 每次定量購買 100 雙（每 100 雙手套裝成一盒）的手術手套的成本。

5. 當地大學的學費成本。選修學分不超過 15 學分的時候，每一學分收費 $250。超出 15 個學分以後則為免費。

6. 另一所大學的學費成本。每一學期修讀課程介於 12 到 16 學分者，整學期收費 $4,500。修讀課程未達 12 學分者，每一學分收費 $375。修讀課程超過 16 學分者，收取 $4,500 外加每超過一學分加收 $300 的費用。

7. 美容院採購用以除去指甲油的溶劑。每一罐溶劑在使用期限內約可除去五十個手指或腳指的指甲油。

8. 公司為了未來訂單的品檢需要而採購的分析儀器。

9. 醫院的病患使用丟棄式病袍。

10. 當地速食餐廳的人工成本。正常上班時間內，餐廳有三位全職員工；用餐尖峰時段會「視需要」找來更多的員工。

11. 一家製造廠商發現重工機械的維修成本受到設備年限的影響非常地大。根據以往的經驗指出，隨著設備年限的增加，維修成本是以遞增的比率隨之提高。

滑輪公司 (Rolertyme Company) 是一家生產直排輪鞋的廠商。除了輪子以外，其它所有部份都是由滑輪公司自行生產。滑輪公司的總經理布妮塔女士決定不再向外購買輪子，改由公司自製。每一年滑輪公司需要 100,000 組的輪子（目前外購的價格是每組 $1.90）。

| 3-12 |
| 成本習性：資源利用模式 |

滑輪公司可以利用工廠現有的空間來生產輪子。至於生產輪子的機器設備則必須採取租賃的方式（每年的租賃成本是 $30,000）。此外，能源、油料與其它營業費用等項目的成本是每一機器小時 $0.50。機器設備每一年可以提供 60,000 機器小時的產能。直接物料的平均成本為每組（一組有四個輪子）$0.75，直接人工的平均成本為每組 $0.25。由於只生產一種輪子，因此毋須額外的設定作業。然而卻有其它的費用作業（除了機器小時與設定外）會受到影響。滑輪公司的

成本管理系統提供了下列資訊，顯示可能受到影響的費用作業之當前狀況（供給與需求數據並未包括生產輪子對於這些作業的影響）。批量代表一旦需要作業供給的解釋時必須購買多少產能。採購價格則是取得批量所需產能的成本。此一價格同時也代表了在既有作業供給（每一類作業）方面的花費成本。

作業價格	成本動因	供給	利用	批量	採購
採購	訂單	25,000	23,000	5,000	$25,000
品檢	小時	10,000	9,000	2,000	30,000
物料處理	移動	4,500	4,300	500	15,000

生產輪子對於費用作業的需求如下：

作業	資源需求
機器作業	50,000 機器小時
採購作業	2,000 份訂購單（與用以生產輪子的原料相關者）
品檢作業	750 個品檢小時
物料處理作業	500 個移動次數

自製輪子同時也意味著終止外購輪子。終止輪子的採購作業後，訂購單（與向外取得輪子相關者）將會減少 5,000 份。同樣地，處理未來訂單的移動次數也會減少 200 次。以往滑輪公司並未針對外購的輪子進行品檢。

作業：

1. 請將生產輪子相關的所有資源分別歸類爲在需要的時候才取得的資源與預先取得的資源。再將歸類爲預先取得的資源細分爲短期承諾或長期承諾性成本。我們應當如何說明這些短期與長期資源承諾的成本習性？試說明之。

2. 請算出滑輪公司開始自行生產輪子後將會發生的（機器設定以外的所有作業）資源耗用之年度總額。計算這些數據的時候，假設滑

輪公司不會出現不當浪費的情形。試問，滑輪公司自行生產輪子對於資源耗用有何影響？

3. 沿用第 2 題的數據。請將提供的每一項作業的成本分解為作業產出的成本與未利用作業的成本。

4. 請分別繪製與下列作業相關之成本函數圖形：(1) 機器；(2) 採購。

3-13
成本習性；高低點法；價格決策

蒙生診所 (Monson Medical Clinic) 提供許多專業的醫療服務，其中一項是癌症照顧。由於蒙生診所的醫生長期以來建立的優良聲譽，民眾對於蒙生診所的醫療服務需求日增。為此，蒙生診所最近新增了一處有 100 個床位的癌症病房中心。癌症病房中心的設備成本採直線方式攤提折舊。病房中心內的所有設備都是承租的方式。

由於以往蒙生診所並未開辦癌症病患的住院醫療服務，因此所方決定先行開辦癌症照顧服務二個月後再來決定收費標準。在此之前，所方決定暫時採用鄰近城市的癌症照顧專業醫院的收費標準，每天每一病床收取 $100 的病房費。

對於開辦後前二個月內住進癌症病房的病患，所方都會向其保證如果實際營業成本容許的話，費用可能會再降低。但是無論如何所方絕不會提高收費。為了便於將來調整收費，現階段的收費方式是在二個月後再和病患結算。

蒙生診所的癌症病房中心在一月一日開辦。一月份當中，總共有 2,100 個住院天數。二月份則有 2,500 個住院天數。這二個作業產出水準的成本如下：

	2,100 住院天數	2,500 住院天數
薪資，護士	$　6,000	$　6,000
看護	1,200	1,200
實驗室	110,000	117,500
藥局	31,000	32,500
折舊	11,800	11,800
衣物清洗	16,800	18,000
行政管理	12,000	12,000
租金（設備）	30,000	30,000

作業：

1. 請利用住院天數作為作業動因，將每一項成本分別歸類為固定成本、變動成本、或混合成本。

2. 請利用高低點法將混合成本分解為固定部份與變動部份。

3. 癌症病房中心主任強森先生估計，癌症病房每一個月平均會有 2,000 個住院天數。如果癌症病房中心要以非營利機構的方式經營，那麼每一天蒙生診所應該向病患收取多少費用？此一費用當中有多少屬於變動成本？有多少又是屬於固定成本？

4. 假設癌症病房中心每一個月平均有 2,500 個住院天數。每一天蒙生診所必須向病患收取多少費用才能夠攤平成本？請說明作業產出增加的同時，每一天的病房費卻相對減少的原因。

3-14

高低點法；最小平方法；相關性；信賴區間

方氏公司蒐集了該公司過去十個月來的費用作業及其相關成本。海崔西是會計長底下的一員，她向管理階層說服：若能瞭解每一筆費用作業的固定和變動因素，便能更準確地估算費用成本。崔西指出了 150 項不同的作業，並將她認為有共同作業動因者歸為一類。舉例來說，她決定將卸貨進貨、點貨及檢查貨物同歸為收貨作業，因為她認為這三項相關作業均由相同的作業動因和訂購單數量所驅動。為了確保她的作業分類及作業動因之認定無誤，她蒐集了每一組作業的資料。過去十個月來的收貨作業資料如下所示：

月份	收貨訂單	收貨成本
1	1,000	$18,000
2	700	15,000
3	1,500	28,000
4	1,200	17,000
5	1,300	25,000
6	1,100	21,000
7	1,600	29,000
8	1,400	24,000
9	1,700	27,000
10	900	16,000

作業：

1. 請繪製收貨成本相對於收貨訂單數的散佈圖。縱軸為成本，橫軸為數量。

2. （承上題）選擇兩點，畫一最適線，並計算收貨成本的成本公式。

3. 利用高低點法算出收貨作業的成本公式。

4. 利用最小平方法算出收貨作業的成本公式。限定係數為多少？

5. 請算出預計有 1200 份訂購單時，其收貨成本 95% 的信賴區間。假設 $S_e=2,176$。

金伯爾公司 (Kimball Company) 擬訂的成本公式如下：

> 物料利用：$Y_m = \$80X$；$r = 0.95$
>
> 人工利用：$Y_l = \$20X$；$r = 0.96$
>
> 費用作業：$Y_o = \$350,000 + \$100X$；$r = 0.75$
>
> 銷售作業：$Y_s = \$50,000 + \$10X$；$r = 0.93$
>
> 其中 X 係指直接人工小時

> **3-15**
> 成本公式；單一作業動因與多重作業動因；相關係數

　　金伯爾公司的政策是根據需求來生產，並且只保存非常少的——甚至完全沒有——製成品存貨。（換言之，產出數量 = 銷售數量）

　　最近，金伯爾公司的總經理施行了另一項政策，凡是能夠攤平成本的特殊訂單，公司都一律接受。這項政策的起源是因為金伯爾公司所處的產業正值衰退，公司因而出現閒置產能（並且預測下一年度仍將維持現況）。總經理打算接受至少可以攤平變動成本的訂單，如此一來公司至少可以保留現有的員工，避免裁員的命運。此外，凡是收入超過變動成本的訂單還是能夠提高公司的整體獲利能力。

作業：

1. 請算出總單位變動成本。假設金伯爾公司有機會接下單價是 $220、數量是 20,000 單位的訂單。生產每一單位需要 1 個直接人工小時。金伯爾公司是否應該接受這項訂單？（這份訂單不會影響公司的正常訂單。）

2. 請解說成本公式當中相關係數指標的重要性。這些指標是否影響

你在第 1 題的回答？這些指標是否應該納入考量？爲什麼？

3. 假設費用成本多重回歸公式爲：Y = \$100,000 + \$100X_1 + $5,000X_2 + \$300X_3，其中 X_1 係指直接人工小時、X_2 係指設定次數、X_3 係指工程小時。這道公式的相關係數是 0.94。假設一份 20,000 單位的訂單需要 12 次設定和 600 個工程小時。根據這些新的資訊，金伯爾公司是否應該接受第 1 題當中的特殊訂單？你是否還想要瞭解關於成本習性的其它資訊？試說明之。

3-16
散佈圖法；高低點法；最小平方法

費黎斯公司的管理階層決定要建立公司主要費用作業的成本公式。費黎斯公司採用高度自動化的製造過程，因此能源使用被視爲公司的主要作業。能源成本是一項重要的製造成本。費黎斯公司的成本分析師判定能源成本屬於混合成本，必須分解爲固定部份與變動部份才能夠適當地說明能源利用作業的成本習性。機器小時則被用來作爲能源成本的作業動因。過去八季以來的資料如下：

季	機器小時	能源成本
1	20,000	\$26,000
2	25,000	38,000
3	30,000	42,500
4	22,000	37,000
5	21,000	34,000
6	18,000	29,000
8	28,000	40,000

作業：

1. 請繪製能源成本相對於機器小時的散佈圖，並找出適合資料點的成本線。選擇線上二點，然後再決定能源的成本公式。
2. 利用高低點法，算出能源成本公式。
3. 利用最小平方法，算出能源成本公式與限定係數。
4. 請利用上述三道公式，算出 23,000 機器小時所對應的成本估計值。你會建議使用哪一道成本公式？試說明之。

道特公司 (Dotter Company) 正在擬訂其包裝作業的成本公式。根據以往的經驗，道特公司的管理階層相信包裝成本與顧客訂單數量具有高度相關的關係。道特公司蒐集了過去二十個月的資料，計算出下列數據：

$$\Sigma X = 40,000 \; ; \; \Sigma XY = \$1,200,000,000 \; ;$$
$$\Sigma X^2 = 120,000,000 \; ; \; \Sigma Y = \$500,000$$

作業：

1. 請利用最小平方法，導出包裝成本公式。

2. 假設 $\Sigma Y^2 = 13,600,000,000$。道特公司的管理階層假設包裝成本與顧客訂單高度相關的假設是否恰當？

3. 請預測 2,000 份顧客訂單的時候，總包裝成本的數值。此一總成本當中，有多少是屬於固定作業成本？又有多少是屬於變動作業成本？現在假設固定作業成本可以提供處理 2,500 份訂單的作業產能。當作業水準在 2,000 份訂單的時候，未利用作業的成本是多少？

4. 假設 $S_e = \$800$。請算出 2,000 份顧客訂單的估計包裝總成本的 99% 信賴區間。

韋伯地方醫院蒐集過去七個月以來所有作業的資料。其中，心臟疾病的醫護資料如下：

	成本	醫護小時
1997 年 09 月	$69,500	1,700
1997 年 10 月	64,250	1,550
1997 年 11 月	52,000	1,200
1997 年 12 月	66,000	1,600
1998 年 01 月	83,000	1,800
1998 年 02 月	66,550	1,330
1998 年 03 月	79,500	1,700

作業：

1. 請利用高低點法，算出醫護作業的每小時變動比率和固定成本。

2. 請利用上述資料，繪製醫護作業的散佈圖。（提示：利用未知數

——例如 X ——來表示 1997 年發生的觀察值,再以另一個未知數來表示 1998 年發生的觀察值。)

3. 仔細觀察 1997 年底發生的事件,我們將會發現心臟病房的護理站引進了一種心臟監測器。院方並且決定增加一個新的晚班主管職務。監測器的每月折舊和新主管的薪資總數為 $10,000。現在,請利用第 2 題的散佈圖,分別算出適用 1997 年 10 月和適用 1998 年 03 月的固定成本與變動比率。請在課堂上討論你的發現。哪一道成本公式應該用來預測 1998 年其它月份的心臟醫護作業的成本?

> 3-19
> 回歸公式之比較
> (必須使用電算機)

　　洛鷹玩具公司打算訂出其美國堪薩斯工廠的費用作業的成本習性。這座工廠的主要作業之一是設定作業。洛鷹公司已經找出二項可能的作業動因:設定小時與設定次數。工廠主管蒐集了下列設定作業的資料:

月 份	設定成本	設定小時	設定次數
二 月	$ 7,700	2,000	70
三 月	7,650	2,100	50
四 月	10,052	3,000	50
五 月	9,400	2,700	60
六 月	9,584	3,000	20
七 月	8,480	2,500	40
八 月	8,550	2,400	60
九 月	9,73	2,900	50
十 月	10,500	3,000	90

作業:

1. 請利用設定小時作為作業動因和唯一的因變數,導出回歸公式。如果堪薩斯廠預估下個月的設定小時是 2,600,則估計設定成本是多少?

2. 請利用設定次數作為作業動因和唯一的因變數,導出回歸公式。如果堪薩斯廠預估下個月的設定次數是 80,則估計設定成本是多少?

3. 你認為哪一道回歸公式預測的設定成本較正確？試說明你的理由。

4. 請利用電腦的回歸分析程式（例如 Lotus 或 Excel），導出二項作業動因的成本公式。當設定小時是 2,600，設定次數是 80 的時候，估計設定成本應為？

擔任會計長的海仁迪負責施行一套先進的成本管理系統。在執行過程中，他必須找出公司各項作業的作業動因。過去四個月來，海仁迪花費相當多的精力和時間來找出作業內容、相關成本以及作業成本的可能動因。一開始，海仁迪是根據本身的經驗和實際執行各項作業的員工所反映的意見來選擇作業動因。爾後，他再利用回歸分析來驗證自己的判斷。在回歸公式可以算出至少 80% 的 R^2 的情況下，海仁迪傾向於每一項作業只用一個作業動因；其它情況下，則會根據多重動因回歸分析的結果使用一個以上的作業動因。例如，使用任何單一作業動因時，品檢製成品作業的 R^2 會低於 80%。於是海仁迪認為利用二項作業動因可以導出令人滿意的成本公式。這二項作業動因分別為：批次數目和品檢小時。過去十五個月以來所蒐集到的資料如下：

| 3-20 |
| 多動因回歸分析法； |
| 成本公式的可靠度 |
| (必須使用電算機) |

品檢成本	品檢小時	批次數目
$17,689	100	10
18,350	120	20
13,125	60	15
28,000	320	30
30,560	240	25
31,755	200	40
40,750	280	35
29,500	230	22
47,570	350	50
36,740	270	45
43,500	350	38
26,780	200	18
28,500	140	28
17,000	160	14

作業：

1. 請利用品檢小時與批次數目這二項動因，導出品檢成本的成本公式。這二項動因是否有用？R^2 對於這道公式有何意義？

2. 請利用第 1 題導出的公式，算出品檢小時是 300 和批次為 30 的品檢成本。並請算出此一估計值的 90% 信賴區間。

3-21
簡單回歸與多重回歸；成本公式的可靠度評估

　　洛基公司生產住家和公寓用的門把。由於以往的預測都不正確，洛基公司打算利用簡單（單一動因）回歸分析與多重回歸分析來預測年度銷售額。預測的銷售額將用於預算編列，並藉以找出能夠創造業績的步驟。 洛基公司的會計長哈斯基在考慮了許多可以用來預測銷售額的自變數和公式之後，已經將範圍縮小至四道不同的公式。哈斯基利用過去二十年的觀察資料來評估這四道公式。

　　這四道公式當中所使用的變數定義和公式的統計內容如下：

S_t 　　= 　　在期間 t 內洛基公司的估計銷售額

S_{t-1} 　= 　　在期間 t-1 內洛基公司的實際銷售額

G_t 　　= 　　在期間 t 內的估計美國國內產品毛額

G_{t-1} 　= 　　在期間 t-1 內的估計美國國內產品毛額

N_{t-1} 　= 　　在期間 t-1 內洛基公司的淨收入

公式	因變數	自變數	截距	自變數值比率	標準誤	R^2	t 值
1	S_t	S_{t-1}	$ 500,000	$ 1.10	$500,000	0.94	5.50
2	S_t	G_t	$1,000,000	$ .00001	$510,000	0.90	10.00
3	S_t	G_{t-1}	$ 900,000	$ .000012	$520,000	0.81	5.00
4	S_t		$ 600,000		$490,000	0.96	
		N_{t-1}		$10.00			4.00
		G_t		$ .000002			1.50
		G_{t-1}		$ .000003			3.00

作業：

1. 請將公式 2 和公式 4 寫成 Y = a + bx 的形式。

2. 如果 1995 年度的實際銷售額是 $1,500,000，請問 1996 年度洛基公司的估計銷售額是多少？

3. 請解說洛基公司偏好使用公式 3 而非公式 2 的原因。

4. 請解說利用公式 4 來預測銷售額的優點與缺點。

劉比爾是湯姆斯公司電子事業部的經理。劉比爾和會計長皮普林頓（擁有管理會計師執照）和行銷經理費派蒂召開一項會議。以下是擷自會議上的部份談話內容。

3-22

資料的可疑取得；道德議題

劉比爾：普林頓，你訂出來的變動成本系統對我的部門來說實在助益良多。我們爭取到更多的訂單，收入也增加了百分之二十五。但是如果我們想要達到今年的獲利目標的話，還必須再加把勁。派蒂，我說得對不對？

費派蒂：沒錯。雖然我們拿到的訂單增加了，但是我們還是損失太多的訂單，尤其是被我們的主要競爭者——凱波電子——搶走不少生意。如果我可以更深入地瞭解凱波電子的價格策略，相信一定可以提升我們公司的競爭實力。

劉比爾：瞭解凱波電子的變動成本對妳有沒有幫助？

費派蒂：當然會有幫助。至少我可推算出他們的最低價格。如此一來，我相信我們一定可以搶回一些生意，尤其是那些我們的效率不輸他們的訂單。此外，我還可以找出公司成本不具競爭力的地方，進而提升效率。

劉比爾：既然如此，我倒有則好消息給妳。我手上有些凱波電子的許多訂單的資料。譬如說我有凱波電子在許多訂單上的直接人工小時的數據。還有，我也有過去十個月以來所有訂單的製造成本與直接人工小時的每月總額。普林頓，你可以利用這些資訊來估計每小時的變動製造成本嗎？如果可以，我們就能夠找出每一項訂單的變動成本。

普林頓：可以。你要求的分析資料都可能得到。但是在進行分析之前，我有一個疑問想要請教。你是如何拿到這些資料的？我實在無法想像凱波會願意公開這些資料。

劉比爾：資料究竟如何取得有什麼關係？重要的是，我們擁有這些資料，我們更有機會大幅提高公司的競爭優勢。只要我們能夠達成獲利目標，年底就會領到一大筆獎金。

　　會議結束之後，普林頓從費派蒂的談話當中知道劉比爾正在和凱波公司的成本會計人員（也擁有管理會計師執照）魏潔祺交往。費派蒂猜測劉比爾可能是透過魏傑祺這個管道取得凱波電子的資料。知道內情之後，普林頓向費派蒂表示，對分析凱波公司資料的要求持強烈的保留態度。

作業：

1. 假設劉比爾的確是從魏潔祺那裡取得相關資料。請就魏潔祺的行為提出你的看法。魏潔祺違反了哪些道德行為標準？（參閱第一章的內容）

2. 普林頓的態度是否正確——對於分析凱波電子的資料持保留態度？分析凱波電子的成本資料是否是道德的？此一情況是否適用國際管理會計道德行為標準？（參閱第一章的內容）如果你是普林頓，你會怎麼做？請說明你的理由。

綜 合 個 案 研 究 一

麥克貝爾公司（Macphon Bell Corporation，簡稱 MBC）是一家經營電訊事業的企業。MBC 的組織分為二個部門：電話部門與有線服務部門。電話部門在美國俄亥俄州有一座生產電話機的工廠。這條產品線的產品包括了平價的按鍵式電話和桌上型電話，到高價位的高品質行動電話。MBC 也經營俄亥俄州地區的有線電視服務。有線電視服務分為三項產品：(1) 基本收視，包括 25 個頻道、(2) 基本收視外加一個電影頻道，與 (3) 基本收視外加二個電影頻道。

範圍：第二、三章

MBC 的有線服務部門提出三月份的作業資料如下：

	基本收視	基本收視外加 1	基本收視外加 2
銷售（單位）	300,000	150,000	50,000
單價	$20	$30	$35
單位成本：			
直接分配	5	6	7
動因追蹤	2	4	6
分配	10	14	15

單位成本的分配方式為：70% 生產、30% 行銷與客戶服務。直接人工小時是成本追蹤的唯一動因。這個部門只利用生產成本來定義單位成本。上述單位產品成本資訊是因行銷經理的要求，經過特別的研究所求得的結果。

基本上，MBC 的總經理邦肯特對於有線服務部門的績效感到滿意。三月份的績效可以視為過去二年以來的平均表現。然而電話部門的情況卻大不相同。電話部門的整體獲利績效不斷降低。二年前，稅前獲利約為銷售額的百分之二十五。三月份仍然延續今年以來的慘淡績效，而且預期不會好轉——除非管理階層能夠採取行動扭轉劣勢。電話部門提出的三月份資料如下：

存貨：

原料，3月1日	$ 10,000
原料，3月31日	20,000
在製品，3月1日	130,000
在製品，3月31日	40,000
製成品，3月1日	480,000
製成品，3月31日	380,000

成本：

直接人工	$100,000
工廠與設備折舊	60,000
物料處理	80,000
品檢	60,000
排程	36,000
能源	24,000
工廠主管	8,000
製造工程	20,000
業務獎金	120,000
薪資，業務主管	6,000
耗用物料	2,000
保證作業	15,000
重製	30,000

三月份的時候，電話部門採購的原物料總數為 $290,000 。耗用物料沒有重要的存貨（期初和期末都一樣）。耗用物料和原物料採分開計算的方式。 MBC 的電話部門在三月份的銷售總額是 $1,100,000 。

根據三月份的數據，邦肯特決定和電話部門的三位管理者開會研商。這三位管理者分別為：部門經理狄淑姍、部門會計長文可克和業務經理哈爾特。以下是他們談話的部份內容：

邦肯特：三月份的獲利績效再度下滑。我想我們必須在情況變得不可
　　　　收拾之前，研商如何找出問題所在，進而解決問題。狄淑姍，
　　　　妳對於目前情況有什麼看法？

狄淑姍：國外的競爭者是我們的最大勁敵。這些競爭者的電話價格比我們低，品質卻和我們一樣、甚至更好。我和幾家零售商談過，他們的看法都和我一樣。零售商認爲如果我們降價的話，業績應該會有起色。

哈爾特：零售商的看法沒錯。若我們可以降低 10% 到 15% 的價格，我認爲應該可以收回失去的市場佔有率。但是降價的同時，我們必須確保產品品質不能輸給競爭者。大家應該都知道，每一個月我們在重製和修理作業上的支出非常可觀。我很擔心這一點。我希望保證成本能夠降低 70% 到 80% 的水準。如果我們可以做到的話，消費者滿意度就會提高，屆時我敢說不僅能夠收回失去的市場佔有率，更能提高市場佔有率。

文可克：降價的同時，如果不能降低單位成本，公司還是無法提高獲利。我認爲我們必須改善公司的成本會計系統。我不太有把握我們真的瞭解每一道產品線的真正成本。有可能某些產品的成本估算偏高，所以造成售價過高的現象。但是我們也有可能低估了其它產品的成本。

哈爾特：文可克的意見似乎有理——尤其如果是高產量生產線的成本高估的話，的確會連帶影響售價。調降這些產品的價格對於公司的獲利狀況會有很大的助益——如果我們確知這些產品的成本有高估的現象，當然可以立即降價。

邦肯特：文可克，你可否再詳細解釋一下。過去十年以來，我們一直都採用同樣的成本會計系統。爲什麼會有這樣的問題產生呢？

文可克：我認爲是製造環境已經改變的關係。近幾年來，我們增加了許多不同的產品線。部份新增的產品對於製造費用資源的需求差異很大。我們是利用——或者應該說是嘗試利用——直接人工成本，也就是單位基礎作業動因，來追蹤這些產品的費用成本。但實際上，成本分配的情況可能多於成本追蹤。如此一來，可能就造成我們對於產品成本的判定出現偏差。此外，大家應該都知道，電腦科技日新月異，利用電腦來蒐集和分析更詳細的資訊是愈來愈容易、成本也愈來愈低。經由電腦蒐集和分析的資訊，可以幫助我們更正確地分配成本。

邦肯特：或許我們需要仔細考慮這一項原因。文可克，你的建議呢？

文可克：如果我們想要更精確的產品成本，如果我們真的打算降低售價，那麼我們就必須瞭解成本習性，尤其是作業成本習性最為重要。瞭解我們所執行的作業內容、為什麼執行這些作業、以及執行的成效將有助於我們找出應該改善的地方。我們也需要瞭解不同的產品利用各項作業資源的情況。換言之，我們需要一套作業制管理系統。但是在我們貿然採行作業制管理系統之前，我們需要知道非單位基礎動因是否具有重要影響。作業制管理的成本也相當可觀。所以我建議我們先進行初步的研究，確認僅僅利用直接人工小時來追蹤成本是否足夠。如果不是，那麼我們可能需要考慮其它非單位動因。事實上，如果總經理認為必要的話，我可以蒐集一些資料來證明作業制方法並不適用。

邦肯特：狄淑姍，妳的看法呢？這畢竟是妳的部門。

狄淑姍：文可克的意見聽起來相當可行。我認為他應該儘快進行。同時我也認為我們必須著手改善品質。目前看來，我們的品質似乎有問題。如果品質的問題可以獲得解決，成本就會降低。我會和負責品管的員工討論這個問題。文可克，在這個同時，請瞭解一下作業制系統是否是解決之道。你需要多久的時間才能提出結論？

文可克：我已經在蒐集資料了。二個星期內我應該可以提出報告。

　　二週內，文可克發給狄淑姍一份內部行文如下：

內部行文

收文：狄淑姍

發文：文可克

主旨：初步分析

　　根據我的初步分析，我相信 ABC 系統能夠帶來重大的改善。我利用下列十五個月的資料，進行了每一個月的人工成本的每月費用成本總額的回歸分析：

費用	直接人工成本
$ 360,000	$ 100,000
300,000	100,000
350,000	90,000
400,000	100,000
320,000	90,000
380,000	100,000
300,000	90,000
280,000	90,000
340,000	95,000
410,000	100,000
375,000	100,000
360,000	85,000
340,000	85,000
330,000	90,000
300,000	80,000

　　分析的結果非常明顯。雖然直接人工成本似乎是費用成本的動因，卻無法解釋很多的變動事實。因此，我試著找出更能夠反應費用成本習性的其它動因——尤其是非單位動因。移動次數似乎是更符合邏輯的動因。我得到的資訊如下：

物料處理成本	移動次數
$80,000	1,500
60,000	1,000
70,000	1,250
72,000	1,300
65,000	1,100
85,000	1,700
67,000	1,200
73,500	1,350
83,000	1,400
84,000	1,700

　　　　利用回歸分析所得到的結果非常明顯。我很肯定移動次數是
物料處理成本的良好動因。利用移動次數來分配物料處理成本至
不同的產品，會比利用直接人工成本的成本分配方法好上許多。
再者，由於小量批次的移動次數和大量批次相同，應可證明大量
的產品或有成本高估的情況。

　　　　我還分析了另一項費用作業：產品品檢。我們總共有十五位
品檢人員，每位品檢人員的月薪是 $4,000，其每月的品檢產能
是 160 小時。然而，品檢人員實際上只完成了 80% 的品檢小時。
市場需求減少是出現閒置時間的原因。我看不出這裡有任何變動
成本習性的事實。我認為就品檢小時與直接人工成本而言，品檢
成本與品檢小時的關係應較密切。其它費用作業當中，有些也是
屬於非單位層次——事實上應該也和我們的成本分配方法有關。

作業：

1. 請算出有線服務部門的三項產品的個別單位成本。計算這些單位成
   本可以滿足哪些管理目標？

2. 有線服務部門提供三種不同的成本類別：直接追蹤、動因追蹤和分
   攤。請討論每一項類別的意義。根據成本分配的方法，你認為有線
   服務部門採用的是傳統成本會計系統，還是當代成本會計系統？傳
   統成本會計系統與當代成本會計系統之間，還有哪些差異？

3. 請討論有線服務部門的產品與電話部門的產品之間的差異。

4. 請編製有線服務部門三月份的損益表。

5. 請編製電話部門三月份的損益表。

6. 過去十年來，電話部門都是採用同樣的成本會計系統。請解說為什
   麼這套成本會計系統可能不符時代需求的原因。哪一項因素可以判
   定新的成本會計系統能夠保證適用？

7. 請利用最小平方法來導出下列二道成本公式：利用直接人工成本做
   為動因的費用成本公式以及利用移動次數做為動因的物料處理成本
   公式。請就得到的結果，評論文可克的觀察是否正確。

8. 請定義品檢作業的成本習性。假設品管經理正在執行一項減少 50%
   瑕疵品的計畫。由於品質獲得改善，品檢小時的需求也將減少 50%。
   試問每個月可能降低多少品檢成本？對瞭解品檢成本習性有何助益？

第二篇

成本會計系統

第四章
產品與服務成本法：
費用分配與分批成本制度

學習目標

研讀完本章內容之後，各位應當能夠：

一. 區別服務業與製造業之成本會計系統，以及獨特產品與標準化產
　　品之成本會計系統。

二. 探討成本累積、成本估算與成本分配之間的交互關係。

三. 計算預定的費用比率，並利用此一費用比率來分配生產的費用。

四. 解說分批成本制度與分步成本制度之差異，並找出分批成本法使
　　用之文件來源。

五. 說明與分批成本法相關之成本流程，並編製分類帳。

六. 解說多重費用比率可能比全廠單一比率更為適用的理由。

　　　　既然我們對於基本的成本術語已經有所瞭解，我們就必須更仔細地分析企業為了計算成本所建立的制度。換言之，我們必須決定如何累積成本，以及如何將成本分配予不同的成本標的。在傳統的成本會計制度中，成本標的是產品或服務的單位數量。本章內容將以傳統成本會計制度為重點。

生產過程的特徵

學習目標一

區別服務業與製造業之成本會計系統，以及獨特產品與標準化產品之成本會計系統。

　　　　一般而言，企業會建立一套能夠充份反應生產過程的成本管理系統。根據生產過程的模式所建立的成本管理系統能讓經理人更有效地監督企業的經濟績效。生產過程可能產生有形的產品或服務。這些產品或服務在本質上可能類似、也可能各有特色。如何擬訂一套成本管理系統的最佳方法取決於生產過程的特徵。

製造業與服務業

　　　　製造業從事投入原料、人工與費用以生產新產品的作業。生產出來的產品是有形的產品，可以存放，也可以從工廠運送至客戶手中。服務和產品不同的地方在於它的無形。服務不能與客戶分開而單獨存在，因此無法存放。傳統的成本會計強調製造，而忽略了服務。時至今日，這種方法不再適用。現代經濟體制愈來愈傾向服務導向。經理人必須能夠精準地追蹤產品成本與服務成本。事實上，隨著經理人愈來愈重視內部顧客概念的同時，企業的會計長必然體認到計算產品與服務成本的重要性。

　　　　製造業與服務業的界限可以由圖 4-1 的內容得知一二。圖表的左邊屬於純粹服務的範圍。純粹的服務沒有原料，對於客戶來說也沒有具象的外形。真實世界裡罕有百分之百屬於服務的例子。高空彈跳或可歸類為純粹的服務。圖表的中央仍然偏向於服務的範圍，美容沙龍就是一個例子。美容沙龍會利用原物料——例如髮膠和慕絲等——來完成服務。圖表的另一端則是製造的產品。常見的例子有汽車、麥片、化粧品及藥物等。即便如此，這些產品往往仍會包含服務的成份。舉例來說，處方藥劑必須由醫生開立處方籤，然後再交由合格的藥劑

師配藥。汽車經銷商則是強調一貫的售後服務。至於餐飲服務提供的是產品還是服務呢?民營電話公司提供的是產品還是服務？答案是二者兼具。

　　服務與產品之間的差異分爲四個部份：抽象性、不可分割、變異性、保存性。**抽象性** (Intangibility) 係指服務中沒有具象外觀的性質。**不可分割性** (Inseparability) 係指服務的生產與消費是無法分割的性質。**變異性** (Heterogeneity) 係指服務的履行可能比產品的生產具有更多的變異機率。**不可保存性** (Perishability) 係指服務無法存放，而必須在履行的同時消費的性質。這些差異會影響服務的規劃、控制與決策所需的資訊類別。**圖** 4-2 列示了與服務的提供相關的特徵，以及這些特徵對於成本管理系統的影響。

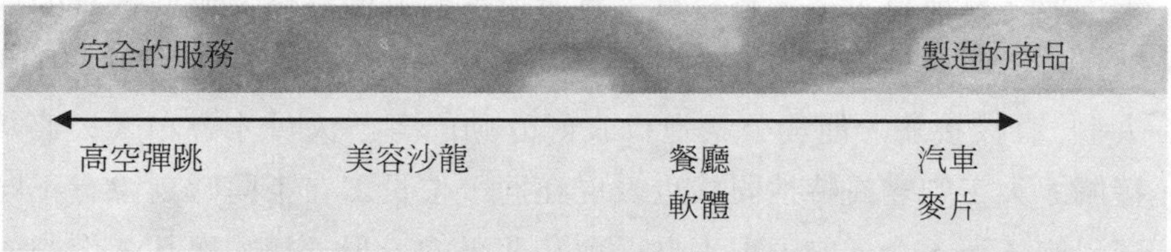

完全的服務		製造的商品	
高空彈跳	美容沙龍	餐廳 軟體	汽車 麥片

圖 4-1

服務與製造商品之閉聯集

特色	與商業之關係	對於成本管理制度之影響
無形	服務不能儲存。 服務不能受到專利的保護。 基本上，服務無法展示或協調。 價格很難訂定。	沒有存貨帳目。 具有強烈的倫理道德標準。 成本必須分配至企業整體。
不可分割	消費者參與生產過程。 其它消費者參與生產過程。 很難做到集中化地大量生產服務。	成本必須依照顧客類型分別列計。 須創造能夠激勵穩定品質的制度。
異質性	很難做到標準化與品質控制。	需要強勢系統方法。 不斷地衡量生產力 總體品質管理扮演重要的角色。
無法保存	服務的好處很快就消失。 同一個顧客可以重覆給予同樣的服務。	沒有存貨。 需要標準化系統來服務常客。

圖 4-2

服務業之特色及其與成本管理制度之間的關係

　　服務的抽象特性是服務的會計處理與產品的會計處理主要差異的原因。服務業者無法存放服務,因此幾乎毋須考慮耗用物料的存貨問題。製造業者的存貨則包括了原料、耗用物料、在製品和製成品。由於製造業存貨相當重要而且複雜,因此本章將會著重製造業的存貨成本處理。

　　服務業與製造業的另一項重要差異是人工的變異性。服務業十分瞭解人力資源的重要,畢竟服務是由人所提供的。總體經濟學的一項重要假設即人工的一致性。換言之,經濟學是假設所有的直接人工都是一模一樣的。這項假設是標準成本計算方法當中計算人工標準的基礎。服務業卻深知並非所有員工都是完全相同的事實。舉例說明之,迪士尼世界 (Walt Disney World) 僱用的工作人員包括了「幕後員工」與「幕前員工」。幕後員工負責遊樂設施的維修、服裝道具的縫製以及人事安排等工作,但是幕後員工並不和付費的大眾 (稱為「客人」) 直接接觸。能與公眾進行良好互動的幕前人員才會和客人直接接觸。人工的變異特性同樣也表現在同一位員工在不同時刻會有不同表現的情況,今天的表現不見得會和明天的表現一樣。舉凡工作的內容、共事的同事、員工本身的教育和經驗、以及家庭生活等個人因素都可能會影響員工的表現。由於這些因素的存在使得服務很難維持常態的固定水平。服務業必須不斷地衡量生產力和品質,並且敏銳地反應上述因素的影響。

　　不可分割的特性代表著客戶的差異對於服務業的影響遠甚於製造業。家電廠商販賣烤箱的時候,幾乎毋須考慮消費者的情緒和個人特質。然而醫療院所提供服務的時候,對於求診病患 (消費者) 的態度卻可能深深影響求診人數的多寡和醫療服務的品質。不可分割的特性也代表著消費者評估服務與產品時抱持的不同標準。於是,服務業者在某些資源上的花費可能遠較製造業者為高或低。舉例來說,消費者可能把價格和硬體設施視為服務品質的關鍵,於是服務業可能比製造業更為重視營業場所的選擇。一般人對於製造業的第一印象恐怕不外乎聲音嘈雜、滿地油污的偌大廠房。廠房清一色地是水泥地配上管線交錯的天花板。一言以蔽之,製造業的工廠毫無視覺美感可言。但是只要能夠做出品質精良的產品,消費者並不在乎廠房究竟有多糟糕。

服務業的環境卻截然不同。放眼望去，銀行、醫生的辦公室、和餐廳等莫不裝潢美觀，甚至擺滿盆栽。如果這些作法能夠吸引客戶前來消費或進行交易，花費的成本則可謂適得其所。此外，高雅的環境可以促使服務業者收取更高的費用，藉以強調更高品質的服務。

　　服務的不可存放特性與抽象特性十分類似。例如，服務沒有在製品或製成品的存貨。然而抽象特性和不可存放特性之間仍有細微的差異，頗為值得探討。如果服務帶來的是短暫的效果，那麼服務就無法存放。然而並非所有的服務都是如此。整型外科手術的效果是長遠的，但剪短頭髮卻不是。此一特色對於成本管理的影響是不可存放的服務必須搭配一套能夠簡單地處理熟客的系統。服務的重覆特性促使我們採用標準化的製程和成本方法。常見的實例有金融服務（例如銀行的票據交換服務），門禁服務，和美容美髮服務等。

　　消費者在購買服務時，可能感受到比購買有形產品更高的風險。此時，道德規範就扮演相當重要的角色。負責蒐集服務品質資料的內部會計人員必須精確地報告好消息和壞消息，缺一不可。曾經受到廣告誤導或者因為服務水準未達承諾而吃過苦頭的消費者多半不會再上當受騙。製造業者可以提供產品保證或更換產品。但是服務業卻必須考慮到消費者因為購買和享用服務所浪費的時間。為此，服務業者必須謹記，提供的承諾不應超過可以或將會履行的範圍。以知名的汽車製造商 Lexus 為例，這家車商在引進新車種進入美國市場後不久就發現車輛出現瑕疵。於是，Lexus 的經銷商一一與車主聯繫，並在召回車輛進行檢修的同時另外替車主租車代步。如果車主住得較遠，車商甚至帶著維修人員親自到買主的住處進行檢修。相較之下，遇到類似問題的通用汽車 (GM) 車主卻必須透過車商的組織層層上報，才能將愛車送回車廠檢修。顯而易見地，Lexus 深刻體認節省顧客時間的服務價值。

　　服務業者對於適用公司特殊型態的規劃與控制技巧特別感到興趣。生產力的估算與品質控制十分重要。對服務業而言，定價涉及了各種不同層面的考慮。值得注意的是，製造業與服務業對於會計資料與技巧的需求可能有所不同。會計人員必須體認兩種業別的相關差異，以便提供適當的支援。會計人員必須接受跨職能的訓練。以麥當勞為例，

它究竟應該屬於製造業或是服務業？在中央廚房裡面，麥當勞擁有一條生產線，生產出來的產品符合嚴格的一貫標準。每一個漢堡裡的肉片、芥茉、蕃茄醬和醃黃瓜都是相同的份量。漢堡的麵包部份也是完全一樣。漢堡的烹調時間相同、溫度也相同。這些麵包依照既定的程序包裝好以後，就和其它漢堡一起放進保溫箱。在這個階段，完全適用標準的成本會計方法，麥當勞理所當然也不例外。然而到了點餐的櫃台，麥當勞搖身一變又成了服務業。顧客希望他們點購的餐飲能夠快速而又正確地送來。此外，顧客希望看到的是面帶微笑的臉孔，而在荣單尋找特定餐點的時候或許也需要有人從旁協助。乾淨清爽的廁所也是服務的重點。麥當勞強調從非財務觀點來估算服務：櫃台顧客點購的餐點必須在六十秒內送達；開車前來消費的顧客必須在九十秒內取得點購的餐飲；每小時至少必須檢查與清掃廁所一次。

獨特的與標準化的產品和服務

　　產品與服務的第二種區別方式是根據其獨特的程度而定。如果一家公司生產少量多樣的獨特產品，而這些產品發生的成本各不相同，那麼公司就必須分別追蹤各個產品或各批產品的成本。這正是本章的另一項重點——分批成本制度。和前述例子相反的情況則是公司大量生產同樣的產品。由於每一個產品之間毫無差異，因此所有產品的單位成本也就相同。相較之下，計算這些完全一樣的產品的成本顯得容易多了，這也就是本書將在稍後的章節所介紹的分步成本制度。

　　值得注意的是，爲了成本會計目的而區分的產品（或產出單位）獨特性和成本的獨特性具有一定關聯。例如，某家營造公司在美國中西部興建房舍，房舍雖然是以幾項標準型態爲主，但是買主仍然可以藉由選擇特定的磚塊、磁磚、地毯等細部項目來定做購買的房屋。當然該公司並未完全開放所有的選擇，而是提供既定的組合再由買主自行決定。換言之，一棟漆成白色的房屋和鄰棟漆成綠色的房屋，成本其實是相同的。當然，如果不同的選擇造成不同的成本，勢必必須分別計算不同選擇的成本。也就是說，如果有一位買主選擇按摩浴缸，另一位買主只選擇標準浴缸，就必須將兩種不同浴盆的成本分配予正

確的房屋之下。誠如一位建築商所言：「我們所能做的就是提供多種選擇，然後儘可能正確地追蹤我們的成本。」因此，看似生產類似產品的生產步驟，事實上每一項產品可能發生不同的成本。在這種情況下，業者應當利用分批成本法來追蹤成本。

服務業和製造業均可採用分批成本法。根據顧客需求製造獨特櫥櫃和興建獨特房屋的傢俱業者及建商，必須利用分批成本法來計算正確的成本。牙醫和醫療服務同樣也採用分批成本法。單純的補牙服務的成本和移植牙根服務的成本明顯地不盡相同。此外，印刷、汽車修護、和家電用品等修理服務也都是採用分批成本法。

製程標準化的企業大量生產類似或同質的產品。基本上，任何一個產品和其它產品幾乎一模一樣。舉凡食品、水泥、石油、化學等製造業者都是常見的大量生產的實例。這些實例的關鑑在於，每一個產品的成本和另一個產品的成本完全相同。換言之，服務業也可以採用分步成本方法。舉例而言，證券經紀商執行客戶指示的交易時，無論交易的是哪一種股票，發生的成本幾乎相同；銀行的票據交換服務在交換票據時，無論票據金額大小或受款人的對象為何，其所發生的成本始終固定不變。

有趣的是，由於產品種類不斷增加，業者漸漸傾向採用分批成本方法。日新月異的科技技術使得企業具備了根據顧客需求而個別生產獨特產品的能力。以色列的印帝公司 (Indigo, Ltd.) 就是最好的例子。印帝公司擁有一次成型彩色印刷系統 Qminum，使得印帝公司能夠印製更少量的瓶罐容器、和標籤等。Qminum 系統可以用來印刷顧客在周末舉辦宴會（傳統習俗的聚會「牛仔們，騎上馬來！」）所專用的飲料罐，或者用來印刷廚房的窗帘或磁磚。換言之，顧客對於特殊產品的需求、彈性製造系統、再加上先進的資訊科技，已經使得世界級的製造業者能夠追求更理想的分批製造環境。

建立成本會計系統

　　瞭解了企業生產過程的特徵之後，接下來必須建立一套系統以用來製作適當的成本資訊。良好的成本會計資訊系統必須具有彈性的、而且值得信賴。良好的成本會計資訊系統能夠提供不同目的所需要的資訊，並能回答各種問題。一般而言，成本會計資訊系統是用以滿足企業進行成本累積、成本估算與成本分配的需求。**成本累積** (Cost Accumulation) 係指成本的認定與記錄。**成本估算** (Cost Measurement) 係指決定生產過程中使用的原物料、直接人工、和費用等之金額。**成本分配** (Cost Assignment) 係指生產成本和產出單位間的關聯。**圖 4-3** 列示出成本累積、成本估算與成本分配間的關係。

圖 4-3

成本累積、成本衡量與
成本分配之間的關係

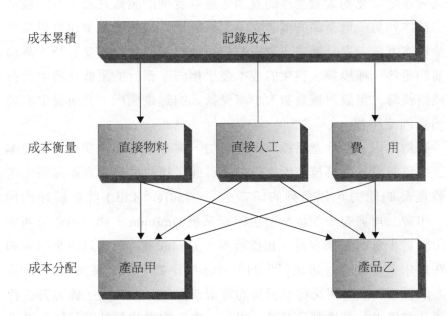

成本累積

　　成本累積係指成本的認定與記錄。成本會計人員必須編製來源文件，以便在成本產生的時候進行追蹤。**來源文件** (Source Document) 記錄的是交易的內容。這些來源文件當中的資料可以登錄在資料庫裡。資料庫的資料記錄能讓會計人員與管理人根據需要分析各類資料，以

輔助管理決策。成本會計人員也可以利用資料庫來查閱總分類帳記錄的相關成本，確認相關成本均已登錄在外部報告所用之適當科目之下。

　　設計良好的來源文件能夠彈性地提供各類資訊。換言之，資訊可用於多種用途。舉例來說，客戶購買商品時，店員開立的收據上會列明日期、品名、數量、價格、稅金以及收到的總金額。這張來源文件便可以用於決定各個月份的銷貨收入、各項產品的銷售金額、應付稅額、以及收到的現金或應收帳款等資訊。同樣地，員工填寫的工作計時單會記錄進行的工作、日期、和期間等資料。工作計時單的資料便可以用於決定生產過程中所使用直接人工成本、應付工資、生產力的改善程度以及下一次工作的人工預算等資訊。

成本估算

　　累積成本僅指記錄成本以備使用。接下來，我們必須以有意義的方式將這些記錄的成本予以分類或重組，找出這些成本與產出單位間之關聯。成本估算指的便是成本的分類，包括了決定生產過程中使用的直接物料、直接人工、營業費用等金額。這些金額可能是製造投入所花費的實際金額，也可能是估計的金額。在實務上，費用帳單往往在計算單位成本之後才會送達；因此，會計人員往往改採估計的金額以便確保成本資訊的時效性或控制成本。

　　經常用於估計生產相關成本的方法有二：實際成本法與正常成本法。實際成本法係指企業利用生產過程中使用的所有資源的實際成本來決定單位成本。這項方法雖然看似合理，卻仍有缺點，作者將在稍後再行解釋。第二項方法——正常成本法——係指企業利用直接物料與直接人工的實際成本，來估計單位成本。至於費用的部份，則是採用預估的數值。正常成本法在實務上較為人所採用，作者將在本章後文當中再做討論。

實際成本法 (Actual Costing)

　　實際成本制度利用直接原料、直接人工與費用的實際成本，來決定實際的成本。實務上很少採用嚴謹的實際成本制度，因為這套制度

無法及時地提供精準的單位成本資訊。有趣的是，直接原料和直接人工的單位成本計算並非困難所在。直接原料與直接人工，和產出單位之間具有明確的、可以依循的關聯。實際成本法的主要問題在於製造費用的計算。費用項目並不像直接原料與直接人工一樣，和單位成本之間具有有直接的關聯。試想，安全警衛的薪水應該如何分派予每一產出單位？由於費用項目與產出單位之間並無直接關聯，因而必須以平均法來計算單位費用成本。平均法需要找出特定期間內的總製造費用成本，然後再除以各該期間內的產出單位，才能求得單位平均費用成本。

假設選定的期間較短（例如一個月的期間），便能及時求出成本資訊，但是利用平均法求得的單位費用成本，卻會出現每一個月波動差異過大的現象。產生此一現象的原因有二。首先，許多費用成本並非在一年的十二個月當中都會平均地出現。亦即，某一期間的費用成本和另一期間的費用成本差異可能很大。其次，由於生產水準並非固定不變，因此單位費用成本便會隨著生產水準的改變而產生極大的差異。

下面的例子說明了費用成本的差異。假設一家公司生產大提琴的定位板。定位板是嵌在大提琴琴身中央的橡皮圓盤。大提琴家在演奏的時候，必須將大提琴插入定位板上以避免琴身在地板上滑動。製造每一片定位板需要兩盎司的橡膠和六分鐘的直接人工。根據目前使用的技術，這種投入與產出之間的關聯相當固定。換言之，不論生產多少定位板或什麼時候生產，每一片定位板所使用的原料與直接人工的數量都是相同的。成本會計人員可以精確地計算出這兩種投入的單位成本。

假設橡皮的成本是每盎司 $0.30，人工成本是每小時 $8，每一片定位板的橡皮成本就是 $0.60（$0.30 × 2 小盎司），每一片定位板的直接人工成本則為 $0.80（$8 × 0.2 小時）。於是，每一定位板的實際主要成本就是 $1.40（$0.60 ＋ $0.80）。倘若原料與人工的價格穩定，那麼不論一年之中究竟生產多少或者何時生產定位板，單位主要成本都是 $1.40。

假設四月份的實際費用成本是 $20,000，生產了 40,000 片的定

位板，則每一片定位板的費用成本就是 $0.50 ($20,000/4.,000)。美中不足的是，這種平均法卻有許多嚴重的缺點，如下表所示：

	四月	六月	八月
實際費用	$20,000	$40,000	$40,000
實際產出單位	40,000	40,000	160,000
單位費用 *	$0.50	$1.00	$0.25

＊實際費用／實際產出單位

值得注意的是，上述三個月份的單位費用成本都不盡相同。四月與六月的產量相同，但是單月費用成本則不一樣。可能原因或許是因為六月份的時候冷氣的使用增加。於是，六月份生產的定位板，因為冷氣的使用而造成單位費用成本（$1.00 而非 $0.50）較高的現象。費用成本的發生並不一致，因而造成單位費用成本出現差異。

產量不一是單位費用成本變動的第二個原因，如上圖中六月份和八月份分別代表的情形。這兩個月份的費用成本雖然一樣，但是產出水準卻不同。八月的產量提高，可能是預期學校開學會使得銷售增加的緣故。無論原因為何，八月份的產量雖然提高，單位費用成本卻反而降低（八月份是 $0.25，六月份是 $1.00）。

值得注意的是，單位費用成本不同並不代表產品價值有所差別或者成本結構有所不同。四月份生產的定位板和六月份或八月份生產的定位板完全一樣。六月份的電費雖然比其它月份為高，但是可能和去年六月份的電費一樣。如果公司等到年底再來分配費用成本，就可以避免單位費用成本波動的問題。舉例來說，假設當年度只有四月、六月、和八月才生產定位板，那麼全年度的費用總成本就是 $100,000（$20,000 ＋ $40,000 ＋ $40,000），總產量為 240,000 片定位板(40,000 ＋ 40,000 ＋ 160,000)，單位費用成本則為 $0.417($100,000/240,000)。等到年底再進行成本分配，公司就能將費用成本的不規律發生現象與產量不一致的因素消除，所求得的單位費用成本將會完全相同。

可惜的是，企業無法等到年底才來計算費用比率。一年當中，公司隨時都需要瞭解單位成本資訊。及時提供單位成本資訊才能夠編製

半年報，也才能夠協助經理人擬訂決策——例如訂價決策。多數需要
成本資訊作爲參考依據的決策都具有時效限制，無法枯等到年底。經
理人必須立即反應市場上每一天出現的狀況，如此方能維持穩固的競
爭地位。

正常成本法 (Normal Costing)

　　欲解決實際成本法的問題，較可行的方法是在年初的時候就估算
年底的實際費用比率，然後利用此一預估的比率來求取需要的單位成
本資訊。實務上可以藉由估計當年度的費用成本，再除以預估產量，
便能求得年底的實際比率。假設前述的大提琴定位板製造商在 1 月 1
日的時候估計當年度的費用成本爲 $90,000，預估產量爲 225,000 個
單位。利用這些估計的資料，我們便可以得到預估費用比率爲 $0.40
($90,000/225,000)。

　　根據預估的比率和直接原料與直接人工的實際成本來估算費用成
本的成本制度，稱爲**正常成本制度** (Normal Costing Systems)。正
常成本法的主要困難在於預估比率可能與實際比率不同。實務上，實
際費用成本和預估成本可能有所出入，或者實際產出水準和預期產出
水準可能不盡相同，或兩者兼具。

　　如果估算誤差很小，那麼正常成本法所導出的產品成本與實際的
產品成本之間的差距將不致太大。沿用上例，預估比率是 $0.40，年
底的實際比率是 $0.417。相信大多數的人都會同意，這樣的差距並
不至於太過離譜。

　　基本上，所有的企業都是利用預估的方式來分配生產費用。這樣
的事實似乎暗示著，大多數的企業都能夠成功地估算出正確的年底費
用比率。爲此，估算實際費用成本的相關問題，可以藉由估計費用成
本來解決。運用原料與人工的實際成本和估計費用成本等資訊的分批
成本系統稱爲*正常分批成本制度 (Normal Job-Order Cost System)*。

成本分配

　　成本經過累積和衡量之後，會被分配至製造的產品單位或是遞送

的服務單位上。單位成本的資訊具有相當的重要性。例如，民生住宅和商業建築市場慣用競標的方式來進行交易。如果不瞭解產出單位之相關成本，根本無法遞出具有意義的標單。產品成本資訊對於許多其它領域而言，同樣具有攸關影響。舉凡產品設計與新產品的引進等相關決策，都會受到預估單位成本的影響。此外，自製或外購特定的產品、接受或拒絕特殊訂單、保留或裁撤特定產品線等決策都必須參酌單位成本資訊。

　　就最基本的形式而言，單位製造成本或單位服務成本的計算其實十分簡單。單位成本就是產出單位的總產品成本除以產出的單位數量。舉例說明之，一家玩具公司製造了 100,000 輛三輪車，三輪車的原料、人工、與費用等總成本是 $1,500,000，則每一輛三輪車的單位成本就是 $15（$1,500,000/100,000）。這個觀念雖然簡單明瞭，但是實際的計算卻頗為複雜。然而倘若產品之間各不相同，或是在可以求得實際成本之前就必須知道產品成本的時候，此一過份簡化的概念便不再適用。

單位成本資訊對於製造業之重要性

　　單位成本資訊對於製造業具有攸關影響。舉凡存貨之評估、收入之決定與其它重要決策之擬訂等都必須使用單位成本。

　　企業在每一年度終了時都必須根據規定編製財務報表，以揭露存貨成本並確定收入。為了提出存貨成本的報告，企業必須知道現有的單位數量與單位成本。用以決定收入的銷貨成本同樣也必須根據銷貨數量與其單位成本才能導出。

　　單位成本資訊是否應該包括所有製造成本，端視其使用之目的來決定。如果單位成本資訊係用於財務報告之編製，就必須求得全額單位成本資訊或攤配單位成本資訊。然而企業在未能充份利用產能的情況下，是否應該接受或拒絕特殊訂單的決策可能比較需要變動成本的資訊。簡而言之，用於外部報告的單位成本資訊可能不足以作為內部決策——尤其是屬於短期性質的決策——的依據。不同的目的需要不同的成本資訊。

　　值得注意的是，全額成本資訊不僅適用於重要的內部決策，對於

財務報告也頗有助益。長期而言，產品如果要在市場上生存，產品的價格就必須包含全額的成本。實務上必須參酌全額成本資訊的重要內部決策包含了引進新產品、繼續生產現有的產品以及分析長期價格等決策。

單位成本對於非製造業之重要性

服務業和非營利事業同樣也需要單位成本資訊。基本上，無論是否為製造業，成本累積與成本分配的方法並無不同。服務業首先必須找出其所提供的服務「單位」。以汽車修理廠為例，服務單位就是針對消費者或送修的車輛所進行的工作。由於每一輛車需要的工作內容不一（例如：更換機油、修理變速箱等），因此汽車修理廠的成本就必須個別分配至每一項工作。醫院可能會根據病患人數、住院天數、或醫療類型（例如：X光照射、血液檢查等）等項目來累積成本。政府機構同樣也必須找出其所提供之服務的單位。舉例來說，市政府可能會提供挨家挨戶收取垃圾的服務，並根據垃圾車的出勤次數、或者是定點收取垃圾的次數來計算成本。

服務業和製造業利用成本資料的方式大抵相同。服務業者利用成本來決定利潤和引進新服務的可行性等等。然而由於服務業並未生產實體的產品，因此不需要估計在製品和製成品存貨的價值。當然，服務業可能會有耗用物料，並利用歷史成本來估計耗用物料存貨的價值。

非營利機構必須追蹤成本，以確認其係利用符合成本效率的方式來提供服務。政府機構必須明智地運用資金，以示對納稅人的負責態度。這些在在都需要精確的成本計算。

單位成本資訊的產生

為了產生單位成本資訊，勢必需要成本估算和成本分配。前文業已討論過兩種成本估算制度——實際成本法和正常成本法。我們業已瞭解，正常成本法能夠及時地提供必要的資訊，因此較為人所採用。緊接著要探討的是分批成本制度的成本分配方法。首先，我們必須瞭解如何決定單位費用成本。

費用分配：正常成本法的觀點

正常成本制度是利用預估費用比率來分配生產成本。

學習目標三

計算預估費用比率，並利用此一費用比率來分配生產費用。

預估費用比率

實際成本法和正常成本法之間的基本差異在於預估費用成本比率的使用。**預估費用比率** (Predetermined Overhead Rate) 的計算是利用下列公式：

費用比率 ＝ 預估年度費用／預估年度作業水準

預估費用係指企業對於未來年度當中發生的費用（水電費、間接人工、折舊等）的金額所做的樂觀估計。此一估計數字通常是以前一年度的數據爲基礎，然後根據未來年度預期的變動進行調整。企業內部的預算編製會計人員必須負責導出估計數字。第二項投入必須找出作業水準的價值。因爲作業水準是計算的基準，因此通常也稱爲基準作業水準 (Denominator Activity Level)。第二項投入有二道步驟：首先，選定生產作業的衡量指標做爲作業動因；其次，預估選定的作業的水準。

值得注意的是，預估費用比率的公式同時包括了變動預算金額與基準預算金額。原因是因爲預估費用比率通常是預先——一般是在每一年度的開始——計算出來的。實務上不可能使用實際費用或實際作業水準，因爲一月一日的時候，企業根本無法確知當年度的實際作業水準。爲此，企業在計算預估費用比率的時候只能夠利用預估金額或是預算金額。

選擇作業基礎

衡量生產水準的指標不止一種。分配費用成本的時候，如何選擇與費用消耗相關的作業基礎是相當重要的前題。選擇適當的作業基礎才能夠確保每一項產品都會分配到正確的費用成本。衡量生產水準的

指標雖然很多，但是最廣為採用的五種作業動因分別為：

1. 產出單位數量
2. 直接人工小時
3. 直接人工工資
4. 機器小時
5. 直接物料

生產作業的衡量指標當中最明顯的就是產出。如果企業只有一種產品，那麼很明顯地費用成本的發生就是為了生產該項產品。在單一產品的環境當中，期間的費用成本可以直接追蹤至各該期間的產出。在這種情況下，生產出來的單位數量符合因果邏輯。然而絕大多數公司的產品卻不止一種。由於不同的產品會消耗不同金額的費用，因此前述的簡單分配方法會有失真的缺點。舉例說明之，食品製造商 Krafe 的工廠生產沙拉調味醬、蕃茄醬和蘑菇醬——每一種產品從個人份的小包裝到三十二盎司的罐裝容量等不盡相同。在這種多重產品的環境當中，超過一種以上的產品會消耗共同的費用，不同的產品消耗費用的比率也不盡相同。

假設有一公司生產飛機引擎的組件。其中一項組件是非常簡單的圓形環套（用以包裹引擎的外圍）。另一項組件是形狀較為複雜的環套。這兩種組件都需要利用車床（在鑄造過程中固定並轉動物料的機器）；換言之，這兩種組件應該共同分擔車床的使用成本。假設車床運作的成本是 \$80,000，每一項組件都各生產 10,000 個單位。根據產出的單位數量，每一項原件所分配到的費用成本是 \$4（\$80,000/20,000）。但是其中一項組件需要使用車床的時間可能是六十分鐘，另一項組件卻只需要十五分鐘的時間。其中一項組件使用車床的時間是另一項組件的四倍，相信很多人會認為前者應該負擔較多的機器成本。利用簡單的產出單位數量的方法所求得的結果，並不能正確地、有意義地、或公平地分配費用成本。那麼試問，費用成本究竟應該如何分配？

有人認為費用成本的分配其實是相當主觀的。事實上，沒有任何一種費用成本的分配方法可以滿足所有的相關因素。有些人認為，費

用分配應該以負擔能力爲基礎，也就是根據每一項產品所帶來的收益之比例來分配費用成本。如此一來，如果前例中使用車床時間較少的組件帶來的收益較多，就必須分配較多的費用成本。

本書作者的立場是，費用成本的分配應該儘可能地遵循因果關係。首先，我們應當努力找出引起費用的消耗因素。一旦找出這些因素，或稱爲作業動因 (Activity Drivers)，便能用以分配各種產品的費用。沿用前文當中使用車床來生產飛機引擎組件的例子，機器小時反應出不同組件使用機器的時間差異，似乎也就代表著機器成本的消耗。產出單位數量並不能充份地反應出使用機器的時間或機器成本的消耗情況；換言之，或許我們可以從而推論機器小時是更適合的作業動因，應該用以分配費用成本。

圖 4-4 說明了前述飛機引擎環套的例子。簡單的環套消耗了十五分鐘的機器時間，較爲複雜的環套則使用了一個小時的機器時間。這兩項組件消耗的機器小時總數爲 12,500 (2,500+10,000)。每一機器小時分配到的費用成本是 $6.40($80,000 ／ 12,500)。根據此一比率，簡單環套所分配到的單位費用成本是 $1.60（0.25 機器小時 × $6.40），而較爲複雜的環套所分配到的單位費用成本則爲 $6.40（1 機器小時 × $6.40）。

誠如前例所示，企業生產的產品超過一項的時候，作業指標會比產出單位數量更適合用以分配費用成本。前文提及的指標當中最後四項（直接人工小時、直接人工工資、機器小時和直接原料）均適用多重產品的生產環境。這四項指標的適用程度不一，端視其與實際費用

圖 4-4

引擎外殼環套資料

車床操作成本		$20,000
總生產單位		20,000
總使用機器小時		12,500
	簡單	複雜
外殼數量	10,000	10,000
車床時間	1 機器小時	1 機器小時
使用產出數量分配之操作成本	$4.00	$4.00
使用機器時間分配之操作成本	$6.40	$6.40

消耗的關聯程度而定。又或許如同本書將在後續章節探討的情況一樣，企業甚至可以考慮採用多重比率。

選擇作業水準

在決定採用哪一項作業指標之後，接下來就必須預測下一年度的作業利用水準。雖然企業可以任意選擇合理的作業水準，但是實務上最常見的則是預期實際作業水準與正常作業水準。**預期作業水準** (Expected Activity Level) 係指企業預期未來年度達到的生產水準。**正常作業水準** (Normal Activity Level) 係指長期經驗累積下（超過一年）的平均作業利用情況。

舉例來說，假設寶祿斯公司預期明年生產 18,000 單位的產品，全年度的營業費用預算為 $216,000。過去四年裡，寶祿斯公司的產量分別如下：

1995	22,000
1996	17,000
1997	21,000
1998	20,000

根據預期的實際產能，寶祿斯公司所採用的費用成本預估比率為 $12 ($21,600/18,000)。然而如果根據正常產能，預估費用公式的基準就會變成過去四年的平均作業產出，也就是 20,000 個單位 [(22,000+17,000+23,000+20,000)/4]。換言之，明年的預估費用成本比率為 $10.80 ($216,000/20,000)。

究竟哪一種選擇比較好？選擇正常作業水準的好處是每一年都利用相同的生產水準。於是，每一年度的單位費用成本波動較小。當然，倘若作業水準維持穩定的狀態，那麼正常作業水準會近似於預期實際作業水準。

其它計算費用成本比率的方法還包括有理論作業水準和實際作業作業水準。**理論作業水準** (Theoretical Activity Level) 係指製造業的絕對最高產出水準，也就是在一切運作完美的情況下的產出。**實際**

作業水準 (Practical Activity Level) 則為一切運作符合效率的情況下的最高產出。符合效率的作業允許某些不完美的狀況產生——例如機器設備的正常故障、工人並非隨時隨地保持最高生產力等缺點。正常實際作業水準與預期實際作業水準能夠反映顧客需求，而理論作業水準和實際作業水準則反映了企業的生產能力。**圖 4-5** 列示了上述四種作業的衡量指標。

取得預算費用和作業動因之後，便能憑以計算預估費用比率，進而分配生產費用。讀者想要學習正常成本法，就必須瞭解如何分配費用成本。

圖 4-5

作業水準的衡量指標

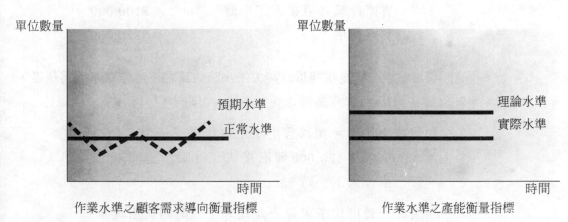

作業水準之顧客需求導向衡量指標　　作業水準之產能衡量指標

費用分配的基本概念

隨著實際生產作業的進行，企業可以利用預估費用比率來分配生產的費用成本。分配予實際產出的費用總額稱為已分配費用 (Applied Overhead)。已分配費用的計算公式如下：

已分配費用 ＝ 費用比率×實際生產作業水準

用以決定預估費用成本比率的作業動因，必須和實際生產作業水準的指標相同。換言之，如果預估費用比率是根據預估直接人工小時為基礎所計算求得，則費用成本就必須以實際直接人工小時為基礎來

進行分配。費用成本的分配可以每日、每周或視情況需要而進行分配。

在瞭解已分配費用的概念的同時，我們必須強調下列兩項重點：

　　1. 已分配費用是計算每單位費用成本的基礎。

　　2. 已分配費用往往和期間實際費用並不相等。

下面的例子適足以說明上述兩項重點。 Suncalc 公司生產兩種獨特的太陽能產品——口袋型計算機以及貨幣換算機，後者可以把其它貨幣轉轉換成美金，或是把美金轉換成其它貨幣。一九九六年公司有下列估計和實際的資料：

預算費用成本	$360,000
正常作業（直接人工小時）	$120,000
實際作業（直接人工小時）	$100,000
實際費用	$320,000

假設這家公司是根據以直接人工小時估算之正常作業水準爲基礎，來預估其費用比率。換言之，一九九六年的：

預估費用比率＝預算費用 / 正常作業

　　＝ $360,000 / 120,000 個直接人工小時

　　＝每一直接人工小時 $3

利用此一費用比率求得一九九六年分配的費用成本爲：

已分配費用＝費用比率實際作業利用

　　＝每一直接人工小時 $3100,000 直接人工小時

　　＝$300,000

單位費用成本　(Per-unit Overhead Cost)

在正常成本制度當中，預估費用比率是計算單位費用成本的基礎。舉例來說，假設生產 80,000 個單位的口袋型計算機，使用了百分之四十 (40%) 的實際直接人工小時，而剩餘的百分之六十 (60%) 的直接人工小時則用於生產 90,000 個單位的貨幣轉換機。求得預估費

用比率是每一直接人工小時 $3 後，就可以計算出口袋型計算機所分
配的營業費用總額是 $120,000 ($3 × 40,000)，而貨幣轉換機分配到
的則是 $180,000 ($3 × 60,000)。口袋型計算機的單位費用成本是
$1.50 ($120,000 / 80,000)，而貨幣轉換機是 $2 ($180,000 / 90,000)。

	口袋型計算機	貨幣轉換機
產出單位	80,000	90,000
直接人工小時	40,000	60,000
分配至生產的費用	$120,000	$180,000
單位費用成本	$1.50	$2.00

少分配與多分配費用

　　值得注意的是，分配至生產的費用 ($300,000) 與實際費用 ($120,
000) 並不相同。由於預估費用比率是以估計的資料為基礎，因此已
分配費用和實際費用相等的情況非常少見。前述例子當中只分配了 $300,
000，亦即公司少分配了 $20,000 的費用。如果已分配費用是 $330,000，
則代表分配至生產的費用太多。也就是說，公司多分配了 $10,000 的
費用。此一實際費用與已分配費用之間的差距，稱為**費用差異** (Overhead
Variance)。如果差異為正（例如當實際費用高於已分配費用的情況），
那麼此一差異就稱為**少分配費用** (Underapplied Overhead)。如果差
異為負（例如當已分配費用大於實際費用的情況），那麼此一差異就
稱為**多分配費用** (Overapplied Overhead)。

　　之所以會產生費用差異的原因，是因為實務上不可能分毫不差地
估計出未來的費用成本和作業水準。此一差異基本上是不可避免的。
如果費用差異沒有予以修正，就會產生許多問題。為了講求便利，企
業會捨去成本方法的準確性，而採分配費用的方法。然而到了年度終
結的時候，財務報表上的成本資訊必須是實際發生的數據——不能出
現估計的金額。為此，在進行年終報告的時候，企業必須依循一定的
步驟來修正所有可能的費用差異。

費用差異的處理

　　以實際成本法的觀點來看，費用差異代表著分配費用成本予生產的過程中發生錯誤。在進行年終報告的時候，必須設法修正這些差異。實務上通常採取下列兩種方法來處理費用差異：

1. 將所有的費用差異分配至銷貨成本。
2. 將費用差異分配至在製品、製成品與銷貨等成本。

分配予銷貨成本

　　實務上最簡單的作法是將所有的費用差異分配至銷貨成本。由於費用差異的金額通常不大，因此這種處理方法的影響不致於太大，畢竟所有的生產成本都將出現在銷貨成本上。此外，各個階段中在製品和製成品之間維持穩定的差額，那麼整個階段的生產成本就可分配予銷貨成本，而費用差異也就可以歸到這裡。

　　換言之，在少分配的情況下，費用差異就加總到銷貨成本上，而在多分配的情況下，則將費用差異自銷貨成本中扣除。再以前例做爲說明，Suncalc 公司的期末銷貨成本出現 $500,000 的差額。此時，我們必須加上少分配的差異 $20,000，使得調整後的銷貨成本變爲 $520,000。（如此才是正確的的調整方式——多分配費用是 $300,000，而實際費用則爲 $320,000。換言之，生產成本少估計了 $20,000。我們必須增加銷貨成本，才能修正上述問題）。如果出現多分配的差額，則必須自銷貨成本中扣除，此時，新的餘額應該是 $480,000。

分配予生產帳目

　　如果費用差異與原料有關，則應分配予期間的生產上。基本上，期間費用成本屬於期間的生產。期間的費用成本應與期初開始生產的貨物、而非與期初業已完成的貨物（即「在製品」）有關，且應與製造完成的貨物、而非售出的貨物（「製成品」）有關，且應與製造完成且售出的貨物（即「銷貨成本」）有關。由於期間費用成本必須經過這三種不同的帳目，因此必須將費用差異分配到這些帳目當中。

　　實務上多半建議，根據每一個帳目的期末分配費用餘額爲基礎，依比例來分配費用差異。雖然，實務上也可以利用其他的期末餘額（如，總製造成本）來分配費用差異，但仍以分配費用差異最能反映這些應該分配至每一個帳目的額外費用。費用分配方法能夠抓住原先用以分配費用成本的因果關係的精神。利用其它餘額——例如，總製造成本——則可能導致額外費用成本分配不公的問題。舉例來說，除了原料的輸入成本不同外，其餘均完全相同的兩種產品應該分配到同樣的費用成本。然而如果我們利用總製造成本來分配費用差異，則會得到使用較昂貴原料的產品分配到較高的費用成本的結果。

　　爲了說明如何利用上述建議方式來處理費用差異，再以 Suncalc 公司一九九六年底的分配費用餘額爲例：

在製品	$60,000
製成品	$90,000
銷貨成本	$150,000
結餘總金額	$300,000

　　基於上述資料，一九九六年應分配至這三個帳目的費用差異比例爲：

在製品	20%	（60,000/300,000）
製成品	30%	（90,000/300,000）
銷貨成本	50%	（150,000/300,000）

　　回顧一九九六年，Suncalc 公司共有 $20,000 的少分配費用差異。換言之，在製品分配到 $4,000 ($20,000 的 20%)，製成品分配到 $6,000 ($20,000 的 30%)，銷貨成本分配到 $10,000 ($20,000 的 50%)。少分配的意義代表著分配的費用成本太少，因此必須將依比例計算的差異加總到這三個帳目的期末餘額上。加上依比例計算的差異後，這三個帳目調整後的新餘額則爲：

	未調整之餘額	依比例計算的 少分配費用	調整後的餘額
在製品	$60,000	$4,000	$64,000
製成品	$90,000	$6,000	$96,000
銷貨成本	$150,000	$10,000	$160,000

　　當然，如果分配了太多費用成本到生產上，則應自帳目餘額中扣除多分配的金額。

　　相信現在各位已經瞭解，在正成本制度中應該如何衡量製造成本。作者安排了相當的篇幅來強調如何處理費用成本，因為這是正常成本方法的關鍵。我們在審慎地檢視任何一種成本分配的方法之前，都必須先行瞭解如何估算這些成本。成本估算的方法會影響分批成本法或分步成本法當中計算成本的步驟。

分批成本制度：一般說明

學習目標四

解說分批成本制度與分步成本制度之間的差異，並找出分批成本制度使用之來源元件。

　　誠如前文所述，製造業與服務業可以依其產品之獨特性質而區分為兩種不同的主要產業類型。產品或服務的變異程度會影響成本追蹤的方法。為此，兩種不同的成本分配制度遂應運而生：分批成本制度與分步成本制度。本章將先介紹分批成本制度。

分批成本制度之概述

　　採用分批成本制度的企業所生產的產品或進行的批號工作，往往各不相同。根據顧客需求訂製的產品和因顧客而異的服務內容都是屬於此一範疇。常見的分批製造處理包括了印刷、建築、傢俱製造、汽車修理以及美容服務等。從製造的角度來看，一項工作可能代表單一的產品，像是一棟房屋，也可能是一批產品，像是八張桌子。分批成本制度能夠用以製造存貨產品，然後在一般市場上銷售。然而實務上，工作批號往往是針對特定的顧客訂單而來。分批成本法的主要特色在於，每一個工作批號都各不相同，必須分開追蹤個別的成本。

　　在分批製造制度之下，成本是根據工作批號 (job) 來累積。此一

分配成本的方法稱爲**分批成本制度** (Job-Order Costing System)。對於採用分批成本制度的企業來說，利用工作批號所蒐集的成本能夠提供管理階層深具意義的資訊。每完成一個工作批號，將總製造成本除以生產的單位數量，就可以求得單位成本。舉例來說，假如印製一百張喜帖的總生產成本是 $300，那麼，每一張喜帖的單位成本就是 $3。求出單位成本資訊之後，印刷廠的經理人就可以決定目前的市價是否能夠帶來合理的利潤。如果不是，經理人或許應該省思公司的成本可能比其它印刷廠商的成本略遜一籌，進而設法採取因應行動來降低成本。公司或許可以考慮轉而強調其它能夠賺取合理利潤的工作類型。事實上，不同印刷工作的個別利潤是可以經由計算而得知；這樣的資訊可以用於選擇最具有利潤的印刷服務組合。

　　爲了說明分批成本制度，作者將假設出一種正常成本估算方法。直接物料和直接人工的實際成本是根據預估的費用比率，分配至不同的工作批號。如此一來，這些成本如何實際地分配至不同的工作批號便成爲研究探討的重點。爲了分配這些成本，我們比須找出每一個工作批號，和各個工作批號相關的直接物料與直接人工。此外，我們還需要其它的機制才能分配每一個工作批號的費用成本。

　　能夠找出每一個工作批號，並累積其製造成本的文件稱爲**分批成本單** (Job-Order Cost Sheet)，如**圖 4-6**所列示。成本會計部門收到生產訂單的同時，就會製作一份成本單。訂單的製作是根據特殊的顧客訂單，或是根據銷售預估所擬訂的生產計畫。每一張分批成本單都會註明工作的批號。

　　在人工會計系統當中，分批成本單就是一份文件。然而時至今日，大多數的會計系統都已走向自動化。成本單通常只是在製品主檔案中的一筆記錄。所有分批成本單集合在一起就成爲**在製品檔案** (Work-in-process File)。在人工系統當中，檔案必須置放在檔案櫃裡。然而在自動化系統當中，檔案則是以電子訊號的方式儲存在磁帶或磁片裡。無論採用何種系統，分批成本單的檔案都是在製品往來的附屬資料。

　　人工和自動化系統都是利用相同的資料，來累積工作批號的成本與追蹤工作批號的進度。分批成本制度必須能夠找出每一項工作所使用的直接物料、直接人工和費用成本。換言之，分批成本制度必須具

圖 4-6

分批成本表

				次號碼			16	
收函		班森公司		訂購日期		1998 年 04 月 02 日		
產品項目		汽閥		完成日期		1998 年 04 月 24 日		
完成數量		100		交貨日期		1998 年 04 月 25 日		

物料		直接人工				費 用		
需求數量	金額	號 碼	時數	比率	金額	時數	比率	金額
12	$300	6 8	8	$6	$48	8	10	$ 80
18	450	7 2	10	7	70	10	10	100
	$750				$118			$180

成本簡述

直接物料	$750
直接人工	$118
費用	$180
總成本	$1,048
單位成本	$10.48

圖 4-7

領料單

		領料單
日期	1998 年 04 月 08 日	編號 678
部門	沖壓	
批次號碼	62	

說明	數量	成本 / 單位	總成本
製模	100	$3	$300

核准 _____ Jim Lawson

備必要的文件與流程，才能將找出每一項工作所使用的製造投入內容。舉凡直接物料的領料單、直接人工的工作計時卡和費用預估比率等都是必備的文件與流程。

領料單

分配每一項工作批號的直接物料成本，是利用稱為**領料單** (Materials Requisition Form) 的來源文件，如**圖** 4-7 所列。值得注意的是，領料單上必須註明發出的直接物料之明細、數量與單位成本——更重要的是，使用在特定工作批號中。利用領料單，成本會計部門就能夠直接把直接物料的總成本輸入分批成本單。如果企業採用的是自動化會計系統，則是利用領料單作為來源文件，將資料直接輸入電腦終端機。電腦程式就會自動將直接物料的成本輸入每一項工作批號的記錄當中。

領料單除了能夠提供分配工作批號的直接物料成本的重要資訊外，領料單也還可以註明其它資料，例如領料單序號、日期和簽名等。這些資料可以用於控制直接物料的存貨。例如，簽名代表著物料從倉庫移轉至領料單位——通常是生產部門主管——的職責確認。

至於其它物料，像是耗用材料、潤滑油等，則毋須進行成本的追蹤。相信各位應該記得，這些間接物料是根據預估的費用比率來分配每一項工作批號的成本。

工作計時卡

同樣地，直接人工也必須分配予特定的相關工作批號。分配每一項工作批號的直接人工成本的方法是利用稱為**工作計時卡** (Time Ticket) 的來源文件，如**圖** 4-8 所示。員工進行特定的工作時，會填寫註明了姓名、薪資、工作時數、和工作批號的工作計時卡。這些工作計時卡每日彙總一次，交由成本會計部門將直接人工成本過帳到每一項工作批號。同樣地如果企業採用的是自動化系統，則必須將資料輸入電腦來進行過帳的動作。

費用分配

費用成本的分配係以預估的費用比率為基礎。傳統上，直接人工小時是用以計算費用成本的指標。舉例來說，假設一家公司預估來年的費用成本是 $900,000，期望會有 90,000 直接人工小時的作業。此時，預估費用比率就是每一直接人工小時 $10（$900,000/90,000 直接人工小時）。

實務上可以從工作計時卡來得知每一項工作批號的直接人工小時，因此只要計算出預估費用比率之後，就可以輕易地分配每一項工作批號的費用成本。例如，**圖** 4-8 顯示魏安（Ann Wilson）在批號 16 的工作上總共工作了八小時。從工作計時卡上我們可以看出，必須分配 $80（$10 × 8 小時）至批號 16 的工作。

如果費用成本的分配不是根據直接人工小時為基礎，又會得到什麼樣的結果呢？此時，我們必須同時考慮因素的作業動因。換言之，我們也必須蒐集另一項作業動因（例如：機器小時）的實際利用金額，並將其過帳到分批成本單。會計部門必須製作可以用於追蹤每一項工作批號之機器時數的來源文件。機器小時卡正符合此一需求。

單位成本計算

每完成一項工作批號，我們可以分別求出直接物料成本、直接人

圖 4-8

工作計時卡

員工編號		45		工作計時卡	
員工姓名		魏安妮		編號 68	
日　期		1998 年 04 月 12 日			
開始時間	結束時間	總工時	時薪	金額	批次號碼
8:00	10:00	2	$6	$12	16
10:00	11:00	1	6	6	17
11:00	12:00	1	6	6	16
1:00	6:00	5	6	30	16
核准	Jim Lawson				
	部門主管				

工成本、和費用成本的總成本，然後再加總這些成本之後求出總製造成本。將總製造成本除以產出的數量便得到單位成本（參閱圖 4-6 的計算）。

企業可以利用所有填寫完畢的分批成本單，作為製成品存貨往來的附屬資料。在人工會計系統當中，填寫完畢的成本單會由在製品檔案移轉至製成品存貨檔案。在自動化會計系統當中，電腦軟體會自動將完成的產品自在製品主檔案中刪除，然後將此筆記錄轉入製成品主檔案。無論企業採用的是何種系統，所有已經完成的分批成本單的加總就代表著製成品存貨的成本。當製成品售出且運出之後，成本記錄就會自製成品存貨檔案中移出。這些記錄便成為計算期間銷貨成本的基礎。

分批成本法：特定成本流程說明

現在讓我們回想一下，從計算所發生的成本到歸納成本作為損益表上的費用的成本流程。分批成本制度當中相當重要的一環就是製造成本的流程。首先，我們先來說明如何計算製造成本的三大要素（直接物料、直接人工、費用成本）。

學習目標五

說明與分批成本法相關之成本流程，並編製分類帳。

作者謹以簡化的分批作業環境作為說明的架構。全能招牌公司 (All Signs Company) 是由費包伯新近成立的一家公司。這家公司專為顧客訂做各式各樣的招牌。費包伯租下一棟小房子，然後購買必要的生產設備。公司開業的第一個月（一月份），費包伯接下了兩份訂單——其中之一是替新的房屋開發案製作二十張街道招牌，第二份訂單是為一家高爾夫球場製作十張雷射切割的木頭招牌。這二份訂單都必須在一月三十一日前交貨，並以製造成本外加百分之五十作為售價。費包伯希望開業的第一年當中，每一個月平均都能接到二份訂單。

費包伯設計了兩份分批成本單，每一份成本單各有自己的批號。街道招牌的批號是 101，高爾夫球場招牌的批號是 102。

物料的會計處理

由於公司才剛開始營運，因此沒有期初存貨。為了生產一月份的三十張招牌，並備妥二月份的期初物料，費包伯購買了 $2,500 的原料。此筆採購的記錄如下：

1. 原料　　　　　　2,500
   　　應付帳款　　　　　　2,500

原料屬於存貨帳目，同時也是所有原料的統制帳目。一旦採買物料之後，這些物料的成本就會「流」至原料帳目。

從一月二日到一月十九日號，生產部門主管使用了三張領料單，從倉庫裡領出 $1,000 的原料。從一月二十日到一月三十一日，再度使用兩張領料單領出了 $500 的原料。前三張領料單顯示，其領出的原料係用於批號 101 的工作；後兩張領料單則顯示係用於批號 102 的工作。換言之，在一月份的時候，批號 101 的工作使用了 $1,000 的直接物料，而批號 102 的工作則使用了 $500 的直接物料。此外，會計記錄登錄如下：

2. 在製品　　　　　1,500
   　　原料　　　　　　　　1,500

此筆登錄說明了原料由倉庫流向在製品的觀念。在製品帳目彙總所有的成本流動，並將成本分別過帳至不同的工作批號。在製品帳目

圖 4-9
原料成本流動之扼要說明

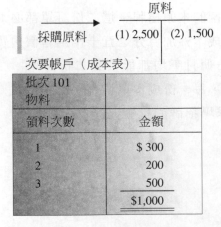

是一種統制帳目，分批成本單則為附屬帳目。**圖** 4-9 簡單說明了原料的成本流程。值得注意的是，驅動原料成本流動的來源文件正是領料單。

直接人工成本的會計處理

　　由於一月份共有二項工作正在進行，因此直接人工填寫的工作計時卡亦應根據不同的批號予以分類。完成分類以後，每一位員工的工作小時和薪資比率就能用以分配不同工作批號的直接人工成本。就批號 101 的工作而言，工作計時卡顯示總共使用了 120 個工作小時，每一工作小時的平均工資是 \$5，即直接人工總成本為 \$600。就批號 102 的工作而言，總共使用了 50 個工作小時，每一工作小時的平均時薪為 \$5，也就是說其直接人工總成本應為 \$250。除了每一個批號的分批成本單的過帳動作之外，亦應進行下列登錄：

　　3.在製品　　　　850
　　　　應付工資　　　　　850

　　圖 4-10 扼要說明了人工成本的流程。值得注意的是，分配至兩項批號的直接人工成本與分配至在製品的總數完全相等。此外，每一位勞工所填寫的工作計時卡都是人工成本流程過帳的來源文件。間接人工則分配至費用成本。

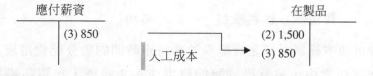

圖 4-10

直接人工成本表之扼要說明

在製品次要帳目（成本表）

批次 101 人工			
計時卡	時數	比率	金額
1	30	5	\$ 150
2	40	5	200
3	50	5	250
	120		\$ 600

批次 102 人工			
計時卡	時數	比率	金額
4	25	5	\$125
5	25	5	125
	50		\$250

費用成本之會計處理

在正常成本方法中，實際費用成本從不分配至個別批號的工作，而是利用預估費用比率來分配每一項個別工作的費用成本。即便如此，我們仍須計算所發生的實際費用成本。為此，我們必須先瞭解如何計算分配費用，然後再來探討實際費用成本的會計處理。

費用成本分配之會計處理

假設前例中的費包伯預估當年度的費用成本是 $9,600。此外，由於他預期在公司逐漸步上軌道的同時業績會隨之成長，因此他估計將會使用 4,800 個直接人工小時。換言之，預估費用比率就是：

費用比率 = $9,600 / 4,800 = 每一直接人工小時 $2

費用成本依據預估的比率流入在製品。由於直接人工小時是用以將費用投入生產活動，因此工作計時卡便成為分配個別批號工作與在製品統制帳目的費用成本的來源文件。

就批號 101 的工作而言，總共使用了 120 直接人工小時，費用成本為 $240 ($2 × 120)。就批號 102 的工作而言，費用成本則為 $100 ($2 × 50)。分配費用登錄的總數為 $340（例如一月份進行之工作所分配之所有費用成本）。

4. 在製品	340	
費用成本統制帳目		340

費用成本統制帳目之貸餘等於其特定時間的總分配費用成本。在正常成本法當中，只有已分配的費用成本才能登入在製品帳目。

實際費用成本之會計處理 (Accounting for Actual Overhead Costs)

為了說明如何登錄實際費用成本，假設一月份全能招牌公司發生下列間接成本：

租金	$	200
水電費		50
設備折舊		100
間接人工		65
總費用成本	$	415

　　誠如前文所述，實際費用成本從不登入在製品帳目。一般的程序是將實際費用成本借記費用統制帳目。舉例來說，實際費用成本應做如下登錄：

5. 費用成本統制帳目　415
　　　　應付租金　　　　　　200
　　　　應付水電費　　　　　50
　　　　累積折舊－－設備　　100
　　　　應付工資　　　　　　65

　　換言之，費用成本統制帳目之借方餘額代表著特定時間的總實際費用成本。由於實際費用成本屬於借方，而已分配費用成本屬於貸方，因此費用成本統制帳目之餘額即爲特定時間之費用差異。再以全能招牌公司爲例，到了一月底的時候，實際費用成本是 $415，已分配費用成本是 $340，亦即產生少分配費用成本 $75($415 - $340)。

圖 4-11

費用成本流動之扼要說明

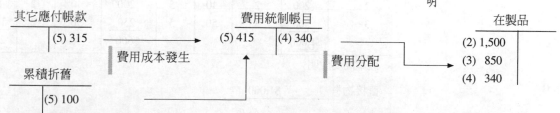

在製品次要帳目（成本表）

批次 101	分配費用	
時數	比率	金額
120	$2	$240

批次 102	分配費用	
時數	比率	金額
50	$2	$100

圖 4-11 簡單說明了費用成本的流程。為了分配在製品的費用成本，企業需要工作計時卡的資訊，以及根據直接人工小時計算的預估費用比率。

製成品之會計處理

我們業已瞭解完成批號工作後之會計處理方式。與凡直接物料、直接人工、與分配費用等欄位均個別加總起來，再將這些總數轉至成本單的另一位置，加總成為總製造成本。爾後再將分批成本單轉入製成品檔案。此時，已經完成的批號工作的成本便由在製品帳目轉至製成品帳目。

舉例說明之，批號 101 的工作於一月完成，其分批成本單如圖 4-12 所示。由於批號 101 業已完成，總製造成本 $1,840 必須自在製品

圖 4-12
完工之分批成本表

部門	住宅發展部門	批次編號	101
項目	街道標誌	訂購日期	1998 年 01 月 01 日
完工數量	20	開始日期	1998 年 01 月 02 日
		結束日期	1998 年 01 月 15 日

物料		直接人工				分配費用		
領料次數	金額	計時卡	時數	比率	金額	時數	比率	金額
1	$300	1	30	$5	$150	30	$2	$60
2	200	2	40	5	200	40	2	80
3	500	3	50	5	250	50	2	100
	$1,000				$600			240

成本簡要說明

直接物料	$1,000
直接人工	$600
費用	$240
總成本	$1,840
單位成本	$92

帳目轉至製成品帳目。此一移轉之登錄如下：

6. 製成品　　　　　1,840

　　在製品　　　　　　1,840

圖 4-13 簡單說明了完成批號工作時的成本流程。

在製造過程中，貨物的完成代表著製造成本流程中的重要步驟。由於此一步驟相當重要，因此必須定期編製製成品成本表以彙總所有生產作業之成本流程。此一定期報表是企業編製損益表的重要投入，可以用於評估企業的製造效能。本書第二章曾經介紹過製成品成本表。然而在正常成本制度當中，製成品成本表與第二章所介紹的實際成本表略有不同。

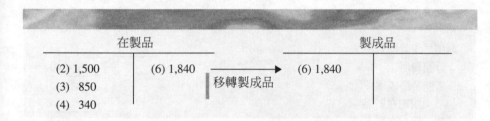

圖 4-13

製成品成本流動之扼要說明

圖 4-14 是一份製成品成本表，彙總了全能招牌公司一月份之生產作業。這份報表與第二章介紹的報表之主要差異在於其採用已分配費用成本來求得製成品成本。製成品存貨係以正常成本而非實際成本來計算其價值。

值得注意的是，期末的在製品為 $850。此一數字從何而來？前述兩項批號工作當中，批號 101 的工作業已完成，並轉為製成品成本 $1,840，此數字貸記入在製品中而得到期末餘額為 $850。我們可以將所有尚未完成的批號工作加總起來借記入在製品中。批號 102 的工作是唯一仍在進行的工作。此時，分配到的製造成本為直接物料 $500、直接人工 $250 與已分配費用成本 $100。這些成本的加總即為期末在製品的成本。

圖 4-14

全能標誌公司 製造成本表 一九九八年一月三十一日		
直接物料：		
期初原料存貨	$　 0	
加項：原料採購	2,500	
總可得原料	$2,500	
減項：期末原料	1,000	
使用原料		$1,500
直接人工		850
製造費用：		
租金	$ 200	
水電	50	
折舊	100	
間接人工	65	
	$ 415	
減項：少分配費用	(75)	
分配費用		340
當期製造成本		$2,690
加項：期初在製品		0
減項：期末在製品		$(850)
製造成本		$1,840

銷售成本之會計處理

　　採用分批成本制度的企業，可以求出為特定顧客從事生產之單位成本，或根據理性預期的市場銷售數字來求出單位成本。當完成的貨物交到客戶手上時，製成品成本便轉為銷貨成本。當批號 101 的產品運出時，應做如下登錄（回想一下，售價是製造成本的 150%）。

7a. 銷貨成本	1,840	
製成品		1,840
7b. 應收帳款	2,760	
銷貨收入		2,760

　　除了上述登錄外，實務上通常會於定期報告（例如每一個月或每一季）期末編製銷貨成本表。圖 4-15 即為全能招牌公司一月份之定

圖 4-15

全能標誌公司
銷貨成本表
一九九八年一月三十一日

期初製成品存貨	$ 0
製造成本	1,840
可供銷售產品	$1,840
減項：期末製成品存貨	(0)
正常銷貨成本	$1,840
加項：少分配費用	75
調整後銷貨成本	$1,915

期期末報表。傳統上，費用差異多非物料的問題，因此多半在銷貨成本帳目上做最後的處理。費用差異調整前的銷貨成本稱爲**正常銷貨成本** (Normal Cost of Goods Sold)。費用差異調整後的結果則稱爲**調整銷貨成本** (Adjusted Cost of Goods Sold)。損益表係以後者的數據作爲費用項目。

　　然而實務上多半等到年終才會結算費用差異，調整轉入銷貨成本帳目。由於生產作業水準與實際費用成本並非固定不變，因此預期每一個月都會產生費用差異。每一個年度開始的時候，應該設法抵銷這些每一個月都可能出現的費用差異，如此一來到了年度終結的時候，這些費用差異方不致過大。爲了說明如何處理年終費用差異，茲以全能招牌公司一月份之費用差異爲例。

　　結清銷貨成本的少分配費用應做以下登錄：

　8. 銷貨成本　　　　　75
　　　費用成本統制帳目　　　　75

　　值得注意的是，銷貨成本的借方與正常銷貨成本加上少分配的金額後之總數相等。如果出現的是多分配費用差異，則上述分錄剛好相反，應該貸記入銷貨成本中。

　　假設顧客並未訂製批號 101 的工作，但因全能招牌公司預期這些招牌可以賣給其他地產開發商而仍然予以生產，那麼這二十張招牌可能並非在同一時間售出。假設一月三十一日售出 15 張，則銷貨成本

就是單位成本乘上售出數量($92 × 15，即 $1,380)。單位成本可由圖 4-12 之成本表中得知。

結清銷貨成本之費用差異以後，製造成本流程可謂到此告一段落。圖 4-16 完整地列出全能招牌公司製造成本流程，便於讀者複習這些成本流程的重要概念。應注意的是，這些登錄的資訊都是摘自分批成本單。雖然圖 4-16 係以全能招牌公司為例，然而其所列示的成本流程模式卻適用所有採用分批成本制度的製造業。

製造成本流程並非企業必須經歷的唯一一種成本流程。企業同樣也會發生非製造成本。接下來要介紹的就是如何計算這些非製造成本。

圖 4-16

全能標誌公司製造成本流動之扼要説明

原料		應付工資		費用統制帳目	
(1) 2,500	(2) 1,500		(3) 1,500	(5) 415	(4) 340
					(8) 75

在製品		製成品		銷貨成本	
(1) 1,500	(6) 1,800	(6) 1,840	(7a) 1,500	(7a) 1,840	
(3) 850				(8) 75	
(4) 340					

(1) 採購原料	$2,500
(2) 發出原料	1,500
(3) 發生直接人工成本	850
(4) 分配費用	340
(5) 發生實際費用成本	415
(6) 批次 101 轉為製成品	1,840
(7a) 批次 101 之銷貨成本	1,840
(8) 結清少分配費用	75

非製造成本之會計處理

前文曾經提過，與銷售和一般行政管理有關的成本分類為非製造成本。這些成本屬於期間成本，在傳統的成本制度中從不被分配至個別產品。這些成本並不屬於製造成本流程，也不屬於費用類別，而視

為另一種類別來處理。

為了說明如何計算這些成本，假設全能招牌公司一月份還有下列的交易：

廣告費	$75
銷售佣金	125
辦公人員薪資	500
折舊——辦公設備	50

上述成本可以進行下列登錄：

銷售費用統制帳目	$200	
行政費用統制帳目	50	
應付帳款		75
應付薪資		625
累積折舊——辦公設備		50

統制帳目會累積特定期間內的所有銷售與行政費用。到了期末的時候，這些成本全部流向本期損益表。**圖** 4-17 係全能招牌公司之損益表。

完成銷售及行政費用之會計處理程序之後，也就等於完成了分批成本制度的基本步驟。截至目前為止，所有的會計處理均是基於採用全廠單一費用比率的假設。

圖 4-17

全能標誌公司
損益表
一九九八年一月三十一日

銷貨收入		$2,760
減項：銷貨成本		(1,915)
毛邊際		$ 845
減項：銷售與行政費用		
銷售費用	$200	
行政費用	550	(750)
淨收益		$ 95

全廠單一費用比率與多重費用比率

學習目標六

解說多重費用比率可能比
全廠單一費用比率更為適
用的理由。

採用以直接人工小時為基礎的單一比率來分配不同批號工作之費用成本，可能導致成本分配不公（亦即多分配或少分配）的問題。問題的產生可能是因為直接人工小時與費用資源的消耗並非呈現絕對正比的關係。

為了說明此一觀點，假設有一家公司擁有兩個生產部門，其中之一是人力密集的部門（部門A），另一個部門則是機器密集的部門（部門B）。圖4-18列出這家公司的預期年度費用、以及每一個部門在年度中預期使用的直接人工小時與機器小時等數據。

假設這家公司最近完成了兩項工作——批號23與批號24。圖4-19列出與這兩項工作相關之生產資料。根據這些資料顯示，批號23

圖4-18

部門別費用成本與作業

	部門甲	部門乙	部門丙
費用成本	$60,000	$180,000	$240,000
直接人工成本	15,000	5,000	20,000
機器小時	5,000	15,000	20,000

圖4-19

批次23與批次24之生產資料

	批次23		
	部門甲	部門乙	總計
主要成本	$5,000	$0	$5,000
直接人工小時	500	0	500
機器小時	1	0	1
產量	1,000	0	1,000

	批次24		
	部門甲	部門乙	總計
主要成本	$0	$5,000	$5,000
直接人工小時	0	1	1
機器小時	0	500	500
產量	0	1,000	1,000

的工作使用了部門 A 的所有時間，批號 24 的工作則使用了部門 B 的所有時間。利用全廠單一比率可以求得，批號 23 的工作會分配到 $60,000 的費用成本（$12 × 500 直接人工小時），而批號 24 的工作則會分配到 $12 的費用成本（$12 × 1 直接人工小時）。換言之，批號 23 的工作之總製造成本為 $11,000 ($5000 + 6000)，單位成本為 $11，而批號 24 的工作之總製造成本則為 $5,012 ($5000 + $12)，單位成本為 $5.012。從以上數據可以明顯地察覺計算過程中一定產生了某種錯誤。採用全廠單一比率的結果，批號 23 的工作的費用成本竟是批號 24 的工作的 500 倍。然而根據圖 4-18 所示，生產批號 24 的部門負擔了全廠總費用成本的百分之七十五。各位應該不難想像，如此受到扭曲的成本將會對公司造成何等困擾。某些產品的成本將被高估，而某些產品的成本則會低估，結果可能導致企業做出影響其競爭能力的錯誤定價決策。

　　產品成本的扭曲是源於直接人工小時能夠適當反映個別工作所使用的費用成本的假設。此一問題只要改採多重費用成本比率即可解決，亦即不同的作業動因採用不同的費用比率。沿用前例，圓滿的解決之道是求算出每一個部門的個別費用成本比率。機器密集的部門應該改採以機器小時——而非直接人工小時——為基礎的費用比率，相信機器小時更能夠反應此一機器密集的部門所應分配的費用；另一方面，直接人工小時則較適合人力密集的部門，如此一來，計算這兩個部門的比率即可得出更正確的產品成本。所以在這個例子當中，我們得到兩項突破：採用部門費用成本比率，以及根據不同的作業動因來決定個別的費用比率。

　　根據圖 4-18 的資料，部門 A 的費用成本比率為每一直接人工小時 $4 ($60,000 / 15,000)，部門 B 的費用比率則為每一機器小時 $12 ($180,000 / 15,000)。採用個別的費用比率之後，批號 23 的費用成本將為 $2,000 元（$4 × 500 直接人工小時），批號 24 的費用成本則為 $6,000 元（$12 × 500 機器小時）。批號 24 的費用成本變為批號 23 的三倍。採用多重費用比率求得的結果似乎比較合理，因為部門 B 的費用成本亦為部門 A 的三倍。

	部門 A	部門 B
費用成本	$60,000	$180,000
成本動因	15,000直接人工小時	15,000機器小時
部門費用成本比率	$4/直接人工小時	$12/機器小時
適用批號 23 之費用成本	$2,000	—
適用批號 24 之費用成本	—	$6,000

　　採用部門比率的作法可以視為邁向作業制成本系統的一小步。再就前例而言，是根據每一個部門的費用成本型態來選擇不同的作業動因。採用個別部門的費用比率恰可提供某些關於正確產品成本的資訊，甚至揭露某些對於作業具有攸關重要性的費用成本分配資訊。本章的重點在於闡述作業動因與製造水準（亦即直接人工小時與機器小時）的關係密切，採用與作業水準相關的作業動因，即可求得更為正確的產品成本。作者將在下一個章節再行仔細說明。

結 語

　　本章的內容檢視成本會計制度及其與生產過程的關係。生產過程的兩大特徵會影響成本會計制度。生產過程的兩大特徵係指根據顧客的需求訂製的產品或服務。

　　成本會計制度的建立係為輔助企業計算和分配成本。一般而言，正常成本係指實際單位生產成本。單位成本決定根據預估費用比率所計算之正常成本和實際主要成本。分批成本法適用於生產獨特產品的製造業與服務業。分批成本單係用以計算個別批號工作的來源文件。

　　在許多時候，全廠單一比率無法估計生產和費用成本間之因果關係。因此，在某些情況下，企業可能必須改採多重費用比率。

附錄：傳統分批制度中瑕疵品之會計處理

　　本章的內容係指計算生產出來的良好產品的單位成本，並轉入銷貨成本中。然而，實務上可能因為意外而不小心生產出瑕疵品，廠方必須予以銷毀或是重製才能賣掉。傳統的分批成本將成本區分為正常

產品和不正常瑕疵品。茲舉例說明說明這兩種產品之差異。派翠斯公司製造櫥櫃，每 100 單位的成本如下：

直接物料	$2,000
直接人工（100 個工作小時）	$1,000

人工費用佔 150% 的直接人工成本。工作結束之後產出 100 單位，其中則有三個櫥櫃因為隔層位置錯誤而必須重製。重製必須使用 6 小時的直接人工和 US$50 的物料費用。由於瑕疵品的出現，我們必須重新計算單位成本。

因為瑕疵影響而必須重製的產品，其會計記錄如下：

直接物料	$2,050
直接人工	$1,060
費用	$1,590
批號總成本	$4,700
批號單位成本	$47

另一方面，如果是因為沒有經驗的人工而產生瑕疵品，則毋須重製，但應登錄於費用統制帳目。此時，瑕疵品的成本如下：

批號 98-12		借記費用統制帳目	
直接成本	$2,000	直接成本	$50
直接勞工	$1,000	直接人工	$60
費用	$1,500	費用	$90
總工作成本	$4,500	總計	$200
單位成本	$45		

由於毀損品無法重製，因此只能轉入個別批號的費用統制帳目。

習題與解答

波斯坦公司採用正常分批成本制度。其大部份工作透過工作部門，根據已經設定之預算和實際數字，成本資料如下：

	部門 A	部門 B
預算費用	$100,000	$500,000
實際費用	110,000	52,000
預估直接人工小時	50,000	10,000
預估機器小時	10,000	50,000
實際人工小時	51,000	9,000
實際機器小時	10,500	52,000

	工作批號 10
直接物料	$2,000
直接人工成本	
部門 A（5,000 小時，每小時 $12）	60,000
部門 B（1,000 小時，每小時 $6）	6,000
使用的機器小時	
部門 A	100
部門 B	1,200
產出單位	10,000

　　波斯坦公司使用工廠預估費用比率來決定費用，並用直接人工小時來計算預估費用比率。

作業：

1. 請計算預估費用比率。

2. 請利用預估費用比率來計算工作批號 10 的單位製造成本。

3. 請計算當年度之費用差異，並指出應為多分配或少分配。假設差異並不重要，請先登錄到年終再行結清的分類帳中。

4. 請利用部門的個別費用比率——部門 A 的直接人工成本與部門 B 的機器小時，重新計算工作批號 10 的單位製造成本。此法能否提供更精確的單位成本？如果能夠，請解說你的理由。

解答

1. 預估費用比率 = $600,000 / 60,000 = 每一直接人工小時 $10
　　預估直接人工小時 (50,000+10,000)

2.	直接物料	$20,000
	直接人工	$36,000
	費用（$10 × 6,000直接人工小時）	$60,000
	總製造成本	$116,000
	單位成本（$116,000 / 10,000）	$11.6

3. 已分配費用 ＝ 費用×總實際直接人工小時

$$= \$10 \times (51,000 + 9,000)$$

$$= 600,000$$

費用差異 ＝ 總實際費用 - 已分配費用

$$= 630,000 - 600,000$$

$$= 30,000 分配費用$$

銷貨成本　　30,000

費用統制帳目　　30,000

4. 部門 A 預估單位直接人工小時成本為：$10,000 / 50,000 = $2

部門 B 預估單位機器成本：為 $500,000 / 50,000 = $10

直接物料	$2,000
直接人工	$36,000
費用	
部門 A：$2 × 5,000	10,000
部門 B：$10 × 1,200	12,000
總製造成本	78,000
單位成本（$78,000 / 10,000）	$7.8

　　利用個別部門來分配費用是最正確的方式，因為個別部門與其作業動因的關聯性較高。值得注意的是，在分配費用和使用費用的時候，工作批號 10 在部門 A 花費很多時間，B 部門較少、費用較為集中。部門的個別費用比率較全廠單一費用比率更能反應不同的時間和使用情形。

重要辭彙

Actual cost system 實際成本系統

Adjusted cost of goods 產品成本調整

Applied overhead 已分配費用

Cost Accumulation 成本累積

Cost assignment 成本分配

Cost measurement 成本估算

Expected activity level 預期作業水準

Heterogeneity 變異性

Inseparability 不可分割性

Intangibility 抽象性

Job-order cost sheet 分批成本表

Job-order costing system 分批成本制度

Materials requisition form 領料單

Normal activity level 正常作業水準

Normal cost of goods sold 正常銷貨成本

Normal costing system 正常成本制度

Overapplied overhead 多分配費用

Overhead variance 費用差異

Perishability 不可存放性

Practical activity level 實際作業水準

Predetermined overhead rate 預估費用比率

Source document 來源文件

Theoretical activity level 理論作業水準

Time ticket 工作計時卡

Underapplied overhead 少分配費用

Work-in-process file 在製品檔案

問題與討論

1. 何謂成本估算？何謂成本累積？二者之間有何差異？

2. 請解釋何以實際費用比率很少用於估計生產成本。

3. 請解釋分批成本制度與分步成本制度之差別。

4. 人工分批成本制度與自動化分批成本制度有何差別？

5. 何謂費用差異？請解釋多分配和少分配變動費用的差異。

6. 年終時常用哪些方法來處理費用？請說明理由。

7. 在分批成本制度中，領料單扮演何種角色？工作計時卡如何用以預估費用比率？

8. 請解釋多重費用比率較全廠單一費用比率常為人使用的原因。

9. 請解釋分配費用成本至產品的過程中，作業動因扮演何種角色。

10. 名詞解釋：「預估實際作業水準」、「正常作業水準」、和「理論作業水準」。

11. 請解釋何以實務上多以正常作業水準，而非預估實際作業水準來計算預估費用比率。

12. 計算預估費用比率的時候，何以通常不會使用單位產出估計生產活動？

13. 請解釋利用預估費用比率去估算生產費用的原因。

14. 請解釋分配費用和預算費用間之差異。這兩者會相同嗎？如果是，請解釋原因。

15. 威爾森公司預估費用比率是每直接人工小時 $5。工作批號 145 的分批成本單顯示 1,000，直接人工小時，成本 $10,000、物料 $7,500，工作批號 145 共生產 500 個單位的製成品。

16. 請解釋何以會計上較為傾向採用分批成本制度，而非分步成本制度？

17. 請解釋正常銷貨成本與調整成本間之差異。

個案研究

區分下列各項係屬為製造業或服務業的公司型態，並解釋你的理由。為何你認為是服務業？請利用四項特徵（變異性、不能分割、抽象性、不可存放）說明之。

> 4-1
> 區分製造業或服務業的公司型態

a. 腳踏車製造商

b. 製藥商

c. 準備所得稅

d. 假指甲

e. 膠水製品

f. 嬰兒用品

李法茲公司從事手工皮製馬鞍的生產，並採取根據顧客需求訂製的方式。收費標準係依據使用材料和手工的等級。李法之預估下年的數據為：

> 4-2
> 生產過程成本估計的特色

馬鞍數量	1,000
直接人工小時	15,000
直接物料費用	$175,000
直接人工費用	$180,000
費用	90,000

經過一年後實際數據如下：

馬鞍生產數量	1,100
直接人工小時	16,775

（接續下頁）

使用之直接物料 185,000

發生之直接人工 201,300

費用 98,000

作業：

1. 請解釋李法茲公司應該採用分步成本制度或分批成本制度。

2. 假設李法茲公司採用正常成本制度，並以直接人工小時作為分配基礎。如果馬鞍使用了 $185 直接物料和 18 個工作小時，試問其成本為何？

3. 請解說李法茲公司採用實際成本法時，為何會出現困難。

沿用上題資料。

4-3
費用分配；多分配或少分配

作業：

1. 一年結束後共有多少費用分配至製成品？

2. 多分配及少分配費用各為多少？

3. 假設所有費用都接近銷貨成本，試問銷貨成本會增加或減少？

4-4
生產過程的特徵；成本估算

李法茲經營的李法茲公司，大批訂單主要來自觀光農場和迷你馬俱樂部。這些訂單均會要求在標準馬鞍上加上特定的裝飾。李法茲籌設一家新公司「上鞍」來生產標準鞍。上鞍公司開業後前三個月的業務如下：

	3月	4月	5月
馬鞍產量	100	110	120
使用的直接物料成本	1,000	11,000	12,000
發生的直接人工費用	9,000	9,900	10,800
費用	8,000	2,200	2,280

作業：

1. 馬鞍的生產應該採用分步成本法，或是分批成本法？試說明你的理由。

2. 如果採用實際成本制度，則三月份生產一匹馬鞍的成本爲何？四月份呢？五月份呢？

3. 假設這家公司採用正常成本制度。當年度估計費用成本是 $300,000，預期生產 1,200 匹馬鞍。試問，每一匹馬鞍的預估費用比率爲何？三月份的時候，生產一匹馬鞍的成本是多少？四月份呢？五月份呢？

漢諾司公司採用正常分批成本制度。下一年度預算費用爲 $600,000，預計實際直接人工小時爲 200,000。本年度，漢諾公司的直接人工小時爲 190,000，實際費用總計爲 $562,000。

4-5
預估費用發生率；已分配費用差異；分類帳

作業：

1. 請計算漢諾司預估費用比率。

2. 請問漢諾公司分配多少費用至此一工作批號？並請編製此一費用分配之分類帳。

3. 請計算費用差異，並指出費用多分配或少分配。假設差異不大，請先登錄分類帳，俟年底時再將差異剔除。

貝斯公司採用正常成本制度，去年度資料如下：

4-6
預估費用比率；已分配費用；單位成本

預算：	
費用	$675,000
機器小時	25,000
直接人工小時	75,000
實際：	
費用	$681,000
機器小時	25,050
直接人工小時	75,700
主要成本	957,000
生產數量	400,000

作業：

1. 請問預估費用比率爲何？

2. 請問去年度已分配費用爲何？

3. 請問費用爲多分配或少分配，差額又是多少？

4. 請爲單位正常成本爲何？

4-7
預定費用發生率；已 分配費用；單位成本

沿用個案 4-6 的資料。假設貝斯公司改以機器小時取代原先的直接人工小時，做爲分配費用的基礎。

作業：

1. 請問預估費用比率爲何？

2. 請問去年已分配費用爲何？

3. 請問費用爲多分配或少分配，差額又是多少？

4. 請問單位正常成本爲何？

5. 貝斯公司如何決定以直接人工小時或機器小時爲工廠費用分配的計算基礎？

4-8
預估費用比率；費用 分配

愛爾發公司和貝塔公司都是採用預估費用比率來估算工廠的生產費用。愛爾發公司以直接人工小時爲基礎，貝塔公司則以物料成本爲基礎。愛爾發公司和貝塔公司的生產預算和成本資料分別如下：

	愛爾發	貝塔
製造費用	$240,00	$300,000
生產數量	10,000	20,000
直接人工小時	6,000	7,500
物料成本	$150,000	$400,000

到了年底，愛爾發公司發生了 $221,000 的費用，生產數量爲 98,000 單位，總共使用了 6,100 直接人工小時和 $147,000 物料成本。貝塔公司發生了 $316,500 的費用，生產數量爲 20,500 單位，總共使用了 7,500 個直接人工小時和 $411,000 的物料成本。

作業：

1. 請分別計算愛爾發公司和貝塔公司的預估費用比率。

2. 請問這兩家公司的費用是多分配少分配，差異又是多少？

凱斯公司生產購物紙袋。五月份發生下列事實：

a. 帳上購料 $23,175

b. 發料用於生產 $19,000

c. 每月直接人工薪資 $17,850，平均每小時工資 $8.50

d. 實際費用發生和付給 $15,500

e. 工廠費用以每小時 $7 直接人工生產

f. 製成品成本 $36,085

g. 紙袋成本 $30,000，帳上銷售為 $36,000

5 月 1 日開始，帳上資料如下：

物料	$5,170
在製品	11,200
製成品	2,630

作業：

1. 請編製上述交易的分類帳。
2. 請計算下列各項的期末餘額：
   a. 原料
   b. 在製品
   c. 費用統制帳目
   d. 製成品

瑞邦公司採用預估費用比率來決定費用。瑞邦公司以機器生產為主，所以採用機器小時作為費用估算基礎。本年度預估費用為 $2,500,000，實際機器運作 50,000 小時。同年度，瑞邦公司使用了 48,000 機器工作小時，實際發生的費用為 $2,000,000。瑞邦公司已分配費用如下表所示：

在製品	$460,000
銷貨成本	1,440,000
製成品	500,000

作業：

1. 請計算瑞邦公司預估費用比率。

2. 請算出費用差異，並指出費用是多分配或少分配？

3. 假設費用差異並不大，請據此編製俟年底再剔除差異的分類帳。

4. 假設費用差異頗大，請據此編製俟年底再剔除費用差異的分類帳。

4-11
分類帳；T 帳

波特公司採用分批成本法。一月份的資料如下：

a. 購料：直接物料 $82,000；間接物料 $10,500

b. 已發出物料：直接物料 $52,000

c. 已發生之人工成本

d. 已發生之其他製造成本（應付款）$49,000

e. 費用分配以 125％ 的直接人工成本為基礎

f. 完工並轉為製成品成本 $160,000

g. 製成品成本 $140,000，售價為帳上成本之 150％

h. 任何少分配或多分配費用均接近銷貨成本

作業：

1. 請編製分類帳來記錄這些交易。

2. 請編製製造費用 T 帳，登錄所有相關資訊。試問 T 帳目之餘額為何？

3. 請編製在製品的 T 帳。假設期初餘額為 $10,000 登錄 T 帳所有相關資訊。你是否將實際費用成本分配於在製品中？試說明你的理由。

4-12
已分配費用；製成品
成本

漢柏妮公司提供本年度資料如下：

人工：	
直接人工成本（25000 小時）	$175,000
間接人工	35,000

（接續下頁）

物料

直接物料：

存貨，1996年1月1日	25,000
進貨入帳	200,000
已發料生產	190,000
間接物料（已使用）	10,000

其他工廠費用成本

折舊	55,000
維修費用	25,000
雜項費用	15,500

在製品

期初存貨	110,000
期末存貨	82,250

　　公司採用的預估費用比率係以直接人工小時為計算基礎，直接人工小時費率則為 $5.2。

作業：

1. 請計算本年度之已分配費用，費用是否多分配或少分配？差異又是多少？

2. 請編製製成品成本表。當你編製製成品成本表時，費用是取實際費用或已分配費用？請說明你的理由。

　　柏楊公司採用正常分批成本制度。目前工廠的已分配費用比率係以機器小時為計算基礎。工廠經理派克斯聽說部門費用比率較全廠單一費用比率更能夠提供最佳的成本分配、柏楊公司工廠部門下一年度資料如下：

```
┌─────────────┐
│ 4-13        │
│ 部門費用比率  │
└─────────────┘
```

	部門 A	部門 B
預估費用成本	$50,000	$22,000
正常機器小時	$10,000	$8,000

作業：

1. 請算出工廠預估費用比率為何？是否以機器小時為計算基礎？

2. 請算出部門預估費用比率為何？是否以機器小時為計算基礎？

3. 就批號 15 的工作而言，部門 A 使用了 20 機器小時，部門 B 使用 50 機器小時。就批號 22 的工作而言，部門 A 使用 50 機器小時，部門 B 則使用 20 機器小時。請利用第 1 題的工廠預估費用比率，估算每一項批號工作的費用成本。請利用第 2 題的部門預估費用比率，估算每一項批號工作的費用成本。哪一項評估較為公正？試說明你的理由。

4. 承第 3 題，分配部門預估費用 $40,000。你是否建議公司採用部門預估費用比率來取代全廠單一費用比率？

4-14
單位成本；期末在製品；分類帳

太森公司在十月份共進行兩項工作，資料分別如下：

	工作批號 68	工作批號 69
每一批號訂單數量	120	200
銷售數量	120	─
領用物料	$744	$640
直接人工小時	360	400
直接人工成本	1,980	$2,480

費用分配係以直接人工小時 $3.75 為計算基礎。十月份的時候，工作批號 68 完成並轉為製成品，工作批號 69 在月底時尚未完工。

作業：

1. 假設費用分配採以直接人工成本作為計算基礎，試問第一季的費用比率為何？

2. 請問第一季已分配費用為何？實際費用為何？屬於多分配或少分配？

3. 請問第一季的銷貨成本為何？

4. 假設費用差異接近銷貨成本，請據此編製分類帳來取代費用帳。試問銷貨成本的調整差額為何？

5. 批號工作 32：定義「直接人工成本」、「直接物料成本」和「費用成本」。

高金公司是以直接人工成本作為分配費用之基礎。第一季的時候，下表的帳目分別發生的作業如下：

4-15
預估費用比率；T帳目；成本流程

在製品			製成品		
期初餘額	20,000	230,000	期初餘額	40,000	200,000
直接人工	80,000			23,000	
費用	120,000				
直接物料	40,000				
期末餘額	30,000		期末餘額	70,000	

費用			銷貨成本	
	128,500	120,000	200,000	
期末餘額	8,500			

工作批號 32 是第一季期末唯一尚未完成之工作。工作批號 32 總共使用了 1,000 直接人工小時，而直接人工小時的工資為 $10。

作業：

1. 假設費用分配是以直接人工成本為基礎，試問第一季的費用比率為何？

2. 第一季的已分配費用為何？實際費用為何？屬於少分配或多分配？

3. 第一季的製成品成本為何？

4. 假設費用差異是歸入銷貨成本。請編製結清費用帳目的分類帳。銷貨成本的調整後餘額為何？

5. 請找出工作批號 32 所發生的直接人工成本、直接物料成本與費用成本。

桑得森公司採用預估費用比率來分配費用。部門 1 係以直接人工小時作為費用分配基礎，部門 2 則以機器小時為費用分配基礎。年初

4-16
預估費用比率；費用差異；單位成本

的時候，估算表如下：

	部門 1	部門 2
直接人工小時	100,000	20,000
機器小時	10,000	30,000
直接人工成本	$750,000	$160,000
費用成本	$250,000	$162,000

當年度所有工作的實際結果報告如下：

	部門 1	部門 2
直接人工小時	98,000	21,000
機器小時	11,000	32,000
直接人工成本	$748,000	$168,000
費用成本	$247,500	$175,000

該公司的會計記錄顯示工作批號 689 的資料如下：

	部門 1	部門 2
直接人工小時	125	50
機器小時	10	205
直接人工成本	$1,580	$2,650
費用成本	$937	$400

作業：

1. 請算出個別部門的預估費用比率？
2. 請算出本年度所有已分配費用。各部門是多分配或少分配？公司整體呢？
3. 請編製剔除費用差異（假設費用差異並不重要）的分類帳。
4. 請算出工作批號 689 生產 50 單位時的單位成本。

7 月 1 日，傑森公司的存貨帳目資料如下：

4-17
分批成本單；分類帳；存貨

原料	$12,000
在製品	8,000
完成品	20,000

在製品包括兩項，其成本如下：

	工作批號 17	工作批號 18
原料	$2,000	$1,410
直接人工	1,500	1,200
已分配費用	1,050	840

傑森公司七月份的交易如下：

a. 帳上購買原料 $15,000。

b. 領用物料：工作批號 17 領用 $12,500；工作批號 18 領用 $11,200。

c. 工作計時卡的彙整資料：工作批號 17 使用了 17,250 直接人工小時，工資比率爲 $10；工作批號 18 使用了 275 直接人工小時，工資比率爲 $11。

d. 費用分配係以直接人工成本爲基礎。

e. 實際費用 $4,000。

f. 工作批號 18 全部完成，並轉入製成品倉庫。

g. 工作批號 18 的製成品運交顧客，售價爲成本的百分之一百六十 (160%)。

作業：

1. 請編製工作批號 17 與批號 18 之分批成本單。將期初存貨資料過帳，然後更新七月份的成本單。

2. 請編製七月份的分類帳。

3. 請編製七月三十一日的存貨明細表。

4-18
流水帳；T帳；製成
品成本與銷貨成本

傑森公司七月份的交易如下：

a. 帳上購買原料 $43,500。

b. 領用物料 $35,000；領用耗用物料 $12,200。

c. 當月薪資：直接人工 $60,000、間接人工 $20,000；行政 $18,000；
   銷售 $9,000。

d. 工廠機器設備折舊 $8,500。

e. 當月工廠財產稅 $450。

f. 保險到期，貸記預付款帳目 $6,200。

g. 水電費 $6,200。

h. 廣告 $5,000。

i. 辦公室設備折舊 $1,500；業務用汽機車折舊 $650。

j. 準備租賃合約之律師費 $750。

k. 費用係以直接人工小時費率 $6 計算，記錄顯示本月使用了
   8,000 個直接人工小時。

l. 當月完成之工作之成本 $135,000。

傑森公司的存貨帳目裡並記錄了下列期初餘額：

物料	$5,000
在製品	30,000
製成品	60,000

作業：

1. 請編製二月份發生的交易之分類帳。

2. 請編製物料、費用、在製品，製成品的 T 帳目，並登錄所有相關
   事項。

3. 請編製銷貨成本表。

4. 假設費用差異全部歸入銷貨成本，試問銷貨成本會增加或減少？

年初時，保聖製造公司存貨帳目如下：

直接人工	$70,000
間接人工	20,000
銷貨管理費用	45,000

保聖公司已分配費用係以150%直接人工成本為計算基礎。本年度當中，保聖公司之交易資料如下：

a. 直接物料購買，$280,000

b. 發出直接物料，$300,000

c. 發出間接物料，$82,000

d. 人工成本

直接人工	$110,000
間接人工	60,000
銷售管理費用	70,000

e. 到期工廠保費，$5,000

f. 廣告成本，$30,000

g. 工廠租費，$24,000

h. 工廠折舊費用，$10,000

i. 工廠雜項成本，$7,850

j. 公共設施（70%屬於工廠，30%為辦公室）$10,000

k. 費用已分配到生產

l. 銷貨總計 $983,000

期末存貨帳目顯示如下：

	總計
物料	$540,000
在製品	$30,000
製成品	$20,000

作業：

1. 請編製上述交易的分錄。
2. 請登錄製造成本分錄到 T 帳目。
3. 請算出多分配和少分配之費用差異。請編製分錄將費用差異過到銷貨成本，編製分錄將差異依比率分配至適當的帳目。
4. 請編製損益表。假設費用差異歸入銷貨成本。請另外編製依比率分配差異的損益表，損益表的數字有何不同？你會調整明顯的差異數字嗎？

4-20
預估費用比率；部門費用比率；分批成本

愛得蒙奎印刷公司提供不同的相片沖洗與照相服務。6月5日愛得蒙奎公司投資電腦輔助照相設備；這些設備能夠幫助顧客再製圖片和畫圖。只要進入電腦輸入文字，將圖表輸入電腦，就能印出高品質的四色小冊子。最初購買這些設備，愛得蒙奎印刷公司平均一年的費用為 $35,000，裝置此設備後總費用增加到一年 $85,000。愛得蒙奎印刷公司係採用分批成本制度，以直接人工小時為基礎，利用預估費用比率來計算實際物料和人工。整年度的直接人工小時為 5,000，工資率每小時 $6。

作業：

1. 請問先前購置新設備時預估費用比率為何？
2. 請問再購置新設備後的預估費用比率為何？
3. 請問先前購置新設備時預估費用比率為何？
4. 請問再購置新設備後的預估費用比率為何？
5. 假設顧客買進不同的相片。這一項工作必須使用 100 張紙，每一張需要 $0.015 和 12 分鐘的直接人工。試問 5 月 20 日的成本為何？6 月 20 日呢？
6. 假設愛得蒙奎印刷公司決定試算兩種費用比率———一種是以直接人工小時為計算基礎，另一種則以電腦輔助印刷計算以機器小時為基礎。預估電腦輔助印刷所分配到的費用為 $50,000，預估使用 2,000 機器小時。請算出這兩種費用比率中，哪一種較好，抑或二者皆可？

卡司柏公司生產民生用壓力洗衣機。洗衣機的生產會經過兩個部門：製造和噴漆。卡司柏公司採用的是正常成本制度。本年度預估費用和直接人工小時如下：

4-21
多重費用比率

	製造	油漆
預估費用	$20,000	$36,250
預估直接人工小時	$10,000	5,000

工作批號 416 需要 $57 直接物料和 $45 直接人工成本（三小時製造和三小時噴漆）。

作業：

1. 請以直接人工小時為費用分配之基礎，試問工作批號 416 的成本為何？

2. 請以直接人工小時為計算基礎，並按部門個別的費用比率來計算工作批號的總成本。

3. 卡司柏公司應該採用全廠單一費用比率或部門個別費用比率？並請解釋你的理由。

喬治戲服公司位於美國曼哈頓，專門創造與設計戲劇表演之戲服。此外，喬治公司也修改或修補戲服。喬治公司有三個部門：設計，裁縫和串珠飾。設計部門費用包括電腦與軟體設計，機器裁縫部門費用包括線、縫衣機和小工具：如剪刀和拆線刀，串珠飾部門的費用較少，只有珠子和膠水。當然所有部門都必須分攤共同設備、租金…等費用。其預估費用和本年度部門直接人工小時之資料如下：

4-22
多重費用比率

	預估費用	直接人工小時
設計部門	$55,000	2,000
縫紉部門	42,000	7,000
串珠飾部門	3,000	1,000

荷百坎芭蕾舞與喬治公司簽訂胡桃鉗前所需之 20 套芭蕾舞短裙

的合約。荷百坎決定採用現有的庫存樣式。於是，在毋須設計部門服務的情況下，這一項工作使用的直接物料成本為 $6,000，需要縫紉部門 160 個工作小時，而每小時直接人工成本為 $8，400 小時串珠部門工作時間，每小時直接人工則為 $12.5。

作業：

1. 請算出喬治公司的單一費用比率。如果荷百坎使用此一比率，則總成本為何？

2. 請算出部門個別費用比率，各部門以直接人工小時為計算基礎。如果荷百坎使用此一比率，則其總成本為何？

3. 假設喬治公司加課消費成本 25%，這可能提高喬治公司採用部門個別費用比率的意願嗎？

| 4-23 |
| 生產過程特色 |

沿用個案 4-22 的資料。試問，喬治公司屬於製造業還是服務業？請解釋你的理由。

| 4-24 |
| 分批成本制度：營建業 |

邵頓建築公司是一家私人家族企業，從事獨棟或社區房舍的建築工程。邵頓公司大部份的方案都會涉及許多建築單位。邵頓公司採用分批成本制度來決定單位成本。每一項推案的成本可分為下列五種類別：

1. 正常情況：包括建築共同設備，推案保險費和執照、建築費、裝飾、辦公室薪資和清潔費用。

2. 必須成本：例如承包商、直接物料和直接人工。

3. 財物成本：包括工具、記錄費用、檢驗費、稅賦和抵押折扣。

4. 土地成本：專用建築用地購買成本。

5. 行銷費用：例如廣告、銷售佣金和估價費。

最近，邵頓公司購買土地以建造 20 戶獨棟房子，土地成本為 $250,000。土地大小自 1/4 變到 1/2 英畝，分為 20 個單位，佔地共八英畝。

正常推案成本總計 $120,000，用於建築 20 個單位。工作批號 3 的內容是建築 3 棟房屋，佔地 1/4 英畝，其成本如下：

物料	$8,000
直接人工	6,000
承包商	140,000

工作批號 3 的財務成本總計 $4,765，行銷成本 $800。正常成本是以生產單位來分配，總成本再加上 40% 是爲每一單位的售價。

作業：

1. 定義所有生產成本直接屬於工作批號 3。製造業是否也維持生產成本等於費用？這些非生產成本係直接歸於單位房舍嗎？哪一些呢？
2. 請編製工作批號 3 的分批成本單。何謂房舍的建築成本？是否包括財務成本與行銷成本？爲什麼？你能夠決定工作批號 3 的土地成本嗎？
3. 試問有哪五種成本費用？你同意將成本分配至每一獨棟房子嗎？你能建議不同的分配方法嗎？
4. 請算出工作批號 3 的售價，並計算每單位的銷售利潤。

歐嘉斯是羅門公司的行銷經理，因爲最近兩次報價發生狀況而感到困擾。羅門公司的報價政策是總製造成本的 150%。第一次工作（批號 97-28）被潛在客戶回拒，先前的報價比得標公司多出每單位 $3，第二次工作（批號 97-35）被客戶接受，羅門公司的單位報價比次低價者還少 $43。歐嘉斯打算以更具競爭的方式來控制成本。他開始注意作業：是否發生於成本分配過程當中。經過調查，歐嘉斯表示利用全廠單一費用比率以直接人工小時爲計算基礎。全廠單一費用比率的計算是利用年初的預算資料，其預算資料如下：

> 4-25
> 工廠費用比率和部門
> 個別費用比率；影響
> 定價決策

	部門 A	部門 B	總計
費用	$500,000	$2,000,000	$2,500,000
直接人工小時	200,000	50,000	250,000
機器小時	20,000	120,000	140,000

歐嘉斯發現因爲部門 B 的機器設備較多、維護費用較高、能源消

耗較多、折舊率較高、設定成本較高，因此費用成本高於部門 A。此外，歐嘉斯亦針對正常費用成本分配的程序，提供工作批號 97-28 和工作批號 97-35 的特別製造資料。

作業：

1. 利用以直接人工小時為基礎的全廠單一費用比率，計算工作批號 97-28 與 97-35 的投標價（以單位為基準標示投標價）。

2. 利用部門個別費用比率（部門 A 使用直接人工小時與部門 B 使用機器小時），計算工作批號 97-28 與 97-35 的單位投標價。

3. 工廠的投標價格改採部門個別費用比率而非全廠單一費用比率，請計算已賺取之毛利。

4. 請解釋為什麼在這種情況下，使用部門個別費用比率可以提供更精確的產品報價。

| 4-26
預算費用比率之選擇；道德議題 |

關德森公司零件部門的成本管理會計人員與會計長葛艾比正與部門經理白亞當開會。會議上討論的主題是工作經費成本的計算，及其對部門定價的影響。他們之間的對話如下：

葛艾比：白亞當！你知道的，我們的生意大約有百分之二十五來自政府的合約，百分之七十五則來自民間企業。過去幾年來，民間企業部門的業務減少。我們比以前失去更多的標案。經過仔細調查後，我得到的結論是因為經費成本計算不當，造成我們高估某些工作的價值。可惜的是，這些高估的工作都是大量生產，而且人力密集的產品，因此我們失去很多的業務。

白亞當：我瞭解。大量生產的相關產品，估價過高。再加上 40% 的標準利潤後，報價就會高於成本計算較為精確的競爭者。

葛艾比：沒錯！我們有兩個生產部門，一個屬於人工密集，另一個屬於機器密集。人工密集的部門所產生的成本比機器密集的部門要少得多。再者，基本上我們大量生產的產品都屬於人工密集的產品。我們一向利用以直接人工小時為基礎的全廠單一費用比率來計算所有工作批號的經費。如此一來，大量生產且屬人工密集的工作便吸收了大部份機器密集部門的成本。

然而藉由改採部門個別預估費用比率的方法，就能夠大幅降低分配不當的嚴重性。舉例來說，大量生產的工作如果採用全廠單一費用比率來計算，其預算成本是 $100,000，如果採用部門個別費用比率，則為 $70,000。這項改變可以降低大量生產工作的投標價格，平均每件工作降低 $42,000。藉由提高產品定價的精準性，我們可以提出更好的報價，進而贏回許多民間企業的業務。

白亞當：聽起來很棒！什麼時候可以開始改採部門個別費用比率？

葛艾比：時間不會太久！在新的會計年度開始的四到六週內，我們就可以開始使用新的制度。

白亞當：等一下！我剛想到一個可能的問題。就我記憶所及，大部份的政府契約都是由人工密集的部門所完成。這項新的計算方法將會壓低政府工作的成本，公司的營業額會隨之縮減。目前的成本計算方法並未影響到政府部門的業務。但是我們不能只變更民間企業的部份。政府的查帳人員也會針對成本計算方法不一致的問題提出質疑。

葛艾比：你說的有理。我也想過了這個問題。根據我的估計，我們從民間企業所贏回的營業額，會超過我們在政府契約上的損失。此外，我們在政府工作的成本已經扭曲；實際上我們已經向政府部門收取超額的利潤。

白亞當：但是政府部門並不知道，而且永遠不會知道，除非我們改變費用計算方法。我想我找到解決方案了。在正式文件上，我們保留全廠單一費用比率的計算方式。包括政府部門與民間企業的所有正式記錄都是採取全廠單一費用比率。然而在非正式文件中，我要你用另外的帳簿來計算我們為私人企業所準備的投標報價計算資料。

作業：

1. 你認為白亞當所提的解決方案符合道德原則嗎？請說明你的理由。

2. 假設葛艾比認為白亞當提出的解決方案不對。你認為葛艾比符合內部管理會計人員的道德行為標準嗎？

3. 假設白亞當不理會葛艾比的反對，堅持要執行這項行動。葛艾比應該要怎麼辦？

4-27
分批成本成本制度：牙科診療

　　白雪莉醫師受僱於牙醫協會。牙醫協會最近建立了電腦化的分批成本制度，以監控其服務的成本。每一位病患都視爲一件工作。病患在掛號的時候，都會收到一個指定的工作批號。掛號人員／會計人員記錄病患進入與離開治療室的時間。進入與離開的時間差異是病患所使用的時間，用以計算牙醫助理的直接人工小時（牙醫助理一直都和病患在一起）。百分之五十的病患時間用以計算牙醫的直接人工小時（牙醫通常將她的時間分別用於二位病患）。

　　牙醫助理會將填寫的病歷圖表輸入電腦。圖表中含有服務代碼，標示治療的種類，例如病人是做牙套、補牙、或是根管治療。圖表不僅標明服務的內容，還包括其等級，例如，如果病人做了牙齒的填補，牙醫助理就會註明（以服務等級代碼）是填補一顆、二顆、三顆或四顆牙齒。服務與服務等級代碼係用以決定向病患收費的標準。不同的服務與不同的等級，成本皆不相同。

　　病患的成本計算包括材料、人工、與經費。牙醫助理標明所使用的材料類型與品質，交由會計人員輸入電腦。材料價格都記錄在檔案中，可以用來提供必要的成本資料。經費的分配是以病患時間作爲基礎。牙醫協會採用的費率是每個病患每小時 $20。白雪莉醫師所支領的診療費是每小時 $30。牙醫助理每小時平均支領 $6。將治療的時間輸入電腦，軟體程式就會計算出每一位牙醫師與助理的工時成本；此外，預算成本也是利用治療時間與預估費率計算求知。

　　費用比率並未包括 X 光的費用。X 光部門和牙醫服務是分開的部門，必須另外計算收費。X 光的成本是每張底片 $3.50；向病患收費的標準是每張底片 $5。如果需要清潔費用，清潔人工成本是每個病患每小時 $9。

　　病患葛強森（工作批號 267），在診療室花了三十分鐘，填補了兩顆牙齒。他打了二針麻醉藥，使用了三管汞合金。麻醉針劑的成本是 $1，汞合金的成本則爲 $3。其它的直接物料費用係直接歸入預算當中。另外還照攝了一張 X 光片的病患，總共支付了 $45 的費用。

作業：

1. 請為葛強森編製一份分批成本表。試問填補兩顆牙齒的成本是多少？所賺取的毛利是多少？X光片是否屬於服務的直接成本？何以X光片的成本和預算成本是採分開計算？

2. 假設病患時間及相關費用如下表所示：

	一顆	二顆	三顆	四顆
時間	20分鐘	30分鐘	40分鐘	50分鐘
費用	$35	$45	$55	$65

請計算填補每一顆牙齒的成本與毛利。假設麻醉藥的成本是 $1，汞合金的管數是從二管開始起算，每多一顆牙齒就多一管。假設無論何種療程都只須照攝一張 X 光片。試問，收費費率的增加對病患是否公平？對牙醫診所是否公平？

4-28
分批成本法與報價

諾特公司生產氨基酸礦物質與維他命等藥品。公司成立於一九七四年，具有執行所有生產功能的能力，包括包裝與實驗等功能。目前該公司的產品行銷於美國、加拿大、澳洲、日本、與比利時等地。

服用礦物質可以增加人體對礦物質的吸收。諾特公司所販售的礦物質是粉末狀的產品，但是公司有能力可以製成膠囊或藥錠。

所有礦物質的生產作業都依循類似的程序。在收到訂單之後，公司的化學人員會填寫一張分配表格（標明產品、理論產量以及所使用之物料數量等的物料報價單）。生產部門收到分配表格之後，將物料準備好並送到攪拌室。化學藥品與礦物質則是根據訂單的內容而進行添加，然後視產品的內容攪拌二至八小時不等的時間。攪拌完成之後，混合物就放在長條的托盤上，送入乾燥室，直到水份殘餘剩下百分之七到百分之九 (7%-9%) 為止。大部份產品的乾燥時間需要一到三天。

產品乾燥之後，必須將數份少量的樣品送至實驗室測試細菌含量，以及檢驗產品是否符合顧客的要求。如果產品不適合人體服用，或者是未達到顧客的標準，必須依照化學人員的指示添加額外的物料，直到產品符合標準為止。產品通過檢驗之後，再依照顧客的要求，將產

品研磨成不同顆粒大小的粉末。最後再將粉末放入厚紙板盒中，送交客戶（或者是根據顧客的要求裝成膠囊或藥錠，再交貨）。

由於每一份訂單都是配合顧客的特別要求，諾特公司便採用分批成本制度。諾特公司最近收到一份三百公斤天多氨酸鉀的訂單。顧客提出每一公斤 $8.80 的價錢。在收到顧客的要求與規格之後，行銷經理史藍尼向公司的化學人員索取一份分配表格。分配表格說明了以下所需的物料：

物料	需要數量
天多氨酸	195.00 公斤
檸檬酸	15.00 公斤
K_2CO_3 (50%)	121.50 公斤
稻米	30.00 公斤

理論產量是三百公斤。

史藍尼同時也查閱以前的類似訂單，發現預估的直接人工小時是16小時。諾特公司的生產工人平均每小時工資是 $6.50，另外再加上每小時 $6 的稅金、保險費與紅利。

採購部門提供一份所需物料的價格表給史藍尼。

物料	單價／公斤
天多氨酸	$5.75
檸檬酸	2.02
K_2CO_3	4.64
稻米	0.43

費用的分配是根據以直接人工小時位基礎之全廠單一費用比率。當期費率為直接人工成本的百分之一百一十 (110%)。

顧客要求報價的時候，諾特公司通常會估算製造成本，再加上百分之三十 (30%) 的利潤。利潤比例則視競爭情況與一般經濟狀況而有不同。近來產業發展蓬勃，因此諾特公司的業務狀況良好。

作業：

1. 請為題目中描述的訂單編製一份分批成本表。試問，單位預估成本為何？諾特公司是否應該接受客戶所提出的價格？為什麼？

2. 假設諾特公司與潛在顧客同意成本外加百分之三十 (30%) 的價格。試問，諾特公司預期這份訂單可以獲取多少毛利？

3. 假設生產三百公斤天多氨酸的實際成本如下：

直接物料：		
天多氨酸	$1,170	
檸檬酸	30	
K_2CO_3	557	
稻米	13	
總物料成本		$1,790.00
直接人工成本		225.00
費用成本		247.50

　　試問，實際單位成本為何？如果報價是以預期成本為基礎，則諾特公司會因為實際成本與預期成本間之差異而獲利多少，或損失多少？試說明實際成本與預期成本之間出現差異的可能原因。

4. 假設顧客已經同意支付實際生產成本外加百分之三十 (30%) 的價格。如果實際生產成本與上述第 3 題的描述相同，再加上少分配費用差異係歸入銷貨成本，並依其總成本（未調整之銷貨成本）之比例平均分配給所有的批號工作的條件。假設少分配費用成本是 $30。顧客在看到分錄帳單上附加此筆少分配費用成本的時候，打電話向諾特公司抱怨他們必須為諾特公司無法有效地利用費用成本而支付額外的金額。如果諾特公司指定你和這位顧客交涉，你會準備如何回應？你會如何解釋將此筆少分配附加在顧客帳單上的作法？

　　宮廷燈飾公司採用預估費用比率來分配費用。部門 1 是以直接人工小時為計算基礎，而部門 2 則以機器小時為基礎。在年初的時候，公司提出下列估計數據：

> 4-29
> 預估費用比率；費用差異；單位成本

	部門 1	部門 2
直接人工小時	100,000	20,000
機器小時	10,000	35,000
直接人工成本	$900,000	$190,000
費用成本	$300,000	$196,000

當年度所有工作的實際結果報告如下：

	部門 1	部門 2
直接人工小時	98,000	21,000
機器小時	11,000	36,000
直接人工成本	$882,400	$168,000
費用成本	$301,500	$200,600

該公司的會計記錄顯示工作批號 689 的資料如下：

	部門 1	部門 2
直接人工小時	125	50
機器小時	10	205
直接人工成本	$1,610	$3,000
費用成本	$1,125	$400

作業：

1. 請算出各個部門的預估費用比率。
2. 請算出一年當中分配至所有批號工作的費用。每一個部門的費用屬於少分配或多分配？公司整體而言呢？
3. 假設費用差異的金額並不小的情況，請編製處理費用差異之分類帳。
4. 請算出工作批號 689 的總成本。如果工作批號 689 共有五十個單位，試問單位成本為何？

嘉維公司是一家印刷專門店。印刷工作的定價通常是成本外加百分之五十 (50%)。批號 94-301 的工作是印製五百份喜帖，其標準成本如下：

4-30
附錄：瑕疵品的成本

直接物料	$200
直接人工	$20
費用	$30
總額	$250

正常狀況下，喜帖從機器取下來後，會檢查第一張的文詞是否正確，以及印刷的品質。之後再將所有的喜帖以塑膠袋包裝，置於放置製成品的架子上。在本例中，印刷師父要先去吃午餐，回來之後再進行檢查與包裝的工作。印刷師父將尚未包裝的喜帖放在印刷機器旁邊，然後離開。一個小時之後，他回來發現喜帖掉在地上，而且被人踩過了。檢查結果發現有一百張喜帖遭到損毀，因此必須要重新印製一百張喜帖才能完成工作。

作業：

1. 請計算損毀的喜帖成本。瑕疵品的成本應當如何計算？
2. 試問工作批號 94-301 的價格為何？
3. 假設另一件批號 94-442 的工作同樣也是要求五百張的喜帖，其標準成本與批號 94-301 的工作相同。然而，工作批號 94-442 要求使用特殊且不易上色的顏色。根據嘉維公司的經驗，必須經過一連串的嘗試與錯誤，才能夠正確地印刷出這種顏色。在工作批號 94-442 的案例中，第一百張邀請卡因為顏色不一致而必須丟棄。試問瑕疵品的成本為何？應該如何處理？
4. 試問工作批號 94-442 的價格為何？

傑克森運動器材店銷售各種運動器材與運動服飾。在店面後方的房間裡，設有熱轉印設備，可以為球隊製作個別的 T 恤。基本上，每一支球隊的隊員都將自己的名字印在運動衫的背面。上週，蜜蜂隊的教練巴笛妃帶來隊員的名單。她的十二名隊員姓名如下： Freda 、

4-31
附錄：重製品成本

Cara、Katie、Tara、Heather、Sarah、Kim、Jennifer、Mary Beth、Elizabeth、Kyle、以及 Wendy。巴笛妃得到的報價是每個字母 $0.50。

傑克森運動器材店的新進員工盧吉普被指定負責巴笛妃的工作。他選好了字母，小心地在運動衫排列每一個名字，然後把名字印到 T 恤上。當巴笛妃回到店裡時，發現名字是印在運動衫的正面。傑克森運動器材店的老闆傑克森向巴笛妃保證這些字可以很容易地除掉。然而除字的過程中卻損壞了字母，因而必須使用新的字母重新排列於運動衫的背面。老闆傑克森答應要立即進行修正的工作，並且在一個半小時之內完成。

熱轉印的成本如下：

字母（每一字）	$0.15
直接人工小時	$8.00
費用（每一直接人工小時）	$4.00

巴笛妃的工作原本用去了一個小時的直接工時。除字的過程較快，需要十五分鐘。

作業：

1. 請問巴笛妃工作的原始成本是多少？
2. 請問巴笛妃工作的重製成本是多少？重製成本應該如何處理？
3. 請問老闆傑克森向巴笛妃收取多少費用？

4-32
研究工作

拜訪一位在服務業中採用分批成本法作業的會計人員。如果你選擇的是一家小公司，或許你需要訪談公司的老闆或經理。服務業的實例包括葬儀社、保險公司、維修店、藥局以及牙醫診所等。撰寫一份敘述公司採用的分批成本制度的報告。報告中必須說明的作業包括：

a. 公司提供的服務為何？
b. 你所據以計算提供每位顧客服務成本的文件或程序為何？
c. 你如何計算每一項工作的直接人工成本？
d. 你如何計算每一件單一工作的費用？

e. 你如何計算每一件工作的直接物料成本？

f. 你如何決定向客戶收取多少費用？

g. 你如何計算整件完成的工作成本？

　　撰寫報告的時候，請註明你所訪談的公司如何依照其個別情況，採用本章所敘述的分批成本會計程序。請問費用差異是否正確？如果正確，請解釋理由。同時提供你認為可以改善成本計算方法的建議。

第五章
產品與服務成本法：分步制度法

學習目標

研讀完本章內容之後，各位應當能夠：

一. 說明分步成本制度之基本特色，包括成本流動、分類帳與生產報
　　表等。

二. 說明沒有在製品存貨的分步成本方法。

三. 定義「約當產量」的意義，並說明「約當產量」在分步成本法中
　　所扮演的角色。

四. 利用先進先出法，編製部門的生產報表。

五. 利用加權平均法，編製部門的生產報表。

六. 利用轉入產品與產出指標之變動，編製部門的生產報表。

七. 說明作業成本法的基本特色。

生產方法會影響成本制度的設計。產品與服務的生產可以利用分批法或分步法，端視產品與服務的性質而定。分批生產法與分步生產法的差異頗大，進而影響成本制度的設計。簡言之，企業所設計的成本會計制比須符合生產作業的要求。本章將要探討分步成本制度。本步成本制度的主要目標是計算產品成本；換言之，成本標的就是產品。舉例來說，蘋果電腦 (Apple Computer) 想要瞭解每一部電腦的成本。在此，我們採取傳統的產品成本定義。我們只想瞭解每一項產品分配多少製造成本。此外，本章的討論內容也僅限於傳統的成本會計系統。換言之，我們只利用單位基礎的數量動因來分配產品的生產成本。到了第八章和第九章的時候，才會進一步地探討分批與分步成本制度以外的其他產品成本定義與當代的成本會計系統。

分步成本制度：作業與成本之基本概念

學習目標一

說明分步成本制度之基本特色，包括成本流動、分類帳與生產報表等。

真正瞭解分步成本制度之前，我們必須先瞭解其背後所隱含的作業系統。作業分步制度的特色是大量的產品經過一連串的步驟，其中的每一道步驟都有一或數道作業，每經過一道作業就更接近完成的狀態。換言之，**步驟** (Process) 係指一串相連的、目的在於完成特定目標的作業內容。例如，有一家生產多項維他命與礦物質產品之製造商擁有三道步驟：領料、裝入膠囊、裝罐。茲以領料的步驟為例，領料包含三道相連的作業：選料、測量與混合。直接人工選擇適合用以製造產品之藥草、維他命、和礦物質，測量物料之後，依規定的比例放入混合器皿中進行混合。

每一道步驟都可能需要投入物料、人工、與費用（投入的比例通常會相等）。完成特定步驟之後，半成品便轉入另一道步驟。例如，選料部門完成混合作業之後，便將混合物送往裝入膠囊的步驟。裝入膠囊的步驟包括四道連貫的作業，分別為貼標籤、填充、接合與封膠。一開始，維他命、礦物質和草藥的混合物先送到負責填充半邊軟膠囊的機器裡面。填入混合物的半邊膠囊再和另一半膠囊接合之後，便安全地密封起來。最後的步驟是裝罐。裝罐同樣也有四道連貫的作業：輸送、計數、封蓋與包裝。填充完畢的膠囊送往裝罐部門的漏斗裝置。

這個漏斗裝置會自動計算膠囊的數目，並將膠囊送入罐中。裝滿一定數目的膠囊的罐子會自動加上封蓋，然後再由直接人工用手將一定數量的罐子裝箱，最後就送進倉庫。**圖** 5-1 扼要地說明了這家維他命與礦物質製藥商的作業步驟。

圖 5-1

作業過程系統

取料　　　　　　　　　製成　　　　　　　　膠囊裝瓶

選料　　　　　　　　　定位　　　　　　　　定位
稱重　　　　　　　　　填充　　　　　　　　計數
混合　　　　　　　　　接合　　　　　　　　裝蓋
　　　　　　　　　　　封口　　　　　　　　包裝

成本流程

基本上，分步成本制度的成本流程與分批成本制度的成本流程相似。兩種制度的成本流程之主要差異有二。首先，分批成本制度是累積不同工作批號的生產成本，而分步成本制度則是累積不同步驟的生產成本。其次，製造業的分批成本制度僅採用單一的在製品帳目，但是分步成本制度則會針對每一道步驟設置在製品帳目。**圖** 5-2 說明了第一項差異：不同的成本累積方法。值得注意的是，分批成本制度分配不同工作的製造成本（在製品帳目的附屬工作），完成工作的時候便將這些成本直接轉入製成品帳目。在分步成本制度當中，完成特定數量單位的時候，是將製造成本從某一步驟的帳目轉入下一個步驟的帳目。到了最後一道步驟，再將成本轉入製成品帳目。**圖** 5-3 列示了兩種制度之下，在製品帳目的成本流程的差異。

圖 5-3 不僅顯示分步成本制度使用不止一個在製品帳目，同時也針對分步成本法的性質，提出重要的概念。舉例來說，假設前例當中裝入膠囊部門的分類帳內容如下：

1. 在製品——裝入膠囊　　600
　　　在製品——選料　　　　　　600
　　將產品轉入裝入膠囊步驟。

2. 在製品——裝入膠囊　　400
　　　物料　　　　　　　　　　100
　　　薪資　　　　　　　　　　125
　　　費用統制帳目　　　　　　175
　　記錄額外製造成本。

3. 在製品——裝罐　　　　800
　　　在製品——裝入膠囊　　　800
　　將製成品轉入裝罐步驟。

　　每完成一道步驟的時候，產品連同其成本便轉入下一道步驟。例如，選料步驟移轉了 $600 的成本到裝入膠囊與（在經過裝入膠囊的步驟之後）裝罐步驟。從前一道步驟轉入下一道步驟的成本稱為**轉入成本** (Transferred-in Costs)。這些接收而來但尚未完成的半成品，必須再進行額外的製造作業，包括投入更多的直接人工、更多的費用、甚至更多的原料。因此，這些轉入成本（從接收成本的步驟的觀點來看）是原料成本的一種。舉例來說，裝入膠囊部門的第二筆分類帳顯示出，自選料步驟轉入的半成品又使用了額外的 $400 製造成本。換言之，就選料步驟而言，礦物質與維他命粉末是原料、人工與費用成本的組合，然而就裝入膠囊的步驟而言，就只有粉末——也就是原料——的成本 $600。

　　分步成本制度設置的在製品帳目雖然比分批成本制度為多，但實務上卻是更簡單、更經濟的方法。在分步成本制度當中，沒有個別的工作批號，也毋須編製分批成本單。分步成本制度不須追蹤個別工作批號的物料，在其過程中仍須追蹤物料，只是步驟遠比工作批號少了許多。再者，分步成本制度毋須使用工作計時卡來分配不同步驟的成本。特定步驟的人工都是專職處理同一步驟，因此不需要追蹤詳細的人工成本。事實上，許多企業的人工成本僅佔總步驟成本的極小比例，因此往往與費用成本合併計入加工成本。

圖 5-2
成本累積方法之比較

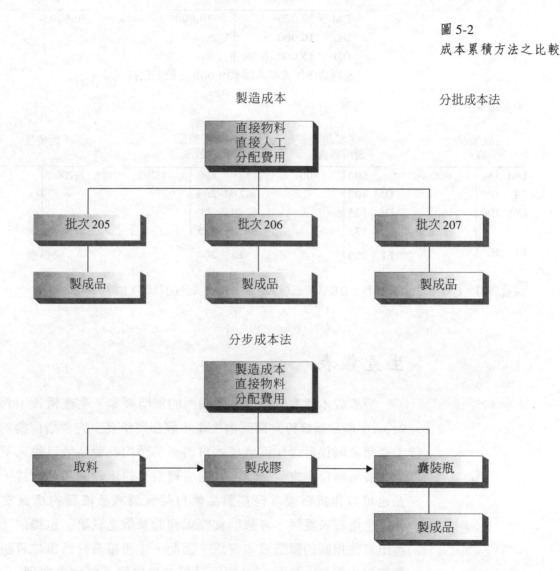

製造成本　　　　　　　　　　　　　　　分批成本法

直接物料
直接人工
分配費用

批次 205　　　　批次 206　　　　批次 207

製成品　　　　　製成品　　　　　製成品

分步成本法

製造成本
直接物料
分配費用

取料　　→　　製成膠　　→　　囊裝瓶

製成品

圖 5-3

分批成本法

在製品帳目之比較

在製品		製成品
DM 20,000	30,000 ⟶	30,000
DL 10,000		
OH 15,000		

過帳動作代表成本為 $30,000 之批次已經完成。

分步成本法

在製品 取料		在製品 製成膠囊		在製品 裝瓶		製成品
DM 350	600 ⟶	600	800 ⟶	800	1,200 ⟶	1,200
DL 100		DM 100		DM 200		
OH 200		DL 125		DL 75		
		OH 175		OH 325		
EI 50		EI 200		EI 200		

注意事項：DM 代表直接物料；DL 代表直接人工；OH 代表分配費用；EI 代表期末存貨。

生產報表

分步成本制度累積一定期間內的部門成本。**生產報表** (Production Report) 則為摘錄特定期間內生產步驟部門所發生的製造作業的文件。生產報表同樣可以作為將成本自前一部門的在製品帳目轉入下一部門的在製品帳目的來源文件。對於處理最後的步驟的部門而言，生產報表也可以作為將成本自在製品帳目轉入製成品帳目的來源文件。

生產報表提供了各部門實際處理的單位之資訊，也提供了與實際產出單位相關的製造成本資訊。因此，生產報表分為單位資訊與成本資訊兩大類別。單位資訊類別又可分為兩個主要的次類別：(1) 預計生產的單位與 (2) 實際生產的單位。同樣地，成本資訊類別亦可分為兩個主要的次類別：(1) 預計發生的成本與 (2) 實際發生的成本。簡言之，生產報表追蹤生產單位在各個步驟之間的流程，找出各個步驟的成本，顯示單位成本的計算，並反映報表製作期間各個部門的成本處理。

單位成本

　　生產報表之成本的主要投入為單位成本。基本上，分步成本制度的單位成本計算方法非常簡單。首先，我們必須衡量特定期間內特定步驟的製造成本。其次，我們必須衡量同一期間內各該步驟的產出數量。最後，再將期間成本除以期間產量，便可以求得單位成本。除了最後一道步驟之外，利用上述方法求出的單位成本其實都是**半成品** (Partially Completed Unit) 的單位成本。最後一道步驟的成本才是真正的製成品成本。**圖** 5-4列示分步成本制度的基本特色。

　　分步成本制度的特色看似簡單，但是實務上卻複雜許多。主要原因之一是如何定義每一道步驟的期間成本與產出。而在製品存貨的出現也使得成本與產出的定義更加困難。舉例說明之，期初半成品事實上包含了前期的加工與成本。然而這些期初半成品必須在本期內完成，因此也包含了本期的成本與加工。如此一來，我們不得不思考如何處理前期的成本與加工。另一項重要的原因則是生產成本分配的不一致，例如半成品可能並不包含每一項所需投入的一半。本書後續的討論將以如何處理分步成本制度的上述問題為主。

1. 同質產品經過一連串的類似製程。
2. 每一道製程的每一單位都取得類似份量的製造成本。
3. 製造成本係某一製程於一定期間內累積而得。
4. 每一道製程均設有在製品帳目。
5. 製造成本的流動與相關分類帳基本上與分批成本法相近。
6. 部門別生產報告是追蹤製造作業與成本的主要文件。
7. 將各部門的當期成本除以當期產出即求得單位成本。

圖 5-4

分步成本法之基本特色

沒有在製品存貨的分步成本法

　　首先，讓我們先來討論在沒有在製品存貨的情況下，分步成本的計算方法。當各位瞭解如何處理此一情況後，就能更容易瞭解處理在製品存貨的程序。此外，實務上，許多企業的確並沒有在製品存貨。

學習目標二

說明沒有在製品存貨的分步成本方法。

服務業

　　基本上性質相同、重覆生產的服務都可以採用分步成本法。舉凡銀行的支票處理、牙醫的洗牙服務、美國達拉斯和紐約的航空運輸、利用郵遞區號來分檢郵件和衣物的清洗與熨燙等，都是常見的性質相同、重覆生產的服務項目。雖然許多服務都只有單一的步驟，但是仍有需要多道步驟的服務。舉例來說，美國達拉斯與紐約之間的航空運輸服務就包含了下列步驟：訂位、開票、行李檢查與機位確認、飛行、行李輸送與取回等。雖然服務不能夠儲存，但是生產服務的企業卻仍有可能擁有在製品存貨。例如，一堆稅單到了特定期間結束的時候，可能尚未全部填寫完畢。然而實務上，許多服務的提供方式不致於產生在製品存貨。舉凡洗牙、葬禮、外科手術、地毯清洗等，都是不會有在製品存貨發生的實例。

　　為了說明沒有在製品存貨的服務如何利用分步方法計算成本，茲以大多數牙醫都會提供的洗牙服務為例。洗牙通常是在專用的房間內進行的單一步驟。專用房間內備有牙醫（直接人工）、物料與設備。此時，洗牙屬於人工與費用密集的服務。洗牙步驟中使用的直接物料僅佔總服務成本的極小部份。三月份的洗牙次數（服務的病患）與生產成本如下：

直接物料	$ 200
牙醫薪資	2,500
費用	1,800
總生產成本	$4,500
洗牙次數	300

根據上述資料，可以求出洗牙服務的單位成本為：

單位成本 ＝ 期間成本 ／ 期間產出

　　　　 ＝ $4,500 ／ 300 次

　　　　 ＝ $15 ／ 每一次洗牙

上述計算過程代表著**分步成本計算原則** (Process Costing Principle)：

將期間成本除以期間產出，即求得期間單位成本。理論上，當期單位成本應該只能使用屬於當期的成本與產出。分步成本計算原則是一種理論上的概念，適用於較為複雜的情況。

採行及時製造制度的企業

　　許多企業紛紛採用及時製造方法。及時製造制度的基本精神是在需要的時候，才提供所需數量的產品。及時製造制度著重在與時精進及減少浪費。保留不需要的存貨會被視為浪費，因此採用及時製造制度的企業莫不亟思減少存貨。成功地執行及時製造政策可以大幅降低在製品存貨。此外，採行及時製造制度的企業之製造方式往往利用分步成本法來決定產品成本。採行及時製造制度的企業會成立工作小組，從頭到尾生產或組裝一項產品。

　　工作小組會蒐集特定期間的成本，並且衡量同期間的產出。將當期成本除以當期產出（根據分步成本計算原則），便可以求出單位成本。製造業的分步成本法與前述的服務業的例子完全一模一樣。原因何在？理由即在於那些成本屬於當期成本，和如何衡量產出並無任何爭議或模糊不清的問題。及時製造制度的目標之一是簡化。各位在研讀擁有在製品存貨的製造業的分步成本法時，務必記住此一目標。企業是否具有在製品存貨會產生極大的差異，適足以反應出及時製造制度的優點。

具有期末在製品存貨的分步成本法

　　單位成本可以用於計算自特定步驟轉出之產品成本，亦可用於評估期末在製品之價值。在製品存貨會影響衡量期間之產出，進而影響單位成本之計算。以服務都會地區與附近鄰近地區之醫學實驗室（服務業）為例，這一所實驗室擁有許多部門，其中一個部門專為泌尿科醫生進行 PSA 測試。上述地區的泌尿科醫生將血液樣本送到實驗室，交由 PSA 部門進行測試。測試部門將結果輸入電腦，進行 PSA 值的統計分析。此外，這個實驗室也會追蹤定期接受年度檢查的病患的 PSA

學習目標三

定義「約當產量」的意義，並解說「約當產量」在分步成本法中所扮演的角色。

值。實驗室將電腦分析結果列出出來以後，送還泌尿科醫生，作為病患的病歷記錄。一月份當中，實驗室總共進行了 20,000 次的測試與分析，並將列印出來的電腦分析結果送還泌尿科醫生。實驗室的「產出」在郵寄測試結果給泌尿科醫生之後，就算全部完成與轉出。受到年假的影響，PSA 部門在一月份很少會有期初在製品。但是到了一月底的時候，則有尚在進行但仍未完成的半成品（血液樣本），因此而有期末在製品存貨。從基本的定義來看，期末在製品就是尚未完成的半成品。換言之，期間完成與轉出的產品和期末在製品存貨並不相等，也就是說這兩種產品的成本不應該一樣。計算單位成本的時候，必須定義期間的產出。分步成本法的主要問題之一就是提出期間產出的定義。

以約當產量作為產出衡量指標

為了說明在製品存貨所引發的產出定義問題，茲假設上述的 PSA 部門在一月份發生下列資料（產出是利用測試數目來衡量）：

單位數量——期初在製品	—
開始單位數量	24,000
完工單位數量	20,000
單位數量——期末在製品（完成 25%）	4,000
總生產成本	$168,000

試問，PSA 部門在一月份的產出為何？是不是 20,000 個單位數量？還是 24,000 個單位數量？如果回答是 20,000 個單位數量，那麼就忽略了投入期末在製品的費用與成本。此外，一月份發生的生產成本同時屬於完工單位數量與期末在製品。另一方面，如果回答是 24,000 個數量單位，那麼就忽略了 4,000 個期末在製品並未全部完工的事實。然而無論如何，我們都必須估算出期間產出，才能夠反應投入製成品與在製品的費用與成本。

解決上述問題的方法是計算產出的約單產量。**產出的約當產量** (Equivalent Units of Outputs) 係指在合理的總產能下可以生產出

來的製成品單位數量。決定轉出的產出約當產量相當簡單；產品必須在全部完成之後才會轉出。換言之，所有的轉出產品都是約當產出數量。屬於在製品存貨的產品尚未全部完成。因此，生產部門人員必須「張大眼睛注意」期末在製品，方能衡量完成的程度。沿用前例，相對於所有的生產成本，期末仍有 4,000 個期末在製品已經完成了百分之二十五 (25%)，約當為 1,000 個全部完工的產品 (4,000 × 25%)。因此，一月份的約當產量就是 20,000 個製成品外加 1,000 個期末約當在製品。總產出即為 21,000 個單位數量。

生產成本報表之範例

請各位回想一下，生產報表的成本包含單位數量與成本兩類資訊。單位數量資訊與產出衡量有關，而成本資訊則與單位成本計算、成本分配與調整有關。單位數量資訊又可分為兩大主要次類別：(1) 預估生產的單位數量與 (2) 實際生產的單位數量。同樣地，成本資訊亦可分為兩大主要次類別：(1) 預估發生之成本與 (2) 實際發生之成本。**圖** 5-5 列出前例當中 PSA 部門的生產成本表。

編製生產報表時必須遵循下列五道步驟：

1. 實際產出單位數量之流程分析
2. 約當產量之計算
3. 單位成本之計算
4. 存貨（期末轉出且尚未完工之產品）之估價
5. 成本調整

瞭解了期初與期末尚未完工之實際單位數量、生產階段與完工和轉出之單位數量（步驟 1）之後，能夠提供約當產量之計算（步驟 2）的重要資訊。求出約當產量之後，方能計算單位成本（步驟 3）。單位成本資訊與約當產量表之資訊可以用於評估期末轉出且尚未完工的產品之價值（步驟 4）。最後，期初在製品成本與期間成本應該等於分配至轉出與期末尚未完工產品之總成本（步驟 5）。步驟 5（**成本調整** [Cost Reconciliation]）僅指檢查生產報表之正確性。

圖 5-5

一月份PSA部門生產報表

單位資訊		
計算單位數量：		
期初在製品數量	0	
開始生產數量	24,000	
總計算單位數量	24,000	
	實際流動	約當產量
計算單位數量：		
完工數量	20,000	20,000
期末在製品數量（完成25%）	4,000	1,000
計算單位數量	24,000	
完工數量		21,000
成本資訊		
計算成本：		
期初在製品	$　　0	
當期發生成本	168,000	
計算總成本	$168,000	
除以約當產量	÷ 21,000	
約當產量之單位成本	$　　8	
計算成本：		
轉出產品 ($8 × 20,000)	$160,000	
期末在製品 ($8 × 1,000)	8,000	
計算總成本	$168,000	

生產投入之不一致分配

　　截至目前為止，本章均假設在製品處於完工的百分之二十五的階段，亦即用於完成此一步驟之物料、人工與費用已經使用了百分之二十五，其餘的百分之七十五則用於全部完成此一步驟。換言之，本章係假設每一道的製造步驟所分配的生產投入並不一致。

　　事實上，加工成本（直接人工與費用）分配一致的假設並不合理。幾乎所有的步驟通常都會需要使用人工，費用則是以直接人工小時作為正常分配的基礎。另一方面，直接物料則不太可能同樣採用正常分配的方法。實務上物料多半加總至期初或期末的步驟。

再以前文中的 PSA 部門為例，物料（例如特別的化學藥物）加總至期初步驟的可行性可能大於平均分配於各個步驟。如果這樣的推論正確，那麼使用了百分之二十五的加工投入的期末在製品，事實上已經使用了百分之一百的物料投入。

同一完工階段卻會得到不同的生產投入比例數據，是計算約當產量的另一個問題。幸運的是，此一問題的解決方面頗為簡單。我們可以根據每一項投入的類別來計算約單產量。換言之，每一種物料和每一種加工成本都有各自的約單產量。前文中的 PSA 部門如果是將物料加總至期初步驟，則每一類的約當產量如下：

	物料	加工成本
完工單位數量	20,000	20,000
單位數量——期末在製品：		
4,000 × 100%	4,000	
4,000 × 25%		1,000
產出的約當產量	24,000	21,000

計算不同類別的約當產量需要分別衡量每一種類別的成本。爾後再計算每一種投入的單位成本，最後加總所有投入的單位成本之後便求出總單位成本。舉例來說，利用下列成本分析可以求出總單位成本：

	物料	加工	總計
總成本	$126,000	$42,000	$168,000
約當產量	24,000	21,000	—
單位成本	$5.25	$2.00	7.25

期初在製品存貨

前文當中的 PSA 範例僅僅顯示出期末在製品存貨對於產出衡量之影響。事實上，期初在製品存貨同樣也會加深產出衡量之困難度。許多企業在期初的時候都會留有半成品，因此我們必須設法解決此一

問題。這些半成品的投入代表著前一期間的工作投入,而分配至這些半成品的成本則屬於前期成本。計算當期(Current Period)單位成本的時候,可以利用兩種方法來處理期初在製品的前期產出與前期成本:*先進先出法 (FIFO Method, First-in, First-out Method)與加權平均法 (Weighted Average Method)*。利用這兩種方法編製生產報表的時候,都必須遵循同樣的五道步驟。然而這兩種方法通常只有在步驟 1 的時候才會導出同樣的結果。

先進先出法

學習目標四

利用先進先出法,編製部門的生產報表。

分步成本計算原則是將期間成本除以期間產出。理論上,只有當期成本與當期產出才能用於計算當期單位成本。先進先出法基本上符合此一條件。採用**先進先出法** (FIFO Costing Method) 的時候,必須扣除期初在製品的約當產量與製造成本。換言之,先進先出法認同自前期延伸而來的工作與成本應該屬於前期的觀點。

　　為了說明先進先出法,茲以愛斯崔樂公司為例。愛斯崔樂公司是一家大量生產廣為使用的止痛藥劑的公司。這家公司擁有三道步驟:混合、壓製成藥錠及包裝。混合的步驟是將不同的內容物予以測量、

圖 5-6

混合部門之生產與成本資料:十月份

生產:	
在製品數量,10 月 1 日,完工 70%*	10,000
完工並轉出之數量	60,000
在製品數量,10 月 30 日,完工 40%*	20,000
成本:	
在製品,10 月 1 日:	
物料	$ 1,000
加工成本 $	350
總計	$ 1,350
當期成本:	
物料	$12,600
加工成本	3,050
總計	$15,650

*針對加工成本的部份,物料是 100% 完工,因為物料在製程一 開始的時候就已經加入。

過篩和混合。壓製成藥錠的步驟是將自混合步驟轉入的粉末混合物添加黏著成份之後壓製成藥錠，然後再在壓製成型的藥錠外表裹上糖漿以方便吞嚥。**圖** 5-6 列出混合部門在十月份的成本與生產資料。所有物料都加總至混合步驟的開端。產出是以盎斯來衡量。**圖** 5-6 的資料可以用於說明先進先出法的五大步驟。

步驟 1：實際流程分析

步驟 1 的目的是追蹤生產工作的實際產出單位數量。實際產出數量單位並不等於約當產量，而是可能處於任一完工階段的單位數量。圖中的資料顯示共有 80,000 個實際單位數量（盎斯），其中有 10,000 個單位數量係來自期初存貨。另外的 70,000 個單位數量則自十月份開始。最後仍有完成了百分之四十的 20,000 個單位數量仍屬期末存貨。單位數量的實際流程分析往往必須搭配**實際流程表** (Physical Flow Schedule) 的編製。**圖** 5-7 舉出實際流程表的範例。

根據本例資料編製實際流程表時，必須進行兩項計算工作。首先，將總完工單位數量扣除期初在製品的單位數量，求出當期開始並完工的單位數量。接下來再將當期開始並完工的單位數量加總至期末在製品單位數量，便求出當期開始的單位數量。值得注意的是，「預估產出單位數量」必須等於「實際產出總單位數量」。**圖** 5-7 列示的實際流程表非常重要，其中包含了計算約當產量（步驟 2）所需的資訊。

圖 5-7

實際流動表：混合部門

計算數量：		
數量，期初在製品		10,000
十月份開始的數量		70,000
總計算數量		80,000
計算數量：		
完工並轉出的數量：		
開始並完工	50,000	
期初在製品	10,000	
		60,000
期末在製品數量（完工 40%）		20,000
總計算數量		80,000

步驟 2：約單產量之計算

圖 5-8 說明了如何利用先進先出法來計算約當產量。值得注意的是，期初在製品的約當產量──前期完工之產量──並不視為總約當產量（加總物料作業或加工作業之產品單位數量）的一部份。只有當期預估完工的約當產量才會納入計算範圍。將期初單位數量乘上在製品的百分比之後，便可求出預估完工之約當產量。圖中的範例是將物料加總至期初在製品，因此不需要再加上物料。換言之，求出的單位數量只完成了百分之七十的加工作業，亦即轉換成 3,000 個額外的約當產量 (30% × 10,000)。

圖 5-8

生產之約當產量：先進先出法

	物料	加工
開始並完工之數量		
加項：數量，期初在製品×完工比率：	50,000	50,000
10,000 × 0%		—
10,000 × 30%		3,000
加項：數量，期末在製品×完工比率：		
20,000 × 100%	20,000	—
20,000 × 40%	—	8,000
產出之約當產量	70,000	61,000

步驟 3：單位成本之計算

單位成本之計算必須根據當期成本與當期產出。其計算過程如下：

$$單位物料成本 = \$12,600 / 70,000$$
$$= \$0.18$$
$$單位加工成本 = \$3,050 / 61,000$$
$$= \$0.05$$
$$單位成本 = 單位物料成本 + 單位加工成本$$
$$= \$0.18 + \$0.05$$
$$= \$0.23 / 每盎斯$$

步驟 4：存貨之估價

先進先出法的單位成本可以用於評估當期產出的價值。當期產出分為三類：期末在製品約當產量、當期開始並完成之單位數量與完成期初在製品所需之工作之約當產量。

由於所有的期末在製品約當產量就是當期單位數量（參閱圖 5-8），因此期末在製品成本之計算如下：

物料 (0.18 × 20,000)	$3,600
加工成本 (0.5 × 8,000)	400
總計	$4,000

評估轉出產品之價值的時候，必須考慮兩種完工的單位數量：當期開始並完工的單位數量與期初在製品的完工單位數量。在前述的 60,000 個單位數量中，50,000 個產品是當期開始並完成的單位數量，另外的 10,000 個產品則是期初在製品的完工單位數量（參閱圖 5-7）。當期開始並完工的 50,000 個單位數量代表當期產出，估價為每單位 $0.23。就這 50,000 個產品而言，使用當期單位成本再適當也不過。但是自前期轉出的 10,000 個期初在製品完成單位數量卻不適用本期的單位成本。這些產品在本期期初的時候就已經發生了 $1,350 的製造成本（參閱圖 5-6），已經使用了 10,000 個約當產量的物料和 7,000 個約當產量的加工作業。我們必須在這些期初成本上外加額外的成本才能夠完工。誠如步驟 2 所述，完成這些產品必須外加 3,000 個約當產量的加工作業。這 3,000 個約當產量的加工作業是以當期每一約當產量 $0.05 的成本來計算。換言之，完成這些期初在製品單位數量的總成本則為 $150 ($0.05 × 3,000)。將這 $150 加總至自前期轉入的成本 $1,350，可以求出這些單位數量的總製造成本為 $1,500。前期轉出的單位數量的總成本簡述如下：

當期開始並完工之單位數量 ($0.23 × 50,000)		$11,500
單位數量——期初在製品：		
前期成本	$1,350	
完工成本 ($0.05 × 3,000)	150	1,500
總計		$13,000

步驟 5：成本調整

製造成本調整如下：

預估發生成本：		
期初在製品		$ 1,350
當期發生成本：		
物料	$12,600	
加工成本	3,050	15,650
總計		$17,000
實際發生成本：		
轉出產品：		
單位數量——期初在製品		$ 1,500
當期開始並完工之單位數量		11,500
期末在製品		4,000
總計		$17,000

圖 5-9 說明了先進先出法的生產成本表。

分類帳

十月份混合部門的分類帳如下：

1. 在製品——混合　　　　　12,600
　　物料　　　　　　　　　　　　12,600
　記錄十月份的物料需求。

圖 5-9

愛斯崔樂公司
混合部門
十月份生產報表
（先進先出法）

單位資訊

計算之數量：		計算之數量：	
數量，期初在製品	10,000	完工數量	60,000
開始數量	70,000	數量，期末在製品	20,000
總計算之數量	80,000	總計算之數量	80,000

	物料	加工
開始並完工數量	50,000	50,000
數量，期初在製品	—	3,000
數量，期末在製品	20,000	8,000
產出之約當產量	70,000	61,000

成本資訊

計算之成本：

	物料	加工成本	總計
期初在製品	$ 1,000	$ 350	$1,350
當期發生成本	12,600	3,050	15,650
總計算之成本	$13,600	$3,400	$17,000

約當產量單位成本			
當期成本	$12,600	$ 3,050	
除以約當產量	÷ 70,000	÷ 61,000	
約單產量單位成本	$　0.18	$　0.05	$ 0.23

計算之成本：
轉出之數量：
數量：期初在製品

前期	$ 1,350		
當期 ($0.05 x 3,000)	150		
開始並完工之數量			
($0.23 x 50,000)	11,500	$13,000	
期末在製品：			
物料 (20,000 x $0.18)	$ 3,600		
加工 (8,000 x $0.05)	400	4,000	
總計算之成本		$17,000	

2. 在製品——混合   3,050

    加工成本統制帳目   3,050

    記錄費用之分配與直接人工之發生。

3. 在製品——壓製藥錠   13,000

    在製品——混合   13,000

    記錄自混合步驟轉入壓製藥錠步驟之產品成本。

加權平均法

學習目標五

利用加權平均法，編製部門的生產報表

    減除前期工作與成本的作法會增加簿記的負擔與計算的複雜程度。然而在某些情況下，這些問題可以獲得避免。尤以各個期間的生產成本維持穩定的話，則或能改採加權平均法。加權平均法並未分別追蹤前期與當期的產出與成本。**加權平均法** (Weighted Average Costing Method) 是將期初存貨成本與相關之約當產量視為當期的成本與產量。期初發生的前期產出與期初在製品的製造成本會與當期產出與當期製造成本合併計算。

    期初存貨產出與當期產出的合併可以透過計算約當產量的方式完成。加權平均法是將完工的單位數量加總至期末在製品的約當產量，而求出產出的約當產量。加權平均法會將期初的約當產量納入計算範圍。換言之，這些單位數量都視為當期產出的約當產量的一部份。

    加權平均法是將期初在製品的製造成本直接加總至當期發生的製造成本的方式，來合併前期成本與當期成本。如此求出的總成本就視為當期的總製造成本。

    此處對於加權平均法的說明是以**圖** 5-6 當中愛斯崔樂公司的資料為基礎。利用相同的資料適足以強調先進先出法與加權平均法的差別。以下即為加權平均法的五大步驟。

步驟 1：實際流程分析

    步驟一的目的是追蹤生產的實際單位數量，並據以編製實際流程表。**圖** 5-10 列示了實際流程表的內容，和先進先出法的實際流程表完全相同。

圖 5-10

實際流動表：混合部門

計算之數量：		
數量，期初在製品		10,000
十月份開始之數量		70,000
總計算之數量		80,000
計算之數量：完工並轉出之數量：		
開始並完工	50,000	
期初在製品	10,000	
		60,000
期末在製品數量（完工 40%）		20,000
總計算之數量		80,000

步驟 2：約當產量之計算

　　實際流程表編製完成後，就可以計算十月份的加權平均約當產量。圖 5-11 說明了計算的過程。

　　值得注意的是，衡量十月份的產出之後得到 80,000 單位數量的物料和 68,000 單位數量的加工作業。其中，有 10,000 單位數量的期初在製品物料 (10,000 × 100%) 包含在 60,000 個完工單位數量當中。同樣地，也有 7,000 單位數量的期初在製品加工作業 (70% × 10,000) 是包含在 60,000 個完工加工作業單位數量當中。爲此，期初存貨數量單位便視爲當期開始並完工之單位數量的一部份。

	物料	加工
完工數量	60,000	60,000
加項：數量，期末在製品×完工比例：		
20,000 × 100%	20,000	—
20,000 × 40%	—	8,000
產出之約當產量	80,000	68,000

圖 5-11

生產之約當產量：加權平均法

步驟 3：單位成本之計算

　　除了當期約當產量之外，還需要當期的直接物料成本與加工成本方能計算單位成本。加權平均法的作法是將當期製造成本與期初在製

品相關的製造成本合併計算。換言之，十月份的總直接物料成本被定為 $13,600 ($1,000 + $12,600)，而總加工成本則定義為 $3,400 ($350 + $3,050)。

由於實務上會有不同類別的約當產量的存在，因此必須計算各個類別的單位成本。各個類協的單位成本加總起來，就是完工單位數量的單位成本。沿用前例的資料，單位成本的計算如下：

$$
\begin{aligned}
\text{單位物料成本} &= (\$1,000 + \$12,600) / 80,000 \\
&= \$0.17 \\
\text{單位加工成本} &= (\$350 + \$3,050) / 68,000 \\
&= \$0.05 \\
\text{總單位成本} &= \text{單位物料成本} + \text{單位加工成本} \\
&= \$0.17 + \$0.05 \\
&= \$0.22 / \text{每一完工單位數量}
\end{aligned}
$$

步驟 4：存貨之估價

轉出存貨之估價（步驟 4）是將單位成本乘上完工的產量。

$$
\begin{aligned}
\text{轉出存貨之成本} &= \$0.22 \times 60,000 \\
&= \$13,200
\end{aligned}
$$

計算期末在製品的成本必須先求得每一項製造投入的成本，然後將這些個別的成本加總起來。舉例來說，期末在製品成本必須將期末在製品的物料成本加總至期末在製品的加工成本上。

物料成本是將單位物料成本與期末在製品物料的約當產量的乘積。同樣地，期末在製品的加工成本即為單位加工成本與加工約當產量的乘積。換言之，期末在製品的成本計算如下：

物料：$0.17 × 20,000	$3,400
加工：$0.05 × 8,000	400
總成本	$3,800

步驟 5：成本調整

總製造成本的計算如下：

預估發生的成本：	
期初在製品	$ 1,350
當期發生的成本	15,650
總額	$17,000
實際發生的成本：	
轉出產品	$13,200
期末在製品	3,800
總額	$17,000

生產報表

　　步驟 1 到步驟 5 提供了編製混合部門十月份生產報表的所有必要資訊。圖 5-12 列示生產報表的範例。加權平均法的分類帳與先進先出法的模式相同，便不在此重覆贅述。

先進先出法與加權平均法之比較

　　先進先出法與加權平均法的主要差異分為兩方面：(1) 計算產出的方式，與 (2) 認列為當期單位成本的項目。混合部門的單位成本計算如下：

	先進先出法		加權平均法	
	物料	加工成本	物料	加工成本
成本	$12,600	$ 3,050	$13,600	$ 3,400
產出	70,000	61,000	80,000	68,000
單位成本	$0.18	$0.05	$0.17	$0.05

　　先進先出法與加權平均法採用不同的總成本與不同的產出衡量指標。先進先出法是將期間成本除以期間產出，理論上看來比較合理。然而加權平均法則是將期初在製品成本與當期成本合併計算，並將期初在製產出與當期產出合併計算。如此一來，便可能產生誤差——當加權平均法用於各個期間的投入成本變動很大的時候，尤其如此。

　　再以前文的混合部門為例，先進先出法與加權平均法所求得的加工單位成本一樣；換言之，計算範圍內的兩個期間的投入成本也是一樣的。然而先進先出法求得的單位物料成本是 $0.18，而加權平均法求得的單位物料成本卻是 $0.17。顯而易見地，由於物料成本增加，因此將前期較低的物料成本與當期的物料成本合併計算所求得的加權平均物料成本，就會產生低估當期物料成本的問題。此一全部完工產品的成本只低估了 $0.01 ($0.23 - $0.22)，看起來似乎微不足道。

　　先進先出法與加權平均法對於期末轉出的產品與期末在製品存貨的成本計算也只有 $200 的差額（參閱圖 5-9 與圖 5-12）。此一差額僅佔轉出產品的百分之二 (2%)；至於期末在製品的部份亦僅佔百分之五 (5%)。$0.01 的單位成本差異雖然看似並不重要，但是如果從最終產品的角度來看，卻仍然代表著相當可觀的差異。前文中曾經提過，混合部門將粉末轉至壓製藥錠的部門，粉末壓製成藥錠後再轉至包裝部門。包裝部門把接收的藥錠裝入金屬盒裝容器內。混合部門的產出是以盎斯作為衡量標準。假設四盎斯的粉末可以壓製成四顆藥錠。最終產品的成本將會少算 $0.00，而非 $0.01。這樣的單位成本資訊可能導致錯誤的決策，例如訂價過低或過高的問題。此外，如果其它兩個部門也都採用加權平均法，這些部門的成本也會出現低估的問題。各個部門的細微誤差累積起來可能會造成最終產品成本扭曲的弊端——效果乘數。

　　加權平均法的第二項缺點在前文當中已經提過。加權平均法會合併計算當期與前期的績效。為了達到控制的目的，實務上往往會針對當期的實際成本與當期的預算或標準成本進行比較。然而由於當期績效和前期績效並非完全獨立不相關，因此加權平均法所產生之比較結果的可信度仍有待商榷。

　　加權平均法的主要優點是簡單易行。由於期初在製品視為當期產

品處理，在計算成本的時候，所有的約當產量都屬於同一期間。於是，單位成本計算的條件大幅簡化。然而誠如前文所述，此一作法的正確性與績效衡量的可信度尚有待商榷。先進先出法則沒有這些缺點。值得一提的是，先進先出法和加權平均法在實務上都廣爲企業所採用。或許我們可以推論，加權平均法所可能導致的成本扭曲尚不至於成爲嚴重的問題。

圖 5-12

愛斯崔樂公司
混合部門
十月份生產報告
（加權平均法）

單位資訊

計算之數量：		計算之數量：	
數量，期初在製品	10,000	完工數量	60,000
開始數量	70,000	期末在製品數量	20,000
總計算之數量	80,000	總計算之數量	80,000

	約當產量	
	物料	加工成本
完工數量	60,000	60,000
期末在製品數量	20,000	80,000
約當產量	80,000	68,000

成本資訊

計算之成本：

	物料	加工成本	總計
計算之成本：			
期初在製品	$ 1,000	$ 350	$ 1,350
當期發生成本	12,600	3,050	15,650
總計算之成本	$ 13,600	$3,400	$17,000
除以約當產量	÷ 80,000	÷ 68,000	
約當產量單位成本	$ 0.17	$ 0.05	$ 0.22

計算之成本：

轉出產品 (60,000 × $0.22)		$13,200	
期末在製品：			
物料 (20,000 × $0.17)	$3,400		
加工 (8,000 × 0.05)	400	3,800	
總計算之成本		$17,000	

轉入產品之處理

學習目標六

利用轉入產品與產出指標之變動，編製部門的生產報表。

在分步製造環境當中，許多部門會固定地接受前一部門轉入之半成品。舉例來說，在先進先出的原則下，從混合部門轉至壓製藥錠部門的產品價值爲 $13,000。這些移轉的產品對後面的接收部門而言，具有原料的性質——在後面接收部門的期初時候加進來的物料。常用的方法是在計算約當產量的時候將這些轉入的產品視爲個別的物料類別。因此，我們現在擁有三種製造投入類別：轉入物料、增加物料與加工成本。再以愛斯崔樂公司爲例，壓製成錠的部門從混合部門接收轉入的物料——也就是粉末狀的混合物質，加上包裹藥錠的糖衣（直接物料），利用人工與費用將粉末加工成藥錠。

實務上處理轉入產品的時候，必須記住三項重點。首先，此一物料成本係前一部門計算之轉出產品之成本。其次，假設相連部門的產出衡量指標之間具有一對一的關係，後面部門開始加工的單位數量即爲前一部門轉出之單位數量。最後，轉出部門的單位數量與接收部門的單位數量的衡量結果可能有所不同。在這種情況下，轉入產品必須轉換成第二個接收部門所使用的衡量單位數量。

爲了說明分步成本法如何應用在接收轉入產品之部門，謹以愛斯崔樂公司的壓製藥錠部門爲例。壓製藥錠部門從混合部門接收粉末狀的混合物，將粉末壓製成藥錠之後再將藥錠裏上糖衣。混合部門的單位數量是以盎斯作爲衡量標準，然而壓製藥錠部門卻是以藥錠的顆粒作爲衡量標準。將盎斯轉換成顆粒的時候，我們必須瞭解盎斯與顆粒之間的關係。在壓製藥錠的步驟一開始的時候，會添加化學藥劑，粉末的盎斯會提高百分之十 (10%)。新的混合物每一盎斯可以轉換成四顆藥錠。換言之，將轉入物料轉換成新的產出指標的時候，必須乘上 1.1、再乘 4，或者將轉入單位數量直接乘上 4.4。

現在讓我們來研究十月份當中，愛斯崔樂公司壓製藥錠部門的資料。假設愛斯崔樂公司採用加權平均法。壓製藥錠部門十月份的成本與生產資料列示於圖 5-13。值得注意的是，圖中的十月份轉入成本其實就是混合部門十月份的轉出成本（圖 5-12 顯示，混合部門總共

轉出了 $60,000 盎斯的粉末，成本為 $13,200）。另外值得一提的是，壓製藥錠部門的產出是以藥錠數量作為衡量的指標。根據**圖** 5-13 所提供的資料，我們可以利用下列五道步驟來計算壓製藥錠部門的成本。

生產：

在製品數量，10 月 1 日，完工 80%[a]	16,000 （錠）
完工並轉出之數量	250,000
在製品數量，10 月 30 日，完工 30%[a]	30,000

成本：

在製品，10 月 1 日：	
轉入成本	$800
物料（黏著劑）[b]	300
加工成本	180
總計	$1,280
當期成本：	
轉入成本	$13,200
物料（黏著劑）[b]	2,500
加工成本	5,000
總計	$20,700

圖 5-13

愛斯崔樂公司藥錠製成部門之生產與成本資料：十月份

[a] 在加工成本方面，物料為 100% 完工，因為物料在製程一開始的時候即已加入。
[b] 藥錠糖衣之成本並不重要，因此被加在加工成本項目中。

步驟 1：實際流程表

　　編製壓製藥錠部門的實際流程表的時候，必須考慮混合部門的相關資料：

預估生產的單位數量：	
單位數量——期初在製品	16,000
十月份轉入單位數量	264,000[*]
預估生產的總單位數量	280,000

實際生產的單位數量：

完工並轉出的單位數量：

開始並完工的單位數量	234,000	
轉自期初在製品的單位數量	16,000	250,000
期末在製品的單位數量		30,000
實際生產的總單位數量		280,000

*60,0004.4 （將轉入單位數量由盎斯轉換成顆粒數目）

步驟 2：約當產量之計算

圖 5-14 說明了如何計算約當產量。值得注意的是，自混合部門轉入的產品在壓製藥錠部門時被視為物料，轉入物料總是維持百分之百的完整，因為它們在步驟的期初就被併入。

圖 5-14

生產約當產量：加權平均法

	轉入物料	加入物料	加工成本
完工數量	250,000	250,000	250,000
加項：數量，			
期末在製品×完工比例：			
30,000 × 100%	30,000	—	—
30,000 × 100%	—	30,000	—
30,000 × 30%	—	—	9,000
產出之約當產量	280,000	280,000	259,000

步驟 3：單位成本之計算

計算單位成本之前必須先求初每一項投入類別的單位成本：

$$單位轉入成本 = (\$800 + \$13,200) / 280,000$$
$$= \$0.05$$
$$單位物料成本 = (\$300 + \$2,500) / 280,000$$
$$= \$0.01$$
$$單位加工成本 = (\$180 + \$5,000) / 259,000$$
$$= \$0.01$$

總單位成本 ＝ $0.05 ＋ $0.01 ＋ $0.02

＝ $0.08

步驟 4：存貨之估價

轉出產品的成本即為單位成本與完工的單位數量：

轉出產品成本 ＝ $0.08 × 250,000

＝ $20,000

計算期末在製品成本的時候，應將分別計算各項投入的成本，然後再加總起來：

轉入產品：$0.05 × 30,000	$1,500
添加的物料：$0.01 × 30,000	300
轉換成本：$0.02 × 9,000	180
總計	$1,980

圖 5-15 列出包括步驟 5（文章當中省略）的生產成本表。

分析後續部門只帶來了一個額外的問題，也就是轉入類別的出現。誠如前文所述，轉入類別的處理方式和其它類別其實大同小異。然而請各位牢記的是，這一類原物料的當期成本是自前一步驟轉入之單位數量之成本；此外，自前一部門轉入之單位數量即為本期開始的單位數量（產出衡量如有差異，均應進行調整）。

作業成本法

並非所有的製造業都擁有單純的分批生產環境或單純的分步生產環境。許多製造業同時擁有分批環境與分步環境的特色。這些綜合性 (Hybrid) 的環境往往採用批次生產法。**批次生產法** (Batch Production Processes) 是生產一批一批不同的產品。利用批次生產法生產的產品在某些方面完全一樣，在某些方面卻不盡相同。特別值得一提的是，許多製造業所生產的產品基本上對於加工投入的需求完全一樣，但是卻在物料的需求上出現差異。換言之，加工作業非常類似、甚至

學習目標七

說明作業成本法的基本特色。

圖 5-15

阿斯匹樂公司
藥錠製成部門
十月份生產報告
（加權平均法）

單位資訊

計算之數量：		計算之數量：	
數量，期初在製品	16,000	完工數量	250,000
開始數量	264,000	數量，期末在製品	30,000
總計算之數量	280,000	總計算之數量	280,000

	總約當產量		
	轉入	物料	加工成本
完工數量	250,000	250,000	250,000
期末在製品數量	30,000	30,000	9,000
總約當產量	280,000	280,000	259,000

成本資訊

計算之成本：

	轉入	物料	加工成本	總計
期初在製品	$ 800	$ 300	$ 180	$ 1,280
當期發生成本	13,200	2,500	5,000	20,700
總計算之成本	$14,000	$ 2,800	$ 5,180	$21,980
除以約當產量	÷ 280,000	÷ 280,000	÷ 259,000	
約當產量單位成本	$ 0.05	$ 0.01	$ 0.02	$ 0.08

計算之成本：

轉出產品 (250,000 × $0.08)		$20,000
期末在製品：		
轉入 ($0.05 × 30,000)	$1,500	
物料 (30,000 × $0.01)	300	
加工 (9,000 × $0.02)	180	1,980
總計算之成本		$21,980

完全一樣，但是使用的物料卻大不相同。舉例來說，生產蘋果或是櫻桃口味的比薩佐料罐頭所需要的加工作業基本上非常相近，但是蘋果或是櫻桃等的物料成本卻可能南轅北轍。同樣地，女裙的加工作業可能一模一樣，但是物料成本卻可能有天壤之別，端視使用的纖維性質而定（例如是純羊毛、還是化學纖維），舉凡服飾業、紡織業、製鞋

業和食品業等都是可能採用批次生產法的範例。這些企業往往採用一種稱為作業成本法的成本制度。

作業成本法之基本概念

　　作業成本法 (Operation Costing) 綜合了分批成本法與分步成本法之特色，適用於同質產品之批次生產之成本計算。作業成本法利用分批成本法來分類各個批次的物料成本，再利用分步成本法來分類加工成本。由於每一批次生產所需的物料不同，但是每一道步驟（通常稱為作業）卻需要相同的加工資源，因此適合採用此一綜合性質的成本方法。雖然不同的批次可能需要不同的作業，但是同一道步驟所需要的加工作業卻不因批次的不同而有所差異。

　　工作訂單 (Work Orders) 是用以蒐集每一批次的生產成本。工作訂單同樣也能夠用以開始生產作業。利用工作訂單來開始生產作業並追蹤每一批次的成本，是作業成本法的特點之一。然而由於各個批次的產品在同樣的作業過程係使用相同的加工資源，因此每一個產品（無論屬於哪一批次）可以視為單一的同質單位來處理。這也是作業成本法的特點之一，有助於簡化加工成本的分配。

　　作業成本法是利用領料單來標明所需物料、數量與價格、以及工作訂單號碼。利用領料單作為來源文件，可以將物料成本過帳至工作訂單表。實務上必須蒐集不同步驟的加工成本，然後利用預估加工比率（和預估費用比率的概念相同）來分配產品的加工成本。每一個部門都會設定預算加工成本，並利用單位基礎作業動因——例如直接人工小時或機器小時——來計算每一部門（步驟）的個別的加工比率。舉例來說，假設裁縫部門的預估加工成本是 $100,000（包括了直接人工、折舊、耗用物料和能源動力等），而作業的實際產能是 10,000 機器小時，則加工比率的計算如下：

　　　加工比率 = $100,000 / 10,000 機器小時

　　　　　　　 = $10 / 每一機器小時

　　假設裁縫作業製造兩批鞋子：其中一批是五十雙男用皮靴，另一批則是五十雙女用皮製平底涼鞋。首先，這兩批產品的物料需求明顯

不同，所以必須分開追蹤物料成本（分批成本法的特點）。其次，這兩批產品無論內容是靴子或涼鞋，明顯地都需要同樣的裁縫作業（分步成本法的特點）。假設男用皮靴需要 25 機器小時，則此批產品將會分配到 $250 的加工成本（$10 × 250 機器小時）。假設女用涼鞋需要 12 機器小時，那麼分配到的加工成本則爲 $120（$10 × 12 機器小時）。於是，雖然這兩批產品每一機器小時使用的資源相同，但是每一道作業所使用的資源總數卻不一樣。因此，我們必須使用工作訂單來蒐集每一批次的成本。

　　圖 5-16 列示出作業成本法的實際流程與成本流程。圖中共有兩批產品和三道步驟。圖一代表實際流程，圖二則爲成本流程。英文字母 a 和 f 分別代表分配至各個批次的物料成本。本例當中假設所有的物料在期初均已發出。換言之，物料成本必須分配至每一批次的期初在製品中。本例同時也說明了這兩個批次不需要經過所有的步驟。甲批產品流經步驟 2 和步驟 3，而乙批產品則流經步驟 1 和步驟 2。每一道步驟後面的英文字母代表加工成本係分配至哪一批產品中。

作業成本法範例

　　爲了說明作業成本法的應用，再以本章一開始的的維他命與礦物質製造商爲例。假設愛斯崔樂公司生產不止一種相關產品。除了多種維他命礦物質產品之外，愛斯崔樂公司也生產單一維他命礦物質產品，例如瓶裝的維他命 c、維他命 E、鈣片等。假設愛斯崔樂公司也生產濃度高低不一的產品（例如 200 毫克和 300 毫克的維他命 C），同時也使用不同容量的瓶子包裝（例如 60 錠裝和 120 錠裝）。維他命礦物質產品共有四道步驟：選料、製成膠囊、製成藥錠和裝罐。假設愛斯崔樂公司接受下列兩項工作訂單：

	工作訂單 100 號	工作訂單 101 號
直接物料	抗壞血酸	維他命 E
	膠囊	維他命 C
	罐裝（100 顆膠囊）	維他命 B-1

（接續 278 頁）

圖 5-16

作業成本法之基本特色

圖一：實際流程

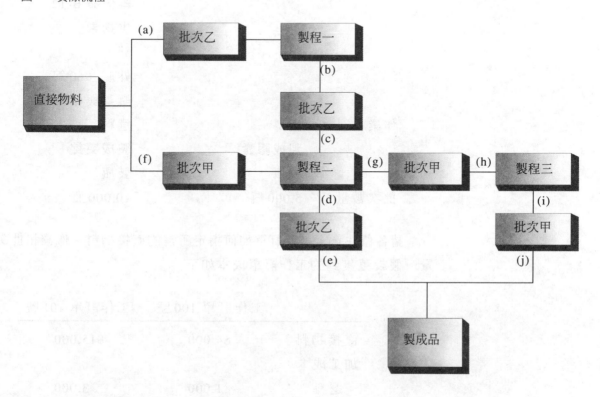

圖二：成本流程（金額和圖一的英文字母相對應）

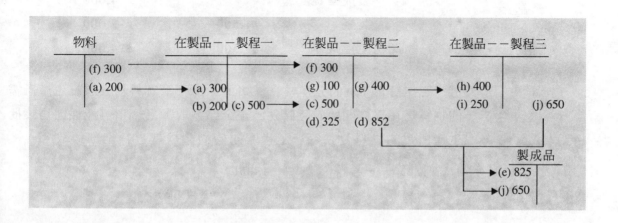

	工作訂單 100 號	工作訂單 101 號
	瓶蓋與標籤	維他命 B-2
		維他命 B-4
		維他命 B-12
		生物素
		鋅
		外瓶（60 錠）
		瓶蓋與標籤
作業	選料	選料
	製成膠囊	製成藥錠
	裝瓶	裝瓶
批次數量	5,000 瓶	10,000 瓶

請各位注意，工作訂單如何指定所需的直接物料、作業和批次數量。假設蒐集到的工作訂單成本如下：

	工作訂單 100 號	工作訂單 101 號
直接物料	$4,000	$15,000
加工成本：		
選料	1,000	3,000
製成膠囊	3,000	—
製成藥錠	—	4,000
裝瓶	1,500	2,000
總生產成本	$9,500	$24,000

工作訂單 100 的分類帳登錄如下。第一筆資料代表該批生產所需的物料是在工作開始的時候就已經全部領取。另一項可能性則是該批生產所需的物料是在每一道步驟開始的時候就已經全部領取。

1. 在製品——選料　　　　　　4,000
　　物料　　　　　　　　　　　　　　4,000

2. 在製品——選料　　　　　1,000

　　分配之加工成本　　　　　　　　　1,000

3. 在製品——製成膠囊　　　5,000

　　在製品——選料　　　　　　　　　5,000

4. 在製品——製成膠囊　　　3,000

　　分配之加工成本　　　　　　　　　3,000

5. 在製品——裝瓶　　　　　8,000

　　在製品——製成膠囊　　　　　　　8,000

6. 在製品——裝瓶　　　　　1,500

　　分配之加工成本　　　　　　　　　1,500

7. 製成品　　　　　　　　　9,500

　　在製品——裝瓶　　　　　　　　　9,500

另一項工作訂單的分類帳和上表登錄方式雷同，因此不再贅述。

結語

本章旨在說明分步成本制度的基本架構。討論的內容包括成本流程、分類帳、和生產成本表等。此外，本章說明了分步成本法也適用於服務業和及時製造環境。服務業和及時製造環境通常沒有重要的在製品存貨，因此代表了作業成本法最簡單、最直接的應用方式。

在製品存貨的有無會影響分步成本法在實務上應用的難易程度。如果有在製品存貨，就必須利用約當產量來衡量產出。同樣地，如果有期初在製品存貨，就必須決定如何處理前期的工作與成本。處理期初在製品存貨的方法有二：先進先出法與加權平均法。先進先出法符合產品成本計算的原則——將當期成本除以當期產出，就得到當期單位成本，因此理論上似乎較為合理。使用先進先出法的時候，必須減去前期工作與前期成本。然而單獨追蹤前期工作與前期成本並不容易。加權平均法較不複雜，惟其控制功能與正確性仍有待商榷。

本章同時也說明在多重步驟的環境下，應該如何應用生產成本方法。轉入產品的影響與產出衡量方式的可能變動也在本章探討的範圍。最後，作者介紹了一種綜合性成本方法，謂之作業成本法。作業成本法適用於生產批次同質產品的製造業。

附錄：邦廢品

分步成本環境當中發生瑕疵品的時候，會影響生產報表的成本。茲以派森公司為例說明之，派森公司的產品共有兩道步驟：混合與烹調。混合步驟所需要的物料是在步驟開始的時候就全部加入。所有其它的製造投入是以一致規律的方式加入。二月份，混合步驟的資料如下：

a. 期初在製品 (BWIP)，2月1日：100,000磅，就加工成本來看，完成了百分之四十。此處分配的成本如下：

物料	$20,000
人工	10,000
費用	30,000

b. 期末在製品 (EWIP)，2月28日：50,000磅，就加工成本來看，完成了百分之六十。

c. 完工與產出單位數量：360,000磅。當月增加下列成本：

物料	$211,000
人工	100,000
費用	270,000

d. 所有單位數量的百分之八十(80%)在完工的時候會進行檢查。一經發現瑕疵品即予報廢。二月份，共發生 10,000 磅的報廢品。

接下來，我們要看的是生產成本表的五道步驟。首先，我們必須編製實際流程表。

預估生產的單位數量：	
單位數量——期初在製品	100,000
開始單位數量	320,000
預估生產的總單位數量	420,000

實際生產的單位數量：

轉出的單位數量	360,000
報廢的單位數量	10,000
單位數量——期末在製品	50,000
實際生產的總單位數量	420,000

步驟 2 則是編製約當產量表。

	物料	加工
完工的單位數量	360,000	360,000
報廢的單位數量完工比例：		
物料(10,000 × 100%)	10,000	
加工(10,000 × 80%)	8,000	
期末在製單位數量完工比例：		
物料(50,000 × 60%)	50,000	—
加工(50,000 × 60%)	—	30,000
產出的約當產量	420,000	398,000

則每一單位約產產量的成本如下：

直接物料單位成本 = ($20,000 + $211,000) / 420,000 = $0.55
加工單位成本 = ($40,000 + $370,000) / 398,000 = $1.03
總單位成本 = $1.58 / 每一單位約當產量

　　現在我們必須計算轉出產品成本與期末在製品成本。如果報廢品屬於正常範圍（預期範圍）內，則報廢單位數量的成本應該加總至產出單位數量成本。在這種情況下，檢查的比例為百分之八十 (80%) 的完工產品。換言之，沒有任何報廢品是來自於期末在製品（因為這些報廢品僅達百分之六十的完成度，且尚未經過檢查）。也就是說，所有報廢品的成本應該分配至轉出產品。

轉出產品成本：

產品數量 $1.58 × 360,000 $568,800

報廢數量 ($0.55 × 10,000) + ($1.03 × 8,000)   13,740

    $582,540

期末在製品成本 = ($0.55 × 50,000) + ($1.03 × 30,000) $58,400

成本調整如下：

預估發生成本：	
期初在製品	$ 60,000
增加成本	581,000
預估發生總成本：	$641,000
實際發生成本：	
轉出產品	$582,540
期末在製品	58,400
實際發生總成本：	$640,940*

* 誤差 $60 乃四捨五入之故。

假設報廢品超過正常範圍，則報廢品必須分配至報廢損失帳目。此時，成本的計算過程如下：

轉出產品成本 = $1.58 × 360,000 = $568,800

報廢數量 = ($0.55 × 10,000) + ($1.03 × 8,000) =   13,740

期末在製品成本 = ($0.55 × 50,000) + ($1.03 × 30,000) = $58,400

成本調整如下：

預估發生成本：	
期初在製品	$ 60,000
增加成本	581,000
預估發生總成本：	$641,000

實際發生成本：

轉出產品	$568,800
異常報廢損失	13,740
期末在製品	58,400
實際發生總成本：	$640,940 *

＊誤差 $60 乃四捨五入之故。

　　請各位特別注意，正常報廢與異常報廢之個別處理方式。報廢產品屬於正常範圍內時，其報廢成本並不分開列計，而是直接加總至產出總成本。於是，我們無法確知究竟有多少報廢品加總至總製造成本，也不確定是否應該設法降低報廢比例。異常報廢的處理方式更能強調全面品質管理，而不容許有浪費的情形發生。報廢品的產品成本採取分開列計的方式。可想而知，實施全面品質管理的工廠不僅會將報廢品視為異常，也會找出與這些報廢品相關的作業以思改善。

習題與解答

　　派森公司的產品必須經過兩道步驟：混合與烹煮。這兩道步驟都採用加權平均法來計算其個別的成本。混合步驟需要的物料是在步驟開始的時候就全部領取。所有其它的製造投入是以一致規律的方式加入。二月份，混合步驟的資料如下：

a. 期初在製品 (BWIP)，2 月 1 日：100,000 磅，就物料而言已經完成了百分之一百，就加工成本而言已經完成了百分之四十。此一步驟分配到的成本如下：

物料	$20,000
人工	10,000
費用	30,000

b. 期末在製品 (EWIP)，2 月 28 日：50,000 磅，就物料而言，已經完成了百分之一百，就加工成本而言，已經完成了百分之四十。

　　　c. 完工與轉出單位數量：370,000磅。二月份增加的成本如下：

物料	$211,000
人工	100,000
費用	270,000

作業：

1. 請編製實際流程表。
2. 請編製約當產量表。
3. 請算出約當產量之單位成本。
4. 請算出轉出產品成本與期末在製品成本。
5. 請編製成本調整表。

解答

1. 實際流程表

預估發生成本：	
單位數量——期初在製品	100,000
本期開始之單位數量	320,000
預估發生之總成本	420,000
實際發生成本：	
完工並轉出之單位數量：	
開始並完工	270,000
自期初在製品轉入	100,000
	370,000
單位數量——期末在製品	50,000
實際發生總成本	420,000

2. 約當產量表：

	物料	加工
完工之單位數量	370,000	370,000
單位數量——期末在製品×完工比例：		

（接續下頁）

物料 (50,000 × 100%)	50,000	—
加工 (50,000 × 60%)	—	30,000
產出之約當產量	420,000	400,000

3. 約當產量之單位成本：

直接物料單位成本 = ($20,000 + $211,000) / 420,000 = $0.550

加工單位成本 = ($40,000 + $370,000) / 400,000 = $1.025

總單位成本 = $1.575 / 每一單位約當產量

4. 轉出產品成本與期末在製品成本：

$$轉出成本 = \$1.575 \times 370,000$$
$$= \$582,750$$

$$期末在製品成本 = (\$0.55 \times 50,000) + (\$1.025 \times 30,000)$$
$$= \$58,250$$

5. 成本調整：

預估發生成本：	
期初在製品	$ 60,000
增加成本	581,000
預估發生總成本	$641,000
實際發生成本：	
轉出產品	$582,750
期末在製品	58,250
實際發生總成本	$641,000

重要辭彙

Batch production processes 批次生產步驟

Cost reconciliation 成本調整

Equivalent units of output 產出約當產量

FIFO costing method 先進先出成本法

Operation costing 作業成本法

Physical flow schedule 實際流程表

Processes 步驟

Process costing principle 分步成本原則

Production report 生產報表

Transferred-in cost 轉入成本

Weighted average costing method 加權平均成本法

Work orders 工作訂單

問題與討論

1. 何謂「步驟」？請舉出一個例子來說明其定義。

2. 請說明分步成本法與分批成本法之差異。

3. 產品自某一步驟轉至下一步驟時，必須進行哪些分類帳登錄？產品自最終生產步驟轉至倉庫時，又必須進行哪些分類帳登錄？

4. 採用分批成本法與分步成本法的企業，其製造成本流程有何異同？

5. 何謂「轉入成本」？

6. 請解說對接收部門而言，其轉入成本爲何視爲特別類型的原料？

7. 何謂「生產報表」？生產報表的編製有何目的？

8. 分步成本法是否適用服務業？請說明你的理由。

9. 請解說分步成本法如何應用於採取及時製造制度的企業中。

10. 何謂「約當產量」？分步成本制度中爲什麼需要瞭解約當產量？

11. 各個步驟的所需物料是在步驟開始或結束的時候——而非一致規律地——加入的情況下，約當產量之計算會受到什麼影響？

12. 請針對分步成本法當中各個步驟的製造作業，說明其會計處理之五道步驟。

13. 試說明加權平均法如何處理前期成本與前期產出。此外，先進先出法又是如何處理前期成本與前期產出？

14. 在哪些情況下，加權平均法與先進先出法的計算結果幾乎一模一樣？

15. 請就轉出產品成本之分配，說明加權平均法與先進先出法之差異？

16. 試問，加權平均法之缺點爲何？優點呢？

17. 計算約當產量的時候，應該如何處理轉入成本？

18. 何謂「作業成本法」？使用於哪些情況？
19. 工作訂單在作業成本法當中扮演何種角色？

個案研究

　　納朗嘉公司共有三個製程部門：製模、組裝與表面處理。在年度開始的時候（1月1日），沒有在製品或製成品存貨。已知一月份的資料如下：

5-1
分類帳

部門	增加之製造成本*	期末在製品
製模	$120,000	$30,000
組裝	110,000	25,000
表面處理	100,000	5,000

*只包含用以處理自前一步驟轉入之半成品的直接物料、直接人工與費用。轉入成本並未包括在內。

作業：

1. 請登錄分類帳，用以表示成本自某一步驟至下一步驟之移轉（包括移轉最後一道步驟之成本的移轉）。
2. 請編製第1題的分類帳的T帳目，並利用箭頭來表示成本的流程。

　　已知當地的一所郵局是根據郵遞區號來分檢郵件。一月份的時候，郵局總共分檢了 100,000 封郵件。分檢郵件的成本如下：

5-2
分步成本法：服務業

直接人工	$5,000
費用	2,000
總數	$7,000

作業：

1. 請解說分步成本法適用於郵件檢索作業之原因。
2. 請計算郵件分檢作業之單位（每一封郵件）成本。

3. 分檢作業並無直接原料。沒有直接物料是服務的典型特徵嗎？如果不是，請舉例說明使用直接物料的服務。

<table>
<tr><td>5-3</td></tr>
<tr><td>及時製造與分步成本法</td></tr>
</table>

愛爾蘭公司採用及時製造制度。愛爾蘭公司的每一座工廠內都設置了數個製造小組。其中一個製造小組生產電暖器。三月份的生產成本如下：

小組人工	$ 20,000
直接物料	50,000
費用	40,000
總數	$110,000

三月份總共生產與銷售了 10,000 台電暖器。

作業：

1. 請解說分步成本法可以用於計算電暖器生產成本的原因。
2. 請計算每一台電暖器的單位成本。

<table>
<tr><td>5-4</td></tr>
<tr><td>實際流程；約當產量；單位成本，沒有期初在製品存貨</td></tr>
</table>

視特美公司生產毋須眼科醫師處方就可以配置的眼鏡的標準鏡框。鏡框的生產需要經過：製模與組裝。製模步驟的資料如下：

期初在製品	—
開始的單位數量	92,500
原料成本	$92,500
直接人工成本	$9,150
已分配費用	$13,725
單位數量——期末在製品（物料 100%；加工 80%）	5,000

作業：

1. 請編製實際流程表。
2. 請計算下列之約當產量：
   a. 原料
   b. 加工

3. 請計算下列之單位成本：

　a. 原料

　b. 加工

　c. 總製造

4. 請提供下列資訊：

　a. 轉出單位數量之總成本。

　b. 從製模轉入組裝之移轉成本的分類帳。

　c. 分配至期末存貨單位數量之成本。

滑特樂公司製造家庭用清潔劑。製造清潔劑的第一道步驟是混合，也就是混合清潔劑所需的化學物質。一九九八年的資料如下：

> 5-5
> 生產報表：不具期初存貨

在製品，1998 年 1 月 1 日	—
開始的加侖數	75,000
轉出的加侖數	63,000
原料成本	$75,000
直接人工成本	$148,800
已分配費用	$223,200

混合步驟開始的時候，就加入所需的物料。就人工與費用來看，期末存貨已經完成了百分之九十五 (95%)。

作業：請編製混合步驟於一九九八年的生產報表。

費朗嘉公司製造的產品必須經過兩道步驟。以下是第一道步驟在六月份的資料：

> 5-6
> 加權平均法；先進先出法；實際流程；約當產量

1. 步驟開始的時候，就加入所需要的全部物料。

2. 期初在製品有 6,000 單位；就加工成本而言，已經完成了百分之三十 (30%)。

3. 期末在製品有 4,400 單位；就加工成本而言，已經完成了百分之二十五 (25%)。

4. 此一步驟開始生產的產品有 10,000 單位。

作業：

1. 請編製實際流程表。
2. 請利用加權平均法計算約當產量。
3. 請利用先進先出法計算約當產量。

5-7
先進先出法：轉出品
與期末在製品之估價

安德斯公司採用先進先出法來計算生產成本。已知第一道步驟的約當產量表如下：

	物料	加工成本
開始並完工的單位數量	22,000	22,000
單位數量——期初在製品		
10,000 × 0%	—	—
10,000 × 40%	—	4,000
單位數量——期末在製品		
8,000 × 100%	8,000	—
8,000 × 75%	—	6,000
產出的約當產量	30,000	32,000

該期間之約當產量單位成本如下：

物料	$1.50
加工成本	2.50
總數	$4.00

期初在製品成本是 $10,000 的物料和 $20,000 的加工成本。

作業：

1. 請訂出期末在製品成本與轉出產品成本。
2. 請編製實際流程表。

5-8
約當產量——加權平
均法

下表為四個獨立的分步成本部門的資料。製造投入是採連續、一致的方式。

	A	B	C	D
期初存貨	3,200	1,500	—	27,000
完工百分比	33	40		75
開始的單位數量	19,200	20,000	48,000	33,000
期末存貨	4,000	—	9,000	8,000
完工百分比	25	—	30	20

作業：請利用加權平均法，計算上述每一道步驟的生產約當產量。

沿用個案 5-8 的資料，請利用先進先出法，計算上述每一道步驟的生產約當產量。

<table><tr><td>5-9
約當產量；先進先出法</td></tr></table>

華森公司生產攝影機用的塑膠材質的外盒。這項產品必須經過三道步驟。五月份的時候，第一道步驟的約單產量表如下：

<table><tr><td>5-10
加權平均法；單位成本；轉出產品與期末在製品之估價</td></tr></table>

	物料	加工成本
完工之單位數量	5,000	5,000
單位數量——期末在製品×完工比例：		
6,000 × 100%	6,000	—
6,000 × 50%	—	3,000
產出的約當產量	11,000	8,000

已知期初在製品所分配到的成本為：物料 $30,000 和加工 $5,000。五月份發生的製造成本包括：物料 $25,000 和加工 $65,000。華森公司採用加權平均法。

作業：

1. 請計算五月份的單位成本。
2. 請訂出期末在製品成本與轉出產品成本。

5-11
先進先出法；單位成本；轉出產品與期末在製品之估價

懷特公司生產男性襯衫，並採用先進先出法來計算製造成本。懷特公司的產品必須經過兩道步驟：裁剪與縫紉。四月份，懷特公司的會計長編製了裁剪部門的約當產量表，其內容如下：

	物料	加工成本
開始並完工的單位數量	8,000	8,000
單位數量——期初在製品：		
2,000 × 0%	—	—
2,000 × 50%	—	1,000
單位數量——期末在製品：		
4,000 × 100%	4,000	—
4,000 × 25%	—	1,000
產出的約當產量	12,000	10,000

期初在製品成本為 $2,000 的物料和 $8,000 的加工。四月份發生的製造成本凹括 $24,000 的物料和 $32,000 的加工成本。

作業：

1. 請編製四月份的實際流程表。
2. 請計算四月份約當產量的單位成本。
3. 請訂出期末在製品成本與轉出產品成本。
4. 請編製成本自裁剪部門移至縫紉部門的分類帳。

5-12
加權平均法；約當產量；單位成本；多重步驟

滿福公司生產的產品必須經過兩道步驟：混合與烹煮。十月份的時候，混合部門移轉 10,000 單位至烹煮部門。轉入第二道步驟的單位數量的成本為 $20,000。第二道步驟的物料是以連續、規律的方式加入。兩道步驟採用同樣的指標來衡量單位數量。

十月份，第二道步驟（烹煮）的實際流程表如下：

預估生產的單位數量：	
單位數量——期初在製品	2,000（40% 完工）
單位數量——本期開始	?

（接續下頁）

預估生產總單位數量	?

實際生產的單位數量：

單位數量——期末在製品	4,000（50% 完工）
單位數量——本期完工	?
實際生產總單位數量	?

　　烹煮部門的期初在製品成本為物料 $2,500、加工成本 $3,000 和轉入成本 $4,000。十月份增加的成本則為物料 $16,000、加工成本 $25,000 和轉入成本 $20,000。

作業：

1. 假設滿福公司採用加權平均法。請利用加權平均法，編製約當產量表。

2. 請計算十月份的單位成本。

　　沿用個案 5-12 的資料。假設滿福公司採用的是先進先出法。

作業：請編製約當產量表，並請計算十月份的單位成本。

> 5-13
> 先進先出法：約當產量；單位成本；多重步驟

　　貝斯特公司擁有兩個生產步驟：組裝與表面處理。貝斯特公司利用每一人工小時 $10 的預估費用比率來分配生產的費用。四月份的作業資料如下：

> 5-14
> 分類帳：期末存貨成本

a. 發出原物料給組裝步驟，$24,000。

b. 直接人工成本：組裝步驟，500 小時，每小時 $9.20；表面處理步驟，400 小時，每小時 $8。

c. 將費用分配至生產步驟。

d. 轉入表面處理步驟之產品，$32,500。

e. 轉入製成品倉庫之產品，$20,500。

f. 發生的實際費用，$10,000。

作業：

1. 請編製上述交易之所需分類帳。

2. 假設組裝步驟和表面處理步驟都沒有期初在製品存貨。請訂出每一步驟的期末在製品存貨的成本。

諾威公司生產塑膠製玩具水槍。每一把手槍的左、右兩半模型是由製模部門負責生產。左、右兩個半邊的模型再被送至組裝部門，插入板機部份的內部組件之後，再將兩個半邊黏接起來。（製模部門的產出單位包括左、右兩半，缺一不可。）六月份的時候，製模部門提出下列資料：

a. 製模部門，所有的物料都是在開始的時候就全部加入。

b. 期初在製品包括 3,000 單位，就直接人工與費用來看，已經完成了百分之二十。期初存貨成本包括直接物料 $450 和加工成本 $138。

c. 六月份增加的生產成本是 $950 的直接物料和 $2,174.50 的加工成本。

d. 六月底的時候，共轉出 9,000 個單位給表面處理部門，留下 1,000 個單位的期末存貨，已經完成了百分之二十五。

作業：

1. 請編製實際流程表。

2. 請計算直接物料與加工成本之約當產量。

3. 請計算單位成本。

4. 請計算六月底轉至表面處理部門之產品之成本，並請計算期末存貨成本。

5. 請編製產品由製模部門轉至表面處理部門之分類帳。

沿用個案 5-15 的資料。假設諾威公司採用先進先出法。

作業：

1. 請編製實際流程表。

2. 請計算直接物料與加工成本之約當產量。

3. 請計算單位成本。

4. 請計算六月底轉至表面處理部門之產品之成本以及期末存貨成本。

可口麵包公司生產麵包，並銷往美國堪薩斯州各地。可口麵包公司生產三種型式的麵包，分別是：條狀麵包、麵包捲和小圓麵包。生產過程中共有七道作業。

a. 混合：將麵粉、牛奶、發酵粉、鹽、奶油等放入大型的容器內攪拌。

b. 塑型：利用輸送帶將麵粉團移至能夠稱重與壓成條狀、圓型等形狀的機器。

c. 發酵：稱過重量並已做成一定形狀的麵粉團在等待發酵。

d. 烘烤：麵粉團移至烤箱內。（麵粉團先放在烤盤上，再推進烤箱內烤二十分鐘。）

e. 冷卻：取出烤好的麵包，放在室溫下冷卻。

f. 切割：切成條狀或將小圓麵包對切。

g. 包裝：將切好的麵包包裝起來。

可口麵包公司是以批次的方式生產麵包。批次的數量視個別的訂單而定（訂單來自於堪薩斯州各地的零售麵包店）。通常當某一批次的訂單完成混合步驟之後，下一批次的訂單就接著開始混合作業。

作業：

1. 請找出本例中的可口麵包店如欲採用作業成本法，所必須具備的條件。如果不符合這些條件，請解說應該如何運用作業成本法。如果採用作業成本法，你會建議可口麵包公司採用加權平均法，還是先進先出法？請解說你的理由。

2. 假設作業成本法對麵包製造商來說是最理想的成本方法。請詳細說明你會如何運用作業成本法。請以一批晚餐用的麵包捲（訂單是1,000包，每包12個麵包捲）和一批全麥條狀麵包（訂單是5,000條，24盎斯的切片條狀麵包）爲例說明之。

傑克森公司生產兩種頗受歡迎的止痛藥；一般疼痛止痛藥與特別疼痛止痛藥。一般疼痛止痛藥是藥錠；特別疼痛止痛藥則是膠囊。這兩種產品的工作訂單與相關成本資訊如下：

	工作訂單 121	工作訂單 122
直接物料（實際成本）	$ 9,000	$15,000
已分配成本：		
混合	?	?
製成藥錠	5,000	—
製成膠囊	—	6,000
裝瓶	2,000	3,000
批次數量（100 單位的瓶裝）	12,000	12,000

就混合部門而言，加工成本的分配係以直接人工小時為基礎。當年度，混合部門的預算加工成本是人工 $60,000、加工 $190,000。預算直接人工小時則為 5,000 小時。無論生產哪一種止痛藥，混合 100 單位瓶裝所需份量的成份需要花費一分鐘。

作業：

1. 每一批次分配至混合部門的加工成本為何？

2. 請計算一般疼痛止痛藥與特別疼痛止痛藥的每瓶成本。

3. 請編製分類帳，登錄 12,000 批次的一般疼痛止痛藥在不同的步驟間移動時的成本。

> 5-19
> 加權平均法；單一步
> 驟分析；統一成本

派特森公司的產品必須經過兩道步驟：製模和組裝。這兩道步驟的所有製造成本都是規律、一致地增加。一九九六年十月，組裝部門提出下列資訊：

a. 10 月 1 日，在製品共有 5,000 單位（已完成百分之四十），且其成本如下：

直接物料	$4,000
直接人工	6,000
費用	2,000

b. 十月份當中，共完成了 10,000 單位並轉至表面處理部門，生產成本增加如下：

直接物料	$12,000
直接人工	18,000
費用	6,000

c. 10 月 31 日，共有 2,500 單位的在製品尚未完工。這些在製品已經完成了百分八十。

作業：請利用加權平均法，編製組裝部門十月份的生產成本表。報表應該顯示單位數量的實際流程、約當產量與單位成本，並應追蹤製造成本之處理。

　　沿用個案 5-19 的資料。

> 5-20
> 先進先出法；單一步驟
> 分析；單一成本類別

作業：請利用先進先出法，編製組裝部門十月份的生產成本表。

　　羅米爾公司生產的農業用化學藥劑必須經過三道步驟：混合、乾燥與包裝。羅米爾公司採用加權平均法來計算生產成本。混合步驟開始的時候會添加兩項化學物質—— X 和 Y，然後加熱六到七小時的時間。混合之後的產品轉至乾燥部門，放在加熱燈下二十四個小時。乾燥之後的產品則轉至包裝部門，分入 25 磅的包裝袋內。已知五月份混合步驟的資料如下：

> 5-21
> 加權平均法；三項成本類別

a. 5 月 1 日，在製品共有 20,000 磅。就加工成本來看，已經完成了百分之六十。與半成品相關的產品為：

物料 X	$1,000
物料 Y	5,000
直接人工	500
費用	1,500

b. 5 月 31 日，在製品共有 30,000 磅。就加工成本來看，已經完成了百分之七十。

c. 完工並轉出之產品：500,000 磅。五月份增加之成本為：

物料 X	$ 25,500
物料 Y	127,500
直接人工	12,750
費用	38,250

作業：

1. 請分別編製物料 X、物料 Y 與加工成本之：(1) 實際流程表與 (2) 約當產量表。
2. 請計算每一項成本類別的單位成本。
3. 請計算期末在製品成本與轉出產品成本。
4. 請編製成本調整表。

5-22
具有在製品存貨之服務業；多重步驟；先進先出法；單位成本

　　大智信用公司是一家大型的電腦製造業者的獨資子公司。大智公司專門提供母公司銷售之電腦、軟體、與其它服務之資金。大智公司的金融服務必須經過二個部門：信用部門與核貸部門。信用部門收到地區業務代表的融資申請之後，在預先印製的表格上填寫顧客的資料，然後將資訊輸入電腦系統以審查顧客的信用狀況（如果顧客不在電腦系統的資料庫裡面，則可能採取其它行動）。一旦找到顧客的信用狀況資訊之後，電腦會將顧客的信用狀況連同其它特定的資訊一併列印出來。列印完成的表格會轉至商業經營部門。

　　核貸部門會視情況（例如顧客的要求或顧客的信用風險記錄等）修正貸放融資標準。適度地修正貸放融資標準之後，就會核定融資的額度。核定融資額度的作業是將尚未全部填寫完畢的申請表格輸入個人電腦的試算軟體，軟體就會建議核貸的利率。最後，核貸部門會準備一份列明貸款條件的表格併入轉入的文件。核貸部門將一份貸款表格轉給業務代表，作為報價函。

　　五月份，核貸部門提出下列成本與服務作業資料：

轉入申請書	2,800
5月1日，在製申請書，完成百分之四十 *	500
5月31日，在製申請書，完成百分之二十五 *	800

*所有的物料與耗用物料是在步驟的末尾才使用。

成本：

	轉入	物料	加工成本
期初在製品	$ 4,500	—	$ 2,800
增加的成本	28,000	$1,250	37,500

作業：

1. 你會如何定義核貸部門之產出？

2. 請利用先進先出表，為核貸部門編製下列資料：

a. 實際流程表

b. 約當產量表

c. 單位成本之計算

d. 期末在製品成本與轉出品成本

e. 成本調整表

華力斯公司的產品必須經過三道步驟：鑄造、組裝與刨光。鑄造作業的物料在期初即加入；人工與費用則是規律、一致地增加。一九九八年之年初與年底，鑄造部門的在製品分別如下：

	5-23
	加權平均法／先進先出法；生產成本表

	完工比例	
	物料	加工成本
1998年1月1日，2,500 單位數量	100	60
1998年12月31日，4,000 單位數量	100	50

一九九八年度，華力斯公司總共完成了 42,50020 單位，並發生下列製造成本：

直接物料	$158,000
直接人工	98,750
費用	79,000

當年度的期初存貨成本則為：

直接物料	$9,750
直接人工	6,125
費用	4,950

作業：

1. 請利用加權平均法，編製生產成本表。
2. 請利用先進先出法，編製生產成本表。

5-24
加權平均法：轉入產品

李蒙公司製造的產品必須經過三個部門：混合、烹煮和裝罐。烹煮部門的物料是在步驟末尾加入。加工成本則採規律增加的方式。十二月份的時候，烹煮部門收到自混合部門轉入的 30,000 單位，轉入的成本是 $69,900。

十二月間，烹煮部門增加的成本如下：

直接物料	$35,200
直接人工	56,000
費用	25,600

十二月一日，烹煮部門共有 5,000 單位的存貨；就加工成本而言，已經完成了百分之三十 (30%)。十二月三十一日的存貨則有 6,000 單位；就加工成本而言，已經完成了三分之一。與期初存貨相關的成本列示如後：

轉入產品	$11,650
直接人工	8,750
費用	4,000

作業：請利用加權平均法，編製生產成本表。利用本章介紹的五道步驟來求出報表所需的資訊。

潔寧公司製造的濃縮還原飲料必須經過三道步驟：混合、調和、裝瓶。第二季的時候，調合部門總共收到了自混合部門轉入的 20,000 加侖的溶液（轉入的成本是 $9,600）。收到轉入的溶液之後，調和部門加入糖，攪拌二十分鐘之後，再轉給裝瓶部門。

本季期初在製品共有 4,000 加侖；就加工成本而言，已經完成了百分之七十五。與期初存貨相關之成本為：

轉入產品	$1,900
電力能源	268
加工成本	600

第二季調和部門增加的成本計有：

電力能源	$1,400
加工成本	3,040

期末存貨為 3,500 加侖；就加工成本而言，已經完成了百分之二十（20%）。

作業：請利用先進先出法，編製生產成本表。依照本章介紹的五道步驟來編製生產成本表。

沿用個案 5-25 的資料。

作業：請利用加權平均法，編製調和部門的生產成本表。

模是可公司採用分步成本制度。模是可公司製造的產品必須將過兩個步驟：製模與組裝。製模部門的物料是在開始的時候就加入，而組裝部門的額外物料則是在末尾的時候加入。這兩個部門的加工成本都是規律、一致地增加。作業完成之後，便轉至下一步驟。二月份的

> 5-25
> 先進先出法；多重步驟分析；轉入產品

> 5-26
> 加權平均法；轉入產品

> 5-27
> 加權平均法；分類帳

生產作業與成本簡述如下：

	製模	組裝
期初存貨：		
實際單位數量	10,000	8,000
成本：		
轉入	—	$45,200
直接物料	$22,000	—
加工成本	$13,800	$16,800
本期生產：		
開始的單位數量	25,000	?
轉出的單位處量	30,000	35,000
成本：		
轉入	—	?
直接物料	$56,250	$39,550
加工成本	$103,500	$136,500
完工百分比：		
期初存貨	40	50
期末存貨	80	50

作業：

1. 請利用加權平均法，為製模部門編製下列資料：
   a. 實際流程表
   b. 約單產量之計算
   c. 單位成本之計算
   d. 期末在製品成本與轉出產品成本
   e. 成本調整表
2. 請編製能夠顯示製模部門製造成本流程的分類帳。
3. 請針對組裝部門，重覆第 1、第 2 題之作業。

沿用個案 5-27 的資料。

5-28
先進先出法：雙步驟
分析

作業：請利用先進先出法，重覆個案 5-27 的作業。

5-29
加權平均法；雙步驟
分析；產出指標之變
動

　　健衛公司採用分步成本制度來計算其所生產的礦物質的單位成本。健衛公司製造的產品必須經過三道步驟：選料、製成膠囊與裝瓶。選料步驟是將其所需要的礦物質成份測重、過篩並混合，混合後的礦物質轉入以加侖爲單位的容器內。膠囊製成部門收到粉末狀的混合物之後，將其放入膠囊內。每一加侖的粉末可以轉換成 1,600 顆膠囊。膠囊填滿、密封之後，再轉至裝瓶部門。膠囊放入瓶子裡面，蓋上安全封蓋，並貼上標籤。每一瓶都有 50 顆膠囊。

　　七月份，選料與製成膠囊部門（這兩個部門的物料都是在開始的時候加入）的資料如下：

	選料	製成膠囊
期初存貨：		
實際單位數量	5 加侖	4,000
成本：		
物料	$120	$32
人工	$128	$20
費用	$?	$?
轉入	$ —	$140
本期生產：		
轉出：	125 加侖	198,000
期末存貨	6 加侖	6,000
成本：		
物料	$3,144	$1,584
轉入	$ —	$?
人工	$4,096	$1,944
費用	$?	$?
完工百分比：		
期初存貨	40	50
期末存貨	50	40

選料和製成膠囊的費用是根據直接人工成本的比例來分配。選料部門的費用是直接人工的百分之二百 (200%)，而製成膠囊部門的費用比率則是直接人工的百分之一五〇 (150%)。

作業：

1. 請利用加權平均法，編製選料部門的生產成本表。並請依照本章介紹的五道步驟作答。

2. 請編製製成膠囊部門的生產成本表，並請依照本章介紹的五道步驟。

5-30
先進先出法；雙步驟分析

沿用個案 5-29 的資料。

作業：請利用先進先出法，分別編製選料部門與製成膠囊部門的生產成本表。

5-31
分步成本法釋例；作業成本法；資源分配決策之影響

高金公司是法思威公司的關係企業，專門生產兩種不同型式的琴弓和八種不同型式的刀子。琴弓的生產包括二大主要精密組裝作業：弓背和手把。弓背的生產必須經過四道步驟：定位、製模、清潔、和表面處理。定位步驟是將木頭削成薄片。製模步驟是利用溫度和壓力將薄木片製成堅固的弓背。清潔步驟是清除弓背上的黏膠或任何處理過程中產生的渣屑。最後，表面處理步驟是利用化學藥劑清洗弓背，烘乾。

手把的生產必須經過二道步驟：成型與表面處理。成型步驟是將木塊送進機器當中製作成手把的形狀。機器可以經由設定來製作不同形狀的木塊。從成型機器裡面出來的手把經過清洗與表面處理之後，再送至表面處理部門噴上最後的表漆。最後組裝步驟是利用外購的零件——例如重量調整螺栓、弓線等——將弓背和手把組裝成不同的型式。

高金公司採用分步成本法來分配產品成本。預估費用成本是以直接人工成本為基礎——即直接人工成本的百分之八十 (80%)。最近，高金公司僱用了新的會計長，名叫簡凱倫。簡凱倫在瞭解了產品成本計算流程之後，便要求與部門經理蘇艾朗開會。下列對話擷錄自兩人

的會談內容：

簡凱倫：蘇艾朗，我對於公司採用的成本會計制度有些疑慮。我們生
產兩種不同型式的弓背，但是會計處理作業似乎卻把它們視
為同樣的產品。現在我知道這兩種弓背的唯一差別是手把的
部份。手把的會計作業完全一樣，但事實上這兩種手把所使
用的木塊的數量和品質卻大不相同。目前的成本方法並不能
反應出物料投入的差異。

蘇艾朗：這是前任會計長的問題。前一任的會計長認為分別追蹤物料
成本的差異並不值得。他認為每一種型式的單位成本並不會
有太大的影響。

簡凱倫：嗯，他的看法不見得不對，但是我認為還有待商榷。如果兩
種型式的單位成本差異很大，可能會影響我們判斷哪一種產
品比較重要的結果。分別追蹤物料成本的差異所帶來的額外
簿記作業並不至於造成非常大的負擔。我們真正需要擔心的
是選料部門。就我的觀察，其它的部門都還符合分步成本制
度。

蘇艾朗：那麼妳為什麼不深入瞭解問題所在呢？如果真的存在著重大
的差異，儘管放手去做，修正現行的成本會計制度。

會議結束之後，簡凱倫決定蒐集兩種弓背型式的成本資料——豪
華型與經濟型。她決定追蹤一個星期的成本資料。一星期以後，簡凱
倫蒐集到的成型部門的資料如下：

a. 總共完成了 2,500 單位：豪華型 1,000 單位、經濟型 1,500 單位。
b. 沒有期初在製品，但有期末在製品 300 單位；豪華型 200 單位、
經濟型 100 單位。就加工成本來看，兩種型式都已經完成了百分之
八十 (80%)；就物料來看，兩種型式都已經完成了百分之百 (100%)。
c. 成型部門發生的成本為：

直接物料	$114,000
直接人工	45,667

d. 基於實驗的性質，領料單做了部門修正，以標示出經濟型與豪華型使用的物料的成本。

經濟型	$30,000
豪華型	84,000

作業：

1. 假設此處適用分步成本法，請計算成型部門生產的手把的單位成本。

2. 請利用個別的成本資訊，計算每一種手把的單位成本。

3. 請比較第 1 題和第 2 題所求出的單位成本。簡凱倫認為公司不適用單純的分步成本關係的看法，是否恰當?試說明你所建議採用的成本制度。

4. 以往，行銷經理會要求經濟型弓背使用更多的廣告費用。蘇艾朗總是拒絕行銷經理的要求，因為經濟型的單位利潤（售價扣除製造成本）過低。根據第 1 題到第 3 題所求出的答案，試問蘇艾朗的決定是否恰當?

> **5-32**
> 約當產量釋例；在製品存貨之估價；先進先出法與加權平均法

愛客公司製造各種設備的金屬組件。前述設備適用於航空、商業航空運輸、醫療設備、和電子等產業。愛客公司利用鑄造方法來生產需要的組件。鑄造過程是先用蠟做出最終產品的複製品，在複製的蠟模外圍裹上堅固的外殼。把蠟清除掉以後，再將熔化的金屬注入硬殼當中。最後再將硬殼敲碎，就得到需要的金屬物體。

1998 年，擁有愛客公司的兩位合夥人決定分道揚鑣，但在拆夥的過程中，他們面臨了如何平分公司資產的難題。這家公司共有兩座工廠，一座位於亞歷桑那州，另一座位於墨西哥州；有個建議是根據地理位置來分配資產，亦即兩位合夥人各自擁有其中一座工廠，但是這樣的安排卻遭遇到一個困難點。

亞歷桑那州廠已營運超過 10 年，在製品數量充足。新墨西哥廠僅營運 2 年，且在製品存貨種類少了許多，被分配到新墨西哥廠的合夥人辯稱，忽視兩廠在製品存貨價值並不相等的事實對他是不公平的。

遺憾的是，自愛客公司成立以來，在製品存貨從未被賦予任何的

認定價值。在計算每年的銷貨成本時，公司向來將折舊算入由現金支付的直接勞工、直接物料和費用成本中。公司的增值幾乎不存在，也幾乎沒有期末原料存貨。

1998 年，亞歷桑那州廠的銷貨金額為 $2,028,670，銷貨成本分項表列如下：

直接物料	$378,000
直接人工	530,300
費用	643,518

依規定，愛客公司的兩位合夥人提供了下列的補充資料（百分比依序累計）：

每一道步驟所使用之成本
（佔總成本之比例）

	物料	總人工成本
集料	23%	35%
塑造外殼	70	50
鑄造作業	100	70
切割	100	72
研磨	100	80
完工	100	90
銲接	100	93
強化	100	100

集料部門有 10,000 單位的期初在製品，百分之六十 (60%) 已完成。假設所有的物料在每一步驟之期初均已被加總起來。在當年度，有 50,000 單位的在製品完成並運送出廠，期末存貨有 11,000 單位的半成品，百分之六十 (60%) 已經完成。

作業：

1. 愛客公司的合夥人想要瞭解在製品存貨成本的合理估計數字。請利用集料部門的存貨為例，估計期末在製品的成本。你做了哪些假設？你採用的是先進先出法，還是加權平均法？為什麼？

2. 假設塑造外殼步驟的期初在製品有 8,000 單位，已經完成了百分之二十 (20%)。當年度，完工並運送出廠的單位數量為 50,000 個（這 50,000 單位全部賣掉；其它的單位都沒有賣掉）。期末在製品有 8,000 個單位，已經完成了百分之三十 (30%)。請計算塑造外殼部門期末在製品的價值。尚須增加哪些假設呢？

5-33
生產成本表：倫理道德行為

下列內容係擷取自米蓋里和沈冬娜的對話。米蓋里是負責生產工業機具的部門經理米蓋里，沈冬娜是同公司的會計長，同時也具備成本管理會計師與公共會計師的資格。

米蓋里： 沈冬娜，我們真的遇到問題了。我們的營業現金太少，非常需要向銀行貸款。妳應該也清楚，公司的財務狀況相當困窘，必須儘可能尋求現金來源。公司的資產也需要好好保護。

沈冬娜： 我瞭解的確有這些問題，但是我不知道目前該怎麼做。現在已經是這個會計年度的最後一個禮拜了，但是看起來我們的收入好像只能勉強打平支出的部份。

米蓋里： 我都明白。我們需要更具創意的會計制度。我想過一個可能的解決方法，但是我想知道妳是不是同意。目前我們有 200 台尚未完成的機具，大概已經完成了百分之二十 (20%)。今年度已經完成並賣出 1,000 單位的工業機具。當妳計算單位成本的時候，是用 1,040 具約當產量，所以計算出來的單位製造成本是 $1,500。也就是說，銷貨成本是一百五十萬，期末在製品的價值是 $60,000。在製品的存在讓我們有機會改善公司的財務狀況。如果我們把這些在製品視為已經完成了百分之八十 (80%)，約當產量就可以提高為 1,160 單位。換言之，單位成本可以降為 $1,345，銷貨成本則降為一百三十四萬五千元。在製品的價值增為 $215,200。有了這些統計數據，向銀行貸款就不成問題。

沈冬娜：米蓋里，我不確定這樣的作法是否恰當。你所說的方法相當
　　　　冒險。只要稍微懂得稽核的人，就可以看出這中間的問題。

米蓋里：妳不用擔心這個問題。最近六個禮拜、甚至八個禮拜的期間，
　　　　稽核人員都不會到公司來查帳。等到稽核人員再來公司查帳
　　　　的時候，我們早已經把目前的半成品機具做好而且賣掉。我
　　　　可以要求一些配合度比較高的工人領取其它名目的獎金，而
　　　　不要支領加班費來規避人工成本增加的問題。帳上根本不會
　　　　出現加班的成本。另外，妳也應該知道獎金是動用公司的預
　　　　算，視爲費用處理——而且是屬於明年度的費用。冬娜，這
　　　　樣一來就萬無一失了。如果公司的帳上資料健全，就可以順
　　　　利取得銀行貸款。總公司那邊一定會好好獎勵我們兩個。如
　　　　果我們不這麼做，可能會失業。

作業：

1. 沈冬娜是否應該同意米蓋里的提議？爲什麼應該，或爲什麼不應
   該？回答這個問題的時候，請複習第一章介紹過的管理會計人員的
   倫理道德標準。是否有任何一則倫理道德標準適用此處所描述的情
   況？

2. 假設沈冬娜拒絕米蓋里的提議，而米蓋里也接受沈冬娜的決定，
   並且不再考慮這樣的作法。沈冬娜是否應該向她的主管告知米蓋里
   的行爲？請說明你的理由。

3. 假設沈冬娜拒絕和米蓋里合作，但是米蓋里卻堅持自己的意見。
   沈冬娜應該如何處理？你又會怎麼處理？

4. 假設沈冬娜已經六十五歲，很難再找到好的工作。假設米蓋里又
   堅持應該改變目前的會計制度。沈冬娜知道米蓋里的主管不僅是公
   司的老闆，也是米蓋里的岳父。在這種情況下，你對沈冬娜的建議
   是否會改變？如果妳是沈冬娜，你會如何處理？

　　阿爾莫公司生產的產品必須經過三道步驟，每一道步驟都是利用
加權平均法來計算成本。五月份的時候，第二道步驟有如下資料：

> 5-34
> 附錄：分步成本法之
> 報廢品

a. 沒有期初在製品。

b. 5 月 31 日，期末在製品：25,000 磅；就加工成本來看，已經完成了百分之八十 (80%)。

c. 完工並且轉出的單位數量：165,000 磅；當月份增加的成本計有：

物料	$380,000
加工	925,000

d. 物料是在步驟開始的時候加入，單位數量在整個過程中規律地損失。

作業：

1. 請分別計算物料與加工成本之約當產量。

2. 請計算單位直接物料成本與單位加工成本。

3. 試問，轉出單位數量的總成本爲何？期末在製品存貨的成本爲何？

5-35
附錄：異常在製報廢品

沿用個案 5-34 的資料。假設單位數量並非規律地損失，步驟末尾時進行了一次檢查，結果發現 10,000 單位的報廢品。所有的報廢品都視爲異常處理。

作業：

1. 請分別計算物料與加工成本的約當產量。

2. 請計算單位直接物料成本與單位加工成本。

3. 試問，轉出單位數量的總成本、期末存貨的成本以及報廢品的成本各是多少？

4. 請編製分類帳以計算報廢品的成本。

5-36
附錄：正常在製報廢品

沿用個案 5-34 的資料。假設單位數量並非規律地損失。步驟末尾的時候進行了一次檢查，結果發現 10,000 單位的報廢品（也就是所有的正常報廢品）。

作業：

1. 請分別計算物料與加工成本之約當產量。

2. 請計算單位直接物料成本與單位加工成本。

3. 試問，轉出產品總成本與期末存貨成本各爲多少？報廢成本如何
   處理？

第六章
後勤部門之成本分配

學習目標

研讀完本章內容之後，各位應當能夠：

一．說明後勤部門與生產部門之差異。

二．解說後勤成本可以分配至生產部門的原因。

三．計算分配比率，並分辨單一分配比率與雙重分配比率。

四．利用直接法、連續法、與轉換法，分配後勤中心成本至生產部
　　門。

五．計算部門別費用比率。

現代企業的經營活動日趨複雜，致使會計人員必須將後勤部門的成本分配至各式各樣的成本標的——例如功能部門、產品部門、與個別產品線等。「分配」僅爲區分成本並將成本分配至不同的次級單位的方法之一。我們必須瞭解，分配成本的動作並不會影響總成本的增減。然而分配至次級單位的成本多寡卻會受到選擇的分配步驟所影響。由於成本分配可能影響售價、個別產品的獲利能力、與管理人的行爲，因此實爲企業經營管理的重要課題。

成本分配之概述

學習目標一

說明後勤部門與生產部門之差異。

生產兩種或兩種以上的服務或產品而使用相同的資源時，其發生的互惠成本稱爲**共同成本** (Common Costs)。共同成本可能與生產期間、員工的職責、顧客的類型等有關，因此本章內容將以部門間與產品間的共同成本爲主。舉例來說，工廠警衛的工資屬工廠製造的所有產品之共同成本。每一項產品都享受到警衛提供的安全服務，然而實際去分配每一項產品的安全成本卻是相當主觀的過程。換言之，我們雖然都瞭解產品（或服務）會使用共同的資源，資源成本也必須分配至這些成本標的，但是究竟應該如何分配成本卻往往難有定見。因此實務上，共同成本的分配必須經過一連串的連續分配過程。

部門類別

成本分配的第一步是決定成本標的，實務上則多以部門做爲成本分配的標的。從會計的角度來看，部門可以分爲兩類:生產部門與後勤部門。**生產部門** (Producing Departments) 直接負責生產銷售給顧客的產品或服務。以大型的會計師事務所爲例，它們的生產部門就是查帳部門、以及稅務與管理顧問服務（電腦系統服務）等。在類似福斯汽車（即本章首頁圖片當中金龜車之製造商）的製造業裡，生產部門就是直接參與產品之製造作業之部門（例如裝配部門、噴漆部門等）。**後勤部門** (Support Departments) 提供生產部門所需的必要服務。這些部門與組織的產品或服務並無直接關係。再以福斯汽車爲

例，其工程部門、維修部門、人事部門以及廠房和建地等均屬於後勤部門。

一經找出生產部門與後勤部門之後，就可以決定各個部門發生的費用成本。值得注意的是，決定各部門費用成本係指追蹤部門成本、而非分配部門成本，因為這些成本係與各個部門直接相關。舉例來說，工廠的自助餐廳會發生食物成本，廚師與服務人員的工資，洗碗機和瓦斯爐具的折舊與耗材（例如餐巾與免洗餐具等）。另一方面，與生產部門——例如傢俱工廠的裝配線——直接相關之費用包括了水電費（如果計入該部門的成本的話）、裝配線主管的薪資以及該部門使用之設備的折舊等。很難分配至生產部門或後勤部門的費用則分配至適用所有費用的部門——例如總工廠。總工廠可能包括工廠建築的折舊、工廠耶誕舞會上耶誕老人服飾的租金、停車位的劃線成本、工廠經理的薪資、和電話服務等。如此一來，所有的成本都可以分配至特定的部門。

圖 6-1 列示製造業與服務業分類為生產部門與後勤部門的方式。製造傢俱的工廠可以分為兩個生產部門（裝配與噴漆）與四個後勤部門（物料倉庫、自助餐廳、維修、與總工廠）。服務業，像是銀行，可以分為三個生產部門（汽車貸款、企業融資、與私人銀行）與三個後勤部門（資料處理、車道速辦窗口、與銀行行政）。銀行會追蹤每一個部門的費用成本。值得注意的是，每一座工廠或服務業者的費用成本必須分配給至一個部門（而且只有唯一一個部門）。

一旦公司區別出各個部門，並追蹤個別部門的費用成本之後，後勤部門的成本就會分配至生產部門，利用費用比率來計算產品成本。雖然後勤部門並未直接參與產品或服務的生產，然而提供這些後勤服務的成本仍然屬於總產品成本，所以必須分配至各個產品中。成本分配包括兩個階段：(1) 將後勤部門成本分配至生產部門，以及 (2) 將個別部門所分配到的成本再分配至個別產品。第二個階段是利用部門別費用比率來計算個別產品的成本，由於每一個生產部門不止生產一種產品，因此第二個階段的成本分配相當重要。如果生產部門只生產一種產品，所有分配至該部門的後勤成本毫無疑問地就是屬於其生產的單一產品。讓我們回想一下，預估費用比率是將某一部門的總預估

費用除以適當的基準而求得。現在我們瞭解到,生產部門的費用成本包括兩個部份:與生產部門直接相關之費用,和自後勤部門分配至生產部門之費用。後勤部門並沒有可供銷售的產品,因此沒有藉以分配費用成本至產出單位數量的費用比率。換言之,產品並未經過後勤部門。後勤部門的性質是服務生產部門,而非服務經過生產部門的產品。

圖 6-1

製造業與服務業部門化之釋例

製造業:傢俱製造業者	
生產部門	*支援部門*
組裝:	物料倉庫:
主管薪資	職工薪資
小型工具	堆高機折舊
間接物料	自助餐廳:
機器設備折舊	食物
刨光:	廚師薪資
沙紙	爐具折舊
刨光機器折舊	維護:
	警衛薪資
	清潔用品
	機油與潤滑油
	一般廠務:
	建築折舊
	安全
	水電

服務業:銀行	
生產部門:	*支援部門:*
汽車貸款:	自動櫃員:
貸款行員薪資	行員薪資
表格與耗材	設備折舊
企業貸款:	資料處理:
貸款行員薪資	人事薪資
辦公設備折舊	軟體
破產預測軟體	硬體折舊
個人銀行:	銀行行政:
耗材與對帳單郵資	總裁薪資
	櫃檯接待人員薪資
	電話成本
	銀行與保險箱折舊

例如，維修人員修理與維護組裝部門的設備，而非在該部門進行組裝之傢俱。圖 6-2 扼要地說明了生產部門與後勤部門的成本分配步驟。

圖 6-2

分配支援部門成本至生產部門之步驟

1. 將企業劃分為不同部門。
2. 將各個部門歸類為生產部門或支援部門。
3. 追蹤支援部門或生產部門的所有費用成本。
4. 分配支援部門成本至生產部門。
5. 計算生產部門之預定費用比率。
6. 利用預定費用比率，分配費用成本至個別產品。

分配基礎的類型

　　事實上，後勤作業是因生產部門而起；同樣地，後勤部門的成本則是因為生產部門的作業而起。**偶然因素** (Casual Factor) 係指生產部門內引起後勤成本發生之變數或作業。選擇分配後勤部門成本的基礎時，應當儘可能找出正確、適當的偶然因素（亦即作業動因）。正確的偶然因素能夠提高產品成本的正確性；此外，一旦找出偶然因素之後，經理人方能更有效地控制服務的使用情形。

　　為了說明究竟可以使用哪些類型的作業動因，茲以下列三個支援部門為例：電力能源部門、人事部門、與物料處理部門。就電力成本而言，符合邏輯的分配基礎是仟伍小時，每一個部門可以利用個別的電表來計算實際使用的電量。如果沒有設置個別的電表，則每一個部門所使用的機器小時亦不失為計算使用電量的依據。就人事成本而言，生產部門員工人數與勞工流動率（例如新進員工人數）均可做為作業動因。就物料處理成本而言，物料處理小時與移動的物料數量亦可做為作業動因。圖 6-3 列舉出可以做為分配後勤部門成本之作業動因。如果同一個部門出現數項作業動因時，經理人必須辨明哪一項作業動因最能反應其與各該部門成本之關係。

　　利用偶然因素來分配共同成本雖然是最理想的方式，惟實務上想要找到容易衡量的偶然因素卻不容易。如此一來，會計人員必須另尋替代的成本分配基礎。舉例來說，廠房折舊的共同成本或許可以利用平方英呎做為分配生產部門的基礎。雖然平方英呎並未引起折舊發生

圖 6-3

支援部門可能作業動因
之釋例

會計：
　交易筆數
自助餐廳：
　員工人數
資料處理：
　輸入行數
　服務小時時數
工程：
　變更訂單份數
　小時時數
維護：
　機器小時
　維護小時
物料倉庫：
　物料移動次數
　物料移動重量
　不同零件數目

薪資：
　員工人數
人事：
　員工人數
　解僱或資遣人數
　新進員工人數
　直接人工成本
電力：
　仟伍小時
　機器小時
採購：
　訂單份數
　訂購成本
運送：
　訂單份數

之原因，但是我們或許可以假設各個部門佔用廠房的面積與其提供的服務內容比重呈正比關係。是以如何選擇適當的替代因素來分配成本，端視企業分配成本的目標而定。

成本分配之目標

學習目標二

解說後勤成本可以分配至
生產部門的原因。

企業將後勤部門成本分配至生產部門、最終乃至特定產品，旨在達成幾項重要目標。國際管理會計組織曾經揭示下列幾項主要目標：

1. 獲得供需雙方彼此認同的價格。
2. 計算產品線的獲利率。
3. 預測規劃與控制之經濟效果。
4. 評估存貨價值。
5. 激勵經理人。

訂定具有競爭能力的價格必須先瞭解成本。知道每一項服務或產品的個別成本之後，企業方能提出具有意義的標價。如果成本分配失

員，則可能出現標價過高、甚至失去潛在商機。另一方面，如果標價過低，則可能會導致虧損。

　　個別產品的成本如果估計正確，能讓經理人瞭解個別產品與服務的獲利。生產不止一種產品的企業必須確認所有的產品都有利可圖，此外，企業的整體獲利不能粉飾個別產品的獲利能力，如此才能達成國際管理會計組織提出之獲利目標。

　　瞭解不同後勤服務的獲利情況之後，經理人便能評估後勤服務的組合效益，進而決定是否放棄某些後勤服務、重新分配後勤資源、重新訂定某些後勤資源之價格、或在某些領域施行更嚴謹的成本控制。這些步驟必須符合國際管理會計組織的規劃與控制目標。成本分配的評估效益與個別產品成本分配的正確性具有相當密切的關係。

　　就醫院等服務業而言，國際管理會計組織所提出的評估存貨價值的目標便不適用。然而對製造業而言，卻格外重要。財務報表的規定（一般公認會計原則）是將直接製造成本與所有間接製造成本分配至生產出來的產品上。將後勤部門的成本先分配至生產部門、再分配至各該生產部門所生產的產品之過程，正符合一般公認會計原則之規定。存貨與銷貨成本必須包括直接物料、直接人工與製造費用。

　　成本分配同樣可以用於激勵經理人。如果未將後勤部門之成本分配予生產部門，經理人大有可能過度使用這些資源。經理人會持續使用後勤資源，直到這些服務的邊際利益減少到零為止。在實務上，後勤服務的邊際利益當然會大於零。藉由正確分配後勤部門成本與要求經理人為其單位之經濟績效負起責任等方式，企業得以確保經理人會善用後勤資源，直到資源的邊際利益和邊際成本相等為止。換言之，後勤部門成本之分配能夠幫助每一個生產部門選擇正確的後勤服務使用水準。

　　此外，尚有其它行為利益。後勤部門成本分配至生產部門的作法能夠鼓勵生產部門的經理人確實監督後勤部門的績效。由於後勤部門成本會影響生產部門的經濟績效，因此生產部門的經理人勢必想要控制後勤成本，而不是一味地、毫無節制地使用後勤資源。舉例來說，生產部門經理可以比較後勤服務的內部成本與向外取得後勤服務的成本。如果組織內部後勤部門的成本效益不及外部資源，那麼或許公司

就不應再繼續提供這些內部後勤資源。例如，許多大學的圖書館紛紛將其影印服務向外發包。圖書館的管理人員發現，將影印服務——包括影印、隨時補充影印紙張、處理夾紙問題等外包來取代以往利用圖書館員兼任的方式，外包不僅更具成本效率，服務水準也較高。生產部門經理人的監督亦可促使後勤部門經理人更加重視生產部門的需求。

至此，我們業已瞭解分配後勤部門成本的正當理由。這些理由的充份與否端視成本分配的正確性與公平性而定。雖然實務上不太可能找出一種成本分配方法能夠同時滿足所有的目標，然而仍然有許多原則可以用於輔助企業決定最佳的分配方法。這些原則為：因果、獲取利益、公平性與承受性等。另一項可以和前述原則搭配的則是成本利益。換言之，所採用的分配方法必須能夠提供充份的利益。

實務上必須先決定偶然因素，才能考慮因果原則。舉例來說，一公司的法務部門可以追蹤其為各部門的法律事務（像是處理專利申請、法律訴訟等）所分別花費的小時時數。律師和法務人員的工作小時和法務部門的整體成本具有明顯的因果關係，因此可以用於分配法務部門成本至公司的其它部門。

獲取利益原則係與獲取利益的相關成本有關。研發 (R&D) 成本可以利用每一部門業績做為基礎，來進行分配。此一作法代表著並非所有的研發工作都能回本，雖然某一部門的研發工作可能會在某一年度出現利益，但是所有的部門都與公司的研發成本有關，到了某個時間點時亦將增加部門的業績。

公平性或正當性是常與政府發包作業相提並論的成本分配原則。所謂的成本分配方法的公平性係指政府發包契約的成本計算方法應和非政府發包契約的成本計算方法類似。舉例來說，飛機引擎製造商的法務部門成本如果通常是分配至民間契約的話，製造商可將其中一部份的成本分配至政府契約。

承受能力是最不常用的一項原則。承受能力原則會將後勤部門成本中最大的比例分配至獲利最高的部門——無論獲利最高的部門是否使用了任何後勤部門的服務，反倒似乎帶有「懲罰」的意味。換言之，此種分配方法不具任何激勵的利益。

企業在決定如何分配後勤部門成本的時候，必須考慮成本利益原

則。換言之，企業必須針對執行特定分配方法的成本與其達到的利益做一比較。於是，企業多半傾向於採用容易衡量與瞭解的基礎來分配成本。

部門間成本之分配

學習目標三

計算分配比率，並分辨單一分配比率與雙重分配比率。

　　後勤部門的成本通常是利用分配比率來分配至其它的部門。在這種情況下，本節旨在說明部門間之成本分配。舉例來說，一家企業的資料處理部門可能負責服務許多其它的部門。於是，資料處理部門運作的成本便應分配至使用資料處理服務的部門。雖然此一作法看似簡單明瞭，但是如何訂定適當的分配比率卻需要經過嚴謹的思考與評估。訂定分配比率的參考因素有二：(1) 選擇單一分配比率或雙重分配比率和 (2) 使用後勤部門的預算成本或實際成本。

單一分配比率 (Single Charging Rate)

　　許多企業傾向於使用單一分配比率來分配各部門的後勤服務成本。茲以大型的地區性會計師事務所——漢巴會計師事務所為例說明之。漢巴會計師事務所成立內部影印部門來服務其它的三個生產部門〔查帳、報稅與管理顧問系統（或簡稱為 MAS）〕。影印部門的成本包括每一年 $26,190 的固定成本（薪資、與機器租金）及每影印一張紙 $0.023 的變動成本（紙張與碳粉）。三個生產部門預定使用影印的張數如下：

查帳部門	94,500
報稅部門	67,500
MAS 部門	108,000
總計	270,000

　　如果漢巴會計師事務所採用單一分配比率，則固定成本 $26,190 加上變動成本 $6,210 (270,000 × $0.023) 就可以得出總成本為 $32,400。總成本除以預估影印張數 270,000 後，求得分配比率是每一張

紙 $0.12。

　　影響分配至生產部門之金額的因素只有影印的張數。假設查帳部門實際使用張數爲 92,000 頁，報稅部門使用 65,000 張，而 MAS 部門則使用了 115,000 張。此時，影印部門總成本應爲：

	紙張頁數 ×	每頁費用	總成本
查帳部門	92,000	$0.12	$11,040
報稅部門	65,000	0.12	7,800
MAS 部門	115,000	0.12	13,800
總計	272,000		$32,640

　　值得注意的是，單一分配比率其實是將固定成本視爲變動成本處理。然而，就生產部門而言，影印是絕對的變動成本。究竟影印部門是否需要 $32,640 來影印 272,000 張紙呢？答案是否定的，事實上只需要 $32,446 [$26,190 + (272,000 × $0.23)]。利用單一分配比率計算而得的成本之所以超出實際成本，便是因其將固定成本視爲變動成本處理。

雙重分配比率 (Dual Charging Rates)

　　單一分配比率雖然簡單，但是卻忽略了對於成本分配的影響。後勤部門的變動成本會隨著服務水準的提高而增加。舉例來說，影印部門的紙張和碳粉的成本會隨著影印張數的增加而增加。另一方面，固定成本卻不會隨著服務水準的變動而改變。影印機租金不會因爲影印張數的增減而改變便是一例。利用雙重分配比率可以避免固定成本誤以變動成本處理的問題，亦即固定成本採用一個分配比率，變動成本則採用另一個分配比率。雙重分配比率（亦可做爲定價的基礎）對於公共事業尤其適用。

訂定固定分配比率 (Fixed Rate)

　　固定服務成本可以視爲產能成本；固定服務成本之發生是爲提供必要產能以遞送生產部門所需的服務單位數量。後勤部門的成立係以滿足生產部門之長期需求爲宗旨。由於後勤服務能力之設計係因原始的後勤需求而生，因此以這些需求爲基礎來分配固定成本的作法似乎不無道理。

　　生產部門的正常或尖峰作業水準都可做爲衡量原始後勤服務需求的指標。正常作業水準係指超過一會計期間所達成之平均產能。如果長期而言生產部門需要的服務呈現規律一致的現象，那麼正常作業水準便可做爲衡量作業水準的良好指標。尖峰作業水準爲後勤服務的需求預留了變動的空間，後勤部門的規模則以滿足最大需求爲原則。前例當中的漢巴會計師事務所，其報稅部門在每年的前四個月份當中可能需要較多的影印服務；因此、報稅部門的影印需求便以該期間爲準。分配預算固定服務成本時應當選擇正常作業水準或尖峰作業水準，端視個別企業的需求而定。無論預算固定成本分配的目的是計算產品成本或評估部門績效，均可依此方式進行。

　　固定成本分配的步驟有三：

1. *訂定預算固定後勤服務成本 (Determination of budgeted fixed support service costs)*。首先，必須找出特定期間內發生之固定後勤服務成本。

2. *計算分配比率 (Computation of the allocation ratio)*。無論採用生產部門的實際產能或正常產能，均應計算其分配比率。分配比率係代表某一生產部門之產能佔所有生產部門總產能之比例。

   分配比率 = 生產部門產能 / 總產能

3. *分配 (Allocation)*。接下來便根據個別生產部門之原始後勤服務需求之比例來分配固定後勤服務成本。

　　分配 = 分配比率預算固定後勤服務成本

　　假設前例當中的三個生產部門認爲他們需要的服務和預算內容一致，即：

	影印張數	比例
查帳	94,500	35
報稅	67,500	25
MAS	108,000	40
	270,000	100

　　分配後的固定成本即為各部門之相關比例乘上後勤部門固定成本之數額。

訂定變動分配比率 (Variable Rate)

　　變動分配比率之大小端視隨作業動因改變而改變之成本多寡而定。以前例當中的影印部門為例，作業動因是影印的張數。影印張數的增加代表著紙張與碳粉的使用增加。由於每一頁紙張的影印成本為 $0.023，因此變動分配比率就是 $0.023。變動分配比率必須和用以決定總成本的固定金額加總。沿用前例，查帳部門將會分配到百分之三十五 (35%) 的固定成本，外加每影印一張 $0.023 的變動成本。報稅部門則會分配到百分之二十五 (25%) 的固定成本，外加每影印一張 $0.023 的變動成本。而 MAS 部門則分配到百分之四十 (40%) 的固定成本，同樣外加每影印一張 $0.023 的變動成本。下表說明了利用雙重分配比率，各部門所分配的影印成本。

	影印張數	固定成本	變動成本	總成本
查帳	92,000	$ 9,167	$2,116	$11,283
報稅	65,000	6,548	1,495	8,043
MAS	115,000	10,476	2,645	13,121
總計	272,000	$26,191	$3,256	$32,447

　　採用雙重分配比率時，是根據各部門的原始產能需求來分配其固定影印成本。尤以固定成本佔總成本比例較高的情況下，更需要訂定雙重分配比率。此外，雙重分配比率法能夠正確地反映後勤部門服務的使用情況。假設報稅部門希望影印幾份稅法沿革的研究論文給顧客，

此時，應該交由公司內部的影印部門來處理，還是以每張 $0.06 的成本交由外面的影印公司來處理？如果採用單一分配比率，內部處理的成本會非常高，因為單一分配比率是基於固定成本會隨著影印張數的增加而增加的錯誤假設。然而如果採用雙重分配比率，每影印一張所增加的成本 $0.023 則能正確地反映每影印一張所可能增加的成本。

預算使用情況與實際使用情況

分配某一服務部門的成本至其它部門的時候，另一項必須考慮的因素是應該採用實際使用情況或預算使用情況做為分配的基礎。事實上，這項因素只會影響固定成本的部份。因此，本節將以單一分配比率（結合固定成本與變動成本所訂定的分配比率）與雙重分配比率當中的固定部份為探討重點。

我們在分配後勤成本至生產部門的時候，應該分配實際成本還是預算成本？答案是預算成本。分配後勤部門成本的基本原因有二。首先，是計算產出單位數量的成本。於是，第一步便應該分配預算後勤部門成本來訂定費用比率。請各位回想一下，費用比率是在特定期間開始、還不知道實際成本的時候就必須求出的數據。因此，必須使用預算成本。第二項原因是績效評估。同樣地，我們也必須分配預算後勤部門成本至各個生產部門。

後勤部門與生產部門的經理人通常必須負責其所管理之單位之績效。經理人控制成本的能力攸關其績效評估結果。經理人控制成本的能力通常是藉由實際成本與規劃或預算成本之比較來衡量。如果某一部門的實際成本超過預算成本，則此部門可能效率不彰，而實際成本與預算成本之間的差異便可做為衡量效率不彰的指標。同樣地，如果實際成本低於預算成本，則或許該部門的運作可能具有效率。

績效評估的基本原則是經理人不應為其無法控制的成本或作業負責。由於生產部門的經理人對於使用之後勤服務水準影響頗大，因此應當為其部門使用之後勤服務成本之比例負責。然而這樣的說法有一項重要的限制，也就是：部門的績效評估不應該受到其它部門所達成效率之影響。

上述限制對於後勤部門成本之分配隱含重要的意義。後勤部門的實際成本不應該分配至生產部門，因其包括了後勤部門所達成的效率或無效率。生產部門的經理人無法控制後勤部門達成的效率程度。因此如果分配的是預算成本而非實際成本，那麼各個部門的效率或無效率就不會轉嫁至其它部門。

然而究竟應該使用預算成本或實際成本，仍須視成本分配之目的而定。如欲計算產品的成本，則應在每年年初根據預算分配比率來求出預估費用比率。如欲評估績效，則應在每年年終根據實際分配比率來分配各該部門之成本。本書將在標準成本法的章節中，再仔細探討績效評估所需之成本資訊。

再回到之前影印的例子。前文曾經提及，年度預算固定成本是 $26,190，預算變動成本則是每一張 $0.023。查帳、報稅與 MAS 等三個部門估計使用情況分別為 94,500 張、67,500 張以及 108,000 張。根據上述資料，則期初每一部門分配的成本如圖 6-4 所示。

圖 6-4

產品成本法之預算資料：單一比率法與雙重比率法之比較

單一比率法：

	份數	× 總比率	= 分配成本
稽核	94,500	$.12	$11,340
稅賦	67,500	.12	8,000
管理資訊系統	108,000	.12	12,960
總計			$32,400

雙重比率法：

	（份數	× 變動比率）	+ 固定分配	= 分配成本
稽核	94,500	$.023	$9,167	$11,340
稅賦	67,500	.023	6,548	8,100
管理資訊系統	108,000	.023	10,476	12,960
總計				$32,400

值得注意的是，使用預算數據的情況下，採用單一分配比率所產生的結果和採用雙重分配比率所產生的結果一樣。這是因為預算固定成本正好由預算張數所吸收。

如為訂定生產部門的預算成本而進行之分配，則理應使用預算後

勤部門成本。分配至每一部門的影印成本將會加總至其它生產部門成本——包括可以直接追蹤至各個部門的成本加上其它後勤部門成本——以便計算各個部門的預期費用。在製造業的工廠裡面，預算後勤部門成本分配至生產部門之前，必須先求出預估費用比率。

在年度當中，每一個生產部門同樣必須為其根據實際影印張數而發生之實際費用負責。回到前文假設的實際使用張數，此時必須使用另一項分配方法來衡量各該部門的實際績效與預算成本。圖 6-5 列示了為了績效評估之目的所分配至每一個部門的實際影印成本。

單一比率法：				
	份數	× 總比率	=	分配成本
稽核	92,000	$.12		$11,040
稅賦	65,000	.12		7,800
管理資訊系統	115,000	.12		13,800
總計				$32,640

雙重比率法：						
	（份數	× 變動比率）	+	固定分配	=	分配成本
稽核	92,000	$.023		$9,167		$11,283
稅賦	65,000	.023		6,548		8,043
管理資訊系統	115,000	.023		10,476		13,121
總計						$32,447

圖 6-5

為評估績效所使用之實際資料：單一比率法與雙重比率法之比較

固定基礎與變動基礎：注意事項

利用正常產能或實際產能來分配固定後勤服務成本乃基於 *固定的 (fixed)* 基礎。只要生產部門產能維持在原先預期的水準範圍內，便毋須更動分配比率。換言之，每一年無論各部門實際使用影印服務的情況如何，查帳部門都會分配到百分之三十五 (35%) 的預算固定影印成本，報稅部門會分配到百分二十五 (25%)，而 MAS 部門則是分配百分之四十 (40%)。如果各部門的產能改變，便應重新計算分配比率。

在實務上，許多企業選擇根據實際使用情況或預期使用情況的比例來分配固定成本。由於每一年度的使用情況不一，因此固定成本的

分配是基於變動的基礎。然而變動基礎卻有一項明顯的缺點：某一部門的行動會影響分配至其它部門的成本之多寡。

　　為了說明此一缺點，再以前文當中的漢巴會計師事務所為例。假設漢巴會計師事務所的固定成本係以下一年度的預期使用情況做為分配的基礎。查帳部門與報稅部門預期下一年度所需使用的影印服務維持同樣的水準。然而 MAS 部門卻預期受到當地業務衰退的影響，新客戶的數目減少，預期所需的影印服務將大幅縮減至 68,000 張。以最新預估數據為基礎所調整的固定成本分配比率和已分配的固定成本如下。

	影印張數	百分比例	已分配的固定成本
查帳	94,500	41.1	$10,764
報稅	67,500	29.3	7,674
MAS	68,000	29.6	7,752
總計	230,000	100.0	$26,190

　　值得注意的是，雖然查帳與報稅部門使用的影印部門固定成本維持不變，但是這兩個部門所分配到的固定成本卻反而增加。固定成本的增加是因為 MAS 部門使用的影印服務減少之故。事實上，查帳部門與報稅部門是因為 MAS 部門減少影印張數的決定而受到懲罰。試想當查帳部門與報稅部門的經理人知道自己部門的影印成本增加的真正原因的時候，會有何種感受！利用變動基礎來分配固定後勤服務成本就會產生這種懲罰效果；改採固定基礎則能避免此一缺點。

選擇後勤部門之成本分配方法

學習目標四

利用直接法、連續法與轉換法，分配後勤中心成本至生產部門。

　　截至目前為止，本章旨在探討單一後勤部門之成本分配至各個生產部門的方法。作者採用的是後勤部門成本分配的直接法，將後勤部門成本分配至生產部門。由於前文當中的例子只有單一的後勤部門，因此適用直接法。此外，如果各個後勤部門之間並無互動時，亦可採用直接法來分配各該後勤部門之成本。許多企業設有不止一個後勤部

門，而且各個後勤部門之間經常產生互動。舉例來說，工廠裡面的人事單位和員工餐廳不僅提供服務給生產單位和其它後勤單位，彼此之間亦互相服務。

　　如果我們刻意忽略後勤部門之間的互動，逕將後勤成本直接分配至生產部門，則有可能產生不公平亦不正確的成本分配。舉例來說，電力能源雖然屬於後勤部門，但也可能使用維修部門的百分之三十 (30%) 的服務。電力部門所發生的維修成本應該計入電力部門。如果不將這些成本分配至電力部門，則電力部門的成本勢必出現低估的結果。事實上，電力部門所發生之部份成本「隱藏在」維修部門內，因為如果電力部門不存在的話，則維修成本會減少一些。因此，如果我們採用直接法，則使用很多電力服務、且使用一般水準或是低於一般水準的維修服務之生產部門所分配到的成本可能出現過低的現象。

　　企業在決定採用哪一種後勤部門成本分配方法時，必須訂出後勤部門彼此之間的互動程度。此外，企業必須衡量與三種後勤成本分配方法相關之成本與利益。接下來要解說的是直接法、連續法與轉換法。

直接分配法　(Direct Method of Allocation)

　　如果企業只將後勤部門成本分配至生產部門，採用的是**直接法** (Direct Method)。直接法是分配後勤部門成本方法中最簡單、也最明瞭的一種。變動服務成本是根據各個部門使用服務的比例，而直接分配至生產部門。固定成本也是直接分配至生產部門，但是卻是根據各該部門的正常產能或實際產能做為分配的比例。

　　圖 6-6 顯示出，利用直接法來分配成本缺少了後勤部門的轉換。從**圖 6-6** 當中可以看出，後勤部門成本只分配至生產部門。沒有任何後勤部門的成本會分配到另一後勤部門。換言之，直接方法並不考慮後勤部門間之互動關係。

　　為了說明直接法之應用，請各位參閱**圖 6-7** 的資料。圖中的資料分別顯示出兩個後勤部門和兩個生產部門的預算作業與預算成本。（注意事項：連續法也採用**圖 6-7** 的資料；基於時效的考量，請各位先略過圖表下方代表連續法分配比率的數據。）　假設電力成本的偶然

圖 6-6

利用直接法分配支援部
門成本至生產部門

假設有兩個支援部門－－電力
與維護，和兩個生產部門－－
沖壓與組裝。每一個部門都有
一個承裝可直接追蹤費用成本
的「籃子」。

目標：利用直接法，分配所有
的電力與維護成本至沖壓與組
裝部門。

支援部門

電力　　　維護

生產部門

沖壓　　　組裝

直接法－－
將電力與維護成本只分配至沖
壓與組裝部門。

電力　　　　　　　　　　　　維護

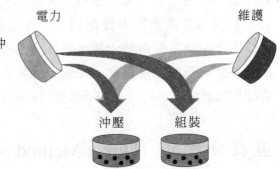

沖壓　　　組裝

分配之後－－
電力與維護部門的成本為零，
所的費用成本均歸入沖壓與組
裝部門。

電力　　　維護

沖壓　　　組裝

圖 6-7

分配法釋例資料

	支援部門		生產部門	
	電力	維護	沖壓	組裝
直接成本 *	$250,000	$160,00	$100,000	$60,000
正常作業：				
仟伍小時	—	200,000	600,000	200,000
維護小時	1,000	—	4,500	4,500
分配比率				
直接法：				
仟伍小時	—	—	0.75	0.25
維護小時	—	—	0.50	0.50
連續法：				
仟伍小時	—	0.20	0.60	0.20
維護小時	—	—	0.50	0.50

* 就生產部門而言，直接成本僅指可以直接追蹤至該部門的費用成本。

圖 6-8

直接分配法釋例

	支援部門		生產部門	
	電力	維護	沖壓	組裝
直接成本	$250,000	$160,000	$100,000	$ 60,000
電力 [a]	(250,000)	—	187,500	62,500
維護 [b]	—	(160,000)	80,000	80,000
	$　　0	$　　0	$367,500	$202,500

[a] 電力之分配比率參見圖 6-7：0.75 × $250,000；0.25 × $250,000。
[b] 維護之分配比率參見圖 6-7：0.50 × $160,000；0.50 × $160,000。

因素是仟伍小時，而維修成本的偶然因素則為維修小時。這兩項因素是成本分配的基礎。在採用直接法的情況下，只有生產部門的仟伍小時和維修小時會用於計算分配比率。根據圖 6-7 的資料所進行之直接分配結果列示於圖 6-8。（為了簡化說明過程，圖中並未區分固定成本與變動成本。）

連續分配法 (Sequential Method of Allocation)

　　成本分配方法當中的**連續分配法** (Sequential [step] Method) 認同各後勤部門之間所發生的互動關係。但事實上，連續法並非完全認同後勤部門的互動。成本分配係根據預定的排列順序，逐步分段向下

圖 6-9

利用連續法分配支援部門成本至生產部門

假設有兩個支援部門－－電力與維護，和兩個生產部門－－沖壓與組裝。每一個部門都有一個承裝可以直接追蹤費用成本的「籃子」。

支援部門

電力　　　　維護

目的：利用連續分配法，將所有的電子和維護成本分配至沖壓和組裝部門。

生產部門

沖壓　　　　組裝

第一步：排列支援部門之先後順序－－#1 是電力部門，#2 是維護部門。

第二步：將電力部門成本分配至維護、沖壓、與組裝部門。

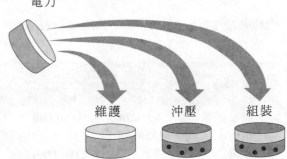

電力

維護　　　　沖壓　　　　組裝

然後，再將維護部門成本分配至沖壓、與組裝部門。

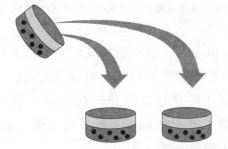

維護

分配之後－－電力與維護部門的成本爲零，所有的費用成本均歸入沖壓與組裝部門。

分解。一般情況下，後勤部門的排列順序是依照其所提供的服務之金額由高而低依序排列。後勤服務的程度通常是根據各該後勤部門的直接成本來衡量；成本最高的後勤部門就視爲提供最重要的服務。

圖6-9列示了連續法的內容。首先，我們通常是根據直接成本來排定後勤部門的先後順序；圖中是以電力部門在先，而維修部門墊後。其次，將電力成本分配至維修部門與兩個生產部門。最後，再將維修成本分配至生產部門。

提供最重要的後勤服務的部門優先分配其成本。這些成本依序分配至排列在其下方的其它後勤部門，然後再分配至所有的生產部門。接下來再進行排名第二的後勤部門的成本分配，過程和排名第一的後勤部門相似，然後依此類推。採用連續法的時候，一旦某個後勤部門的成本分配完畢，往後就不會再自其它後勤部門處接收任何的成本。換言之，後勤部門的成本絕不會分配至排名在其上方之其它任何後勤部門。值得注意的是，自後勤部門分配而來的成本係指直接成本加上自其它後勤部門所分配而得的成本。一部門的直接成本即爲可以直接追蹤至各該部門的成本。

爲了說明連續法的應用，請各位參閱圖6-7的資料。利用成本做爲服務的衡量指標，提供較多服務的後勤部門應爲電力部門。換言之，應該優先分配電力部門的成本，然後再分配維修部門的成本。圖6-7列示的分配比率將用於執行此一分配過程。值得注意的是，由於連續法不能夠將成本逆向往上分配，因此維修部門的分配比率忽略了電力部門也有使用維修服務的事實。

	支援部門		生產部門	
	電力	維護	沖壓	組裝
直接成本	$250,000	$160,000	$100,000	$ 60,000
電力[a]	(250,000)	50,000	150,000	50,000
維護[b]	—	(210,000)	105,000	105,000
	$	$ 0	$355,000	$215,000

圖6-10

連續法釋例

[a] 電力成本分配比率參閱圖6-7：0.20 × $250,000；0.60 × $250,000；0.20 × $250,000。
[b] 維護成本分配比率參閱圖6-7：0.50 × $210,000；0.50 × $210,000。

利用連續法所得到的分配結果列於**圖** 6-10。各位必須注意的是，電力部門的成本當中共有 $50,000 分配至維修部門。這個數據代表著維修部門使用了百分之二十 (20%) 的電力部門輸出服務。於是，維修部門的營運成本由 $160,000 增加為 $210,000。另一點必須注意的是，即使電力部門實際使用了一千小時的維修部門輸出的服務，然而在分配維修部門成本的時候，不得再向上分配回電力部門。

連續法因為認同後勤部門之間互動關係，因此可能較直接法更為精確而直接。當然，連續法並非認同後勤部門間所有的互動；電力部門雖然使用了百分之十 (10%) 的維修部門輸出，但是卻未分配到任何維修成本。轉換法能夠克服連續法的這項缺點。

轉換分配法 (Reciprocal Method of Allocation)

轉換分配法 (Reciprocal Method) 認同後勤部門間所有的互動關係。轉換法是根據某一後勤部門使用另一後勤部門服務的情況，來訂定各該後勤部門的總成本，進而反應後勤部門間之互動關係。最後，再將後勤部門的總成本分配至各個生產部門。轉換法將後勤部門間之互動關係完全納入考量。

服務部門之總成本 (Total Cost of Service Department)

為了決定後勤部門的總成本以便反應其與其它後勤部門間之互動關係，我們必須導出一套線性公式。每一道線性公式——即為每一個後勤部門的成本公式——就是各該後勤部門的直接成本加上自其它後勤部門接收的服務之比例。

總成本 ＝ 直接成本 ＋ 分配成本

下面的例子適足以說明轉換法的內容。**圖** 6-11 係採用與直接法和連續法相同的資料來說明轉換法。公式的分配比率計算過程如下：維修部門接受了電力部門百分之二十 (20%) 的輸出，而電力部門則接受了維修部門百分之十 (10%) 的輸出。

公式當中的 P 代表電力部門的總成本,而 M 則代表維修部門的總成本。誠如前文所述,後勤部門的總成本係直接成本加上接收自其它後勤部門的服務比例的總和。利用**圖 6-11** 的資料和分配比率,則每一個後勤部門的成本公式如下:

$$P = 直接成本 + 維修成本的比例$$
$$= \$250,000 + 0.1M \quad （維修部門的成本公式）(6.1)$$
$$M = 直接成本 + 電力成本的比例$$
$$= \$160,000 + 0.2P \quad （電力部門的成本公式）(6.2)$$

每一道公式的直接成本是取自**圖 6-11** 的資料;此外,分配比率的資料來源亦出自同處。

電力成本公式 (6.1) 與維修成本公式 (6.2) 可以聯立式解,得到各該部門的總成本。將公式 6.1 代如公式 6.2 後可以得到:

$$M = \$160,000 + 0.2 \, (\$250,000 + 0.1M)$$
$$M = \$160,000 + \$50,000 + 0.02M$$
$$0.98M = \$210,000$$
$$M = \$214,286$$

將求得的 M 值代入公式 6.1 之後,得到:

	支援部門		生產部門	
	電力	維護	沖壓	組裝
直接成本*				
固定	$200,000	$100,000	$ 80,000	$50,000
變動	50,000	60,000	20,000	10,000
總計	$250,000	$160,000	$100,000	$60,000
正常作業:				
仟伍小時	—	200,000	600,000	200,00
維護小時	1,000	—	4,500	4,500
	使用產出的比例			
	電力	維護	沖壓	組裝
分配比率:				
電力	—	0.20	0.60	0.20
維護	0.10	—	0.45	0.45

圖 6-11

交換法釋例

* 就生產部門而言,直接成本係指可以直接追蹤至該部門的費用成本。

$$P = \$250,000 + 0.1 \ (\$214,286)$$
$$P = \$250,000 + \$21,429$$
$$= \$271,429$$

利用聯立式化簡公式之後，便可求出每一個後勤部門的總成本。
和直接法或連續法不同的是，這些總成本能夠反應出各個後勤部門之
間的互動關係。

圖 6-12

交換法釋例

| | 總成本 | 分配至 | |
		沖壓 a	組裝 b
電力	$271,429	$162,857	$ 54,289
維護	214,289	96,429	96,429
總計		$259,286	$150,715

a 電力：0.50 × $271,429；維護：0.45 × $214,286。
b 電力：0.20 × $271,429；維護：0.45 × $214,286。

分配至生產部門　(Allocation to Producing Departments)

一旦找出各個後勤部門的總成本之後，便能分配這些成本至生產
部門。圖 6-12 便列出根據各該生產部門使用後勤部門輸出的比例來
分配成本的過程。值得注意的是，分配至各個生產部門的總成本是 $410,
000，剛好等於電力部門與維修部門的直接成本總和 ($250,000 + $160,
000)。

圖 6-13

利用直接法連續法與交換法分配支援部門成本之比較

| | 直接法 | | 連續法 | | 交換法 | |
	沖壓	組裝	沖壓	組裝	沖壓	組裝
直接成本	$100,000	$ 60,000	$ 100,00	$ 60,000	$100,000	$ 60,000
由電力部門分配之成本	187,500	62,500	150,000	50,0001	62,85	754,286
由維護部門分配之成本	80,000	80,000	105,000	105,000	96,429	96,429
總成本	$367,500	$202,500	$355,000	$215,000	$359,286	$210,715

直接法、連續法與轉換法之比較

　　圖 6-13 列示出利用直接法、連續法與轉換法,將電力部門與維修部門之成本分配至沖壓部門與組裝部門的過程。結果有何不同?「究竟應該採用哪一種方法」的問題是否重要?這三種方法的結果可能南轅北轍,端視後勤部門之間的互動關係而定。沿用前例,直接法多分配了 $12,500 的成本到沖壓部門(少分配了 $12,500 的成本到組裝部門)。組裝部門的經理人理所當然地會偏好採用直接法,而沖壓部門的經理人則會偏好採用連續法。由於分配方法會影響部門經理人的成本控制職責,因此,會計人員必須瞭解不同方法的可能結果,經過審慎的評估之後再來採行最理想的方法。

　　選擇成本分配方法的時候,務必考慮成本效益的問題。會計人員必須權衡比較適合的成本方法的優點,以及採用理論上較為合理的成本方法(例如轉換法)所可能增加的成本。舉例來說,大約在二十年前,美國 IBM 公司的其中一座工廠的會計長認為成本轉換法比較適合用來分配該廠的後勤部門成本。這位會計長列出了超過七百個後勤部門,並利用電腦將這些部門納入公式當中。從計算過程來看,採用轉換法並沒有任何問題。然而生產部門的經理人卻不瞭解轉換法的意義。這些經理人認為自己的部門分配到了額外的成本,但是又不確定個中原因。經過幾個月的不斷溝通與協商,會計長終於放棄,還是決定採用原來的連續法——畢竟大家都瞭解連續法的意義和應用。

　　分配後勤部門成本的時候,還必須考慮另一項因素——日新月異的科技。目前許多企業發現後勤部門成本的分配對企業營運頗有助益。然而事實上,如果企業努力朝向作業制成本法與及時製造制度的目標邁進,最後將不再需要分配任何的後勤部門成本。在設有製造小組的及時製造工廠裡面,大多數的後勤服務(例如維修、物料處理與機器設定等)是由製造小組的成員自行提供。在此情況下,不再需要分配任何後勤成本。

部門別費用比率與產品成本法

分配所有後勤服務成本至生產部門的時候，必須計算每一個生產部門的費用比率。此一費用比率是將分配到的服務成本加上可以直接追蹤到生產部門的費用成本，再將加總的總和除以特定的作業指標，例如直接人工小時或機器小時等。

舉例來說，**圖 6-10** 當中，沖壓部門經過後勤服務成本的分配之後總費用成本為 $355,000。假設沖壓部門的費用成本分配基礎為機器小時，且正常作業水準為 71,000 機器小時。則沖壓部門的費用比率計算過程為：

費用比率 = $355,000 / 71,000 機器小時

= $5 / 每一機器小時

同樣地，假設組裝部門利用直接人工小時來分配費用，且其正常作業水準為 107,500 直接人工小時。此時，組裝部門的費用比率應為：

費用比率 = $215,000 / 107,500 直接人工小時

= $2 / 每一直接人工小時

上述費用比率可以用於決定產品的單位成本。為了說明此一功能，假設生產每一單位的某產品需要兩個機器小時的沖壓作業和一直接人工小時的組裝作業。此項產品每一單位分配到的費用成本應為 $12 [(2 × $5) + (1 × $2)]。如果同樣的產品使用了 $15 的物料和 $6 的人工（係包含沖壓和組裝的總和數據），則單位成本即為 $33（$12 ＋ $15 ＋ $6）。

各位或許會問，$33 的單位成本究竟有多正確？這是否真的就是生產假設中的一單位產品的成本？由於物料可以直接追蹤至產品，因此產品成本的正確性多視費用成本分配的正確與否而定。而費用成本分配的正確與否又取決於用以分配生產部門之後勤服務成本之因素和用以分配產品之後勤服務成本之因素當中的相關程度。舉例來說，如果電力成本與仟伍小時密切相關，而機器小時也和產品使用沖壓部門的費用成本情狀密切相關，則基本上我們可以確信 $5 的費用成本正確地反應出個別產品的費用成本。然而如果沖壓部門所分配到的後勤

服務成本有誤，或者利用機器小時不適合做爲分配基礎，又或者兩者
情況都爲眞的情況下，則產品成本可能會受到扭曲。組裝部門也適用
同樣的分析判斷。爲了確保產品成本正確，我們在分配費用成本的兩
個階段時所應找出並使用偶然因素的時候，務必格外謹愼小心。本書
將在後面的章節再仔細解說。

結語

　　生產部門創造公司製造或銷售之產品或服務。後勤部門負責提供生產部門所需之服務，
但是後勤部門本身並不創造可供銷售的產品。由於後勤部門必須服務不同的生產部門，因
此後勤部門的成本是所有生產部門共同分擔的成本，必須分配至各個生產部門才能夠滿足
企業的許多重要目標。這些目標包括了存貨估價、產品線的獲利率、定價、以及規劃和控
制。正確而適當的成本分配亦具有激勵經理人的正面效果。

　　分配後勤部門成本的時候，必須採用分配比率。單一分配比率係結合後勤部門的變動
成本與固定成本，而擬訂的分配比率。雙重分配比率係將固定成本與變動成本分開考慮；
固定後勤部門成本係根據原始產能做爲分配基礎，而變動比率則是根據預算使用情況做爲
分配基礎。

　　實務上必須分配預算成本——而非實際成本——以避免後勤部門本身的效率或無效率
轉嫁至生產部門。由於固定成本與變動成本的偶然因素不一定相同，因此固定成本與變動
成本必須分開分配。

　　實務上用以分配生產部門的後勤服務成本的方法有三：直接法、連續法、轉換法。這
三種方法的主要差異在於是否將後勤部門之間的互動關係納入考量。分配後勤部門成本的
時候如果能將後勤部門間的互動關係納入考量，則所求得的產品成本會更正確。正確的產
品成本資訊有助於改善規劃、控制與決策的品質。連續法和轉換法承認後勤部門之間互動
的事實。這兩項方法係先分配某些（或全部）具有互動關係之後勤部門之間的成本，再分
配生產部門的成本。

　　部門別費用比率是直接部門費用成本與自後勤部門所分配到的成本之總和，再除以預
算部門的基礎。

習題與解答

　　安鐵公司採用分批制度來生產機器零件。安鐵公司大多數的訂單是經由投標而來。大多數的競爭同業是以全額成本外加百分之二十 (20%)做為投標價格。最近，安鐵公司預期可以得到更多訂單，因此將外加的百分之二十五 (25%) 降為百分之二十 (20%)。安鐵公司共有兩個後勤部門和兩個生產部門。各個部門的預算成本與正常作業水準分別如下：

	後勤部門		生產部門	
	A	B	C	D
費用成本	$100,000	$200,000	$100,000	$50,000
員工人數	8	7	30	30
維修小時	2,000	200	6,400	1,600
機器小時	—	—	10,000	1,000
直接人工小時	—	—	1,000	10,000

　　部門 A 的直接成本係根據員工人數做為分配基礎，部門 B 的直接成本係根據維修小時做為分配基礎。產品成本則是根據部門別費用比率來分配。部門 C 以機器小時做為分配基礎，部門 D 則以人工小時做為分配基礎。

　　安鐵公司正準備投標一項工作（工作批號 K），每生產一單位的產品需要部門 C 的三個機器小時，但是不需要使用部門 D。每單位產品的預期主要成本為 $67。

作業：

1. 請利用直接法，將後勤服務成本分配至生產部門。
2. 如果安鐵公司採用直接分配法，則工作批號 K 的標價為何？
3. 請利用連續法，將後勤服務成本分配至生產部門。
4. 如果安鐵公司採用連續分配法，則工作批號 K 的標價為何？
5. 請利用轉換法，將後勤服務成本分配至生產部門。
6. 如果安鐵公司採用轉換分配法，則工作批號 K 的標價為何？

1.

	後勤部門		生產部門	
	A	B	C	D
直接成本	$100,000	$200,000	$100,000	$ 50,000
部門 A	(100,000)	—	50,000	50,000
部門 B	—	(200,000)	160,000	40,000
總計	$　　0	$　　0	$310,000	$140,000

2. 部門 C 的費用比率 = $310,000 / 10,000 = $31 / 每一機器小時。產品成本與投標價格分別為：

主要成本	$ 67
費用 (3 × $31)	93
總單位成本	$160
投標價格 ($160 × 1.2)	$192

3.

	後勤部門		生產部門	
	A	B	C	D
直接成本	$100,000	$200,000	$100,000	$50,000
部門 B	40,000	(200,000)	128,000	32,000
部門 A	(140,000)	—	70,000	70,000
總計	$　　0	$　　0	$298,000	$152,000

4. 部門 C 的費用比率 = $298,000 / 10,000 = $29.80 / 每一機器小時。產品成本與投標價格分別為：

主要成本	$ 67.00
費用 (3 × $29.80)	89.40
總單位成本	$156.40
投標價格 ($156.40 × 1.2)	$187.68

5. 分配比率：

	各部門使用輸出之比例			
	A	B	C	D
A	—	0.1045	0.4478	0.4478
B	0.2000	—	0.6400	0.1600

A = \$100,000 + .2000B

B = \$200,000 + .1045A

$$A = \$100,000 + .2 (\$200,000 + .1045A)$$
$$= \$100,000 + \$40,000 + .0209A$$
$$.9791A = \$140,000$$
$$A = \$142,988$$
$$B = \$200,000 + .1045(\$142,988)$$
$$= \$214,942$$

	後勤部門		生產部門	
	A	B	C	D
直接成本	\$100,000	\$200,000	\$100,000	\$ 50,000
部門 A	42,988	(214,942)	137,563	34,390
部門 B	(143,002)	14,942	64,030	64,030
總計	\$ (14)	\$ 0	\$301,593	\$148,420

注意事項：部門 A 出現 \$14 的差額是因四捨五入之故。

6. 部門 C 的費用比率 = \$301,593 / 10,000 = \$30.16 / 每一機器小時。
產品成本與投標價格分別為：

主要成本	\$ 67.00
費用 (3 × \$30.16)	90.48
總單位成本	\$157.48
投標價格 (\$157.48 × 12)	\$188.98

重要辭彙

Casual factors 偶然因素

Common cost 共同成本

Direct method 直接法

Producing department 生產部門

Reciprocal method 轉換法

Sequential (or step) method 連續（或稱分段）法

Support department 後勤部門

問題與討論

1. 請說明在傳統製造環境中，將後勤服務成本分配至產品的二階段分配過程。

2. 請解說分配後勤服務成本對於定價決策有何助益。

3. 評估存貨價值的時候，為什麼必須分配產品之後勤服務成本？

4. 請解說分配後勤服務成本對於規劃與控制有何助益。

5. 假設一家公司決定不將後勤服務成本分配至生產部門。試說明該公司生產部門經理人可能會有哪些行動。這些行動是好？是壞？請解說成本分配能夠糾正上述錯誤舉動的原因。

6. 請解說後勤服務成本的分配能夠刺激後勤部門的運作更具效率的原因。

7. 分配後勤服務成本的時候，何以必須找出並使用偶然因素？

8. 試為下列後勤部門找出可能的偶然因素：

   a. 員工餐廳

   b. 警衛服務

   c. 工作制服清洗

   d. 進料、船務、與倉儲

   e. 維修

   f. 人事

   g. 會計

9. 請解說分配預算後勤服務成本會比分配實際後勤服務成本較為理想的原因。

10. 請說明變動成本與固定成本個別分配的原因。

11. 請解說生產部門的正常產能或尖峰產能應該用以分配後勤部門的固定成本之原因。

12. 請解說不應該使用變動基礎來分配固定成本的原因。

13. 請說明雙重分配率比單一分配率較適用的原因。在什麼情況下，採用雙重分配率或單一分配率都沒有太大的影響？

14. 請解說直接法與連續法的差異。

15. 轉換分配法比直接法或連續法正確。你同意這樣的說法嗎？請說明你的理由。

個案研究

請將下列工廠內的部門區分為生產部門或後勤部門。

a. 組裝　　　　　　　　i. 磨光

b. 薪資處理　　　　　　j. 人事

c. 員工餐廳　　　　　　k. 油漆

d. 一般工廠管理　　　　l. 資料處理

e. 維修　　　　　　　　m.包裝

f. 機械加工　　　　　　n. 切割

g. 品檢　　　　　　　　o. 工程

h. 混合

　　波斯頓醫師在美國南加州執業。公司規模包括三位皮膚科醫生、三位醫學助理、一位辦公室經理和一位櫃檯接待員。辦公室的月租是 $5,000，面積足以容納四位皮膚科醫生、但是波斯頓醫師還沒有找到適合的第四位醫生。波斯頓博士研究出一種病患專用的皮膚清潔劑。這種清潔劑既不油膩，而且不會造成受損的肌膚出現過敏的現象。每一罐容量為 8 盎斯的瓶裝清潔劑的成份需要 $0.50 的成本。醫學助理在工作比較清閒的時候，會幫忙攪拌幾瓶清潔劑；等到大約有十五分鐘空檔的時候再攪拌十瓶。醫學助理的月薪是 $2,250。每一瓶清潔劑的售價是 $5.00，每一年大約可以賣出 5,000 瓶。公司的會計人員正在考慮幾種不同的方法來計算皮膚清潔劑的成本。

作業：

1. 請提出兩項理由，說明為什麼需要分配清潔劑的成本。辦公室的空間成本與櫃檯接待員的薪資應該如何分配至清潔劑中？請說明你的理由。

2. 假設「健康與你」雜誌刊載一篇文章介紹波斯頓醫師和他所研發的清潔劑。一經報導之後，清潔劑的銷售量突然激增。來自全國各地的女性消費者紛紛利用郵件或電話來訂購這項產品。現在，波斯頓醫師認為每一年應該可以賣出 40,000 瓶清潔劑。他可以僱用月薪

$1,000的兼職人員來協助清潔劑的混合與裝瓶的工作,並處理與清潔劑相關的財務工作。到目前為止尚未使用的小辦公室和檢驗室可以專門用來生產清潔劑。在這種情況下,你是否會改變第1題所選擇的成本分配方法?請說明你的理由。

愛蓮和小黎計劃在耶誕節過後啓程前往新墨西哥市的山區滑雪。她們打算開愛蓮的車,並估計這一趟滑雪之旅的成本共有:

汽油(總數)	$ 30
門票(單人份)	150
住宿(五個晚上)	450
食物(單人份)	100

6-3
成本分配的目標

愛蓮和小黎已經在雪火旅館訂好房間。房價是每一晚單人房 $75,雙人房 $90。雙人房如果要加一個行軍床的費用是每一晚 $5。

愛蓮的妹妹貞妮也想要參加這一趟滑雪之旅。貞妮雖然不會滑雪,但是她認為如果五天都能夠泡在溫泉裡面,晚上還可以參加當地所舉辦的聚會活動,也不失為期末考之後好好放鬆的方法。貞妮打算加入愛蓮和小黎的陣容,並且和她們同住一間房間。

作業:

1. 如果只考慮增加的成本,試問貞妮和艾蓮與小黎同行的成本為何?
2. 如果採用利益接收法,試問貞妮此行的成本為何?

博德魯在美國丹佛市的郊區開了一家狹長形的購物中心。購物中心內總共規劃了12個攤位,其中7個已由化粧品公司租走,還有五個空餘攤位。博德斯計劃提供各個專櫃更多的服務,來提高攤位的租用率。博德魯打算利用其中一個空的攤位來提供禮品包裝服務給承租攤位的專櫃。化妝品專櫃相當支持這項新服務的構想。這些專櫃的人員都非常精簡,每當需要包裝禮品的時候,不是電話沒有人接聽,就是排隊中的顧客不耐久候。博德魯預期禮品包裝服務將會發生下列成本:使用的攤位每一個月原可收取 $1,500 的租金;兼職包裝人員的

6-4
單一分配率和雙重分配率

月薪爲 $1,000；每一個禮品使用的包裝紙和彩帶平均要 $0.50。七個化妝品專櫃估計其每一個月需要包裝的禮品數量分別如下：

專櫃	每月需要包裝的禮品數
「藝術蠟燭」專櫃	200
「尋夢園禮品」專櫃	300
「西部牛仔服飾」專櫃	100
「爪哇美食」專櫃	70
「你的鞋」專櫃	50
「唐娜」運動服飾專櫃	130
「皮諾的秘密」專櫃	150

包裝服務開始六個月之後，博斯魯統計出各專櫃每一個月實際使用包裝服務的次數。

專櫃	每月需要包裝的禮品數
「藝術蠟燭」專櫃	170
「尋夢園禮品」專櫃	310
「西部牛仔服飾」專櫃	240
「爪哇美食」專櫃	10
「你的鞋」專櫃	50
「唐娜」運動服飾專櫃	200
「皮諾的秘密」專櫃	450

作業：

1. 請以每一禮品爲基礎，計算出專櫃的單一分配率。根據專櫃實際的禮品包裝數目，試問每一個專櫃採用單一分配率所分配到的成本爲何？

2. 根據專櫃實際的禮品包裝數目，試問每一個專櫃採用雙重分配率所分配到的成本爲何？

3. 哪幾家專櫃會傾向採用單一分配率？爲什麼？哪幾家專櫃又會傾向

採用雙重分配率？爲什麼？

4. 許多專櫃的老闆對於禮品包裝的帳單感到十分不滿。他們認爲自己的專櫃只應該分配包裝服務的成本。你能夠爲他們提出更具體充份的理由嗎？

百樂公司是根據生產部門經理人控制成本的能力，來評估生產部門經理人的績效。除了可以直接追蹤至各部門的成本外，每一位生產經理人還必須分攤一定比例的後勤中心（即維修部門）成本。維修部門的總成本是以實際使用的維修小時做爲分配基礎。維修總成本與各個生產部門實際使用的維修小時分別如下：

6-5
實際成本與預算成本

	1997 年度	1998 年度
實際使用的維修小時：		
部門 A	2,000	2,000
部門 B	3,000	2,000
總時數	5,000	4,000
實際維修成本	$100,000	$100,000
預算維修成本	$ 90,000*	$ 80,000*

* 每一機器小時 $10，再加上 $40,000。

作業：

1. 請利用直接法，以實際維修小時和實際維修成本做爲基礎，分配 1997 年度與 1998 年度各個生產部門的維修成本。

2. 試討論下列內容：「部門 A 的維修成本增加百分之二十五 (25%)，部門 B 的維修成本則減少至少百分之十六 (16%)。換言之，部門 B 的經理人控制維修成本的能力一定優於部門 A 的經理人。」

3. 你是否能夠想出其它更合理、更公平的成本控制方法，來分配維修成本？請解說你的理由。

沿用個案 6-5 的資料。訂定維修部門原始產能的時候，預期每一個部門的正常使用情況是 2,000 個維修小時——此一數據同樣也是 1997 年度與 1998 年度兩個部門所規劃的作業水準。

作業：

1. 請利用直接法——並假設分配的目的是計算產品成本——來分配維修部門的成本。

2. 請利用直接法——並假設分配的目的是評估績效——來分配維修部門的成本。

芬里公司專門生產男鞋和女鞋，並由不同的部門負責生產不同型號的鞋子。公司設置三個後勤部門來服務生產部門，分別為：維修部門、廠房及建地以及飲食服務部門。芬里公司的五個部門的預算資料列示如下：

	後勤部門			生產部門	
	維修	油漆	飲食	男鞋	女鞋
費用	$30,000	$70,000	$50,000	$20,000	$30,000
員工人數	5	2	3	15	25
平方呎	2,000	—	3,000	6,750	8,250
機器小時	—	—	—	2,000	3,000

芬里公司並未將費用成本細分為固定部份與變動部份。

作業：

1. 請利用直接法，來分配生產部門的費用成本。

2. 請利用機器小時，來計算部門別費用比率。

沿用個案 6-7 的資料。分里公司決定改採連續法來分配成本。

作業：

1. 請利用連續法，來分配生產部門的費用成本。

2.請利用機器小時，來計算部門別費用比率。

米克公司設置兩個生產部門和兩個後勤中心。公司的四個部門的
預算資料分別如下：

6-9
轉換法

	後勤部門		生產部門	
	維修	電力	沖壓	磨光
費用	$72,000	$30,000	$50,000	$ 80,000
維修小時	—	3,000	6,000	6,000
仟伍小時	25,000	—	67,500	157,500
直接人工小時	—	—	20,000	30,000

作業：

1.請利用轉換法，將後勤部門的費用成本分配至生產部門。
2.請利用直接人工小時，來計算部門別費用比率。

沿用個案 6-9 的資料。米克公司決定簡化分配後勤服務成本的方
法而改採直接法。

6-10
直接法

作業：

1.請利用直接法，將後勤部門成本分配至生產部門。
2.請利用直接人工小時，來計算部門別費用比率，你認為哪一個費用
　比率較為正確——是利用轉換法求得的費用比率，還是利用直接法
　求得的費用比率？請解說你的理由。

沿用個案 6-9 的資料。

6-11
連續法

作業：

1.請利用連續法，來分配後勤部門的成本。
2.請利用直接人工小時，來計算部門別費用比率。

<table>
<tr><td>6-12
分配；固定成本與變
動成本</td></tr>
</table>

桑美臨時就業機構在美國德州設有兩處辦公室，一處位於達拉斯，另一處位於奧斯丁。桑美臨時就業機構的所有人買了一部迷你電腦，在達拉斯的辦公室內設置了電腦服務中心，並進行必要的電話線路調整，好讓奧斯丁的辦公室也可以連線到服務中心的電腦系統。電腦服務中心提出每一年預算固定成本為 $85,000，以及電腦 CPU（中央處理器）每運轉一小時 $20 的變動比率。就達拉斯辦公室而言，正常使用情形是每一年 1,500 小時、而就奧斯丁辦公室而言，正常使用情形則是每一年 1,500 小時。下一年度的預期使用情形和目前並無太大差異。

作業：

1. 請訂出每一處辦公室應該分配到的電腦服務成本金額。

2. 桑美臨時就業機構的各處辦公室提供的是服務，而非有形的產品。因此，如果分配的是預算成本，將可達成何種目的？各處辦公室是否應該分別計算預估費用比率？如果是，應該如何運用此一費用比率？

<table>
<tr><td>6-13
分配；預算固定成本
與預算變動成本</td></tr>
</table>

沿用個案 6-12 的資料。假設該年度當中，電腦服務中心發生的實際固定成本是 $90,000，實際變動成本是 $62,3350。電腦服務中心運作的總時數是 3,000CPU 小時，其中 1,600 小時係提供予達拉斯的辦公室，另外的 1,400 小時則是提供予奧斯丁的辦公室。

作業：

1. 請訂出每一處辦公室應該分配到的後勤中心成本，並請解說此一分配方法的目的。

2. 分配到的成本與後勤中心發生的成本是否有所差異？如果確有差異，原因為何？

<table>
<tr><td>6-14
分配；固定成本與變
動成本</td></tr>
</table>

華爾特公司是一家位於美國西岸的中型廣告公司。華爾特公司設有三個部門，專門從事不同市場的廣告與公共關係服務:有形產品（由唐雪莉負責）、非營利機構（由艾麥克負責）和公共關係（由魏凱拉負責）。以往，華爾特公司是把必要的印刷與製圖工作外包出去。然

而近來由於桌上排版技術的不斷創新，促使華爾特公司自行設置了新的內部製圖部門，負責說明書、手冊、海報等。有形產品部門與公共關係部門很快地就開始使用製圖服務，然而非營利機構部門卻不太願意放棄傳統的外包廠商。華爾特公司的總經理兼執行長華爾特先生便出面鼓勵所有的部門「開始善用」製圖部門所提供的各項服務。製圖部門的經理梅保羅向艾麥克保證，他可以使用比一九九七年度總成本更多的 $2,000 來服務艾麥克的部門。所以到了一九九八年度的時候，艾麥克決定試用公司的製圖服務。 製圖服務的相關資料如下：

	1997 年	1998 年
實際成本	$12,000	$14,000
使用的直接人工小時：		
有形產品部門	2,000	2,000
公共關係部門	2,000	2,000
非營利機構部門	—	1,000

　　一九九七年度與一九九八年度的實際成本都等於預算成本。製圖服務的成本是以使用的每一製圖小時的實際成本為基礎，再分配至使用的部門。

作業：

1. 試問一九九七年度每一製圖小時的費用比率為何？一九九八年度呢？
2. 試問一九九八年度非營利機構部門分配到的製圖成本為何？艾麥克對此一數據有何感想？
3. 針為一九九八年非營利機構部門所分配到的製圖成本與梅保羅所稱的 $2,000 額外成本之間的差異，請問你會如何調整？

　　愛爾航空公司是一家經營美國愛德華州伯依市地區航線的小型航空公司。愛爾航空公司的三條航線分別飛往鹽湖城、雷諾市和波特蘭。愛爾航空公司的老闆想要瞭解經營每一條航線的全額成本。因此，會計人員必須將兩個後勤部門（行李與維修）的成本分配至三條航線上。已知兩個後勤部門的成本都設於伯依市（所有航線目的地的行李和維

> 6-15
> 直接法；變動成本與固定成本；成本計算與績效評估

修成本都直接追蹤至個別的航線）。一九九七年，兩個後勤部門和三條航線的預算與實際資料如下：

	後勤中心		航線		
	維修	行李	鹽湖城	雷諾	波特蘭
預算資料：					
固定費用	$240,000	$150,000	$20,000	$18,000	$30,000
變動費用	$30,000	$64,000	$5,000	$10,000	$6,000
旅客人數 *	—	—	10,000	15,000	5,000
飛行小時 *	—	—	2,000	4,000	2,000
實際資料：					
固定費用	$235,000	$156,000	$22,000	$17,000	$29,500
變動費用	$80,000	$33,000	$6,200	$11,000	$5,800
旅客人數	—	—	8,000	16,000	6,000
飛行小時	—	—	1,800	4,200	2,500

*係正常作業水準下之數據

作業：

1. 請利用直接法——並假設成本分配的目標是決定每一條航線的營運成本——將後勤服務成本分配至每一條航線。

2. 請利用直接法——並假設成本分配的目標是評估績效——將後勤服務成本分配至每一條航線。分配之後是否有任何成本仍然留在後勤部門內？如果有，金額是多少？請說明你的理由。

6-16
成本分配方法之比較

路士卡車公司分為兩個營業部門：新鮮食品與家用品。路士公司將人事與會計成本分配至每一個營業部門。人事成本是以員工人數做為分配基礎，會計部門則是以交易筆數做為分配基礎。分配成本時並未區分固定成本與變動成本；另一方面，路士公司只分配預算成本。下一年度的成本分配係根據下列資料：

	後勤部門		營業部門	
	人事	會計	食品	用品
費用成本	$100,000	$205,000	$80,000	$50,000
員工人數	20	60	60	80
處理的交易筆數	2,000	200	3,000	5,000

作業：

1. 請利用直接法，來分配後勤服務成本。
2. 請利用連續法，來分配後勤服務成本。
3. 請利用轉換法，來分配後勤服務成本。

> 6-17
> 成本分配方法之比較

蓋爾食品公司專門生產冷凍晚餐食品。蓋爾公司分為兩個營業部門，其中之一負責烹煮食品，另一個部門則負責包裝與冷凍。冷凍食品是以盒裝販售，每一盒當中包含二十五份晚餐。蓋爾公司另有兩個後勤部門負責支援營業部門，分別為：維修與電力。下表為下一季的預算資料。蓋爾公司並未區分固定成本與變動成本。

	維修	電力	烹煮	包裝與冷凍
費用成本	$340,000	$200,000	$75,000	$55,000
機器小時	—	40,000	40,000	20,000
仟伍小時	20,000	—	100,000	80,000
直接人工小時	—		5,000	30,000

烹煮部門的預估費用比率係以機器小時為基礎；包裝與冷凍部門的預估費用比率則以直接人工小時為基礎。每一盒標準晚餐的主要成本總計為 $16。烹煮部門每製造一盒晚餐需要兩個機器小時，而包裝與冷凍部門每處理一盒標準晚餐則需要 0.5 直接人工小時。

近來，美國空軍公開招標一項為期三年的合約。合約內容是提供標準冷凍晚餐給執行勤務的飛彈中隊軍官和士兵。由於各個飛彈基地相距遙遠，美國空軍認為提供執勤人員冷凍晚餐是最經濟的方式。

蓋爾公司參加投標的價格是全額成本外加百分之二十 (20%)。假

設其它競爭者的最低標價是每盒 $48.80。

作業：

1. 請利用下列成本分配方法，為蓋爾公司提出投標價格：
   a. 直接法
   b. 連續法
   c. 轉換法
2. 參考第 1 題的答案。這三種方法求得的結果是否能夠打敗其它競爭者？如果不能，請解說原因何在。哪一種方法最能正確地反應製造每一盒冷凍晚餐的成本？為什麼？

> **6-18**
> 預估費用比率；績效
> 評估之成本分配

　　莫斯理公司設有三個汽車租賃部門：經濟型房車、豪華型房車和貨車。經濟型房車部門專門出租中型與小型房車；豪華型房車部門專門出租大型房車和廂型車；貨車部門專門出租貨車和休旅車。

　　莫斯理公司設有一個後勤中心，負責車輛之服務、維修與清潔。後勤中心的成本是以行駛的總英哩數做為分配的基礎。公司預期，第一季後勤中心總共要花費 $40,000。其中，$16,000 視為固定成本。事實上，在第一季的時候，後勤中心發生的實際變動成本為 $30,000，實際固定成本則為 $17,000。

　　第一季當中，每一輛出租車輛的正常行駛英哩數與實際行駛英哩數如下：

	經濟型	豪華型	貨車
正常作業水準	120,000	100,000	80,000
實際作業水準	150,000	110,000	100,000

作業：

1. 請計算每行駛一英哩的預估後勤服務成本。
2. 請就績效評估之目的，計算第一季結束時應該分配到的成本。
3. 請找出沒有分配到三個租賃部門的後勤中心成本。這些成本沒有分配到營業部門的原因為何？

山姆叔叔公司是一家經營墨西哥料理的家庭式連鎖餐廳的企業。這家公司自一九九三年開設首家店面以來，目前已經擁有五家連鎖餐廳，分別位於美國的德州西部和新墨西哥州。一九九八年，公司的老闆決定成立內部會計部門以集中財務資訊的控制。（在此之前，公司是將每一家店面的簿記工作和財務報表交由當地的會計師處理。）一九九八年一月，公司的內部會計部門正式成立，並在公司位於新墨西哥州阿爾布魁市的總部旁邊租了一間辦公室使用。所有的連鎖餐廳都設置了電腦與數據機，以便每一周固定將財務資訊傳送至會計部門。

會計部門編列了每一年 $64,000 的預算固定成本。變動成本的預算則為每小時 $18。一九九八年，會計部門的實際成本是 $131,500。其它詳細資訊如下：

	1997 年	1998 年	1998 年使用的實際會計小時
「艾爾帕索」分店	$337,500	$390,500	1,475
「阿爾布魁」分店	450,000	456,000	400
「陶索」分店	360,000	375,000	938
「圖坎開立」分店	540,000	550,000	562
「阿瑪立歐」分店	562,500	549,000	375

作業：

1. 假設會計部門的總成本是以一九九八年的營業收入做為分配基礎。請問每一家連鎖餐廳應該分配多少成本？

2. 假設公司老闆將一九九七年的營業額視為餐廳預算產能的標準。換言之，會計中心固定成本是以一九九七年的營業額做為分配基礎；變動成本則是以一九九八年的使用時數乘上變動比率的乘積做為分配基礎。請問每一家連鎖餐廳應該分配多少成本？

3. 請就上述兩項分配計畫提出你的看法。哪幾家連鎖餐廳會傾向採用第一種方法？哪幾家連鎖餐廳又會傾向採用第二種方法？請解說你的理由。

6-19
固定成本與變動成本
之分配

貝里集團旗下擁有許多製造不同產品的公司。貝里集團最近決定成立法務部門來處理集團的所有法律事務,以及旗下各家公司的例行性法律事務(例如專利申請)。新的法務部門估計每一年的固定成本為 $210,000,變動成本為每小時 $14。旗下四家公司均表示使用新的法務部門的意願,同時各編列了下列年度使用時數:

大西面紙	25
莫頓肉罐頭	1,500
派帝汽閥和栓塞	3,000
貝里尼樂器	1,000

經過第一年營運之後,法務部門實際發生了固定成本 $215,000 和變動成本 $83,145。旗下四家公司使用法務部門的實際時數如下:

大西面紙	500
莫頓肉罐頭	1,400
派帝汽閥和栓塞	3,600
貝里尼樂器	1,000

作業:

1. 請利用單一比率,訂出法務部門的分配比率。根據求得的分配比率及實際使用時數,請問四家公司在第一年分別應該分配到多少成本?

2. 請利用雙重比率,訂出法務部門的分配比率以便計算產品成本。根據此一雙重比率,請問四家公司在第一年分別應該分配到多少成本?

3. 請利用雙重比率,評估法務部門第一年的績效。法務部門的實際成本低於或高過預算?低於多少,或高出多少?

4. 請解說你認為應該採用哪一種分配比率。

某州立大學的女生宿舍委員會 (HCB) 負責管理校園內兩層樓女生宿舍的管理。HCB 設定宿舍的正常容量是六十位女學生。換言之,委員會當中的一百位女學生當中,只有六十位能夠住進宿舍,其餘四十位必須另覓住處(例如校園內的新生宿舍等處)。HCB 必須擬訂

下一年度的宿舍分配比率，其預算成本如下：固定成本 $240,000 和變動成本 $34,800。基本上，固定成本不受實際住在宿舍的女學生人數的影響。伙食預算是 $40,000，已經包括在固定成本範圍內。宿舍容量固定的時候，伙食成本不至於出現太大的更動。變動費用包括了電話費和水電費。HCB 並不負責住宿生的入會費、保證金和其它社交費用等。住宿生每一星期在宿舍搭夥二十餐，住的是雙人房的房間（所有宿舍房間、浴廁等都設在二樓）。住宿生搭夥是從星期一的晚餐開始計算，而且所有的住宿生都可以使用宿舍裡面的公共設施（例如兩間電視間、廚房、隨時可食用的牛奶和麥片、閱覽室等）。

以往，HCB 都會擬訂兩種分配比率：住宿生適用一種分配比率，外宿生則適用另一種分配比率。一個學年裡面總共有三十二周。

作業：

1. 請討論可能用於決定兩種住宿學生分配比率的因素。
2. 請訂出住宿生與外宿生的分配比率。

巴洛公司正根據直接人工小時來擬訂兩個生產部門——製模部門與組裝部門——的部門別費用比率。製模部門僱用二十名員工，組裝部門僱用八十名員工。兩個部門的所有員工每一年工作 2,000 小時。製模部門的生產相關費用成本預算為 $200,000，組裝部門的預算則為 $320,000。巴洛公司的兩個後勤部門——修理與電力——直接支援生產部門，其預算成本分別為 $48,000 和 $250,000。生產部門的費用比率必須等到後勤部門成本適當地分配之後才能訂出。下表列示出生產部門使用修理服務與電力服務的情形。

6-22
直接法、轉換法及費用比率

	修理	電力	製模	組裝
修理小時	0	1,000	1,000	8,000
仟瓦小時	240,000	0	840,000	120,000

作業：

1. 請利用直接分配法計算生產部門的後勤服務成本，求出製模部門與組裝部門每一直接人工小時的費用比率。

2. 請利用轉換法計算後勤部門間與生產部門的後勤服務成本，求出製模部門與組裝部門每一直接人工小時的費用比率。

3. 請解說直接法與轉換法之差異，並指出一般而言企業偏好採用轉換法而非直接法的理由。

6-23
以醫院為例，說明成本分配方法；單位成本之決定與定價決策

白寶拉是一家都會區大型醫院藍伯特醫學中心（簡稱 LMC）新近聘僱的行政主管。白寶拉上任後，便開始查閱最近一季的財務報表。報表上顯示醫院再度出現虧損。過去幾年來，醫院的財務狀況始終不佳。一開始，醫院的財務是受到聯邦政府施行的診斷相關費用（簡稱 DRG）退費新制。這項制度是政府會退回特定醫療服務或特定疾病的固定費用，固定費用應當反應出哪些步驟必須計算成個別成本，且與前幾年度的病患住院天數的傳統成本目標相異。雖然沒有經過正式的分析，但是醫院的管理階層普遍認為政府的 DRG 制度使得醫院的財務狀況每下愈況。

另一方面，健康維護機構（簡稱 HMO）和醫師自行執業的醫療院所（簡稱 PPO）的興起也影響 LMC 的獲利狀況。HMO 的診所都是僱用全職的醫師，在 HMO 開設的醫療院所服務。加入 HMO 的會員必須接受這些全職醫師的服務。PPO 則採用和自行執業醫師簽約的方式。這些特約醫師可以診治 PPO 轉介的病患，也可以診治非 PPO 轉介的病患。PPO 的會員可以自行選擇特約醫師，提供其所需要的醫療服務。PPO 的方法通常提供較多的醫師可供病患選擇，似乎較能保留傳統上病患選擇醫師的自由。愈來愈多的潛在就診民眾加入 HMO 和 PPO 計畫；很可惜地，LMC 未能抓住這些醫療服務市場。HMO 和 PPO 會固定招標醫院服務，並由最低價者得標。多數時候，LMC 都未能贏得這些標案。

白寶拉在接受醫院行政主管職務的時候，便已經知道醫院期望她能夠大幅改善 LMC 的財務狀況。她認為自己需要更多有關於醫院採用的成本方法的資訊。惟有瞭解 LMC 所提供的各項服務的正確成本資訊，白寶拉才能夠評估 DRG 退費制度與醫院投標策略的成效。

白寶拉和醫院的會計長羅瑞克舉行了一次會議。下面是擷取自會議當中的部份對話：

白寶拉：羅瑞克，你應該知道我們最近失去了一些實驗室測試的招標案。這些招標案可以讓我們接下本地 HMO 的固定業務。事實上，HMO 的行政主管告訴我說，我們的標價是三家廠商當中最高的。我知道另外兩家競標廠商的名稱，我實在不敢相信這兩家廠商的投標價格居然會比我們低出許多。請你說明一下我們究竟是如何決定這些實驗室測試成本。

羅瑞克：首先，我們將所有的部門分門別類，歸為營利中心或服務中心。接下來，再將服務中心的成本分配至營利中心。可以直接追蹤至營利中心的成本加上已經分配的成本，便求得營利中心的總成本。總成本除以營利中心的總收入之後，便求出成本分配比率。最後，將特定療程的費用乘上成本分配比率之後，就是該療程的成本。

白寶拉：我再重複一次，你看看我說得是否正確。衣物清洗、環境整理、維修和其它後勤部門的成本是分配到所有的營利部門。假設依比例，實驗室分配到 $100,000 的成本。我們把 $100,000 的後勤成本加上它的直接成本——假設也是 $100,000——之後就得到作業總成本是 $200,000。如果實驗室的收入是 $250,000，那麼實驗室的費用分配比率應該就是 0.80 ($200,000 / 250,000)。最後，如果我想要瞭解特定實驗步驟的成本——假設通常收費 $20 的血液測試——就把 $20 乘上分配比率 0.80，得到成本是 $16。這樣對不對？

羅瑞克：完全正確。我們沒有爭取到的標案，價格都是利用這樣的分配比率公式計算出來的成本價。或許其它的醫院為了爭取生意，才刻意提出低於成本的價格。

白寶拉：我倒不這麼認為。我們採用的成本分配比率公式是傳統上用來計算醫院產品成本的方法，但是現在恐怕已經過時。面對現在的經營環境，我們需要更正確的產品成本資訊來提高獲得標案的可行性、來瞭解新的 DRG 退費制度對於醫院的影響、甚至評估醫院所提供的醫療服務組合。目前採用的成本分配比率公式不夠直接明瞭、也不正確。事實上，某些服務需要更多的人工、物料或更需要使用比較昂貴的設備器材。

目前的成本分配比率公式根本無法反映出這些潛在的差異。

羅瑞克：既然如此，只要能有一套符合我們需求的成本會計制度，我也樂見其成。妳有沒有任何建議呢？

白寶拉：有，我個人比較傾向採用更直接的方法來計算產品的成本。將後勤服務成本分配到營利部門的作法，只是計算產品成本的第一道步驟。我們當然需要把後勤服務成本分配到營利部門——但是我們必須注意分配的方法是不是正確。接下來，我們必須把各營利部門所分配到的後勤服務成本，再分配到個別的產品上。凡是可以直接追蹤至個別產品的成本，都應該直接分配給該產品；間接成本的部份則可利用一個或數個費用分配比率來分配至個別產品。費用成本的分配基礎應視其發生的原因而定。如果可能的話，成本分配必須反映出各個營利部門使用後勤服務的情況。此外，營利部門內個別產品的成本分配也應該把握同樣的原則。

羅瑞克：聽起來像是不算小的改變。我們的醫院總共有超過三百種的醫療服務，如果採用分批成本制度恐怕會造成成本會計作業很大的負擔，成會作業的成本恐怕也會相當可觀。儘管如此，我還是同意應該擬訂某種基本上符合妳的想法的制度。

白寶拉：太好了。這樣吧，下一次開會的時候，請你準備好資料，告訴我目前你用來分配營利部門的後勤成本的方法和原因。為了求出正確的產品成本，我必須知道這些細節。此外，我也想瞭解你對於分配營利部門內個別產品的成本有何看法。

　　經過前述會議之後，羅瑞克瞭解到醫院失去多項標案的原因可能是因為成本分配不當之故。於是，羅瑞克決定仔細觀察目前後勤服務成本的成本分配比率是否為主要原因。

　　羅瑞克從檔案裡抽出今年度的預算資料。這些預算資料如下。為了方便讀者分析，下表資料當中的部門數目和預算已經經過簡化。

	後勤部門			營利部門	
	行政	衣物清洗	環境維護	實驗室	醫護
費用	$20,000	$75,000	$50,000	$43,000	$150,000
平方英呎	1,000	1,200	500	5,000	20,000
清洗衣物的磅數	50	200	400	1,000	4,000
員工人數	1	4	7	8	20

後勤部門的成本是利用直接法來進行分配。

羅瑞克決定利用目前的成本分配比率來計算三項實驗測試的成本，然後再利用白寶拉所提議之更直接的方法再算一次。比較兩種方法求出的單位成本，羅瑞克便能夠評估現情的成本分配比率是否能夠正確地估計產品成本。羅瑞克選定的實驗項目分別為紅血球測試（簡稱 Test B）、膽固醇測試（簡稱 Test C）以及化學性的血液測試（簡稱 Test CB）。

經過仔細的觀察之後，羅瑞克發現這三項實驗使用實驗室資源的情形和其需要的時間有關。根據每一項測試所需要的時間長短，羅瑞克找出了每一項測試的相對價值單位數量（簡稱 RVU）以及這些單位數量使用物料與人工的情形。每一項測試的 RVU 及每一個 RVU 使用物料與人工的情形如下：

測試項目	RVU	每一 RVU 使用的物料	每一 RVU 使用的人工
B	1	$2.00	$2.00
C	2	2.50	2.00
CB	3	1.00	2.00

羅瑞克發現，實驗室內部的費用成本分配也應該利用 RVU 來計算（他相信 RVU 是適合用以計算費用成本的作業動因）。今年度實驗室的預期 RVU 是 22,500。往年，實驗室所執行的三項測試的數量通常是一樣的。今年也不例外。

羅瑞克同時也注意到，醫院通常是採成本外加一定比例的利潤來

決定醫療服務的價格。根據以往實驗室的總成本歷史資料來看，前述三項血液測試的定價策略如下：

	B 測試	C 測試	CB 測試
收取費用	$5.00	$19.33	$22.00

作業：

1. 請利用直接法，來分配兩個營利部門的後勤部門成本。
2. 假設實驗室只執行題目當中的三項血液測試，請計算成本分配比率（即實驗室的總收入除以實驗室的總成本）。
3. 請利用第 2 題的成本分配比率，估計上述三項血液測試的個別成本。
4. 請利用 RVU，來計算上述三項血液測試的個別成本。
5. 你認為哪一個單位成本——利用成本分配比率所求出的單位成本，或利用 RVU 所求出的單位成本——最正確？請解說你的理由。
6. 假設 HMO 的某一家特約醫療院所邀請 LMC 參與 CB 測試的投標。請利用百分之五 (5%) 的外加利潤和第 3 題所計算的成本，來準備投標的標單。接下來重複同樣的步驟，請利用第 4 題所計算的成本，來準備另一份投標標單。假設投標價格不高於 $20 的廠商就可以得標。請討論成本計算的正確性對於醫院投標的影響。

第七章
聯產品與副產品之成本法

學習目標

研讀完本章內容之後，各位應當能夠：

一. 指出聯產品製造過程的特色。

二. 利用所得利益法和相對市價法來分配聯產品成本。

三. 說明副產品的會計處理方法。

四. 解說何以聯合成本分配可能誤導管理決策之原因。

五. 探討何以服務業少見聯合生產之原因。

大多數的製造業工廠生產不止單一產品，其中部份製程係使用一種原料而同時產生兩種或兩種以上的產品。此即所謂的聯產品。生產聯產品的企業的會計人員必須決定如何分配聯產品的共同原料成本。

聯產品製造過程之一般特點

聯產品 (Joint Products) 係指同樣製程在「分離點」所分別同時製造出來的兩種或兩種以上的產品。分離點 (Split-off Point) 係指聯產品分開成為個別產品的臨界點。舉例來說，肉品包裝業的包裝人員一向自豪地表示，一條豬全身上下除了豬叫聲之外全都派上了用場。從原料（屠宰好的豬隻）一送到生產線上到分離點之間的過程當中，會發生人工與費用成本，才能將豬隻一一加工成為:豬皮、醃製肉品、作為肥料的骨粉、豬蹄等等。舉凡豬隻的飼養、屠宰、與切割等成本屬於所有產品的共同成本。不同的製程可以導出不同的額外產品。當然，某些聯產品在分離點之後仍然需要其它的加工處理。然而更值得注意的是，分離點之前所發生的原料、人工、和費用等成本都屬於僅能以某種主觀方式分配至最終產品的聯合成本。圖 7-1 說明了聯產品的製造過程。圖 7-2 則說明了一般情況下，單一原料分別製造出兩種不同的產品的製造過程。舉例來說，生產金牛 (Taurus) 車款和小野馬 (Mustang) 車款都需要使用鋼，但是福特汽車公司採購鋼的動作卻不見得是為了生產金牛汽車和小野馬這兩種車款。

圖 7-1

聯合生產過程

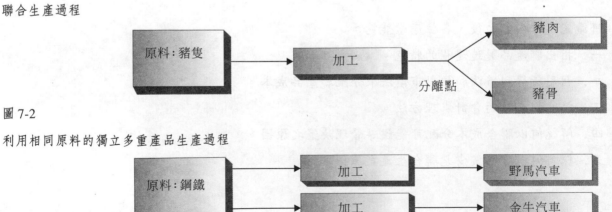

圖 7-2

利用相同原料的獨立多重產品生產過程

聯產品之間的關係是其中一項產品的輸出增加，另一項產品的輸出也會隨之增加，但卻不一定呈現同比例。以前文當中的肉品包裝業者為例，部份最終產品在經過分離點之後，其之間的關係或多或少會出現變動。舉例來說，管理階層可以決定在分離點之後生產多一點香腸、少一點火腿，或者是以其它方式改變最終輸出。然而在分離點之前，聯產品之間的關係基本上是固定不變的。

當我們在考慮**圖** 7-1 列示的分離點之前發生的原料成本與加工成本，或者考慮**圖** 7-2 列示的多重產品製造過程中發生的加熱、燃料、和折舊成本，都具有一項特色。就不同的聯產品而言，這些成本都屬於間接成本；換言之，這些成本都無法直接追蹤至它們所屬的最終產品。

成本分割性與分配的必要

成本不是可以分割，就是無法分割。**可分離成本** (Separable Costs) 可以很容易地追蹤至個別產品。無法分割的成本則必須根據不同的理由分配至不同的產品。成本分配是相當主觀的。換言之，實務上並沒有約定俗成的方法來決定哪一項產品應該分配到多少聯成本。事實上，所有的聯產品都受益於全部的聯成本。分配聯成本的目標在於找出最適合的方式來分配事實上並非真的可以分割的成本。我們為什麼要分配聯成本呢？主要是因為這是財務報表（一般公認會計原則）與聯邦所得稅法之規定。本章將會說明，聯成本分配並不適用於某些特定的管理決策。基本上，聯成本分配是為了決定產品成本，以利收入衡量與存貨估價。此外，這些產品成本或多或少有助於計算特定批號或訂單——包括政府契約——的成本，以及決定法規或行政命令的花費。

聯產品在分離點之前所發生的成本，與生產個別產品時所發生的間接成本之間存有兩項重要差異。首先，生產個別產品時可以直接追蹤至個別產品的原料與直接人工等成本，如果用於生產聯產品的分離點之前，則變成不可分割的間接成本。舉例來說，假設礦砂中含有鐵和鋅，則原料本身就是一種聯產品。由於鋅和鐵在分離點之前都無法單獨製造，因此舉凡挖掘、擊碎和分割礦砂等相關作業成本同樣也是

聯成本。其次，製造費用在聯產品的情況下變得更爲間接。茲以鳳梨的採購爲例說明之。鳳梨的表皮和裡面的果肉都不是聯產品。然而當我們採購鳳梨作爲生產罐頭之用時，一開始的去皮作業會產生幾項產品（果皮可以作爲動物的飼料、中間的心可以再切片、切塊然後榨汁）。這些分離點之前的作業（加工）成本，加上採購鳳梨的原始成本，對於分離點之前的所有產品都有助益。這些現象或者是因爲原料本身就是聯產品所致，或者是因爲加工作業會同時產生一種以上的產品所致，又或者是因爲前兩者原因交織產生所致。

現在讓我們更仔細地檢視費用的聯產品所隱含的意義。假設一企業設有一個後勤部門——維修部門——負責修理與維護全工廠的生產機器設備。如果裝瓶部門負責烹煮鳳梨汁、然後將鳳梨汁裝瓶，而裝罐部門負責將切塊的鳳梨果肉裝入罐頭內，那麼或許我們可以根據這兩種產品對於維修服務的實際需求（例如根據每一部門使用的維修小時爲基礎）來分配維修部門的變動成本。由於生產部門與後勤服務之間具有明確的因果關係，因而據此分配的維修成本便能滿足管理階層控制生產部門與產品的目的。如果前例中的鳳梨汁和鳳梨果肉是由同一個部門同時製造的（假設果汁在裝瓶之前就先在裝罐部門烹煮），此時我們仍可正確地求出裝瓶與裝罐部門分別應該分配到的成本。然而由於裝罐部門所生產的是聯產品，因此如欲進一步分配果汁與果肉之間各該分配多少維修成本，則須藉用主觀的分配基礎。因此，就特定管理決策——例如控制果汁與果肉的成本——而言，這樣的分配結果並不可靠。換言之，作業制成本制度當中作業動因能否有效地反應出費用成本與聯產品之間的因果關係，會受到聯合生產作業的影響。

聯產品與副產品之異同

聯產品與副產品的主要差異在於其銷售價值之相對重要性。**副產品 (By-product)** 係指在生產主產品過程中所附帶生產的產品。副產品的銷售價值相較於主產品顯得較微不足道。副產品與聯產品之間並未設有明顯的界線，而是僅就其重要程度來加以區分。於是，企業必須能夠分辨其生產過程是否會產生副產品或聯產品。換言之，企業必

須能夠將副產品和主產品或聯產品區分開來。副產品與主產品的區分如下：

1. 副產品是利用主產品的殘料或切邊的碎料等製成的產品（例如布片的切邊碎料）。

2. 主要經由聯產品製程中所剩餘的殘料（例如牛隻身上切下來的脂肪塊）。

3. 較不具銷售價值的聯產品（例如用來餵食動物的果皮和碎果肉）。

　　聯產品與副產品之間的關係和這兩類產品的區分一樣，並非全然不變。今天的副產品可能是明天的主產品、聯產品或殘料。許多副產品一開始都被視為廢料，隨著經濟價值的提升而變為副產品，最後甚至可能變為聯產品。舉例來說，鋸木廠的木屑和木片以往都視為廢料處理，然而近年來卻成為瓦愣紙板的主要成份。副產品在會計處理上的演變適足以說明副產品的價值的改變。一般的會計作業是將副產品視為廢料處理。當副產品的出售所得對於整體成本或銷貨而言幾乎毫無影響的時候，會另設科目來記錄副產品的銷貨收入。然而當副產品的銷貨收入逐漸增加，甚至接近主產品的時候，則亦應分配一定比例的聯合成本。

聯產品與副產品之釋例

　　為數相當眾多的產業在製造作業中——尤以同一原料可做為不同產品的來源之情況下——都會生產聯產品與副產品。這些產業幾乎全都採用分步成本會計制度。圖 7-3 列舉出幾個常見的產業實例。

　　市場上的激烈競爭促使企業必須有效地利用有限的資源。於是，企業經營的目標之一就是充份利用原料，以達到最高的經濟效益。雖然在生產過程中產生廢料與殘料似乎是無法避免的事實，但是頂尖的製造業者仍不斷地設法減少廢料，希望百分之百地充份發揮原料的價值。副產品便是這種善用資源觀念下的產物。然而當次要產品的價值有限，而主產品的利潤邊際尚令人滿意的情況下，副產品與聯產品的分析工作似乎並非全然必要。

圖 7-3

從事聯產品與副產品生產之產業

產業	聯產品與副產品
農產食品業：	
磨製麵粉	高筋麵粉、中筋麵粉、糙殼和麥穗
肉品包裝	肉、骨、飼料、動物膠、毛髮和許多其它副產品
織棉	棉花纖維和棉花籽
釣魚	罐裝魚貝、魚肉、魚油、和肥料
棉花籽加工	棉花籽油
乳製品	奶油、脫脂與全脂奶粉、牛油、優格、冰淇淋和其它產品
製罐	不同等級的蔬菜和水果（例如蘋果和蕃茄）、果汁、動物飼料
其它產業：	
冶銅	銅、金、銀、和其它金屬
鉅木	不同等級的木塊、和木屑
鍊油	汽油、柴油、燃料油、瀝青和許多其它產品
採礦	金、銀、銅、和其它金屬
化學產業：	
生產肥皂	肥皂和甘油
生產可樂	可樂、阿摩尼亞、煤焦、和其它產品
製造瓦斯	瓦斯、可樂、阿摩尼亞、煤焦、和其它化合物
製造業：	
水泥	水泥管、磚塊、和混凝土
半導體	不同品質（壽命、抗溫能力）的記憶晶片

聯產品成本之會計處理

學習目標二

利用所得利益法和相對市價法來分配聯產品成本。

聯合成本的會計處理（直接物料、直接人工和費用成本）與一般產品成本的會計處理並無不同之處。然而實務上較爲困難的是如何將聯合成本分配至個別產品。再者，製作財務報表也是必須的工作——評估資產負債表上的存貨價値，進而決定損益。就成本控制與管理決策而言，聯合成本的分配就顯得較不重要。

分配聯合成本的時候，必須找出適當的分配基礎才能得知存貨的正確價値。以往的作法是在分離點前先追蹤各個產品的成本。然而此一作法並沒有太大的意義，因爲事實上聯產品並非單獨個別生產出來的。於是，我們必須找出一種分配方法，能夠根據合理——雖然可能過於武斷——的基礎來分配成本。由於此一分配方法牽涉到個人的判

斷，因此面對同樣的產品，能力完全相同的會計人員也可能導出不同的成本。

所得利益法 (Benefit-Received Approaches)

誠如數量、重量等實體單位可以用於衡量得到的利益，而相對市價法則用於衡量個別聯產品吸收聯合成本的能力。

實體單位法 (Physical Units Method)

實體單位法是以特定的實體衡量指標為基礎，將聯合成本分配至個別的產品中。這些實體的衡量指標包括了磅數、噸數、加侖與熱單位等。如果聯產品之間使用的衡量指標不同（例如其中一項聯產品是以加侖計算，另一項產品則是以英磅計算），則宜採用統一的單位。舉例來說，以製酒廠為例，可以將不同濃度的產品（例如噸數、加侖、箱等等）統一使用標準加侖的單位。所謂的標準加侖係指酒精濃度為百分之五十 (50%) 的產品。換言之，150 標準加侖的飲料酒精含量為百分之七十五 (75%)，相當於 1.5 標準加侖。

從公式來看，實體單位法是依照聯產品的產出比例來分配聯合成本。於是，如果聯合生產過程中產出 300 磅的 A 產品和 700 磅的 B 產品，則 A 產品分配百分之三十 (30%) 的聯合成本，而 B 產品則分配百分之七十 (70%)。另一種方法則是將聯合成本除以總產出單位，求出平均單位成本。各該產品的產出單位乘上平均單位成本之後，便得到該項聯產品應該分配的聯合成本。此一簡單平均方法雖然不盡理想，卻仍不失其道理。因為所有的聯產品都是由同一製程生產所得，因此我們無法判定生產哪一項聯產品的單位成本會高於另一項聯產品。

舉例來說，假設有一家鋸木廠將原木樹幹鋸成四種等級不同、總面積為 3,000,000 平方英呎的木塊，資料如下表所示：

等級	平方英呎
第一級與第二級	450,000
普級 1 號	1,200,000
普級 2 號	600,000
普級 3 號	750,000
總數	3,000,000

總聯合成本是 $186,000。如果我們採用實體單位法，則各等級的木塊應該分配到多少聯合成本呢？首先，我們先找出每一等級佔總產量的比例，然後根據求出的比例計算各該等級應該分配到的聯合成本。

等級	平方英呎	產出比例	聯合成本分配
第一級與第二級	450,000	.15	$ 27,900
普級 1 號	1,200,000	.40	74,400
普級 2 號	600,000	.20	37,200
普級 3 號	750,000	.25	46,500
總計	3,000,000		$186,000

此外，我們也可以求出平均單位成本爲 $0.62 ($186,000 / 3,000,000)，再乘上每一項聯產品的平方英呎，同樣可以得到聯合成本。

舉例來說，廠商可能會將原木樹幹運送到鋸木廠的成本加上平均加工成本的總數，作爲製成品的平均單位成本，然後再分配至所有的製成品，無論製成品的類型、等級或市價是否相同。這項方法適合用於計算產品成本。

實體單位法適用於生產不同等級的聯產品（例如麵粉、煙草和原木塊等）的企業。然而這項方法的缺點之一就是可能會得到等級較高的產品的獲利較高，等級較低的聯產品獲利較差的結果。如果管理人員未能小心解讀實體單位法所求算出來的結果，將可能導致錯誤的決策行爲。

實體單位法傾向於根據自每一項製成品所獲得的利益來分配聯合

成本。因此，製成品當中每一單位的原料成本和轉做生產其它產品的
成本相同。此一假設尤其適用於主要成份可以追蹤至個別產品的情況。
由於實體單位法忽略了並非所有的成本都可以追蹤至實際產量的事實，
因此常為人所詬病。此外，如果產品在分離點前就真的分開的話，恐
怕是不會生產出任何產品了。

加權平均法　(Weighted Average Method)

　　為克服實體平均法的缺點和施行上的困難，通常我們會先指定權
數。常用的權數計有使用的物料數量、製造的難易程度、使用的時間、
使用人工的差異以及單位數量的多寡等。這些因素和相對的權重通常
會以單一的數值來表示，稱為**權數** (Weight Factor)。以前文當中的
裝罐工廠為例，權數同樣也可以作為計算成本的基礎。

　　在某些情況下，權數純粹就是一個量化的加工因素；然而在其它
情況下，權數則反映出售價或淨售價，此時，加權平均法是單以售價
為基礎，來求算聯合成本。後面的段落將會詳細介紹，此處便不再贅
述。

　　前文當中的裝罐工廠也可以採用加權平均法。工廠將裝在不同規
格紙箱內的水蜜桃加工成為規格統一的水蜜桃罐頭的時候，即可利用
權數來分配每一箱水蜜桃的聯合成本。假設基本上一箱當中有二十四
罐容量 2.5 的罐裝水蜜桃，這一箱水蜜桃的權數指定為 1.0；則一箱
當中有二十四罐容量 303（大約是容量 2.5 的一半）的罐裝水蜜桃，
權數就指定為 0.57；依此類推。一旦所有規格不同的箱子都改以權數
來表示之後，就可以利用實體單位法來分配聯合成本。此外，我們也
可以根據水蜜桃的等級（例如特優、優良、標準、略差等）來擬訂權
數。假設等級歸為標準的水蜜桃指定權數為 1.0，則比標準等級更好
的水蜜桃的權數就高於 1.0，而比標準等級較差的水蜜桃的等級就低
於 1.0。

　　接下來就以等級分類來說明加權平均法的應用。假設前文當中的
罐裝工廠採購了 $5,000 的水蜜桃，分別歸類為特優、優良、標準、
略差四個等級，然後再依不同的等級分別裝罐。下列資料說明這些水
蜜桃的等級、箱數與個別的權數。

等級	箱數	權數	全部箱數的權數	百分比例	分配到的聯合成本
特優	100	1.30	130	.21667	$1,083
優良	120	1.10	132	.22000	1,100
標準	303	1.00	303	.50500	2,525
略差	70	0.50	35	.05833	292
			600		$5,000

　　我們將箱數乘上權數之後，就可以求得全部箱數的權數。接下來，再利用實體單位法求算每一個等級所佔全部箱數權數的百分比，最後再乘上聯合成本，就是每一等級所應該分配的聯合成本。從上述資料當中我們可以發現，因為特優與優良等級比較受到市場歡迎，因此分配到較多比例的聯合成本。略差等級的水蜜桃和從外觀受傷的水蜜桃中切割下來的完好的果肉相對地較不受市場喜愛，因而分配到的聯合成本比例也就較低。

　　實務上，企業通常會預先訂出權數，作為估計成本制度或標準成本制度的計算基礎。權數的計算過程可以督促會計人員更加注意不同權數對於成本分配結果的影響，進而獲致更為合理的成本分配。當然，加權平均法亦有其缺點——擬訂的權數並不恰當，或經過一段時間之後舊有的權數不再適用。顯而易見的是，如果我們採用主觀的方式來認定權數的大小，所得到的個別產品的成本當然就會是主觀認定的數據。

以相對市價法為基礎的成本分配

　　許多會計人員認為，聯合成本應該根據產品吸收聯合成本的能力來分配各該產品的聯合成本。此一方法的優點是不會出現產品經常處於獲利良好或經常處於獲利不佳等極端狀況。採用產品吸收聯合成本的能力之作法乃基於以下假設——除非聯合生產的產品共同獲取的收入能夠包括成本外加合理的報酬，否則根本不會發生任何成本。從另一角度觀之，原料與其它聯合成本的採購者為了特定產品所發生的成

本可以從成本與售價之間的關係推算得知。當我們採用相對市價作為分配基礎，而某一產品或某些特定產品的市價出現波動的時候，即使各該產品的成本並未真正改變，但是其聯合成本的分配比例卻會自然而然隨之改變。

在下列兩種情況下，採用相對市價法會優於實體單位法：(1) 總聯合成本的增減會改變產出的實體組合與 (2) 前述改變會提高或降低總市價。實務上，相對市價法的變數不止一種。

分離點售價法　(Sales-Value-at-Split-off Method)

分離點售價法是以每一項產品佔分離點的市價或售價的比例為基礎，來分配聯合成本。此法是將較多比例的聯合成本分配予市價較高的產品。換言之，只要產品在分離點的價格維持穩定，或者不同產品的價格呈現同步波動（不限制一定是相同的金額，偏重變動的比率），則個別產品所分配的聯合成本也維持不變。

茲以前文當中討論實體單位法的鋸木工廠為例。說明如何根據不同等級的產品在分離點的市價來分配 $186,000 的聯合成本。

等級	產出數量 （平方英呎）	分離點價格 （每一千平 方英呎）	分離點 之售價	佔總市價 百分比	分配到的 聯合成本
第一、二級	450,000	$300	$135,000	.2699	$ 50,201
普級 1 號	1,200,000	200	240,000	.4799	89,261
普級 2 號	600,000	121	72,600	.1452	27,007
普級 3 號	750,000	70	52,500	.1050	19,530
總計	3,000,000		$500,100	100.00	$185,999*

*因四捨五入之故，不得寫為 $186,000。

值得注意的是，此例是以分離點售價之比例作為分配聯合成本之基礎。舉例來說，普級 1 號在分離點的價格是 $240,000，佔總售價的百分之四十七點九九 (47.99%)。因此，普級 1 號就會分配到百分之四十七點九九的聯合成本。

　　　　分離點售價法係以價格作爲權數，因此亦頗接近眞實數據。分離
點售價法的優點是以價格爲基礎的權數不會因爲市價的改變而改變。
常見的實例是製膠工業。原料在烹煮部門開始進行生產。烹煮作業完
成後產生數種「等級」的膠。等級最高的膠市價最高，分配到的成本
最少。次級的膠需要較高的溫度，成本較多，生產出來的膠類產品品
質也較不理想。製膠工廠通常不會決定每一種提煉作業的實際成本，
以避免等級最高的產品分配到最少的成本，而等級最低的產品卻分配
到最多的成本的缺點。取而代之地，製膠工廠會先決定所有生產出來
的膠原料的成本，然後根據這些不同等級的膠原料的相對純度來分配
總聯合成本。膠原料的相對純度代表著每一道提煉作業或每一種等級
的品質與市價。換言之，將每一道提煉作業的產出乘上其相對純度的
乘積，和同樣的產出乘上市價之後的結果相同。經由純度加權計算出
來的金額可以用於分配每一道提煉作業的聯合成本。惟有在額外的提
煉作業的收益等於或超過額外發生的成本的情況下，才會進行額外的
提煉作業。

　　　　根據分離點市價所擬訂的權數基本上和以實體單位計算權數相同。
然而在此處製膠業的例子當中，權數是根據售價所擬訂出來的，而實
體單位法的權數卻可能是根據製造難易程度、產出規模大小等其它因
素而擬訂。這些因素當中並非全部都和市價有關。

淨變現價值法　(Net Realizable Value Method)

　　　　採用市價做爲分配聯合成本的基礎時，其實是指分離點的市價。
然而在某些情況下，個別產品在分離點時卻尚無所謂的市價可言。於
是，我們可以改採淨變現價值法。首先，我們先將所有可以分開計算
的加工成本自最終市價當中減除，求出每一項聯產品的**假設售價**
(Hypothetical Sales Value)。假設售價與分離點售價相當接近。然後我
們根據各該項聯產品佔假設售價的比例，利用**淨變現價值法** (Net Realizable
Value Method) 來分配不同比例的聯合成本至個別聯產品中。

　　　　假設某一家公司利用聯合製程生產甲、乙兩項產品。一個生產週
期的成本是 $5,750，可以生產出 1,000 加侖的甲產品和 3,000 加侖的
乙產品。甲、乙兩項產品在分離點的時候都還無法出售，必須再經過

加工處理。甲產品的再加工成本是每加侖 $1，乙產品的再加工成本則為每加侖 $2。甲產品的最終市價是 $5，乙產品的最終市價則為 $4。利用淨變現價值法進行聯合成本分配的結果如下：

	市價	再加工成本	假設市價	單位數量	假設市價	分配到的聯合成本
甲產品	$5	$1	$4	1,000	$ 4,000	$2,300
乙產品	4	2	2	3,000	6,000	3,450
					$10,000	$5,750

值得注意的是，此處是以產品佔假設市價的比例來分配聯合成本。換言之，由於甲產品佔假設市價的百分之四十 (40%)，因此會分配到百分之四十 (40%) 的聯合成本（也就是 $2,300）。當一種或一種以上的產品在分離點時還無法出售，必須進一步加工的時候，特別適用淨變現價值法。

常態毛利比例法 (Constant Gross Margin Percentage Method)

淨變現價值法的作法相當簡單，是將所有利潤分配至假設市價。換言之，即使分離點之後的所有再加工作業對於產品的銷售是否具有關鍵影響，其成本一律均假設為不具利潤價值。為了修正此一錯誤假設，**常態毛利比例法** (Constant Gross Margin Percentage Method) 則將分離點後發生的成本視為總成本的一部份，對於預期獲得的利潤具有一定影響，並依據相同的毛利比例來分配所有產品的聯合成本。

謹以前述甲、乙兩項產品的資料，利用常態毛利比例法來分配 $5,750 的聯合成本。首先，我們必須求出總收入與總成本，以便決定整體的毛利金額與毛利比例。其次，根據毛利潤來調整個別產品的收入，扣除可分離成本之後，就得到個別產品應該分配的聯合成本。

		百分比
收入 [($5 × 1,000) + ($4 × 3,000)]	$17,000	100%
成本 [$5,750 + ($1 × 1,000) + ($2 × 3,000)]	12,750	75
淨利	$ 4,250	25%

	甲產品	乙產品
最終市價	$5,000	$12,000
減項：毛利 @ 市價的百分之二十五	1,250	3,000
銷貨成本	$3,750	$ 9,000
減項：可分離成本	1,000	6,000
分配的聯合成本	$2,750	$ 3,000

　　利用常態毛利比例法分配至乙產品的聯合成本高於淨變現價值法，原因是因為前者假設成本與成本所創造的價值之間具有一定的關聯。換言之，淨變現價值法認為分離點之候的加工作業不具任何毛利，而常態毛利比例法不僅假設分離點之後的加工作業能夠帶來利潤，而且所有產品的利潤比例均完全相同。究竟哪一種假設才對？回答之前，我們必須檢視兩個問題：首先，成本與價值之間是否具有「直接關聯」；其次，對所有聯產品而言，此一關聯在分離點之前與之後是否均固定不變。實務上為了符合市場競爭而分別計算個別產品線定價的作法似乎與上述假設背道而馳。雖然實務上不免仍有例外情況，但是多數企業在其各式各樣的產品的定價與全額成本之間，多半不會維持相同的邊際。

產銷比率 (Sales-to-Production Ratio)

　　每一年度的聯產品需求可能不盡相同，因此，企業有可能會需要減少存貨的當期生產成本——代表著產品流動率降低的成本。如果我們將大部份的當期生產成本分配至銷售情況較佳的產品上，財務報表上就會顯示出比實際情況較高的利潤。當經濟枯榮影響企業產品需求的時候，或可考慮採用另一種聯合成本的分配方法。**產銷比率法** (Sales-to-Production-Ratio Method) 會先比較銷售比率和生產比率，求出特定的權數之後，再根據此一權數來分配聯合成本。此一強調承受能力的方法是將較高比率的當期生產聯合成本分配至銷售情況較佳的產品中。

　　圖 7-4 說明了如何利用產銷比率法，將 $1,000,000 的聯合成本分配至五種不同的聯產品。值得注意的是，流動較慢的丙產品雖然佔

產品	總銷售比例[a]	生產比例[b]	銷售對生產比例	百分比例	分配至銷售 / 生產之成本
甲	10	10	1.0000	19.9338	$99,338
乙	20	15	1.3333	26.5778	265,778
丙	15	25	0.6000	26.5778	119,603
丁	40	30	1.3333	26.5778	265,778
戊	15	20	0.7500	14.9504	149,504
	100	100	5.0166	100.001[c]	$1,000,001[c]

圖 7-4

銷售對生產比率法

[a] 以總銷貨數量 100,000 單位為基礎。

[b] 以總產量 150,000 單位為基礎。

[c] 與 100.000 和 $1,000,000 之間的誤差係四捨五入之故。

總生產的百分之二十五 (25%)，但是因為只佔了銷售的百分之十五 (15%)，因此會分配到較少的聯合成本。另一方面，僅佔生產的百分之十五 (15%) 的乙產品，因為銷售情況較好，佔銷售的百分之二十 (20%)，因此會比丙產品分配到較多的聯合成本。如此一來，當期收入扣除較高的生產成本之後會得到較低的淨收益，企業便可達到節稅的目的。

　　所有的售價法都有一項重要的限制。也就是說，我們可以利用價格來決定成本，卻不能利用成本來決定價格。換言之，所有的售價法可以間接做為定價決策和其它以售價為基本因素的決策之參考依據。此外，雖然總成本或生產方法並未出現任何更動，但是產品成本的改變仍然可以反映出相對市價的改變，此一特點有時候會導致企業過份強調售價。再者，此一方法採取每一塊錢的分配聯合成本都具有相同的利潤邊際，而讓企業的管理階層產生所有產品的獲利情況完全相同的錯誤印象。

副產品之會計處理

　　副產品會計處理的主要目標和聯產品的會計處理目標相同：為財務報告之目的而決定收益與存貨。聯合成本分配主要係因應內部決策目的而生。聯產品與副產品的相對價值會影響企業會計人員為了衡量其成本所投入的時間與心力。對企業而言，聯產品的成本分配雖然可

學習目標三

說明副產品的會計處理方法。

能稍嫌主觀，但卻是企業衡量收益與存貨所必須之動作。相對而言，副產品的重要性較低，較不需要精確的成本分配。

　　既然如此，會計人員究竟應該投注多少時間和心力來計算副產品的成本？下列幾項因素會影響副產品的評估與會計方法：製造期間副產品價值之不確定性；利用副產品來製造其它產品；利用副產品來代替主產品；爲了銷售誘因或爲了控制的目的，而必須分開計算利潤。當我們試圖決定副產品的最佳會計處理方法的時候，必須考量上述因素。歷來實務上已有許多副產品的會計處理方法。本節的目的在於瞭解副產品會計處理的基本概念。爲此，作者主要將介紹兩種主要型態的副產品會計處理——非成本方法與成本方法。

副產品會計處理的非成本方法

　　實務上並未分配副產品或其存貨的聯合成本，而改採貸記收入或貸記主要成本的方法，稱爲**非成本方法** (Noncost Method)。貸記主產品的方法一般稱爲副產品法。這一類的會計處理方法毋須分開評估個別副產品存貨的價值。

其它收入　(Other Income)

　　當期的副產品淨銷價記做損益表上的「其它收入」科目。此一方法並未訂出副產品的成本。遇有下列情況時，企業多半會採用此一方法：副產品價值不高或無法訂出；採用較爲詳細的副產品成本方法的效益不高；副產品的成本對於主產品的成本影響不大時。

　　副產品的非成本方法有幾項缺點。首先，損益表上的存貨價值失真。因爲副成本並未分配到任何成本，因此損益表上主產品的存貨會有高估的現象。採用此類方法的時候，必須在損益表上註記副產品的市價。非成本方法另一項爲人詬病的缺點是收入和支出之間可能出現不符問題。副產品在生產的時候並未做任何記錄，只有在售出的時候才做記錄。如果副產品的生產是在某一會計期間，而銷售卻是在另一會計期間，則會導致前者會計期間的收入低估，而後者會計期間的收入高估的問題。第三項缺點則是副產品的存貨往往並未獲得適當控制，

因此可能出現弊端或錯誤。由於非成本方法是將所有的副產品成本與費用記入主產品，因此將副產品價值視爲非營業收益的作法可能會扭曲營業結果。

從主產品中扣除的副產品收入 (By-product Revenue Deducted from Main Product)

副產品的收入除可記做其它收入之外，亦可將其視爲主產品成本的扣除額。如此一來，將會得到不同的主產品成本與不同的主產品存貨成本。此法是基於聯合成本乃用於獲得主產品的概念，因此必須將副產品收入自主產品成本中扣除。此一方法與廢料的會計處理相近，因此較爲某些會計人員所偏好採用。

可能低估主產品成本是此一方法的缺點之一。此外，由於副產品的銷售量不一的關係，主產品的成本會隨之逐月變動。

副產品銷貨收入可以考慮其它費用而予以調整。這些費用包括了再加工成本，以及與處理副產品相關的銷售與行政費用。調整之後的副產品銷貨收入再貸記入主產品成本中。當副產品成本主要發生在分離之後的情況下時，實務上經常採用此一方法，且較前述幾項方法更爲企業所接受。原因在於此一方法較能反映出專爲製造與銷售副產品而發生的成本。牛肉包裝業者將副產品的淨收入貸記入主產品的成本中。由於牛肉包裝業的製程與加工作業複雜，生產的產品種類繁多，因此格外關切副產品的會計處理方法。業者除了必須計算一種主產品（醃製牛肉）的成本之外，亦不能忽略了眾多副產品——例如牛脂、牛皮和牛骨等——的會計處理。

副產品的成本方法

對於某些分配副產品成本的方法而言，存貨被轉入在所分配的成本中。成本方法包括：(1) 替代成本法，(2) 總成本扣除利用標準價格法評估之副產品，以及 (3) 聯合成本比率。

替代成本法 (Replacement Cost Method) 是以採購或替代特定副產品的機會成本，來評估工廠內生產之各該副產品的成本。舉例來

說，在生產焦炭的時候所產生的氣體可以用於替代天然氣做為鍋爐的燃料動力。換言之，此一氣體可以在公開市場上出售。於是，使用內部生產的氣體做為鍋爐燃料動力的工廠可以將其替代的天然氣視為該氣體的價值。在某些情況下，副產品的增加是因為主產品的減少而產生。遇此情況，副產品便成為替代產品，其價值通常便視為減少的主產品之價值。

當副產品價格不穩定的時候，企業可以選擇貸記在製品來表示標準價格下的副產品價值。此一標準價格可以是主觀認定的數據，也可以是一定期間內的平均價格。當標準成本制度包括副產品標準價格的時候，必須另設變動科目來表示副產品相對於主產品的數量時，其實際數量與標準數量之間的差異。採用標準價格來評估副產品的優點是穩定性。當市價改變，貸記主產品的成本也會隨之改變，因此企業很難認定成本的改變是因為主產品成本的變動還是因為副產品成本的變動之故。採用標準價格可以避免上述變動的影響，進而讓經理人更明確地瞭解主產品的情況。

在極少數的情況下，副產品會分配到一定比例的聯合成本。遇此情況，每一項副產品會分配到分離點之後發生的成本，並根據某一合理的基礎來決定主產品與副產品之間應該分配聯合成本的比率。作者在聯合成本分配的章節中介紹過此一方法。從理論的角度來看，此一方法的確較為符合聯合成本分配的理論的精神。然而在實務上，會計人員卻可能會發現分配副產品的聯合成本的效益要遠低於所須投注的時間和心力。

當實務上只在副產品售出的時候才予以記錄的情況下，其存貨係以備註方式處理。當副產品出售的市價已達值得登錄標準的時候，則可依當期的市價來衡量副產品的價值——可以扣除、亦可忽略估計的通路成本。當副產品存貨係以市價而非成本做為衡量價值的標準，且成本低於市價的時候，則預期將有利潤發生。此一事實尤其可能發生在副產品並未分配任何成本的情況中。

聯合成本對於成本控制與決策之影響

分配聯合成本的主要目的雖然可能是爲了表達資產負債表與損益表上的存貨價值，然而聯合成本的分配卻可能會影響成本控制與決策行爲。因此，我們必須瞭解在哪些情況下，分配的聯合成本可能產生誤導的情形。企業在擬訂聯合生產的產品項目的相關決策時，應當謹記聯合生產的產品必須具有聯合生產的必要性。成本管理的主要課題在於確立哪些情況下成本會與特定的決策有關，以及有多少的成本會與各該決策有關，而非在於擬訂聯合成本分配的基礎上。會受聯合成本分配影響的層面計有產出決策、聯產品的再加工與聯產品的定價。

學習目標四

解說何以聯合成本分配可能誤導管理決策之原因。

產出決策 (Output Decisions)

聯合成本分配是否可用於制定產出決策，端視管理階層改變聯合生產比率的能力而定。某些聯產品是依照固定的比率予以製造。當企業內部普遍認定聯產品的比率是固定不變的情況下，企業並沒有替代的生產組合，因此聯合成本的分配對於內部管理決策並無用處可言。於是，企業必須比較聯產品的總成本與整體的銷貨收入，才能衡量特定時間的獲利，是以某些企業並未大費周章地計算個別聯產品的利潤或損失。某些企業雖然仍舊計算出個別聯產品的利潤和損失，但是卻無法用以輔助產出決策。當聯產品之中包含了主產品與副產品的時候，通常會採用整體的利潤與損失的數據。然而實務上在製定主產品的產出決策時往往會忽略副產品的部份。

類似聯產品生產比率固定的情況之一是由市場需求來決定產品組合。以前文當中的水蜜桃包裝工廠爲例，當業者決定使用特優與優良等級的水蜜桃來製造水果派時，便可能改變產品組合。產品必須依顧客需求的比率來生產，業者可能因而減少特優與優良等級的水蜜桃之生產。此一情況雖然和理論上的固定比率產品組合並不相同，但對於產出決策卻具有相當程度的相同影響。某些時候，顧客對於產品組合的需求變化極大，因此將之視爲對於特定產品的需求變動會比較有利於實務上的會計處理；換言之，聯合成本的分配便不適用此類情況。

多數時候，聯合成本是爲了生產彼此可以替代的產品所發生的成本。因此，某一項產品的產出增加會導致其它產品的產出減少。於是，實務上可以將減少的產品之機會成本做爲增加的產品之成本，誠如前例當中的煉油廠所採用的替代方法。

當聯產品的比率可以獲得控制的情況下，其控制幅度在長期而言會優於短期的成效。原因在於現有的製造設備會限制產品組合的改變，並且是由現有的顧客來決定短期內可以銷售的產品項目。隨著時間的拉長，企業可以研發新的製程、添購新的製造設備、甚至開發新的市場。再以前文當中的煉油廠爲例，隨著時間的演進，煉油廠可以將原油煉解成石蠟油、汽油、石腦油和部份塑化產品等。

比較不同的產品組合時，如遇無法明確地衡量出個別聯產品成本的情況時，則可改採衡量各種組合的總成本與總收入的方式來計算不同組合的差異（即利潤），找出不同產品組合的整體獲利水準。評估不同產品組合的時候，如果採用太多變數，則不僅廢時、而且成本可觀。遇此情況，可以考慮改採求取近似值或者改用電腦來計算的方式。同樣地，新產品的產出決策不僅需要考慮競爭產品的替代生產，亦應考慮需要的或不需要的副產品之替代生產。

再加工決策 (Further Processing Decision)

管理人員往往必須決定要在分離點時出售聯產品還是再繼續進行加工作業。在擬訂此一決策時，必須考慮分離點之後發生的成本與收入。對於再加工決策而言，分離點之前發生的成本爲沉入成本。無論是否進行再加工作業，這些沉入的聯合成本都會發生，因此與再加工決策並無關聯。如果我們將分離點的聯產品視爲再加工作業的原料，其銷售價值則被自其它來源的物料之替代成本所取代。基本上，此一問題涉及分離點之後的可分離成本，因此是屬於另一種成本問題，而非聯合成本的範疇。

聯產品的定價 (Pricing Joint Products)

根據固定比率生產聯產品的企業所計算出來的個別產品的成本，

對於定價決策並無太大的影響。上述企業必須分別擬訂所有產品的價格，以確保所有的產品是根據生產的比率予以銷售。衡量個別聯產品獲利情況唯一可靠的指標是其佔聯合成本（已將各該產品所應分配的可分離成本自銷售價值中扣除後的成本）的比例。

當聯合成本分配的售價法或市價法能夠維持成本與市價之間的常態關係的時候，由於必須利用售價來決定成本，因此無法用於固定價格。以前文當中的肉品包裝工廠爲例，由於市價是衡量主產品可以出售並獲得利潤時的價格之重要指標，因此業者注重的是副產品的市價，而非副產品的成本。此類分配方法同樣可以用於決定支付原料的價格。

在特定情況下，實務上也會採用產品之間的歷年差異資料來分配聯合成本。如果基本上這些歷年差異數年來都維持固定不變，此一方法可以做爲個別產品之參考定價，擬定出來的價格亦與競爭者相去不遠。

售價法同樣可以用於評估價格，以及現行價格與主管機關規定之關係。然而值得注意的是，聯合成本分配並不適用於美國聯邦政府對於天然氣價格之規定；聯合成本分配係用以決定存貨價值，「而非用以做爲決定符合法令規定的成本。」

以再製造成本爲基礎的定價

值得一提的有趣現象是，聯產品成本法可以應用於器官移植的醫療服務。醫務上規定自捐贈者處獲得移植器官的成本必須分配至受贈的個別病患。當捐贈的器官只有一個的時候，不會產生任何疑義，因爲所有的成本都會分配給受贈的病患。然而事實上多數捐贈者不止捐出一個器官（例如同時捐贈心臟、腎臟、肝藏、胰臟、骨髓、皮膚、和眼角膜等），然後分別移植至不同的病患身上。此一情況衍生的問題便是如何將取得器官的成本分配至不同的器官移植手術。金額可能高達美金三萬元的聯合成本包括了利用維生系統維持捐贈者的生命跡象、提供醫護人力來取出器官、租用直昇機來運送醫療小組人員等等。

實務上的作法之一是根據後續器官移植手術的最終成本來分配聯合成本。舉例來說，假設捐贈者總共捐出了一顆心臟、兩顆腎臟和兩

片眼角膜，那麼我們便可根據心臟移植手術、腎臟移植手術、和眼角膜移植手術各佔全部手術成本的比例，來分配取出捐贈器官的聯合成本。由於心臟移植手術的費用最高，因此心臟所分配到的聯合成本最多。其次是腎臟，而移植手術費用最低的眼角膜所分配到的聯合成本最少。值得注意的是，此一方法和前文當中介紹過的接收利益法並不相同，接收利益法是以根據實際或加權單位數量爲基礎的平均成本來進行分配。此一方法與相對市價法亦不儘相同，因爲器官本身並沒有出售的事實。此法的成效與「公平性」仍有待商榷。

如果聯產品之間的比例並非固定不變，則可經由不同成本與銷售收入的比較，擬訂出對於個別產品具有意義的重要決策。然而儘管個別產品的成本資訊有助於定價決策，企業的管理階層仍應隨時考量聯產品的整體情況，方能擬訂出最適切的定價決策。

服務之聯合生產

學習目標五

探討何以服務業少見聯合生產之原因。

截至目前爲止，本章尚未針對服務的聯合成本進行討論，因爲實務上服務會帶來真正的聯合產出的例子非常少見。一般而言，一項服務在同時間內只能產生一種影響。如遇服務出現聯合生產作業的情況，通常代表著定價出現了問題。舉例來說，一位同時產生嚴重的頸部與肩膀疼痛的患者可能會向按摩治療師求診。經過連續四十五分鐘的按摩之後，按摩師就能更減輕頸部和肩膀的大多數疼痛。如果當初患者是向醫師求診，那麼醫師可能會改開處方箋和手術治療，至於按摩的部份則由健康保險給付。然而從保險公司的觀點來看，按摩的功效不僅止於減輕疼痛，按摩同樣也能讓患者感覺好一些。事實上。對於那些只是想要放鬆一下的人而言，同樣也會選擇按摩的服務。換言之，按摩所帶來的不可分割的感受便屬於聯合生產的情況，因此保險公司或許只會將一部份的成本分配至治療的服務中。

類似的例子也可見於所得稅的申報服務。根據規定，合格管理會計人員每一年都必須接受三十小時的教育才能夠保有證照資格。假設歐蕾莉是一位自行執業的管理會計師，她參加在鄰州舉辦的一場爲期兩天的作業制成本法的研討會。這項課程的成本在報稅時全數可以扣減。現在假設這項研討會是在遊艇上舉辦，課程並延爲五天。可想而

知，國稅局一定會特別注意這一筆會計記錄。由於個人娛樂和公事混
為一談，因此必須將研討會本身的成本自這一趟遊艇之旅的總成本分
割出來。此一情況同樣也屬於聯合成本分配的問題。

結語

　　聯合生產過程會同時產出兩種或兩種以上的產品。相較之下，聯產品或主產品的銷售
價值較為重要，副產品的銷售價值則較不重要。為了財務報告之目的，必須分別分配個別
產品的聯合成本。聯合成本的分配方法不止一種，包括了：實體單位法、加權平均法、分
離點售價法、淨變現價值法以及常態毛邊際法。

　　一般而言，副產品不會分配到任何的聯產品成本。取而代之的是，副產品在損益表上
是以「其它收入」表示，或貸記在主產品的在製品中。

　　聯合成本分配可能會影響管理決策的制定。為了生產所有的聯產品，勢必會發生聯合
成本；因此，分配的聯合成本對於產出與定價決策並無助益。而再加工成本，或稱可分離
成本，則可用於管理決策之制定上。

習題與解答

　　善德斯製藥公司採購了一項原料，可以加工製造成三種化學物質：
anarol、estyl 和 betryl。六月份的時候，善德斯公司購買該原料一萬
加侖，成本為 $250,000，並發生了 $70,000 的加工成本。六月份的
銷售與生產資訊如下：

	生產的 加侖	分離點 價格	每加侖 再加工成本	最終 售價
Anarol	2,000	$55	—	—
Estyl	3,000	40	—	—
Betryl	5,000	30	$5	$60

Anarol 和 Estyl 是在分離點的時候賣給其它製藥公司。Betryl 可以
在分離點的時候出售，亦可再加工成為哮喘藥劑出售。

作業：

1. 請分別利用實體單位法、分離點售價法和淨變現價值法來分配三項產品的聯合成本。

2. 假設六月份的時候，Estyl 產量的一半可以經過提煉，和所有的 Anarol 混合以後製成一種動物用的麻醉藥劑。所有的再加工成本金額為 $35,000。此一動物用麻醉藥劑的售價是每加侖 $112。善德斯公司是否應該繼續加工，將 Anarol 製成 2,000 加侖的動物用麻醉藥劑？

解答

1. 應該分配的總聯合成本 = $250,000 + $70,000 + $320,000

實體單位法：

	生產的 加侖	生產加侖的 百分比例	聯合 成本	分配到的 聯合成本
Anarol	2,000	(2,000/10,000) = .20	$320,000	$ 64,000
Estyl	3,000	(3,000/10,000) = .30	320,000	96,000
Betryl	5,000	(5,000/10,000) = .50	320,000	160,000
	10,000			$320,000

分離點售價法：

	生產的 加侖	分離點 售價	分離點 收入	收入的 百分比	聯合 成本	分配到的 聯合成本
Anarol	2,000	$55	$110,000	.28947	$320,000	$ 92,630
Estyl	3,000	40	120,000	.31579	320,000	101,053
Betryl	5,000	30	150,000	.39474	320,000	126,317
			$380,000			$320,000

淨變現價值法：

步驟一：決定假設銷貨收入。

	最終 價格	－	每加侖 再加工成本	＝	假設 售價	×	加侖	＝	假設 收入
Anarol	$55	－			$55		2,000		$110,000

Estyl	40	40	3,000	120,000
Betryl	60	5	55	5,000	275,000
總計					$505,000

步驟二：根據假設銷貨收入的比例來分配聯合成本。

	假設之 銷貨收入	百分比	× 聯合成本	分配到的 = 聯合成本
Anarol	$110,000	.21782	$320,000	$ 69,702
Estyl	120,000	.23762	320,000	76,038
Betryl	275,000	.54455	320,000	174,256
	$505,000			$319,996

2. 聯合成本與此決策無關。取而代之的是，企業必須考慮再加工成本，
   以及將 Estyl 投入 Anarol 提煉作業所損失的比例邊際之機會成本。

增加的收入 ($112 - 55)(2,000)	$114,000
減項：Anarol 混合物的再加工	(35,000)
減項：Estyl 所減少的比例邊際	(60,000)
增加的淨收益	$ 19,000

重要辭彙

By-Product 副產品

Constant gross margin percentage method 常態毛邊際
比例法

Hypothetical sales value 假設售價

Joint products 聯產品

Net realizable value method 淨變現價值法

Noncost methods 非成本方法

Physical units method 實體單位法

Replacement cost method 替代成本法

Sales-to-production-ratio method 產銷比率法

Sales-value-at-split-off method 分離點售價法

Separable costs 可分離成本

Split-off point 分離點

Weight factor 權數

問題與討論

1. 何謂聯合成本？
2. 聯合成本法的問題為何？
3. 何謂副產品？
4. 請舉出兩項分配個別產品之聯合成本的理由。
5. 分離點售價法是公正不偏的方法，應該用於分配產品的聯合成本。你同意或反對上述說法？並請說明你的理由。
6. 請解說何以聯合成本會誤導管理決策制定之原因。
7. 請列舉三種分配聯產品成本的方法。
8. 聯合成本為什麼不同於其它的共同成本？
9. 在擬訂銷售或繼續加工的決策時，是否應該考慮聯合成本？請解說你的理由。
10. 如果採用售價法來分配聯產品成本，則這些成本不能用於定價決策。請針對上述說法，提出你的看法。
11. 副產品成本的計算有哪兩類方法？

個案研究

| 7-1 |
| 淨變現價值法 |

磨飛公司利用單一製程生產凝乳和乳清兩種產品。此一製程的聯合成本為 $11,500，總共生產了 23,000 單位的凝乳和 8,000 單位的乳清。分離點之前的可分離加工成本分別為：凝乳 $4,100 和乳清 $3,000。凝乳的售價為每單位 $0.70，而乳清的售價則為每單位 $0.75。

作業：請利用估計的淨變現價值法，來分配 $11,500 的聯合成本。

| 7-2 |
| 再加工決策 |

沿用個案 7-1 的資料。假設凝乳在分離點就可以出售，且售價為每單位 $0.38。試問，磨飛公司應該在分離點的時候將凝乳出售，或者應該繼續加工？請提出計算過程來支持你的論點。

| 7-3 |
| 聯產品與副產品之一致性 |

雪瑞公司利用聯合製程來生產一項以上的產品，且每一批聯產品的成本為 $10,000。每一批的產品別產出資訊如下：

單位數量	分離點之單位價格
甲批	1,000	$ 2.00
乙批	2,000	4.50
丙批	2,500	3.75
丁批	600	8.00
戊批	3,000	.50
己批	150	.20
庚批	1,000	.04
辛批	60	10.00

作業：請將每一項產品歸類為聯產品（或主產品）或副產品，並請解說你的理由。

> 7-4
> 產出單位法；副產品
> 與決策

　　華多雅是超級科技公司的廠長。她正坐在辦公桌前悶悶不樂地翻閱著製造矽晶片的最近一期財務報表。兩年前，超級科技公司被購併，新的高階管理當局堅持每一項產品都必須達到至少百分之二十五 (25%) 的毛利，不得有任何產品例外。

　　晶片的製造過程中需要：(1) 將矽圓柱體夾起，(2) 切成圓型的薄片後再沖壓成正方型，(3) 經過光攝影處理之後，利用高溫烘乾。就部門 3 而言，其輸入的是每批數量為 2,000 片的粗製矽晶片，其產出則為：

375 片高密度記憶晶片

1,125 片低密度記憶晶片

500 片瑕疵記憶晶片

　　高密度記憶晶片的售價是 $14，低密度記憶晶片的售價則為 $8。瑕疵晶片則一律丟棄。部門 3 的過程當中總共發生了 $8,000 的聯合成本，並根據產出單位法來分配聯合成本。

　　華多雅的鄰居史海盟在矽谷經營一家禮品店。以科技為導向的紀念品和收藏銷售情況極佳。史海盟向華多雅提議以 $0.05 的單價購買超級科技公司打算丟棄的瑕疵品，可以插入鑰匙圈和相關產品。誠如

史海盟所言，遊客並不會在意晶片是好是壞，只要鑰匙圈本身沒有問題就好。一開始，華冬雅對於這樣的提議頗感興趣。隨後她就看到了以產品線為架構的損益表。

作業：

1. 請計算在史海盟提議購買瑕疵晶片之前，高密度晶片和批密度晶片的毛利和毛利比例。

2. 假設華冬雅接受了史海盟的提議，且超級科技公司的會計人員將瑕疵晶片視為主產品處理。請計算個別產品的毛利和毛利比例。請解說何以華冬雅對於結果感到不滿的原因。

3. 你是否能夠提出另外一種處理瑕疵晶片的會計方法，而能夠讓華冬雅和超級科技公司的管理階層滿意呢？請利用你所提出的方法，重新計算個別產品的毛利和毛利比例。

7-5
特殊訂單

吉蓮公司利用聯合製程生產兩種肌膚保養乳液——水亮肌膚乳液和柔亮肌膚乳液。每一道標準製程會發生 $420,000 的聯合（共同）成本，生產 180,000 加侖的水亮肌膚乳液和 120,000 加侖的柔亮肌膚乳液。分離點之後的額外加工成本分別為水亮肌膚乳液每加侖 $1.40，柔亮肌膚乳液每加侖 $3.90。

良宵連鎖飯店要求吉蓮公司以每加侖 $3.65 的價格來提供 240,000 加侖的柔亮肌膚乳液。良宵飯店計劃要求吉蓮公司採用 1.5 盎斯的輕巧容器，以便放置在其飯店房間內提供住房客人免費使用。

假設吉蓮公司接受這項訂單，將會省下每加侖 $0.05 的柔亮肌膚乳液包裝費用。吉蓮公司的產能超出此一訂單之數量。然而由於水亮肌膚乳液的市場已達飽合，因此每多出售一加侖的水亮肌膚乳液價則則為 $1.60。

作業：

1. 水亮肌膚乳液和柔亮肌膚乳液的每一道製程的正常利潤為何？

2. 吉蓮公司是否應該接受此一特殊訂單？請解說你的理由。

高飛製藥公司生產三種化學物質，可以加工製成兩種毋須醫師處方的常見藥劑。買進來的化學原料先混合二至三小時後，接著加熱十五分鐘。此一製程會產生兩種不同的化學物質：── Xyrene 和 Yanadrene ──然後再送至乾燥室烘至溼度降至百分之六到百分之八(6-8%)的水準。每使用 1,100 英磅的化學物質，每一種化學物質均可生產出 500英磅。經過烘乾之後，Xyrene 和 Yanadrene 便出售給其它公司，讓其它公司再繼續加工至最終的型式。Xyrene 的售價為每英磅 $10，而 Yanadrene 的售價則為每英磅 $25。每一種化學物質 500 英磅的成本如下：

化學物質	$5,500
直接人工	4,500
費用	3,500

化學物質是採每一袋 25 英磅的包裝，每一袋的包裝成本是 $0.75，每一磅的運輸成本則是 $0.10。

高飛公司亦可將 Xyrene 繼續加工，研磨成細粉之後再壓製成藥錠。這些藥錠可以直接賣給零售藥房。如果採用此一製程，每一英磅的 Xyrene 可以製成五瓶藥錠，每一瓶的售價為 $3.00。Xyrene 的研磨和壓製成錠的成本是每一英磅 $2.50。瓶子的成本是每瓶 $0.20。運送的時候，每 25 瓶裝入一箱，每一箱的運送成本是 $1.00。

作業：

1. 高飛公司應該在分離點時出售 Xyrene，或者應該繼續加工製成藥錠後再出售？
2. 如果在正常狀況下，高飛公司每一年可以銷售 180,000 英磅的 Xyrene。如果高飛公司改採繼續加工的製程，則 Xyrene 的利潤將會有何差異？

三重公司利用共同投入生產三種產品，分別為甲產品、乙產品、和丙產品。每一季的聯合成本如下：

直接物料	$20,000
直接人工	30,000
費用	15,000

　　每一項產品的收入爲：甲產品 $43,000 、乙產品 $32,000 、丙產品 $25,000 。

　　三重公司的管理階層正在考慮將分離點的甲產品繼續加工，則售價將可提高至 $76,000 。然而繼續加工甲產品意味著公司必須租用特別的設備，此一特別設備的租金是每一季 $17,500 。此外，每一季的額外物料與人工成本是 $12,650 。

作業：

　1. 這三項產品的單季毛利爲何？
　2. 三重公司應該繼續加工甲產品，或者應該在分離點時出售甲產品？此一決策對於每一季的毛利有何影響？

7-8
出售或再加工；副產品的會計處理

　　古森製藥公司利用聯合製程生產三種主產品：Altox 、 Lorex 和 Hycol 。 1996 年 5 月 31 日結束的會計年度的資料如下：

	Altox	*Lorex*	*Hycol*
產出單位	170,000	500,000	330,000
分離點的單位售價	$3.50	—	$2.00
分配到的聯合成本 *	$450,000	$846,000	$504,000
可分離成本	—	$1,400,000	—
每單位最終售價	—	$5.00	—

*聯合成本係根據淨變現價值爲分配基礎，並將副產品的淨變現價值自聯合成本中扣除。

　　古森公司的總經理范愛琳正在考慮改變生產與出售這三項產品的可能性。每一項產品的變更提議內容敘述如下。

　　目前是將分離點的 Altox 出售給維他命的製造商。 Altox 也可以再經過提煉，做爲治療高血壓的藥劑。然而此一加工作業將會導致 Altox

的產量減少 20,000 單位。每一年 Altox 再加工的可分離成本估計爲 $250,000。最終產品的售價則爲每單位 $5.50。至於 Lorex 的部份，則是繼續加工製成感冒藥。目前有一家製藥公司向古森公司提議，以每單位 $2.25 的價格購買分離點的 Lorex。

Hycol 油脂是聯合製程的聯產品，目前是在分離點時就出售給化妝品製造商。古森公司的研發部門建議公司將這項聯產品繼續加工，製成減輕肌肉疼痛的擦劑之後再出售。每一年的額外加工成本是 $75,000，最終產品的產出單位會增加百分之二十五 (25%)，售價則爲每單位 $1.80。

古森公司目前採用的聯合製程同樣也可以生產 50,000 單位的 Dorzine。Dorzine 是一種有毒的化學廢料。爲了妥善處理有毒化學廢棄物，公司必須支付每一單位 $0.035 的成本。大慶公司有意使用 Dorzine 做爲溶劑之用；然而每一年古森公司必須支付 $43,000 的成本來提煉 Dorzine。大慶公司願意購買所有提煉過的 Dorzine，價格則爲每單位 $0.75。

作業：

1. 請說明在未來，古森公司應該在分離點時出售哪三項主產品，並繼續加工哪三項主產品以便獲致最大利潤。請利用適當的計算過程來支持你的論點。

2. 假設古森公司決定提煉 Dorzine 以便出售給大慶公司，並將 Dorzine 視爲聯合製程的副產品處理。

   a. 請就 Dorzine 這項產品，評估古森公司是否做了正確的決策，並利用適當的計算過程來支持你的論點。

   b. 請解說將 Dorzine 視爲副產品處理的決策是否會影響第 2a 題的決策。

沿用個案 7-8 的資料。假設古森公司向大慶公司爭取到更高的價格，並將 Dorzine 加工成溶劑出售以後獲得年度淨收入 $13,000。古森公司應該在財務報表上如何表達此一副產品之交易？

7-9
副產品的會計處理

7-10
服務之聯合生產

美國西南部知名的聖路薩博物館座落於聖路薩湖邊，整個博物館就像是一處景色優美的公園。博物館內有許多珍貴的收藏。博物館內還設有一家餐廳，和一處雕像花園。最近有許多新婚夫妻要求在下班時間後承租館方的設施，以做為婚禮之用。其中一位新婚夫婦認為雕像公園非常適合在六月份舉辦一場結婚晚宴。另一對愛好陶藝的新婚夫婦則認為館內的陶器收藏非常適合做為結婚照的背景。這兩對新婚夫婦都必須使用餐廳，但是會自備不夠的桌椅。如果你是這座博物館的館長，當你決定是否要出租博物館的場地和設施做為婚禮或其它用途時，將會考慮哪些因素？

7-11
利用實體單位法與市價法進行聯合成本分配

唐維琪經營一家花藝店名為「太陽公園」。太陽公園銷售各式各樣的花、盆栽、樹木、和灌木植物。唐維琪對於中國的開心果樹特別感到興趣。中國的開心果樹是一種體積中等、會結出鮮紅球果的裝飾樹。遺憾的是，有時它也會結出黃色的球果。截至目前為止，唐維琪的困擾是無法預知哪些種子才會結出漂亮的紅色球果。此外，一旦中國開心果樹栽種超過一年，就無法接株（一種能讓許多植物生長在同一根作物的方法）到其它的植物枝幹。於是，太陽公園的傳統作法是栽種很多的種子，等過了第一個秋天之後，再看看會結出什麼顏色的球果。結出紅色球果的開心果樹售價是每一株 $25，結出棕色球果的開心果樹售價則為每株 $10。

在以往的年度裡，唐維琪都會栽種 500 株中國開心果樹，總聯合成本（包括人工、肥料、盆栽容器、覆蓋盆栽用的麻布和纏繞樹枝的繩子）是 $5,000。根據往年的情況，她預期約有百分之三十 (30%) 的種子會結出紅色球果。

作業：

1. 請利用實體單位法，來分配紅色球果果樹與次級球果果樹的聯合成本。
2. 請利用市價法，來分配紅色球果果樹與次級球果果樹的聯合成本。
3. 唐維琪以前的同學研究出一種利用比較樹幹細胞內的基因結構，來找出可以結出紅色球果果樹的方法。這位同學願意以每一株果樹 $5 的費用來檢查唐維琪所擁有的果樹。

檢查果樹之後，唐維琪便將能結出紅色球果的果樹接枝到原本會結出次級球果的果樹樹幹上。如此一來，可能破壞所有的紅果樹，也可能將所有原本會結出次級球果的果樹轉變成能結出紅色球果的果樹。由於上述基因測試結果必須在栽種、施肥等作業之後才會得知，因此 $5,000 的成本維持不變。額外的接枝人工成本約為 $275。唐維琪是否應該進行樹幹細胞的基因測試？

普琳絲公司從事三種蘋果產品的栽種、加工、包裝與銷售，也就是用以製造冷凍派、果醬與蘋果汁的切片蘋果。切割部門削下來的果皮會加工製成動物飼料，因此視為副產品處理。普琳絲公司採用淨變現（相對銷售）價值法，來分配主產品的聯合成本。副產品的存貨係依市價計算，副產品的淨變現價值在分配主產品的聯合成本之前，便已先自聯合生產成本中扣除。普琳絲公司的生產過程詳述如下。

7-12
淨變現價值法：副產品

一、切割部門負責清洗蘋果，並將蘋果削皮。去掉果核之後，便等待切片。經過切割部門的加工作業之後，三項主產品便已具雛型。每一項主產品再移至個別的部門進行最後加工。

二、去掉果核的蘋果移至切片部門，切片之後予以冷凍。切片部門所產生的果汁和切片的蘋果一起冷凍。

三、果泥部門將切片去核的蘋果製成果醬。果泥部門所產生的果汁同樣用於製作果醬。

四、切割部門所產生的果核和多餘的蘋果在果汁部門加工成果汁。果汁部門的產出會損失百分之八 (8%) 的重量。

五、飼料部門將果皮加工成動物飼料，並包裝成袋。

總重 270,000 磅的蘋果在十一月的時候進入切割部門。下表列示了在各部門發生之成本、轉移至最後四個處理部門的產品重量比例以及每項最終產品的售價。

加工資料與成本（1998 年 11 月）

部門	發生之成本	移至下一部門之產品重量比例	最終產品之每英磅售價
切割	$60,000	無	無
切片	11,280	33 %	$.80
果泥	8,550	30	.55
果汁	3,000	27	.40
飼料	700	10	.10
總計	$83,530	100 %	

作業：

1. 普琳絲公司採用淨變現價值法，來決定主產品與副產品的存貨價值。請計算十一月份的下列數據。

   a. 蘋果片、果醬、蘋果汁、和動物飼料的產出磅數。

   b. 每一項主產品的分離點淨變現價值。

   c. 根據公司政策，將切割部門成本分配至每一項主產品與副產品。

   d. 每一項主產品之毛利金額。

2. 相較於存貨價值資訊，試評論主產品之毛利金額資訊對於規劃與控制目的之重要性。

7-13
聯合成本法之比較

簡納公司利用聯合製程生產兩項產品——甲產品和乙產品。每一次的生產週期成本為 $6,000，生產出 1,000 單位的甲產品與 4,000 單位的乙產品。兩項產品在分離點的時候都無法出售，必須再繼續加工。甲產品的可分離成本為每單位 $3，乙產品的可分離成本為每單位 $2。甲產品的最終市價為 $12，乙產品的最終市價則為 $14。

作業：

1. 請利用產出單位法，來分配每一項產品的聯合生產成本。

2. 請利用淨變現價值法，來分配每一項產品的聯合生產成本。

3. 請利用常態毛利法，來分配每一項產品的聯合生產成本。

4. 討論上述三種方法之異同。你比較偏好哪一種方法？為什麼？

強森公司利用聯合製程生產甲、乙、丙三種產品。相關資料如下：

7-14
分離點之相對銷售價值

	甲產品	乙產品	丙產品	總計
產出單位	6,000	?	?	12,000
分離點之銷售價值	?	?	$25,000	$100,000
聯合成本	$24,000	?	?	$60,000
再加工之銷售價值	$55,000	$45,000	$30,000	$130,000
再加工之額外成本	$9,000	$7,000	$5,000	$21,000

聯合成本是採用分離點相對銷售價值法來分配。

作業：

1. 甲產品的分離點銷售價值為何？
2. 如果強森公司採用產出單位法來分配聯合成本，試問甲產品會分配到多少聯合成本？

請在下列單選題中，選擇最適合的答案。

7-15
聯產品與副產品之會計處理方法

1. 某家公司以 $1,000 的聯合成本，來製造兩項聯產品。這些產品在分離點的時候即可出售，亦可花費額外的成本繼續加工成品質更好的產品才出售。應該在分離點即予出售，或者應該繼續加工的決策必須根據：

   a. $1,000 的聯合成本並不相關的假設。

   b. 採用相對銷售價值法來分配 $1,000 的聯合成本。

   c. 必須採用實體測量法來分配 $1,000 的聯合成本的假設。

   d. 採用公正、合理的基礎來分配 $1,000 的聯合成本。

2. 就分配聯產品之聯合成本的目的而言，係假設銷售點的售價扣除分離點之後的成本等於：

   a. 分離點的相對銷售價值。

   b. 銷售點的售價扣除正常利潤邊際。

   c. 聯合成本。

   d. 總成本。

3. 根據合理的聯產品成本法，副產品的存貨成本係根據分配至副產品的聯合生產成本的比例為基礎，

a. 但是任何後續的加工成本則貸記於主產品成本中。

b. 但是任何後續的加工成本則貸記於主產品的收入中。

c. 加上任何後續的加工成本。

d. 扣除任何後續的加工成本。

第八章
作業制成本法

學習目標

研讀完本章內容之後，各位應當能夠：

一．解說傳統成本制度可能產生扭曲成本的原因。

二．解說作業制成本制度可以產生更精確的產品成本的原因。

三．詳細說明如何認定與分類作業內容，以便形成同質成本群。

四．說明何謂作業制相關資料庫。

五．說明如何將成本分配至不同的作業。

　　本書第二章曾經提過，成本會計資訊系統可以分爲兩大類別：傳統成本制度與當代成本制度。第四章到第六章以傳統成本會計資訊系統做爲研讀重點。這些傳統制度採用傳統的產品成本定義，僅以數量基礎的作業動因來分配產品的費用成本。本章和接下來的章節將介紹與探討當代成本會計制度。本章首先說明如何利用作業制成本法來計算傳統產品成本，以供讀者比較當代成本方法與傳統成本方法間之異同。第九章探討的範疇將擴展至更廣泛的產品成本定義。作業制成本會計制度能夠求得更精確的成本資訊，同時所求得的成本會較傳統方法的結果爲高。採用這一類新的會計制度（例如作業制成本法）的用意在於藉由不同的產品成本資訊，得以提升決策品質。讀者必須瞭解的是，決策品質提升的關鍵在於當代成本制度所產生的會計數據必須和傳統成本制度所產生的會計數據間呈現相當的差異。那麼，究竟何謂相當的差異？企業的管理階層可以透過哪些訊息得知，目前的傳統成本制度已不適用？最後，假設企業已經採用作業制成本會計制度，其效益爲何？作業制成本會計制度的基本特點爲何？詳細的特點又是如何？本章將一一論述這些課題。

傳統成本會計制度之限制

學習目標一

解說傳統成本制度可能產生扭曲成本的原因。

　　傳統的產品成本方法僅將製造成本分配至產品上。直接物料與直接人工的成本分配並無太大困難可言。這些成本可以利用直接追蹤或非常精確的動因追蹤方式來分配，而大多數的傳統成本制度便是設計用以進行上述成本追蹤工作。相對而言，費用成本的分配則較爲困難。就費用成本而言，直接人工、直接物料與產品之間並不具有投入－產出的明顯關係。因此，費用成本的分配必須藉助動因追蹤（某些情況下，則必須藉助分攤方式）。傳統的成本制度當中，僅利用數量基礎的作業動因來分配產品的成本。所謂**數量基礎作業動因** (Unit-based activity drivers) 係指隨著產出數量的改變而引起成本改變的因素。僅僅利用數量基礎動因來分配產品的費用成本的作法，係假設產品所消耗的費用成本與產出數量具有高度相關。常見的數量基礎作業動因計有直接人工小時、機器小時或物料成本等。這些數量基礎動因利用

全廠單一費用比率或部門別費用比率,來分派產品的費用成本。

全廠單一費用比率與部門別費用比率

　　圖 8-1 複習了傳統費用成本分配的方法。圖的上半部代表的是全廠單一費用比率,下半部則是兩個不同部門的部門別費用比率。就全廠單一費用比率而言,首先必須累積全廠的費用成本(成本分配的第一階段),即是將總帳裡的所有費用成本加總起來。由於所有的費

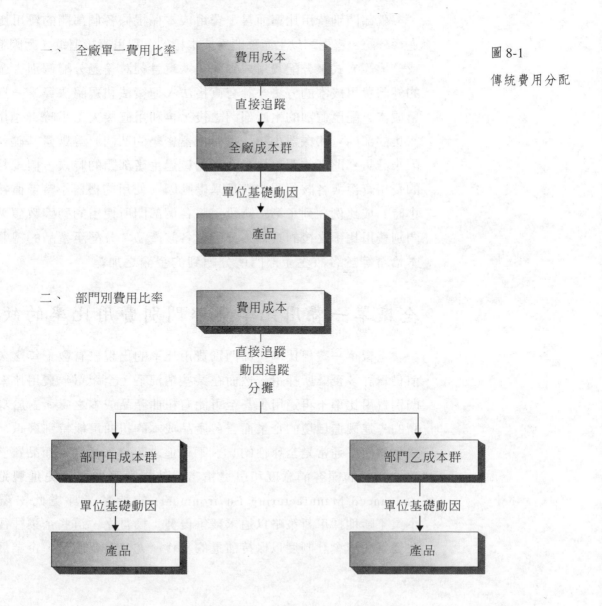

一、　全廠單一費用比率

費用成本

↓ 直接追蹤

全廠成本群

↓ 單位基礎動因

產品

二、　部門別費用比率

費用成本

直接追蹤
動因追蹤
分攤

部門甲成本群　　　　部門乙成本群

↓ 單位基礎動因　　　↓ 單位基礎動因

產品　　　　　　　　產品

圖 8-1

傳統費用分配

用成本都屬於工廠，因此加總之後便求得正確的費用成本數額。在成本分配的第一階段，成本標的是工廠，並利用直接追蹤方式來分配全廠的成本。從某一角度來看，我們也可以說此法是將成本分配至範圍非常廣泛的總體作業——生產中。所有的費用成本加總之後，再利用單一動因（通常是直接人工小時）來計算全廠單一費用比率。假設產品消耗的費用資源與其使用的直接人工小時成比例，則第二階段的分配工作便是將每一項產品所使用的實際總直接人工小時乘上全廠單一費用比率。

　　就部門別費用比率而言，費用成本係根據各個部門的費用比率來進行分配。首先，以生產部門為成本標的，利用直接追蹤、動因追蹤、或分攤等方式來分配費用成本。第六章曾經討論過分配個別生產部門的外部費用成本的方法，計有直接法、連續法和迴歸法等。一旦將費用成本分配至個別的生產部門之後，再利用直接人工小時（適用人工密集的部門）和機器小時（適用機器密集的部門）等數量基礎作業動因來計算部門別的費用比率。產品經過生產部門的時候，假設其消耗的費用資源與各該部門的數量基礎動因（使用的機器小時或直接人工小時）成比例。到了第二階段，將各個部門所使用的動因數額乘上部門別費用比率之後的乘積，分配至各該產品。分配至產品的總費用成本恰會等於各該生產部門所分配到的金額之加總。

全廠單一費用比率與部門別費用比率的缺點

　　全廠單一費用比率與部門別費用比率的出現已有數十年之久，目前仍為許多企業所採用。然而在某些情況下，全廠單一費用比率和部門別費用比率不再適用，甚至可能有扭曲產品成本之虞。對於身處所謂的先進製造環境的企業而言，產品成本的扭曲可能特別嚴重。舉凡競爭激烈（通常是全球性的）、不斷追求改善、強調全面品質管理、致力完全的顧客滿意度和引進精密科技技術等均屬於**先進製造環境** (Advanced Manufacturing Environment) 的特點。身處此一環境的企業不斷地採用新策略以追求競爭優勢；換言之，這些企業往往必須改變其成本會計制度以保持前進的步伐。尤其重要的是，企業為了掌

握更精確的產品成本，不得不重新審視其所採用的成本計算步驟。過去曾經發揮功效的成本制度可能已不為時代所接受。

一般而言，企業通常會經歷特定的症狀，顯示出其所採用的成本會計制度已經過時。例如，假設成本受到扭曲，一項產量很大的主要產品的成本嚴重高估，無論企業的投標策略如何大膽，仍將一再地失去贏得標案的機會。如果企業對於自身的營運效率頗具信心，對於一再失去標案的事實想必格外不解。也就是說，過時的成本制度無法解釋投標的結果。從另一方面來看，如果競爭者所祭出的標價似乎有違常理，則經理人應當思索其成本制度的正確性。舉例來說，假設一家公司的成本制度會低估一項產量不多的訂做產品——也就是需要特別製程和處理過程的產品之成本，那麼公司的決策階層可能會誤認為此項產品正是公司獲利的利基。然則事實上作業經理人卻可能希望停止生產這些「利基」產品。**圖** 8-2 列出過時的成本制度的常見表徵。

經歷過**圖** 8-2 列示的表徵之企業會發現，其所採用的全廠單一費用比率或部門別費用比率已經無法正確地分配個別產品的費用成本。造成此一現象的因素至少有二：(1) 非數量相關的成本佔總費用成本的比例很高，以及 (2) 產品差異程度增加。

非數量相關費用成本　(Nonunit-related Overhead Costs)

全廠單一費用比率和部門別費用比率係假設產品所消耗的費用資源與產出數量具有高度相關。但是當費用作業與產出單位數量無關時，則又當如何處理？舉例來說，每生產一批產品，就會發生一次機器設

圖 8-2

過時成本制度的表徵

1. 很難解釋投標的結果。
2. 競爭者的價格不合理地偏低。
3. 很難生產的產品利潤較高。
4. 作業經理希望撤銷似乎賺錢的產品線。
5. 很難解釋利潤邊際。
6. 企業自以為擁有很高的獲利利基。
7. 顧客從不抱怨價格的調漲。
8. 會計部門耗費許多時間提供特殊計畫的成本資料。
9. 許多部門自行採用不同的會計制度。
10. 產品成本會因為財務報表法規的改變而改變。

定成本。一批產品可能包括 1,000 件產品，也可能包括 10,000 件產品，但是機器設定成本卻都是一樣的。隨著機器設定的次數增加，機器設定成本也隨之增加。機器設定的次數——而非產出的單位數量——才是引起機器設定成本發生的因素。此外，產品工程成本可能會受不同的工程訂單的數目所影響，而非特定產品的產量。上述兩道例子說明了非數量相關作業動因的存在。**非數量基礎作業動因** (Nonunit-based Activity Drivers) 係指衡量成本標的對於作業的需求——而非產出數量單位——的因素。換言之，數量單位作業動因無法將此類成本正確地分配至產品上。

僅僅採用數量基礎作業動因來分配非數量相關的費用成本，可能會產生扭曲的產品成本。產品成本的扭曲程度端視這些非數量基礎費用成本佔總費用成本的比例而定。對許多企業而言，此一比例可能相當驚人。以貝洛斯公司 (Schrader Bellows) 和帝爾元件公司 (John Deere Component Works) 為例，非數量基礎費用成本比例就分別高達百分之四十 (40%) 和百分之五十 (50%)。此一數據代表著企業必須注意如何分配這些非數量基礎費用成本。如果非數量基礎費用成本佔總費用成本的比例不高，則產品成本的扭曲程度不大。此時，僅僅採用數量基礎作業動因來分配費用成本亦可為人所接受。

產品差異 (Product Diversity)

非數量相關費用成本的存在是全廠單一費用比率和部門別費用比率不再適用的必要因素，但並非充份因素。如果產品消耗非數量費用作業和數量費用作業的比例相同，則（採用傳統費用成本分配方法）不致發生產品成本扭曲的現象。因此，產品差異是出現產品成本扭曲的必要因素之一。**產品差異** (Product Diversity) 係指產品消耗費用作業的比例不同之特性。許多原因都可能會造成產品以不同的比例消耗費用的現象。舉例來說，產品尺寸、複雜程度、設定時間、和批次數量等的不同均會導致產品以不同的比率消耗費用。無論產品的差異為何，只要產品所消耗的數量基礎費用的金額和非數量基礎費用的金額之間不具直接相關，則將扭曲產品成本。產品所消耗的每一項作業的比例定義為**消耗比率** (Consumption Ratio)。茲以實例說明非數量

基礎費用成本與產品差異如何導致扭曲的產品成本。

數量基礎費用比率不再適用的實例說明

為了說明傳統數量基礎費用比率如何導致扭曲的產品成本，茲此假設固買公司 (Goodmark Company) 擁有一座生產兩項產品的工廠：香水生日卡片和一般生日卡片。香水卡片在開啓的時候會散發出香氣。固買公司設有兩個生產部門：切割與印刷。切割部門負責將紙張切割成卡片的形狀，印刷部門負責圖面和文字的設計（也包括製入香水卡片的香味）。圖 8-3 列出計算產品成本所需的資料。產出單位是以內含十二張卡片的盒裝計算。由於一般卡片的產量是香水卡片產量的十倍，因此我們可以將一般卡片視為高產量產品，將香水卡片視為低產量產品。卡片的生產是以成批的方式進行。

為了說明之便，假設固買公司只有四個不同的後勤部門來完成四項費用作業：每一批量的設備設定、搬運每一批產品、提供電力和品檢。每一盒內含十二張卡片的批量在經過每一道生產作業之後都會經過檢查。每一張切割過的卡片都必須經過檢查，以確定卡片的大小尺寸正確無誤。印刷完成的卡片則以一盒為單位進行檢查，以確定卡片上的文字正確、印刷墨水沒有暈開、香水已經置入等。固買公司利用直接法來分配兩個生產部門的費用成本。假設四個後勤服務中心之間並無互動。設定成本是根據每一部門的產量來進行分配。由於兩個生產部門處理的卡片數目一樣，因此各分配得百分之五十 (50%) 的設定成本。物料處理成本是根據每一部門的移動數量來進行分配（在此亦假設兩個生產部門的移動次數一樣）。電力成本是根據每一部門使用的機器小時來進行分配。最後，檢查成本則是根據使用的直接小時來進行分配（根據經驗指出，檢查小時與直接人工小時具有高度相關）。

全廠單一費用比率 (Plantwide Overhead Rate)

這座工廠的總費用成本 $360,000，是由兩個生產部門的費用成本 ($108,000 + $252,000) 加總而得。假設固買公司採用直接人工小時作為數量基礎作業動因。將總費用成本除以總直接人工小時，求

圖 8-3

產品成本法資料

	香水卡片	一般卡片	總計
每年產量	10,000	100,000	—
主要成本	$78,000	$738,000	$816,000
直接人工小時	10,000	90,000	100,000
機器小時	5,000	45,000	50,000
生產週期	20	10	30
移動次數	60	30	90

	部門別資料		
	切割部門	印刷部門	總計
直接人工小時			
香水卡片	3,000	7,000	10,000
一般卡片	77,000	13,000	90,000
總計	80,000	20,000	100,000
機器小時：			
香水卡片	1,000	4,000	5,000
一般卡片	9,000	36,000	45,000
總計	10,000	40,000	50,000

	切割部門	印刷部門	總計
費用成本：			
設定	$ 60,000	$ 60,000	$120,000
物料處理	30,000	30,000	60,000
電力	10,000	90,000	100,000
檢查	8,000	72,000	80,000
總計	$108,000	$252,000	$360,000

出費用比率為：

全廠單一費用比率 = $360,000 / 100,000

= $3.60 / 每一直接人工小時

利用此一比率和**圖** 8-3 所提供的資訊，即可求出如**圖** 8-4 所列的每一項產品的單位成本。

	香水卡片	一般卡片
主要成本	$78,000	738,000
費用成本：		
$3.60 × 10,000	36,000	
$3.60 × 90,000		324,000
總製造成本	$114,000	$1,062,000
產量	10,000	100,000
單位成本（總成本／產量）	$11.40	$10.62

圖 8-4

單位成本之計算：全廠單一費用比率

部門別費用比率 (Departmental Rates)

根據圖 8-3 當中人工小時與機器小時的分配情形來看，切割部門具有人工密集的特性，印刷部門則具機器密集的特性。此外，切割部門的費用成本佔印刷部門的費用成本的百分之四十。根據這些觀察得來的現象，我們或可推論部門別費用比率較全廠單一費用比率更能反映出費用成本的消耗情形。如果此一推論正確，則採用部門別費用比率可以求得更加精確的產品成本。利用直接人工小時和機器小時分別求出切割部門和印刷部門的部門別費用比率如下：

切割部門費用比率 = $108,000 / 80,000 直接人工小時

= $1.35 / 直接人工小時

印刷部門費用比率 = $252,000 / 40,000 機器小時

= $6.30 / 機器小時

利用上述費用比率和圖 8-3 所提供的資料，即可求出如圖 8-5 所列的每一項產品的單位成本。

成本方法正確性的迷思

無論企業採用的是全廠單一費用比率或部門別費用比率，費用成本分配的正確性均仍有待商榷。主要的問題在於這兩種費用比率均假設機器小時或直接人工小時是所有費用成本發生的動因或因素。

從圖 8-3 的資料中我們可以看出，一般卡片（高產量產品）所使用的直接人工小時是香水卡片（低產量產品）的九倍（90,000 小

時比 10,000 小時）。於是，如果固買公司採用全廠單一費用比率，則一般卡片所分配到的費用成本將是香水卡片的九倍。這樣的結果是否合理？數量基礎作業動因是否正確地解釋了所有費用作業的消耗情形？尤其值得吾人思考的是，每一項產品消耗的費用會隨著使用的直接人工小時等比例增加的假設是否合理？現在讓我們一起來檢視四項費用作業的內容，判斷數量基礎動因是否能夠正確地反映一般卡片與香水卡片的需求。

　　圖 8-3 的資料顯示出，相當高比例的費用成本應非因產出數量所引起（在採用直接人工小時來衡量的情況下）。例如，每一項產品對於設定作業和物料處理作業的需求分別和生產批量與移動次數較相關。這些非數量基礎作業代表著總費用成本的百分之五十 (50%，即 $180,000/$360,000)。此一比例相當高。值得注意的是，低產量產品——也就是香水卡片——使用的生產批量和移動次數是一般卡片的兩倍（分別爲 20/10 和 60/30）。然而固買公司如果採用的是直接人工小時（數量基礎作業動因）和全廠單一費用比率，則一般卡片所分配到的設定成本和物料處理成本將是香水卡片的九倍。於是，由於產品差異的存在，且每一項產品消耗的數量基礎費用和非數量基礎費用並未呈現同向等比相關，因此可以預見產品成本將會被扭曲。圖 8-6 說明兩項產品的消耗比率。如圖所示，消耗比率就是產品消耗每一項作業的比率。從消耗比率我們可以看出，以直接人工小時爲基礎的全廠單一費用比率會高估一般卡片的成本，卻低估了香水卡片的成本。

　　採用部門別費用比率，則使產品成本扭曲的問題更加嚴重。再以前文當中的切割部門爲例，一般卡片使用的直接人工小時是香水卡片的 25.67 倍 (77,000/3,000)。在印刷部門裡，一般卡片使用的機器小時則爲香水卡片的九倍 (36,000/4,000)。於是，在切割部門裡，一般卡片所分配到的費用成本是香水卡片的 25.67 倍；在印刷部門裡，一般卡片所分配到的費用成本則爲香水卡片的九倍。如圖 8-5 所示，如果採用的是部門別費用比率，則香水卡片的成本會降爲 $10.73，一般卡片的成本會增至 $10.69。此一改變恰與事實相反，更加顯示出數量基礎作業動因無法正確反映每一項產品對於設定成本與物料處理成本的需求。

	香水卡片	一般卡片
主要成本	$78,000	$738,000
費用成本：		
[($1.35 × 3,000) + ($6.30 × 4,000)]	29,250	
[$1.35 × 7,000] + ($6.30 × 36,000)]		330,750
總製造成本	$107,250	$1,068,750
產量	10,000	100,000
單位成本（總成本／產量）	$10.73	$10.69

圖 8-5

單位成本之計算：部門別費用比率

費用作業	香水卡片	一般卡片	作業動因
設定	0.67[a]	0.33[a]	生產週期
物料處理	0.67[b]	0.33[b]	移動次數
電力	0.10[c]	0.90[c]	機器小時
檢查	0.10[d]	0.90[d]	直接人工小時

圖 8-6

產品差異：計算比率

[a] 20 / 30（香水卡片）和 10 / 30（一般卡片）。
[b] 60 / 90（香水卡片）和 30 / 90（一般卡片）。
[c] 5,000 / 50,000（香水卡片）和 45,000 / 50,000（一般卡片）。
[d] 10,000 / 100,000（香水卡片）和 90,000 / 100,000（一般卡片）。

注意事項：直接人工小時與檢查小時之間呈現高度相關，因此採用直接人工小時做為檢查作業之作業動因（因為一旦確立兩者之間的高度相關的關係之後，便不再蒐集產品檢查小時的資料）。

作業制產品成本法：一般說明

　　前文的**圖 8-1** 當中說明了傳統費用分配涵蓋兩個階段：首先，將費用成本分配至整體組織（例如工廠或部門）；其次，再將費用成本分配至個別產品。如**圖 8-7** 所示，**作業制成本制度** (ABC System) 是先追蹤作業的成本，再追蹤產品之成本的成本制度。作業制成本法也可分為兩個階段，但是在第一階段是先追蹤作業的費用成本，而非整體組織的費用成本。然而無論是傳統成本方法或是作業制成本法，第二階段都是分配個別產品的成本。作業制成本制度強調直接追蹤與

學習目標二

解說作業制成本制度可以產生更精確的產品成本的原因。

圖 8-7

作業制成本法：兩段式
成本分配

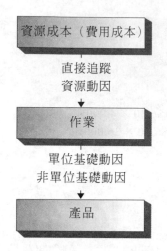

動因追蹤（尋找因果關係），而傳統成本制度則傾向於分攤（普遍忽
略因果關係）。因此，傳統成本制度與作業制成本制度在計算過程中
的主要差異在於採用的作業動因之性質與數目。作業制成本法同時採
用數量基礎作業動因與非數量基礎作業動因。這些動因必須反映出特
定的因果關係。更明確地來說，這些動因必須能夠解釋相當比例的作
業成本變動。為了檢視採用的作業動因是否具備上述特性，實務上可
以訂出每一項作業的成本公式，然後採用公式當中值較高的作業動
因。一般而言，作業制成本制度所採用的作業動因的數目會超過傳統
成本制度較常採用的數量基礎動因的數目。因此，作業制成本制度所
求得的產品成本較為精確。

　　從企業管理的角度出發，作業制成本制度的效益不僅止於提供更
加精確的產品成本資訊如此而已。作業制成本制度可以提供成本資訊，
可以顯示作業與資源的績效，可以精確地追蹤成本標的（例如顧客和
鋪貨通路等）的成本。舉例來說，經理人如果能夠瞭解作業成本、各
項作業對於組織的重要性以及作業的執行效率，即能專注於可能有助
於成本節省的機會——例如簡化作業流程、提高作業效率、甚至刪除
作業內容等。舉例來說，假設速跑王公司 (King Soopers) 位於美國
丹佛市的倉庫實施自動化的路線安排與時間安排作業。在瞭解了不同
產品形態的卸貨比率和商家的訂貨習慣之後，速跑王公司更能夠針對
特定的商店安排時間。如此一來，公司現有的十一輛卡車只需要八輛，
卡車的行使距離降至每週 1,200 英哩，卡車司機的加班需求也隨之減

少。與凡裝貨、運送和卸貨等作業的減少與刪除使得每週成本至少節省了 $10,000。

作業制成本制度的策略效益與製程改善能力對於現在企業的經營具有攸關影響,作者將於第九章和第十章再做討論。此外,作業制成本法對於傳統決策模式的影響相當深遠。本書第三篇將於各個章節當中分述這些可能的影響。至於本章的部份,僅以作業制成本法為重點。首先要說明的是作業制成本法的第一階段。

第一階段

在作業制成本法的第一階段,必須找出不同的作業內容以及和各項作業相關的成本,並將其分門別類。各位應該還記得,作業係指組織所完成的工作。因此,為找出不同的作業內容便須列出所有各式各樣的工作內容,諸如物料處理、檢查、製程工程與產品提升等。一家公司可能擁有數百種不同的作業。一旦能夠定義作業的內容,便可決定執行該項作業的成本。屆時,企業可以決定與各項作業相關之作業動因,並且計算個別作業的費用比率。一般而言,如此將產生數百個費用比率,分配產品的費用成本便成了曠日費時的工程。

為了減少費用比率的數目,亦為了簡化成本分配的工作,成千上百的作業往往根據下列類似特點進行分類:(1) 邏輯上相關的作業,以及 (2) 對所有產品而言具有相同消耗比率的作業。將屬於同一類別的個別作業的成本加總起來,便是和這些同質類別相關的成本。與每一類作業相關的費用成本的加總稱為**同質成本群** (Homogeneous Cost Pool)。由於同質成本群裡的作業具有相同的消耗比率,因此特定成本群的成本變異可由單一作業動因來解釋。一旦定義出成本群之後,便可將成本群的成本除以作業動因的實際產能,求出各該作業動因的單位成本。在此稱為**成本群比率** (Pool Rate)。求出成本群比率之後,第一階段的成本分配就算告一段落。換言之,成本分配的第一階段產生五種結果:(1) 確認作業內容,(2) 分配各項作業的成本,(3) 將相關作業分門別類,(4) 加總同類作業的成本以定義同質成本群,以及 (5) 計算出成本群(費用)比率。

為了說明上述過程，再以前文當中的固買公司為例。假設固買公司確認四項費用作業：設定、物料處理、電力和檢查。每一項作業的成本列示於**圖 8-3**。各項作業之間同樣存在著邏輯關係。每生產一批產品，就會執行一次設定作業和物料處理作業。於是，就生產一批產品而言，這兩項作業具有邏輯上相關的特性。同樣地，每生產一單位產品，就必須執行一次檢查作業（各位應該記得，每一張卡片都必須經過檢查）與電力供應作業。於是，就生產一單位產品而言，這兩項作業具有邏輯上相關的特性。此外，**圖 8-6**亦顯示對於兩種產品而言，設定與物料處理類作業和電力與檢查類作業的消耗比率都是一樣的。因此，吾人可以將四項作業簡化為兩類作業。此處暫以**批量水準群** (Batch-level Pool) 代表設定與物料處理作業，並以**單位水準群** (Unit-level Pool) 代表電力與檢查作業。將相關作業的成本加總起來，便可求出每一成本群的相關總成本。利用**圖 8-3**的資料可以求出如下的成本群成本：

批量水準群		單位水準群	
設定	$120,000	電力	$100,000
物料處理	60,000	檢查	80,000
	$180,000		$180,000

現在已經找出同質成本群，並決定成本群成本之後，便可將成本群的成本分配至個別產品上。基於此，我們必須根據作業動因來求出成本群比率。就批量水準成本群而言，生產週期或移動次數均可作為作業動因。由於這兩項作業動因具有相同的消耗比率，因此無論利用設定次數或是利用移動次數，兩項產品均會分得同樣金額的費用成本。就單位水準成本群（電力與檢查）而言，機器小時或直接人工小時亦均可作為作業動因。為了說明之便，假設固買公司選擇生產週期的次數和機器小時做為作業動因。利用**圖 8-3**所提供的資料，即可導出第一階段的結果，分別列示於**圖 8-8**。

第二階段

到了第二階段，必須將每一成本群的成本分配至產品上。利用第一階段求出的成本群比率，和每一項產品消耗資源的金額，便可得知個別產品的費用成本。第二階段的結果其實就是每一項產品使用作業動因的數量。沿用前文當中的固買公司為例，也就是要求出每一種卡片所設定的生產週期和機器小時。因此，每一成本群所應分配至各項產品的費用計算如下：

（產品的）分配費用 ＝ 成本群比率作業使用情形

為了方便說明，謹以第一個費用成本全分配至一般卡片為例。從圖 8-8 當中我們可以看出，此一成本群的費用比率是每一生產週期 $6,000。從圖 8-8 當中我們亦可得知，香水卡片總共使用了 20 個生產週期和 5,000 機器小時。於是，批量水準成本群應該分配至香水卡片的費用成本是 $120,000（$6,000 × 20 週期），而單位水準成本群應該分派至香水卡片的費用成本則為 $18,000（$3.60 × 5,000 機器小時）。一般卡片的費用成本分配過程也很類似。將主要成本加上分配到的費用成本之後，便是各項產品的總製造成本。最後再將此一總數除以產出單位，結果就是單位製造成本。圖 8-9 說明了每一項產品的作業制產品成本的計算過程。

批次水準成本群：	
設定成本	$120,000
物料處理成本	60,000
總成本	$180,000
生產週期	30
成本群比率（每一週期成本）	$6,000
單位水準成本群：	
電力成本	$100,000
直接人工福利	80,000
總成本	$180,000
機器小時	50,000
成本群（每一機器小時成本）	$3.60

圖 8-8

五段式步驟：作業制成本法

傳統產品成本與作業制產品成本之比較

圖 8-10 當中,針對作業制成本法的單位成本與傳統成本法利用全廠單一費用比率或部門別費用比率的單位成本進行比較。比較的結果顯示出僅僅採用數量基礎作業動因來分配費用成本的影響。作業制成本分配較能反映出費用成本消耗的情形,因此在圖 8-10 所列示的三項成本當中最爲精確。根據作業制產品成本法所導出的成本,我們可以發現傳統成本方法低估了香水卡片的成本,卻高估了一般卡片的成本。事實上,作業制成本分配所導出的香水卡片成本幾乎增加一倍,而一般卡片卻減少了每一盒超過 $1.00 的成本。

僅採用數量基礎作業動因的作法會導致某一項產品補貼另一項產品(例如一般卡片補貼香水卡片)的結果。此一補貼現象會造成某一群產品具有高度利潤的假象,進而影響另一群產品的定價與競爭能力。身處高度競爭的環境當中,企業需要更爲精確的成本資訊,方能達成效益更高的規劃與決策。

圖 8-9

單位成本:作業制成本法

	香水卡片	一般卡片
主要成本	$78,000	$738,000
費用成本:		
批次水準成本群:		
($6,000 × 20)	120,000	
($6,000 × 10)		60,000
單位水準成本群:		
($3.60 × 5,000)	18,000	
($3.60 × 45,000)		162,000
總製造成本	$216,000	$960,000
產量	10,000	100,000
單位成本(總成本/產量)	$21.60	$9.60

圖 8-10

單位成本之比較

	香水卡片	一般卡片	來源
作業制成本	$21.60	$9.60	圖 8-9
傳統成本:			
全廠單一費用比率	11.40	10.62	圖 8-4
部門別費用比率	10.73	10.69	圖 8-5

作業制成本法與服務業

　　無可避免地，服務業和製造業一樣，正在經歷許多重大的變革。舉凡政府放鬆管制、削減預算和社會環境的變遷等因素，莫不促使服務業者重新審視企業經營的方式。令人驚訝的是，服務業者重新評估的結果卻與製造業者相去不遠。服務業正在紛紛推行減廢、提高生產力、引進新科技、提倡全面品質管理並致力降低成本。瞭解每一項服務的成本遂成為服務業者的重要課題。提供服務的精確成本資訊能讓企業改變服務組合，有利於降低未來所提供的服務成本。

　　舉例來說，美國的田納西第一國家銀行 (First Tennessee national Bank) 採用作業制成本資訊來提升獲利，估計每一年的利潤幾乎增加了七百五十萬美元。田納西第一國家銀行發現，對於特定區隔的顧客而言，計息的支票帳目並不具利潤誘因。他們利用作業制成本法推算得知，無論餘額多寡，服務每一個計息支票帳目的成本約為 $110。計息支票帳目具備兩項特色。首先，帳目餘額必須超過 $500 才能計息。其次，平均餘額不低於 $1,000 的支票帳目才能夠享有免收月服務費的優惠。根據作業制成本法進行的分析結果指出，銀行正在流失帳上餘額介於 $1,000 到 $3,500 之間的顧客。根據此一分析結果，銀行遂改變產品特色以爭取流失的顧客。經過一段時間之後，銀行不僅找回了流失的顧客，甚至逐漸增加餘額較高的帳目之月服務費。

　　由上例可以明顯地看出，作業制成本法同樣適用服務業。所有的服務業都有不同的作業和需要使用這些作業的產出。然而服務業和製造業之間仍然存在許多基本差異。製造業的作業內容種類傾向一致，執行的方式也類似。服務業卻不然。茲以銀行和醫院為例，相信各位必能瞭解同樣身為服務業，銀行和醫院所提供的服務卻大不相同。服務業和製造業的另一項基本差異在於產出的定義。就製造業而言，產出的定義較為簡單（即為製造出來的有形產品）；但是就服務業而言，產出的定義則較為困難。服務業的產出較不具備實體的外觀。然而我們如欲計算服務的成本，就必須對其產出提出定義。

　　茲以醫院為例。試問醫院的產出究竟為何？醫院的產品通常定義為病患的住院與治療。如果我們接受此一定義，那麼很明顯地，醫院

就是多樣產品的服務業，因爲醫院提供了各式各樣的「住院和治療」服務。在住院期間，病患將會使用許多不同的服務。假設服務的使用具備同質性，那麼我們便可以進一步地定義產品群。舉例來說，以自然分娩的產婦爲例，如果產後並無任何併發症狀的話，那麼基本上不同產婦的住院天數相同，所使用的服務也大致相同。

爲了說明作業制成本法的功能，此處僅以每一位病患都會使用的一種服務爲例：日常照護。日常照護的內容包括三項作業，分別爲住宿、餐點和護理。我們將日常照護的產出定義爲住院天數。傳統上，醫院採用每日比率（每一住院天數的比率）來分配日常照護的成本。事實上，醫院提供不止一種的日常照護服務，因此另有不同的每日比率來反映這些服務的差異。舉例來說，每一單位的加護照護的每日比率就會高於每一單位的分娩照護。然而就每一項照護服務而言，每一位病患的每日比率都是一模一樣。傳統的成本方法是將每一單位的的住宿、餐點、照護的年度成本除以各該單位的住院天數，而求出每日比率，並採用單一作業動因（住院天數）來分配每一位病患的日常照護成本。

然而當每一位病患使用這三項照護作業成本的比例並不相同的時候，又當如何處理？產品差異的出現意味著醫院可能必須採用不止一項作業動因，才能正確地分配每一位病患的日常照護成本。爲了說明此一觀點，假設每一位分娩產婦對於照護服務的需求會因個別情況的嚴重程度而有不同。其中，每日的照護服務需求更會隨著產婦狀況的嚴重程度而提高。假設分娩產婦的情況可以分爲三類：自然分娩產婦、剖腹分娩產婦、併發症狀產婦。現在假設一所醫院提供的作業內容及其成本資訊如下：

作業	年度成本	作業動因	年度產量
住宿與餐點	$1,100,000	住院天數	11,000
照護	1,100,000	照護小時	55,000

作業群比率是每一住院天數 $100，每一照護小時 $20。

爲了瞭解作業制成本法如何影響病患費用，假設上述三類病患的

年度需求分別為：

病患種類	住院天數需求量	照護小時需求量
自然分娩	8,000	30,000
剖腹分娩	2,000	13,000
併發症狀	1,000	12,000
總計	11,000	55,000

傳統成本方法計算出來的日常照護費用應為每一住院日數 $200（$2,200,000/11,000），亦即將照護總成本除以住院天數。每一位產婦——無論何種類別——都必須支付每一天 $200 的費用。然而採用每一項作業各有不同的成本群比率，則每一位病患都將支付不同比率的費用——，但卻能反映其對照護服務不同需求之比率：

病患	每日比率*
自然分娩	$175
剖腹分娩	230
併發症狀	340

[($100 × 2,000) + ($20 × 13,000)] / 2,000
[($100 × 1,000) + ($20 × 12,000)] / 1,000
[($100 × 1,000) + ($20 × 12,000)] / 1,000

從上例可以看出，作業制成本法能為產品差異極大的服務業者大幅改善產品成本的正確性。目前雖然已有服務業者採用作業制成本法，但是相較於製造業而言，改採作業制成本法的服務業者仍然偏低。業已採用作業制成本法的服務業者包括了 Union Pacific、 Amtrak 與 Armistead Insurance Company 等。

作業的認定與分類

　　前文當中介紹作業制產品成本法的時候，曾以固買公司爲例說明了作業制成本法的基本特色，並以醫院爲例說明其實務上的應用方式。各位業已瞭解，作業制成本法可以分爲兩個階段。第一階段是找出作業內容，分配各項作業的成本，將相關作業分門別類，形成同質成本群，最後再計算成本群比率。第二階段則是衡量每一項產品對於成本群資源的需求，再利用這些需求和個別成本群比率來分配產品成本。然而爲了避免讀者混淆這些基本概念，作者不再贅述第一階段的各項步驟。此處僅就前兩道步驟進行討論，也就是 (1) 作業認定與 (2) 作業分類。作者將在後面的章節再行說明如何分配各項作業的成本。

作業認定 (Activity Identification)

　　作業制成本法的重點是作業。於是，作業認定是設計作業制成本制度的第一道步驟。作業代表著採取的動作或執行的工作。作業認定相當簡單，只要向每一位經理人和作業人員一個問題：「你做哪些工作？」換言之，作業認定包括了觀察與條列出企業內所執行的工作內容——即有關消耗資源的工作或動作。一般而言，作業係指企業爲滿足顧客需求所從事的動作或工作。作業是計算產品成本與持續改善工作品質的基石。一旦找出作業內容之後，便將作業內容條列於稱爲**作業清單** (Activity Inventory) 的文件當中。**圖** 8-11 便是作業清單文件的樣本。值得注意的是，每一項作業都是由一個動詞和一個名詞組合而成。可想而知的是，一家眞正的公司會列出超過十二項作業（甚至兩百項到三百項作業都不足爲奇）。一旦擬妥作業清單文件之後，便可利用作業屬性來進一步說明和分類作業內容。**作業屬性** (Activity Attributes) 係指說明個別作業的非財務與財務資訊。至於應該採用何種屬性，端視其目的而定。假設目的是改善工作績效，則可採用品質與效率屬性。如果目的是計算產品成本，則可採用反映產品消耗作業資源的屬性。採用作業屬性來改善工作績效的作法將在當代控制制度和當代責任會計的章節中再做介紹。由於此處是以產品成本的計算爲

圖 8-11

作業清單樣本

作業清單
1. 發展測試計畫
2. 製作測試卡片
3. 測試產品
4. 設定批次
5. 搜集工程資料
6. 處理晶片批次
7. 插入模具
8. 提供水電
9. 提供空間
10. 採購物料
11. 收料
12. 支付物料貨款

重點，因此現在再讓我們一同來探討如何認定作業屬性來達成此一目標。

作業分類 (Classification of Activities)

就計算產品成本的目的而言，實務上可以利用作業屬性將相關作業分門別類，而形成同質成本群。將相關作業分門別類可以減少所需費用比率的數目，可以簡化計算產品成本的過程，進而簡化作業制產品成本法模式的整體複雜性。作業內容具有下列三項共同屬性時，則歸為同一成本群當中：(1) *過程屬性 (Process Attribute)*：具有共同的目標或目的，(2) *作業水準屬性 (Activity-level Attribute)*：具備大致相同的作業水準，以及 (3) *動因屬性 (Driver Attribute)*：可以採用相同的作業動因來分配成本至成本標的。前兩項屬性定義了邏輯上的相關，第三項屬性則代表著同質成本群的作業必須具有相同的消耗比率。上述三項屬性即為篩選作業是否可以歸納為同質成本群的標準。基本上，如果各項作業之間具有相同的製程、相同的作業水準、和相同的作業動因，則可視為屬於同一同質成本群。為了更進一步瞭解上述分類過程，我們必須瞭解究竟如何（為何）利用每一項屬性來進行作業分類。

過程分類 (Process Classification)

過程 (Process) 係指一連串彼此相連，且爲執行特定目標的作業。前面的章節裡曾經說明製造過程，以及如何將成本分配至經過特定製造過程的產品。然而，過程的概念卻不僅止於製造而已。從較爲廣泛的制度面來看，過程必須接收投入，然後生產對於內部與外部顧客具有一定價値的產出。常見的分製造過程包括了產品開發、採購、訂單完成、信用保險、與顧客服務等。爲了說明非製造過程，茲以採購過程爲例。此一過程的共同目標是取得生產所需的零件。作業內容則包括了採購、收料與付款。此一過程的投入通常是需要使用零件的工廠發出的物料需求單。此一過程的顧客就是生產部門（此處爲內部顧客），產出則爲購入且已付款的零件。

特定的過程可能需要特定的功能來完成，但是在某些情況下特定的過程可能也需要跨越不同的功能來共同完成。以前文當中的零件採購爲例，一般而言或涉及三個組織單位，分別爲採購部門、收料部門、與應付帳款部門。如何將不同的作業內容分門別類歸入同質成本群的關鍵在於是否具備共同目標或目的（此時可能需要跨越組織的部門界限方能完成）。再者，從計算產品成本的角度來看，將作業內容歸類的目的有二：(1) 減少用以分配成本的費用比率的數目，和 (2) 提高成本分配的正確性。第一項目的相當直接明瞭。根據實務經驗可以發現，產品消耗具有邏輯相關的作業之比率可能完全相同，因而降低了每一項作業必須分別計算個別費用比率的必要。接下來，再以實例說明第二項目的。

假設某家公司具有兩道製造過程：潤滑與組裝。假設潤滑過程與最後組裝過程都需要物料處理作業。然而由於潤滑與組裝是完全不同的兩道過程（目的不同），因此物料處理的性質也可能差異頗大。假設在潤滑過程中，物料處理的作業內容係指批次物料和棧板的移動，則移動次數不失爲理想的作業動因。然而在組裝過程中，物料處理可能和零件的數量或半完成組裝品較爲相關，此時零件數量可能才是理想的作業動因。由於每一道過程所衡量出來的物料處理作業需求並不一致（一是移動次數，一是零件數量），因此過程的分類可以提高計算產品成本的正確性。

　　再以數據來驗證上述觀點。假設潤滑與組裝過程會生產出兩項產品。潤滑過程會生產甲產品所需要的五種零件，和乙產品所需要的兩種零件。組裝過程負責將零件裝配成最終產品。相關資訊如下：

	潤滑	組裝
物料處理成本	$20,000	$28,000
產出零件數量（最終產品）		
甲產品	－	20,000
乙產品	－	20,000
移動次數		
甲產品	100	20
乙產品	100	20
零件數量		
甲產品	100,000	100,000
乙產品	40,000	40,000

　　圖 8-12 列出每一單位產品所需的物料處理成本。計算出來的結果有二。第一項結果是忽略過程差異，並採用移動次數做為作業動因所求出的單位成本。第二項結果則是根據過程的不同將物料處理作業加以分類，並分別採用移動次數作為潤滑過程的作業動因、零件數量

單位成本：沒有區分步驟

1. 費用作業比率 = $48,000 / 240 移動次數 = $200 / 每一次移動
2. 單位物料處理成本：
　　產品甲：($200 × 120) / 20,000 單位 = $1.20 / 每一單位
　　產品乙：($200 × 120) / 20,000 單位 = $1.20 / 每一單位

單位成本：區分步驟

1. 費用作業比率：
　　潤滑：$20,000 / 200 移動次數 = $100 / 每一次移動
　　組裝：$28,000 / 140,000 零件 = $0.20 / 每一個零件
2. 單位物料處理成本：
　　產品甲：[($100 × 100) + ($0.20 × 100,000)] / 20,000 = $1.50 / 每一單位
　　產品乙：[($100 × 100) + ($0.20 × 40,000)] / 20,000 = $0.90 / 每一單位

圖 8-12

分步制度之產品成本的好處

作為組裝過程的作業動因所求出的單位成本。此例說明了是否考慮過程的差異將會對產品成本造成相當影響。如果忽略過程差異,則甲產品的成本低估,而乙產品的成本卻會高估。

作業水準分類 (Activity-level Classification)

將相關作業歸入同質成本群的第二道步驟是將不同過程的作業進一步分類為:(1) 單位水準,(2) 批次水準,(3) 產品水準,或 (4) 設備水準。將作業內容進一步分類為不同的作業水準有助於產品成本的計算,因為不同的水準反映出不同的作業動因(不同的水準會造成不同的成本行為)。作業水準的資訊能讓經理人找出衡量個別產品消耗作業產出的作業動因。作業水準分類亦能揭露作業的根源起因,有助於經理人提升作業績效。

作業動因分類 (Activity Driver Classification)

前述四種不同作業水準類別當中,單位水準、批次水準、和產品水準均涵蓋了與產品相關的作業內容。這三種作業水準可以衡量出個別產品對於作業的需求。這三種水準的作業內容可以根據消耗比率再做更詳細的分類。消耗比率相同的作業可以採用同一作業動因來分配成本。因此,在這三種作業水準當中,所有具備相同消耗比率的作業可以歸為一類,得到的結果便是同質成本群:即擁有共同目標(從同一過程而來)、作業水準一致且採用相同作業動因的作業群。圖 8-13 說明了產生同質成本群的作業分類模式。值得注意的是,設備水準作業並未進行動因分類。

對於作業制成本制度而言,前述第四種作業水準——也就是設備水準——點出了追蹤產品成本的問題。想要追蹤個別產品的作業成本,必須能夠找出產品消耗每一項作業的數額(亦即必須衡量產品對於作業的需求)。各式各樣的產品都需要使用設備水準作業(及其成本),因此實務上無法分辨個別產品消耗這些作業的程度,是以典型的作業制成本制度並不分配這些成本。此類成本均視為期間成本處理。事實上,這些成本屬於固定成本——不會隨著前三項作業水準當中的任何

動因來改變。在實務上,許多採用作業制成本制度的企業通常會採用全額成本方法,將此類設備水準成本分配至個別產品。在分配過程中,往往採用單位水準、批次水準或產品水準的動因。基本上,分配此類成本並不至於嚴重扭曲產品成本,因為其相較於總成本而言比例可能不高。然而仍不免有例外發生。當企業配置產品線的生產設備時,或許可以採用空間動因來衡量設備水準成本的消耗情形。此一說法認為工廠內的地板空間係為特定產品的生產或組裝作業所專用。遇此情形,使用的平方英呎面積或可作為設備成本的作業動因。根據空間動因來分配設備水準成本可以促使經理人減少生產所需的空間,進而降低長期的設備水準成本。事實上,許多採行及時製造制度的企業業已享受此一成果。本書將在第九章再做詳細討論。

作業制成本方法與傳統成本方法之比較

作業內容的層層分類有助於吾人瞭解作業制成本制度與傳統成本制度間的基本差異。在傳統成本制度中,是以數量基礎的作業動因來解釋產品消耗費用的情形。較為縝密的傳統成本制度會根據數量基礎動因,將費用成本分類為固定成本與變動成本。數量基礎成本制度採用固定費用比率來分配個別產品的固定費用,另採用變動費用比率來分配個別產品的變動費用。就作業制成本方法而言,則可追蹤個別產品的變動費用(產出數量增加時,費用的消耗也隨之增加)。然而採用數量基礎作業動因來分配固定費用成本卻可能失之過於主觀,因而無法反映出產品使用作業的實際情形。許多視為傳統固定費用成本處理的成本事實上應該屬於批次水準成本、產品水準成本或設備水準成本,它們會隨著單位基礎動因以外的動因而改變。作業制成本制度便能克服此一缺點,進而提高產品成本的正確性。真正瞭解引起這些成本增加或減少的原因之後,才能夠追蹤個別產品使用這些成本的數額。此一因果關係有助於經理人提高產品成本的正確性,並大幅提升決策品質。此外,固定費用成本的內容不再是高深莫測的秘密。瞭解這些成本的根本性質有助於經理有效地控制引起這些成本的作業,亦有助於經理人分辨哪些作業具有價值,哪些作業則不具價值。價值分析是

圖 8-13

作業分類模式

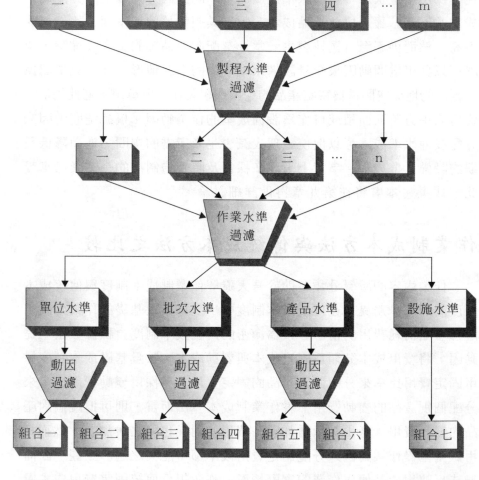

作業：

製程水準
過濾

步驟分類作業：

作業水準
過濾

水準分類作業：

單位水準　批次水準　產品水準　設施水準

動因
過濾　動因
過濾　動因
過濾

同質組合：

組合一　組合二　組合三　組合四　組合五　組合六　組合七

作業制管理的精髓，更是企業不斷致力改善的磐石。本書將在後面闡述當代控制制度的章節中，再行探討作業制管理與持續改善的課題。

釋例

為了說明前文當中的分類方法，茲以電子產品製造商萬能元件公司 (Marvel Components, Inc.) 為例來建立同質成本群。萬能元件公司的其中一座廠房生產兩種晶片：晶片甲和晶片乙。晶片甲是一片很薄的矽晶片，可以加工製成積體電路或其它電子元件。晶片甲和晶

片乙上的小片具有特定的結構——以做為特定最終產品。萬能元件公司以批次方式生產晶片，每一批次生產一種晶片（甲或乙）。在晶片插件和分類的製程中，會插入小片，並測試小片是否完好無瑕。

假設萬能元件公司擁有下列作業清單與成本：

作業	預算作業成本
1. 開發測試計畫	$300,000
2. 製造測試片	160,000
3. 測試產品	275,000
4. 設定批次	120,000
5. 工程設計	130,000
6. 處理晶片批次	90,000
7. 插入小片	225,000
8. 採購物料	200,000
9. 收料	320,000
10. 支付貨款予供應商	180,000
11. 提供能源（暖氣、燈光等）	20,000
12. 提供空間	50,000

過程分類

在前述十二項作業當中，前七項的共同目標是插入小片並偵測不良片，因此分配至晶片插件與檢測過程。這七項作業當中，許多項作業亦可在廠房中的其它部份來執行，但是一般而言每一項作業的相關過程卻不盡相同。由於這些其它過程完全不同（其目的不同），因此每一項作業各有相關的過程。第8、第9、和第10項作業具有採購物料（零件）的共同目標，因此同屬採購過程（非製造過程）。第11、和第12項作業具有繼續檢測過程與其它過程的共同目標，因此歸為一類。圖8-14列出萬能元件公司的過程分類結果。

圖 8-14

過程分類

插入與分檢過程	採購過程	維護過程
開發測試計畫	採購物料	提供水電
製作測試卡片	收料	提供空間
測試產品	支付貨款給供應商	
設定批次		
工程設計		
處理晶片批次		
插入模具		

作業水準分類

作業內容根據過程分類之後,便應找出作業水準。就插件與檢測過程而言,我們必須設法瞭解:每生產一片晶片,就該執行哪些作業?由於每生產一片晶片就必須插入與測試小片,因此插入與測試小片即為單位水準作業。其次,每生產一批晶片,就會執行哪些作業?由於每生產一批晶片就必須設定與處理批次產品,因此設定與處理批次產品即為批次水準作業。最後,為了能夠生產一片晶片,必須執行哪些作業?開發測試計畫、製造測試片與工程設計都是為了生產晶片所不可或缺的作業,因此即為產品水準作業。這些作業的績效會隨著產量的增加而增加。同樣的問題也適用於採購作業。如果每安排生產一批產品,就會訂購一次物料,則採購可以歸類為批次水準作業。若否,則採購或可歸類為產品水準作業。支付貨款予供應商既非批次水準作業,亦非單位水準作業(付款條件與政策並不容許此一情況),因此可以歸類為產品水準作業。另一方面,假設萬能元件公司必須運送零件以供批次生產,則收料或可歸類為批次水準作業。最後,持續過程的作業屬於設備水準作業,目的在於使得生產能夠發生。**圖 8-15** 說明如何將不同過程的作業根據作業水準再行分類。

作業動因分類

一旦找出作業的不同過程與水準之後,必須進一步瞭解哪些作業具有相同的作業動因。作業動因能夠衡量產品對於作業資源的需求,因此具有相同作業動因的作業是以相同的消耗比率來使用作業資源。

插入與分檢過程	採購過程	維護過程
單位水準：	批次水準：	設施水準：
測試產品	採購物料	提供水電
插入模具	收料	提供空間
批次水準：	產品水準：	
設定批次	支付貨款給供應商	
處理晶片批次		
產品水準：		
開發測試計畫		
製作測試卡片		
工程設計		

圖 8-15

作業水準分類：萬能公司

實務上可以將這些作業歸爲一類（複習**圖** 8-6 當中，關於固買公司的解說）。完成作業動因分類之後，整個分類工作就大功告成，求出同質成本群。**圖** 8-16 說明了作業動因分類的進行與同質成本群的形成。值得注意的是，一旦定義出同質作業之後，只要將同質作業的成本加總起來就是同質成本群。

同質作業的必要性

　　一旦備齊作業、成本、與動因等資料後，便可計算出每一項作業的費用比率，並利用此一比率來分配成本至產品中。從前文當中可以發現，過程分類有助於提高成本分配的正確性。此外，作業水準分類有助於分辨作業動因的種類與性質。然而這兩項分類方式並未堅決反對計算每一道作業的個別作業比率。過程與水準分類這兩種方式並不排斥計算個別作業比率。事實上，這些分類方式都是計算個別比率的有效準備動作。

　　找出同質作業與同質成本群的主要用意在於減少用以分派產品成本所需的比率數目。事實上，最後一項分類方法——動因分類——才是減少比率數目的關鍵。將具有相同消耗比率的作業歸爲一類，能夠減少所需的比率的數目。此一特點爲何如此重要？在電腦化的環境當中，根本毋須擔心減少比率數目以簡化計算的問題。然而就編製詳述成本分配的報表而言，確有必要形成同質成本群。舉例來說，採用 10

至 20 種成本群比率的報告會比詳列 200 至 300 種個別比率的報告更容易為人解讀與明瞭。換言之,同質成本群能讓產品成本報告更具管理效益。即便如此,各位仍須謹記,每一個個別作業水準的資訊——包括作業比率在內——均在當代控制模式當中扮演重要角色。企業必須具備詳盡的作業資訊方能強化持續改善的目標。

圖 8-16

作業動因分類與同質成本群

作業水準	作業動因	作業成本
	插入與分檢過程:	
單位水準作業:成本群一		
測試產品	模具數量	$275,000
插入模具	模具數量	225,000
		$500,000
批次水準作業:成本群二		
設定批次	批次數目	$120,000
處理晶片批次	批次數目	90,000
		$210,000
產品水準作業:成本群三		
開發測試計畫	產品數量	$300,000
製作測試卡片	產品數量	160,000
		$460,000
產品水準作業:成本群四		
工程設計	訂單變更份數	$130,000
	採購過程:	
批次水準作業:成本群五		
採購物料	訂購單份數	$200,000
收料	收料單份數	320,000
		$520,000
產品水準作業:成本群六		
支付貨款給供應商	零件數量	$180,000
	維護過程:	
設施水準作業:成本群七		
提供水電	直接人工小時	$20,000
提供空間	直接人工小時	50,000
		$70,000

作業制成本資料庫

學習目標四

說明何謂作業制相關資料庫。

從前文當中可以看出，萬能元件公司必須建立一套作業制成本資料庫。所謂**作業制成本資料庫** (ABC Data Base) 係指爲企業之作業制成本資訊系統所設計、蒐集、整理之資料庫。**資料組** (Data Set) 意指具有邏輯相關之資料組合。建立作業制成本資料庫需要兩道步驟。首先，我們必須針對作業制成本制度的內容（標的）提出定義與標準格式。最基本的兩項內容爲作業與產品（其它亦包括顧客、配銷通路等）。其次。我們必須能夠描述這些內容與其之間的邏輯相關。本章的絕大篇幅即旨在針對作業與產品之間的邏輯相關，建立概念性的瞭解。第三，我們必須找出與每一項內容相關的屬性。這些屬性係由資訊系統的目標與使用者的需求所決定。舉例來說，建立同質成本群的目標必須具備下列作業屬性：過程相關、作業水準相關、作業動因、和預算作業成本。如欲完成第一階段的工作，則須計算出成本群比率。此一目的需要另一項作業屬性：作業產能（以其所屬的同組作業相關之作業動因來衡量）。各位應該記得，同質成本群比率是預算同質群成本除以作業產能的商數。

一旦定義並找出屬性與內容之後，必須選擇一種模式來表示這些內容和屬性所代表的資料結構。表示資料結構的方法不計其數。此處僅介紹其中一種：**相關性結構** (Relational Structure)。相關性結構利用表格來代表資料庫裡的邏輯關係。表格當中的列代表內容，欄代表屬性。相關性資料庫的表格係由其內容所決定。然而所有的表格均應滿足下列三項條件：(1) 列的長度固定（每一列都具有相同數目的屬性），(2) 每一列都各不相同，以及 (3) 每一列的屬性均和單一內容直接相關。

爲了說明相關性表格，再以前文當中的萬能元件公司爲例。圖 8-17 即爲萬能元件公司的作業相關性表格。值得注意的是，表格當中的每一列長度相等（即具有相同數目的屬性）。此外，由於對應的是不同的作業，因此每一列都是獨一無二的。每一項作業均由一個作業編號代表，即爲主要關鍵。**主要關鍵** (Primary Key) 係指能夠用以

找出表格中每一列資料的屬性（通常亦稱為一筆記錄）。作業編號代表了作業清單當中與各項作業相關之號碼。此例中，作業名稱各不相同，亦可做為主要關鍵。最後，值得注意的是，所有非關鍵屬性必須完全依附主要關鍵而存在。

一旦建立資料庫之後，便可在必要時候取出所需資料。舉例來說，**圖8-17**的相關性表格提供了形成同質成本群和計算成本群比率所需要的所有資訊。利用相關性表格當中的資訊，我們便可驗證**圖8-16**的同質成本群是否正確。各位應當記得，同組作業係指具有相同過程、水準與作業動因之作業。一旦定義出同質成本群之後，便可利用屬性、作業產能與成本群成本來計算成本群比率。**圖8-18**列出計算而得的成本群比率。求出成本群比率之後，第一階段的作業制成本法即告完成。

第二階段則是將成本群成本分配至個別產品。想要分配個別產品的成本，就必須利用與每一個成本群相關的動因來衡量個別產品的作業需求。因此，必須建立另一個相關性表格：產品相關性表格。此一表格以產品內容為主，且應包括說明如何分配成本的屬性。代表每一項產品的產品編號或名稱可以做為主要關鍵。作業制成本法的第二階

圖 8-17

關連性表格釋例

作業	作業名稱	步驟	水準	作業動因	產能	成本
		作業關連性表格：萬能公司作業				
1	開發測試計畫	分檢	產品	產品數量	2	$300,000
2	製作測試卡片	分檢	產品	產品數量	2	160,000
3	測試產品	分檢	單位	模具數量	2,000,000	275,000
4	設定批次	分檢	批次	批次數目	400	120,000
5	工程設計	分檢	產品	變更訂單	40	130,000
6	處理晶片批次	分檢	批次	批次數目	400	90,000
7	插入模具	分檢	單位	模具數量	2,000,000	225,000
8	採購物料	採購	批次	訂購單份數	800	200,000
9	收料	採購	批次	訂購單份數	800	320,000
10	支付貨款給供應商	採購	產品	零件數量	4,000,000	180,000
11	提供水電	維護	設施	直接人工小時	200,000	20,000
12	提供空間	維護	設施	直接人工小時	200,000	50,000

段屬性係指產品對於每一個成本群作業動因的需求，以及每一項產品的產量。**圖 8-19** 即為萬能元件公司的產品相關性表格。當環境改變時，此表亦可做適度增減。產品相關性表格採用的是連鎖關鍵。**連鎖關鍵** (Concatenated Keys) 係指同時代表一筆記錄的兩項或兩項以上的關鍵（注意：單單一項關鍵——例如產品名稱——並不夠充份）。舉例來說，產品相關性表格當中的列是由產品編號與動因編號（或者是產品名稱與動因名稱）所共同表示。第二種表格內的資訊對於建立作業制成本資料庫的第二階段相當重要：分配成本至個別產品。本章末尾將會說明如何分配成本至晶片甲與晶片乙。

插入與分檢過程	
單位水準成本群：	批次水準成本群：
成本群一：	成本群二：
比率 = $210,000 / 400	比率 = $500,000 / 2,000,000
= $0.25 / 每一模具	= $525 / 每一批次
產品水準成本群：	
成本群三：	
比率 = $460,000 / 2	
= $230,000 / 每一產品	
成本群四：	
比率 = $130,000 / 40	
= $3,250 / 每一工程訂單	
採購過程	
批次水準成本群：	產品水準成本群：
成本群五：	成本群六：
比率 = $180,000 / 4,000,000	比率 = $520,000 / 800
= $650 / 每一訂購單	= $0.045 / 每一個零件
維護過程	
成本群七：	
比率 = $70,000 / 200,000	
= $0.35 / 每一直接人工小時	

圖 8-18

成本全比率：萬能公司

圖 8-19

產品關連性表格

產品編號	產品名稱	作業動因編號	作業動因名稱	作業使用
1	晶片甲	1	單位	100,000
1	晶片甲	2	模具數量	600,000
1	晶片甲	3	批次數目	200
1	晶片甲	4	變更訂單	10
1	晶片甲	5	產品數量	1
1	晶片甲	6	訂購單份數	400
1	晶片甲	7	零件數量	1,000,000
1	晶片甲	8	直接人工小時	80,000
2	晶片乙	1	單位	200,000
2	晶片乙	2	模具數量	1,400,000
2	晶片乙	3	批次數目	200
2	晶片乙	4	變更訂單	30
2	晶片乙	5	產品數量	1
2	晶片乙	6	訂購單份數	400
2	晶片乙	7	零件數量	3,000,000
2	晶片乙	8	直接人工小時	120,000

分配作業成本

學習目標五

說明如何將成本分配至不同的作業。

　　作業制成本資料庫的一項重要屬性是個別作業的成本。此一屬性表示於作業相關性表格當中，且為計算成本群與成本群比率之必要條件。誠如前文所述，作業分類的最終目標是建立同質成本群，以便追蹤產品的作業成本。一旦建立**圖 8-13**的同質作業組之後，將各組內的作業成本加總起來便求得同質成本群。因此，作業制成本法的另一項條件是將成本分配至各項作業。從**圖 8-7**中，我們可以得知成本是利用直接追蹤與資源動因來分配至各項作業中。舉例來說，維修工人的工資、維修主管的薪資和待修的零件可以利用直接追蹤分配至維修作業中。然而實務上往往無法利用直接追蹤來分配資源成本。這些無法直接追蹤的資源成本必須藉助資源動因。資源動因是衡量作業消耗資源數量的指標。資源動因根據因果關係來分配成本。實務上通常是利用資源動因——例如耗用的心力或消耗的物料等——將資源成本分配至各項作業。

　　舉例來說，一位擔任數種不同作業的員工，其薪資可以利用花費的時間做為資源動因，分配至每一項作業。於是，假設收料部門的員

工薪水是 $30,000。他的工作時間當中，百分之二十 (20%) 在處理卸貨，百分之五 (5%) 在核對訂單的正確性，百分之二十五 (25%) 在計算產品數量，百分之四十 (40%) 在檢查，百分之十 (10%) 在移動產品至存貨儲藏，則可分配下列成本至每一項作業中：

作業	分配的成本 *
卸貨	$ 6,000
核對訂單	1,500
計算產品數量	7,500
檢查產品	12,000
移動產品	3,000
總計	$30,000

*0.20 × $30,000, 0.05 × $30,000, 依此類推。

　　舉凡訪談、調查表、問卷等都是可以用來蒐集資源動因資料的工具。值得注意的是，追蹤不同作業所耗費的心力與追蹤工人花費在不同工作上的時間頗為類似。然而，其中卻仍有一項關鍵差異。耗費在不同作業上的心力之比例通常維持固定的常態，僅須定期衡量（甚至每年衡量一次）即可。其它類型的資源動因也具有同樣的常態特性。

　　將資源成本分配至各項作業時，必須將總帳帳目裡的資源成本拆開，然後重新分配。傳統成本制度的總帳是依部門別與支出帳目（根據帳目明細）來編製成本。以前文當中的 $30,000 薪資為例，就可能視為收料部門的總薪資的一部份來處理。總帳可以顯示花費的資源成本，卻無法揭露如何使用這些資源。可想而知，這些資源成本當然是花費在該部門的基本工作（即「作業」）上。然而在作業制成本制度中，成本必須依據作業內容來編製。換言之，作業制成本制度必須重新編製總帳成本，方能揭露資源成本是如何使用的。圖 8-20 說明了收料部門的拆帳概念。誠如圖中所示，將資源成本重新分配至個別作業可以為組織建立作業制成本資料庫。將資源成本分配至不同的作業，即能創造作業成本屬性所需的價值。

　　本書業已探討了找出作業內容與分配成本至各項作業的重要性。

圖 8-20

總帳成本

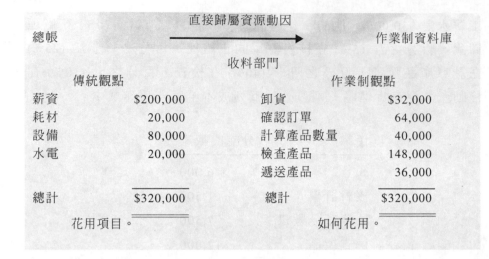

		直接歸屬資源動因	
總帳		→	作業制資料庫

收料部門

傳統觀點		作業制觀點	
薪資	$200,000	卸貨	$32,000
耗材	20,000	確認訂單	64,000
設備	80,000	計算產品數量	40,000
水電	20,000	檢查產品	148,000
		遞送產品	36,000
總計	$320,000	總計	$320,000
花用項目。		如何花用。	

此舉目標在於針對計算產品成本與管理決策等目的，而決定出正確的作業成本。此外，作業的分類與成本計算亦有助於經理人從新的觀點來「審視」企業的作業內容，進而輔助經理人的行為更加符合倫理道德。舉例來說，許多企業會在電話等待轉接的時候播放音樂，或者在辦公室和會客室裡播放廣播節目。如果企業並未徵得音樂作家或節目作者的同意，則此舉應屬違法。完整詳實的作業清單應當明白地訂定「情境音樂」這項工作，並分配適當的成本。如此一來，經理人較能夠體認播放音樂也是一項作業的事實，進而注意到音樂播放的合法性。目前已有許多企業支付類似的費用（約在每一年 $120 到 $2,000 之間），或者取得合法的播放權利。至於那些未能取得合法權利的企業卻可能付出每一首盜播歌曲高達 $20,000 的代價。

結　語

　　費用成本的重要性與日俱增。對許多企業而言，其費用成本佔產品成本的比例甚至超出直接人工成本。在此同時，許多費用作業和產出單位數量之間已無相關。傳統成本制度無法適當地分配這些非單位相關費用作業的成本。產品消耗這些費用作業的比例和消耗單位基礎費用作業的比例並不相同。因此，僅採用單位基礎動因來分配費用會導致產品成本扭曲的結果。如果非單位基礎費用成本在總費用成本中佔有重要比例，則扭曲的產品成本將對企業造成莫大影響。

費用分配應該反映出每一項產品需要（消耗）的費用金額。作業制成本法顯示出並非所有的費用均會隨著產出數量的改變而改變的事實。同時採用單位基礎作業動因與非單位基礎作業動因，方能更精確地追蹤個別產品的費用。費用成本的追蹤分為下列幾道步驟：(1) 找出主要作業內容，(2) 決定這些作業的成本，(3) 找出引起這些作業成本發生的因素（即「作業動因」），(4) 將作業分門別類，(5) 計算同質成本群比率，(6) 衡量每一項產品對於作業的需求，以及 (7) 計算產品成本。

作業是工作的基本單位。同組作業係指具有相同過程、相同水準與相同作業動因的作業組合。過程分類是將具有共同目標的作業歸為一類。水準分類是將作業細分為四類：單位水準、批次水準、產品水準、與設備水準。每生產一單位產品就會發生一次的是單位水準作業。每生產一批產品就會發生一次的是批次水準作業。產品水準作業為了生產每一種不同的產品而發生。設備水準作業則是維持設備的一般製造過程。最後，再將具有相同作業動因的同一水準作業合在一起，形成同質作業。將同組作業的相關成本加總起來，即為同質成本群。此時，再利用作業動因來計算成本群比率，並將成本分配至個別產品。

實施作業制成本制度，就必須建立和維護作業制資料庫。相關性資料庫是蒐集與整理作業制成本資料庫的一種簡單明瞭的方法。相關性資料庫需要至少兩種相關性表格：作業資料庫與產品資料庫。一旦建立相關性資料庫之後，便可自資料庫中擷取計算個別產品成本所需的資料。

作業成本是一項重要的作業屬性。實務上可以採用直接追蹤和資源動因來決定作業成本。分配成本至各項作業須先分解總帳帳目，以便吾人清楚地瞭解資源的使用情況。

習題與解答

泰森公司向來以生產高品質的燈飾聞名。泰森公司在美國威斯康辛州的綠灣市設有一座工廠，生產兩種燈飾：傳統燈飾和現代燈飾。泰森公司的總經理馬德珍最近考慮放棄單位基礎的傳統成本制度，改採作業制成本制度。在全面改採作業制成本制度之前，馬德珍希望瞭解新制對於綠灣工廠的產品成本將會有何影響。泰森公司選擇由綠灣工廠首開先例的原因是這座工廠只生產兩種燈飾，而大多數其它的工廠都生產至少一打的燈飾。

為了瞭解這項改變的影響，泰森公司蒐集了下列資料（為了簡化之便，假設綠灣工廠只有一道過程）：

I. 傳統成本方法與作業制成本法

	燈飾數量	主要成本	機器小時	物料移動	設定
傳統燈飾	400,000	$800,000	100,000	200,000	100
現代燈飾	100,000	150,000	25,000	100,000	50
金額價值	—	$950,000	$500,000*	$850,000	$650,000

*生產設備運作之成本

　　在目前的制度之下，設備運轉、物料處理和設定等成本是以機器小時為基礎，分配至不同的燈飾中。燈飾的生產和移動均以批次方式為之。

作業：

1. 請利用目前的單位基礎方法，計算每一種燈飾的單位成本。
2. 請利用作業制成本方法，計算每一種燈飾的單位成本。

解答

1. 總費用為 $2,000,000。全廠單一費用比率是每一機器小時 $16 ($2,000,000/125,000)。費用分配如下：

> 傳統燈飾： $16 × 100,000 = $1,600,000
> 現代燈飾： $16 × 25,000 = $400,000

　　兩種產品的單位成本則為：

> 傳統燈飾： ($800,000 + $1,600,000) / 400,000 = $6.00
> 現代燈飾： ($150,000 + $400,000) / 100,000 = $5.50

2. 根據作業制成本法，物料處理和設定的消耗比率相同，因此可以形成批次水準成本群。機器成本群屬於單位水準成本群（每生產一個燈飾都須運轉機器）。換言之，會形成兩個費用成本群，且其費用比率分別為：

機器成本群：$500,000 / 125,000 = $4.00 / 每一機器小時

批次成本群：

物料處理	$ 850,000
設　定	650,000
總　計	$1,500,000
設定次數	150
費用比率（總數 / 設定）	$10,000 / 每次設定

注意：亦可採用移動次數來取代設定次數。如此一來，將產生不同的成本群比率，但是分配至兩種產品的成本仍然相同。當實務上出現兩種或兩種以上的動因可供選擇的時候，可以選擇已經蒐集到足夠資訊的動因來進行成本分配。

費用成本分配如下：

傳統燈飾：	
$4 × 100,000	$ 400,000
$10,000 × 100	1,000,000
總計	$1,400,000
現代燈飾：	
$4 × 25,000	$100,000
$10,000 × 50	500,000
總計	$600,000

該產品單位成本分別如下：

傳統燈飾：	
主要成本	$ 800,000
費用成本	1,400,000
總成本	$2,200,000
產出單位	400,000
單位成本	$5.50

（接續下頁）

現代燈飾：

主要成本	$150,000
費用成本	600,000
總成本	$750,000
產出單位	100,000
單位成本	$7.50

<table>
<tr><td>II.作業制成本法；相關性表格；單位成本</td><td colspan="2">萬能元件公司的成本群費用比率計算如下：（參見圖 8-18）</td></tr>
</table>

過程	水準	成本群編號	費用比率
分類	單位	1	$0.25 / 每一模具
	批次	2	$525 / 每一批次
	產品	3	$230,000 / 每一產品
	產品	4	$3,250 / 每一工程訂單
採購	批次	5	$650 / 每一訂購單
	產品	6	$0.045 / 每一個零件
維護	設備	7	$0.35 / 每一直接人工小時

為了解說之便，僅摘錄萬能元件公司的相關性表格如下：

產品編號	產品名稱	作業動因編號	作業動因名稱	作業使用情況
1	晶片甲	1	單位	100,000
1	晶片甲	2	模具數目	600,000
1	晶片甲	3	批次數目	200
1	晶片甲	4	改變訂單	10
1	晶片甲	5	產品數量	1
1	晶片甲	6	訂購單	400
1	晶片甲	7	零件數量	1,000,000
1	晶片甲	8	直接人工小時	80,000
2	晶片乙	1	單位	200,000
2	晶片乙	2	模具數目	1,400,000

2	晶片乙	3	批次數目	200
2	晶片乙	4	改變訂單	30
2	晶片乙	5	產品數量	1
2	晶片乙	6	訂購單	400
2	晶片乙	7	零件數量	3,000,000
2	晶片乙	8	直接人工小時	120,000

作業：

1. 請計算晶片甲和晶片乙的單位費用成本，並依作業水準分配每一項產品的成本。你認為根據作業水準來編製成本有何優點？

2. 假設你決定建立「成本群」相關性表格（即根據「同質成本群」來建立表格）。如欲利用成本群相關性表格當中的資料來計算成本群比率，請找出可供採用的屬性。最後，請利用**圖** 8-18 的資料，建立成本群相關性表格。建立此一「成本群表格」是否必要？

1. 晶片甲和晶片乙的單位費用成本計算如下。根據作業水準來編製成本的作法，將突顯出成本會隨不同的作業動因而改變的事實。當產出單位改變時，只有單位水準成本會隨之改變。其它的成本會隨著其它的因素而改變。此一作法亦可輔助經理人在必要時候排除設備水準的因素。（某些人認為，無法追蹤的設備水準成本不應分配至個別產品上。）

解答

	晶片甲	晶片乙
單位水準：*		
$0.25 × 600,000 / 100,000	$1.50	
$0.25 × 1,400,000 / 200,000		$1.75
批次水準：		
$525 × 200 / 100,000	1.05	
$525 × 200 / 200,000		0.53
$650 × 400 / 100,000	2.60	
$650 × 400 / 200,000		1.30

（接續下頁）

產品水準：

$230,000 × 1 / 100,000	2.30	
$230,000 × 1 / 200,000		1.15
$3,250 × 10 / 100,000	0.33	
$3,250 × 30 / 200,000		0.49
$0.045 × 1,000,000 / 100,000	0.45	
$0.045 × 3,000,000 / 200,000		0.68

設備水準：

$0.35 × 80,000 / 100,000	0.28	
$0.35 × 120,000 / 200,000		0.21
單位費用成本	$8.51	$6.11

＊單位數量係取自產品相關性表格之第一行與第九行之資料。

2. 如以成本群分類，則用以計算成本群比率所需之屬性為：成本群成本，（成本群的作業動因，和成本群作業動因之實際產能。）其相關性表格如下：

成本群	作業動因	作業產能	成本
1	模具數目	2,000,000	$500,000
2	批次數目	400	210,000
3	產品數量	2	460,000
4	工程訂單	40	130,000
5	訂購單	800	520,000
6	零件數量	4,000,000	180,000
7	直接人工小時	200,000	70,000

成本群相關性表格源自作業相關性表格，且非作業制成本資料庫之必要項目。

重要辭彙

ABC data base 作業制成本資料庫

Activity attributes 作業屬性

Activity inventory 作業清單

Activity-based cost (ABC) system 作業制成本制度

Advanced manufacturing environment 先進製造環境

Concatenated keys 連鎖關鍵

Consumption ratio 消耗比率

Data set 資料組

Homogeneous cost pool 同質成本群

Nonunit-based activity drivers 非單位基礎作業動因

Pool rate 成本群比率

Primary key 主要關鍵

Process 過程

Product diversity 產品差異

Relational structure 相關性結構

Unit-based activity drivers 單位基礎作業動因

問題與討論

1. 試解說採用單位基礎成本動因的全廠單一費用比率如何產生扭曲的產品成本。回答的時候，請指出影響全廠單一費用比率無法正確分配成本的兩項主要因素。

2. 何謂非單位相關費用作業？何謂非單位基礎成本動因？並舉例來說。

3. 何謂費用消耗比率？

4. 請解說部門別費用成本如何產生比採用全廠單一費用比率更為扭曲的產品成本？

5. 何謂產品差異？

6. 費用成本係產品成本扭曲的來源。你是否同意上述說法？並請說明你的理由。

7. 何謂作業基礎產品成本法？

8. 何謂同質成本群？

9. 採用作業基礎制度時，分配產品的費用成本的第一階段步驟為何？

10. 採用作業基礎制度時，分配產品的費用成本的第二階段步驟為何？

11. 何謂作業？何謂同組作業？

12. 何謂單位水準作業？何謂批次水準作業？何謂產品水準作業？何謂設備水準作業？

13. 請解說如果只採用單位基礎成本動因來分配費用成本時，低產量產品的成本會低估，但高產量產品的成本會高估的原因。

14. 試解說低產量產品的成本低估，且高產量產品的成本高估，將會如何影響企業的競爭地位。

15. 請解說如何產生同組作業。為什麼要產生同組作業？

16. 何謂作業基礎資料庫？

17. 如何製作作業相關性表格？如何製作產品相關性表格？回答的時候，並請解說如何選擇適當的屬性。

18. 請解說資源成本如何分配至不同的作業中。「分解總帳帳目」的意義為何？

個案研究

| 8-1 |
| 成本動因的選擇與產 |
| 品成本方法的正確性 |

曼菲公司生產兩種男用皮夾。皮夾甲是由純手工製作；皮夾乙幾乎是由機器自動生產。純手工製作的皮夾雖然具有人力密集的特性，但是在製造過程當中仍然需要使用到製造皮夾乙所需的兩種設備。曼菲公司利用直接人工成本來分配費用。然而業務經理諾頓卻認為，皮夾的成本並不正確。

為了證實自己的看法，諾頓決定改採僅分配機器相關成本的方式，亦即：

折舊	$5,000*
運轉成本	4,000

* 根據直線法攤提。期初帳面價值為 $25,000。機器的剩餘產能為 25,000 個機器小時。

同時，諾頓也蒐集了每一種皮夾的預期年度主要成本、機器小時和預期產出（曼菲公司的正常產出）等資料。

	皮夾甲	皮夾乙
直接人工	$9,000	$3,000
直接物料	$3,000	$3,000
單位數量	3,000	3,000
機器小時	500	4,500

作業：

1. 你認為追蹤至每一種皮夾的直接人工成本與直接物料成本是否正確？

並請解說你的理由。

2. 曼菲公司的會計長建議可以根據直接人工成本，採取全廠單一費用比率來分配每一種產品的費用成本。機器成本屬於費用成本。根據此法，請計算每一個皮夾的單位機器成本。你認為追蹤至每一種皮夾的機器成本是否正確？並請解說你的理由。

3. 現在請採取以機器小時為基礎的費用比率，計算每一種皮夾分配到的單位機器成本。你認為追蹤至每一種皮夾的機器成本是否正確？請解釋你的理由。

4. 假設曼菲公司採用機器小時來分配所有的費用成本至兩種產品上。你認因此舉能夠產生正確的成本嗎？並請解說你的理由。

假設某家公司擁有兩類費用成本：機器運轉成本和物料處理成本。下一年度這兩類成本預估為：

機器運轉成本	$220,000
物料處理成本	180,000
總計	$400,000

目前工廠是採用機器小時和預期實際產能來分配費用成本。預期實際產能為 50,000 個機器小時。由於公司要求提出競標價格，因此工廠經理魏小琳蒐集了相關資料如下：

	潛在標案
直接物料	$4,000
直接人工	$6,000
費用成本	$　？
機器小時時數	1,000
物料移動次數	5

公司向魏小琳表示，許多競爭者都採用作業制成本法來分配潛在標案的費用成本。魏小琳在提出標價之前，希望瞭解改採作業制成本法的影響。她估計，明年度工廠將會完成 3,000 次的物料移動。

8-2
多重費用比率與單一費用比率；作業動因

作業：

1. 請利用根據機器小時分配費用成本的方法，計算潛在標案的總成本。假設投標價格是全額製造成本外加百分之二十五 (25%)，則魏小琳提出的標價是多少？

2. 請利用根據移動次數分配物料處理成本、根據機器小時分配機器運轉成本的方法，計算潛在標案的總成本。假設投標價格是全額製造成本外加百分之二十五 (25%)，則魏小琳提出的標價是多少？

3. 你認為哪一種方法最能反映出潛在標案的實際成本？並請解釋你的理由。

8-3
多重費用比率與單一
費用比率；作業動因

史威公司已經找出下一年度的費用作業、成本與作業動因。分述如下：

作業	預期成本	作業動因	作業產能
設定成本	$60,000	設定次數	300
訂購成本	45,000	訂單張數	4,500
機器成本	90,000	機器小時	18,000
收貨	25,000	零件數量	50,000

為了簡化分析，假設每一項作業對應一道過程。本年度完成了下列兩項工作：

	工作 600	工作 700
直接物料	$750	$850
直接人工（每一項工作 50 小時）	$600	$600
完成單位數量	100	50
設定次數	1	1
訂單張數	4	2
機器小時	20	30
使用零件	20	40

史威公司的正常作業是 4,000 個直接人工小時。

作業：

1. 請利用根據直接人工小時分配費用的方式，計算每一項工作的單位成本。

2. 請利用四項作業動因，計算每一項工作的單位成本。

3. 哪一種方法產生的成本分配較爲正確？爲什麼？

> 8-4
> 作業基礎成本法：作業分類；同質成本群

　　李歐公司生產特製零件。零件是採批次方式，經過一道道連續製造過程所生產。每一個零件都是根據顧客的需求訂做的，因此需要特殊的工程設計作業（根據顧客指定的規格）。一旦完成設計之後，便設定設備以進行批次生產。完成一批之後，便抽取一個樣本進行檢查以確定零件是否符合規格。換言之，製造過程總共包含了四道作業：工程、設定、生產、和檢查。此外，還有一道維護作業，其中包含了兩道作業：提供動力（整個工廠都需要）和提供空間。李歐公司利用直接追蹤和資源動因來分配成本至每一道作業中：

工程	$100,000
設定	90,000
生產	200,000
檢查	80,000
提供空間	25,000
提供動力	18,000

　　每一道作業的作業動因和實際產能分別如下：

機器小時	設定	工程小時	檢查小時
20,000	150	4,000	2,000

設備水準作業的成本是根據機器小時來分配。

作業：

1. 請將每一道作業分類爲單位水準過程、批次水準過程、產品水準過程、或設備水準過程。

2. 請建立同質成本群。找出分屬各個成本群的作業項目，以及可用以

計算成本群比率的作業動因。

3.請找出每一個成本群的作業動因，並計算成本群比率。

8-5
作業相關性表格

沿用個案 8-4 的資料。請建立可用以計算成本群比率的作業相關性表格。

8-6
產品相關性表格；作業制產品成本

固金公司最進建立了作業制相關性資料庫。利用作業相關性表格當中的資訊，業已計算出下列成本群比率：

$200 / 每一訂購單

$12 / 每一機器小時，過程 R

$15 / 每一機器小時，過程 D

$40 / 每一工程小時

$2 / 每一包裝訂單

$100 / 每一平方英呎

固金公司生產兩項產品：豪華型 CD 唱機和標準型 CD 唱機。工廠內設有專門的區域分別生產這兩項產品。工廠共分為兩道製造過程，標準型過程（即過程 R）和豪華型過程（即過程 D）。其它過程包括工程、產品處理與採購。固金公司的產品相關性表格內容如下：

產品名稱	作業動因編號	作業動因名稱	作業使用情形
標準型	1	單位數量	800,000
標準型	2	訂購單	1,000
標準型	3	機器小時	320,000
標準型	4	工程小時	5,000
標準型	5	包裝訂單	400,000
標準型	6	平方英呎	6,000
豪華型	1	單位數量	·100,000
豪華型	2	訂購單	500
豪華型	3	機器小時	40,000

豪華型	4	工程小時	6,000
豪華型	5	包裝訂單	100,000
豪華型	6	平方英呎	4,000

作業：

1. 請找出兩項不同的連鎖關鍵。試問，連鎖關鍵的目的為何？

2. 請利用成本群比率和產品相關性表格當中的資訊，計算每一項產品的單位費用成本。

3. 產品相關性表格是否能夠指出每一個成本群當中包含幾項作業？此一特性對於計算產品成本而言，是否必要？請解釋你的理由。

一座工廠內的製造工程部門擁有下列作業：建立物料需求單(BOM)、研究工程能力、改善製造過程、訓練員工和設計工具。根據總帳帳目顯示，製造工程部門的費用如下：

<table>
<tr><td>8-7</td></tr>
<tr><td>分配成本至作業；資源動因</td></tr>
</table>

薪資	$500,000
設備	100,000
耗用物料	30,000
總計	$630,000

設備用於兩道作業：改善製程和設計工具。百分之四十 (40%) 的設備時間是用於改善製程，而百分之六十 (60%) 則是用於設計工具。薪資則分屬九位工程師的薪資，其中一位賺 $100,000，另外八位則各賺 $50,000。賺 $100,000 的工程師花費百分之四十 (40%) 的工作時間在訓練負責新製程的員工，百分之六十 (60%) 的時間則在改善製程。其餘八位工程師中，有一位工程師的全部工作時間都在設計工具；一位工程師的全部工作時間都在改善製程；其餘六位工程師花費相同的時間在每一道作業上。耗用物料的消耗比率如下：

建立 BOM	10%
研究工程能力	5%
改善製程	35%
訓練員工	20%
設計工具	30%

作業：

1. 何謂「分解總帳成本」？爲什麼必須這麼做？
2. 總帳資料庫制度與作業制資料庫制度有何差異？
3. 請利用資源動因與直接追蹤，計算每一道製造工程作業的成本。資源動因有哪些？

8-8
成本公式：迴歸分析；單位動因與多重動因

　　華德絲是安德伍公司的財務副總。三年前，她曾經參加過一場關於作業制成本法的座談會。座談會結束之後，華德絲隨即著手蒐集公司三座規模與組織類似、且生產同樣產品的作業資料。經過三個月的時間，她已經蒐集到足夠資料證明每一項作業的消耗比率差異頗大。此外，她發現非單位基礎費用成本佔了總費用成本的百分之四十七 (47%)。根據這些結果，華德絲決定先在這三座廠房內施行作業制成本制度。如果一切順利，再全面推行至公司的其餘四十七座工廠。她計劃先用兩年的時間觀察成效，再決定是否將公司的資源投入新的資訊系統。爲了準備向管理階層報告她的決定，華德絲決定計算出兩套費用成本公式：其中一道公式僅採用直接人工小時作爲唯一的動因，另一道公式則採用直接人工小時和過去十八個月來（三座工廠內）蒐集到的其它動因作爲多重動因。三座工廠的月報表資料統計出 108 個資料點。

　　以下就是電腦列印出來的費用成本公式：

參數	估計值	H_0 時的 t 值 參數 = 0	Pr > 0	參數的 標準誤
截距	80,000	2.326	0.045	34,394
直接人工小時	1.96	9.956	0.000	0.197

R 平方 (R^2)　0.46
標準誤 (S_e)　3,000
觀測結果　108

參數	估計值	H₀ 之 t 值 參數 = 0	Pr > 0	參數的 標準誤
截距	22,000	1.96	0.0250	11,224.490
直接人工小時	1.90	8.67	0.0001	0.219
移動次數	100	12.50	0.0001	8.000
設定小時	50	81.96	0.0001	0.610
訂購單	200	0.85	0.2000	235.294

多重 R 平方 (R^2) 0.76

標準誤 (S_e) 2,500

觀測結果 108

作業：

1. 請解說迴歸分析可以協助華德絲決定其餘工廠也都施行作業制成本制度的理由。

2. 請根據兩道迴歸公式，評估這三座工廠施行作業制成本制度的決策。迴歸公式的結果是否表示還須採取更進一步的行動？

3. 評估結果之後，華德絲決定針對個別作業——包括從未使用過的部份作業動因——進行迴歸分析。試問，迴歸分析對於瞭解個別作業的成本公式有何助益？

8-9
過程分類，迴歸分析與成本分配的正確性

自行車製造商拉風公司生產兩種自行車：越野自行車和競賽自行車。拉風公司擁有兩道製造過程：車身骨架和手把的成型以及組裝。一旦做好車身和手把之後，便移至組裝過程，連同外購的零件予以組裝和包裝。兩道過程都需要外購的物料；然而成型過程只需要金屬和油漆，組裝過程卻需要相當多的外購零件（例如鍊條、輪子、輪胎、變速器、變速器管線和踏板等）。

拉風公司目前是根據收貨訂單，將收貨作業的成本分配至不同的自行車中。由於公司施行作業制成本法多年，已經累積了關於作業、實際與潛在動因和作業成本等的豐富資料庫。拉風公司的會計長在評估作業制成本制度的時候，計算出作業與作業動因的成本公式以便瞭解假設當中的因果關係是否存在。除了收貨作業以外，絕大多數的值都符合公式。接受訂單只能解釋百分之四十五 (45%) 的訂購成本作

業。瞭解了過程對於作業成本行為的可能影響之後,會計長將收貨作業細分為過程類別,並計算出兩道成本公式:其中一道是針對成型,另外一道則是針對組裝。以往拉風公司採用接受訂單做為成型過程中接受成本的動因,並採用零件數量作為組裝過程的動因。會計長對於分析結果感到頗為滿意。接受成本的值在成型過程是 0.85,在組裝過程則是 0.90。根據此一結果,會計長改變了作業制成本分配,利用兩項動因來分配兩種自行車的接受成本:成型過程採用訂購單,組裝過程採用零件數量。分配接受成本所需的資訊如下(假設每一種自行車都將生產 100,000 單位):

	成型	組裝
接受成本	$200,000	$300,000
接受訂單:		
越野自行車	10,000	10,000
競賽自行車	10,000	10,000
零件數量:		
越野自行車	10,000	60,000
競賽自行車	10,000	180,000

作業:

1. 請解說會計長利用迴歸分析來瞭解作業制成本制度之效益的理由。
2. 請解說過程分類產生的值會比單一全廠作業成本公式高的理由。
3. 如果僅採用訂購單來分配成本,請計算其單位接受成本。請採用訂購單來分配成型過程的成本,以零件數目來分配組裝過程的成本,再計算其單位接受成本。並請比較兩者結果的差異。

8-10
傳統成本法與作業制
成本法

　　白特公司生產運動器材。白特公司的一座工廠生產兩種類型的運動腳踏車:經濟型和訂製型。訂製型腳踏車的車身比較堅固、座墊比較柔軟,另外亦備有電子儀表輔助運動的人監控心跳、卡路里與行走的距離等。年初的時候,這座工廠提出下列資料:

	經濟型	訂製型
預期產量	20,000	10,000
售價	$90	$180
主要成本	$40	$80
機器小時	5,000	10,000
直接人工小時	10,000	10,000
工程支援（小時）	1,500	4,500
接受（處理的訂單）	250	500
物料處理（移動次數）	2,000	4,000
採購（物料需求表張數）	100	200
維修（使用的小時）	1,000	3,000
支付供應商（處理的發票）	250	500
設定批次（設定次數）	20	60

此外，另有下列費用作業成本（根據過程分類）：

技術支援：	
維修	$ 84,000
工程支援	120,000
批次支援：	
物料處理	120,000
設定	96,000
採購：	
採購	60,000
收料	40,000
應付帳款	30,000
過程支援：	
提供空間	20,000
	$570,000

設備水準成本是根據機器小時的比例（假設每一項產品都採用可以時間衡量的設備）來進行分配。

作業：

1. 請利用直接人工小時分配所有費用成本的方式，計算每一項產品的單位成本。

2. 請建立同質成本群，並請計算成本群比率。請解釋你將特定作業歸為同一成本群的理由。

3. 請利用第2題計算出來的成本群比率，計算每一項產品的單位成本。比較採用傳統成本方法與作業制成本方法計算出來的結果的差異。哪一個成本最正確？並請解說你的理由。

8-11
作業制成本法；服務業

精活醫療中心開設心臟病患看護病房。目前向所有病患收取的每日住院費用都完全一樣。每日住院服務包括了住院、伙食、和護理。然而最近的一項研究顯示出幾項有趣的結果。首先，病患對於住院服務的需求會隨其症狀的輕重而有不同。其次，住院作業其實結合了兩項作業：住宿和監測儀器的使用。由於每一位病患使用監測儀器的情形不同，因此這些作業必須分開計算。第三，每日住院服務應該反映出不同病患類型之間對於每日住院服務需求的差異。

為了計算出能夠反映需求差異的每日住院費，精活醫療中心依照疾病的嚴重程度將病患分為三類，並蒐集到下列年度資料：

作業	作業成本	成本動因	數量
住宿	$ 950,000	住院天數	7,500
監測	700,000	使用的監測儀器數目	10,000
伙食	150,000	住院天數	7,500
護理	1,500,000	護理小時	75,000
	$3,300,000		

此外，與病患嚴重程度相關的需求如下：

嚴重程度	住院天數	監測儀器	護理小時
嚴重	2,500	5,000	45,000
普通	3,750	4,000	25,000
偏低	1,250	1,000	5,000

作業：

1. 假設精活醫療中心僅採用住院天數（同時也是產出的衡量指標）作為唯一的動因，來分配每日住院服務成本。請採用傳統單位基礎成本方法來計算每日住院費用比率。

2. 請利用上述作業動因來計算成本群比率。

3. 請根據第 2 題的成本群比率和每一道作業的需求，來計算每一種病患類型的每日住院費用。

4. 假設有一項產品的定義是「住院治療」，而所謂的治療是指施行分流手術。為了計算此一新定義的產品成本，你會需要哪些額外的資訊？

5. 請就服務業採用作業制成本法的價值，提出你的看法和評論。

> **8-12**
> 作業制成本法，服務業

第一凱興銀行開業多年以來，都是假設提高銀行資金往來就可以提高獲利。以往，第一凱興銀行的目標均著重於增加貸款總金額與帳目餘額總金額。然而近年來，銀行的利潤卻大幅滑落，主要原因在於同業競爭——尤其是來自於儲蓄和融資金融機構的競爭——日趨激烈。銀行的主要經理人在討論經營困境的時候，明顯地對於產品的成本毫無概念。經過檢討之後，經理人發現以往他們在決定推出新產品以提高帳目餘額的同時，卻沒有考慮到這些服務的成本。

經過一番討論之後，銀行決定聘請一位顧問來計算三項產品的成本：支票存款、個人貸款和威士卡金卡。這位顧問找出下列作業內容、成本和作業動因（年度資料）：

作業	作業成本	作業動因	作業產能
提供自動櫃員機服務	$ 100,000	交易筆數	200,000
電腦處理	1,000,000	交易筆數	2,500,000
寄發對帳單	800,000	對帳單張數	500,000
顧客詢問	360,000	電話通話分鐘數	600,000

同時，這位顧問也蒐集了三項產品的年度資訊如下：

	支票存款	個人貸款	威士卡
產品單位數量	30,000	5,000	10,000
自動櫃員機交易	180,000	0	20,000
電腦交易	2,000,000	200,000	300,000
對帳單張數	350,000	50,000	150,000
電話通話分鐘數	350,000	90,000	160,000

　　除了整理出新的成本資訊之外，銀行總裁羅來里也想要瞭解兩年前銀行修正支票存款帳目產品的決策是否正確。兩年前，銀行決定針對支票存款帳目平均年度餘額超過 $1,000 的顧客，取消服務費。由於支票存款帳目的餘額的確提高許多，因此羅來里曾經對於該項決策感到頗為滿意。支票存款產品的內容如下：(1) 支票存款帳目餘額超過 $500 之顧客可以獲得年利率 2% 的利息，(2) 支票存款帳目餘額低於 $1,000 之顧客，每個月收取服務費 $5。銀行在支票存款產品的獲利率為 4%。百分之五十 (50%) 的支票存款帳目餘額低於 $500，所有的支票存款帳目平均餘額為 $400。百分之十 (10%) 的支票存款帳目餘額介於 $500 到 $1,000 之間，其平均餘額為 $750。百分之二十五 (25%) 的支票存款帳目餘額介於 $1,000 到 $2,767 之間，其平均餘額為 $2,000。其餘的支票存款帳目餘額超過 $2,767，其平均餘額為 $5,000。根據研究結果指出，平均餘額為 $2,000 的支票存款顧客對於提高支票存款產品餘額的貢獻最大。

作業：

1. 請計算每一道作業的費用比率。
2. 請利用第 1 題的費用比率，計算每一項產品的成本。
3. 請就支票存款產品，提出你的看法和評論。並請分別算出題目當中四種類型帳目的平均年獲利。如欲提高支票存款產品的獲利，你會提出什麼建議？

　　歐泰公司專門生產汽車耗用零件。歐泰公司的其中一座工廠專門生產兩種零件：編號 #127 和編號 #234 的零件。零件 #127 的生產已達最高作業產能，而且多年來都是這座工廠唯一生產的零件。五年前，工廠投入零件 #234 的生產。零件 #234 的製造過程比較困難，需要特殊的工具和設定。在投入生產零件 #234 的前三年當中，獲利明顯改善。然而到了後面兩年，由於競爭激烈的關係，零件 #127 的銷售量下滑。事實上，最近一個會計年度的報表顯示出這座工廠已經開始出現微幅虧損。由於市場競爭多半來自國外的同業，因此廠長認為競爭者以低於成本的價格傾銷。以下內容擷取自廠長古白蒂和行銷經理費約瑟關於工廠與產品的未來的對話。

費約瑟：古白蒂，妳應該知道區域經理非常關心工廠的未來。他表示，依照目前的預算，我們根本無法繼續經營沒有獲利的工廠。上個月就有一家工廠因為無法因應市場競爭而被關閉。

古白蒂：費約瑟，我們都明白零件 #127 向來以優越的品質和價值贏得顧客的青睞。零件 #127 向來是我們的主力產品。我實在不瞭解究竟出了什麼問題。

費約瑟：我剛剛才接到一通電話，是顧客打來反應零件 #127 的事情。顧客表示另一家公司的業務員向他們提出單價 $20 的報價比我們的價格低了整整 $11。我們實在很難跟這樣的價格競爭。或許這座工廠真的已經過時了。

古白蒂：不，我不這麼認為。就我所知，我們擁有一流的技術。工廠的效率也很高。但是生產零件 #127 的成本就是略高於 $21 的單價。我不明白其它公司怎麼能夠賣這麼便宜的價錢。我不認為我們應該在價格上妥協。或許轉而強調零件 #234 的生產與銷售會是比較理想的策略。零件 #234 的利潤相當好，而且市場上幾乎沒有競爭者。

費約瑟：或許妳說得對。我們可以大幅提高零件 #234 的價格，而不必擔心銷售量下跌的問題。我曾經打電話詢問過一些顧客關於提高售價百分之二十五的事情，他們都表示還是會購買同樣的數量。

古白蒂：聽起來大有可為。但是在我們將重心轉移至零件 #234 之前，

我想我們還需要找出其它合理的理由來支持我們的改變。我想要瞭解我們的成本和競爭者的成本之間的差異。或許我們還可以再提高生產效率，找出恢復零件 #127 的正常利潤的方法。零件 #127 的市場比零件 #234 的市場大多了。我不確定我們可以單靠零件 #234 這項產品來支撐工廠營運。此外，零件 #234 很難生產，我的生產員工相當討厭它。

經過與費約瑟的會商之後，古白蒂向公司要求進行生產成本和比較效率的調查。公司同意古白蒂聘請顧問團進行獨立的調查。經過三個月的期間，顧問團提出了下列關於工廠生產作業與兩項產品的相關成本資訊：

	零件 #127	零件 #234
生產	500,000	100,000
售價	$31.86	$24.00
單位費用成本 *	$12.83	$5.77
單位主要成本	$8.53	$6.26
生產週期次數	100	200
接受訂單	400	1,000
機器小時	125,000	60,000
直接人工小時	250,000	22,500
工程小時	5,000	5,000
物料移動	500	400

* 利用以直接人工小時爲基礎的全廠單一費用比率計算而得。這是目前工廠用以分配費用成本至產品的方法。

顧問團建議改採作業制成本法來分配費用成本，原因在於作業制成本分配較爲正確，且能提供更佳的資訊以供決策參考。爲了支持此一建議，顧問團根據共同的過程、作業水準、和消耗比率，將工廠的作業分門別類。這些成本群作業的成本分別如下：

費用成本群 *

設定成本	$ 240,000
機器成本	1,750,000
接受成本	2,100,000
工程成本	2,000,000
物料處理成本	900,000
總計	$6,990,000

* 成本群是根據成本群當中的主要作業而定名。每一個成本群裡的所有費用成本可以根據單一作業動因（以其命名的主要作業為基礎）來分配。

作業：

1. 請利用直接人工小時來分配費用成本的方式，驗證顧問團所提出的單位費用成本是否正確。並請計算每一項產品的單位毛利。

2. 在瞭解作業制成本法之後，古白蒂要求會計長採用此法來計算產品成本。請利用作業制成本法，重新計算每一項產品的單位成本。並請計算每一項產品的單位毛利。

3. 歐泰公司是否應該將重心從高產量的產品轉移至低產量的產品？請就廠長關於競爭者以低於零件 #127 的生產成本的售價在市場上傾銷的說法，提出你的見解與評論。

4. 請解說零件 #234 明顯缺乏競爭的理由。並請就即使調漲零件 #234 售價百分之二十五後顧客的購買意願，提出你的見解與評論。

5. 假設你是這座工廠的廠長。請說明根據作業制單位成本所提供的資訊，你會採取哪些行動。

　　威廉森公司生產兩種不同的鋼架。鋼架的生產可以分為兩道製造過程：鋼片切割和組裝。威廉森公司的作業、成本以及和製程相關的動因分別如下：

> 8-14
> 產品成本法：作業制
> 產品成本：作業分類
> 與同質成本群

過程	作業	成本	作業動因	數量
鋼片切割	排程	$ 300,000	工作訂單	500
	切割	200,000	機器小時	5,000
	檢查	100,000	設定次數	50
	物料處理	400,000	移動次數	8,000
	設定	150,000	設定次數	50
		$1,150,000		
組裝	更換	$120,000	批次數目	500
	重製	40,000	變更訂單	100
	檢查	150,000	批次數目	500
	物料處理	240,000	零件數量	40,000
	工程支援	80,000		
		$630,000		

注意事項：組裝過程中，物料處理作業屬於產品特性功能，而非批次作業功能。

其它費用作業及其成本和動因分述如下：

作業	成本	作業動因	數量
採購	$ 90,000	採購需求單	300
收貨	180,000	接受訂單	600
支付供應商	150,000	發票張數	600
提供空間	30,000	機器小時	5,000
提供動力	40,000	機器小時	5,000
	$490,000		

其它有關兩種鋼架的生產資訊如下：

	鋼架甲	鋼架乙
產出單位數量	1,000	2,000
工作訂單	250	250
批次	250	250

（接續下頁）

	鋼架甲	鋼架乙
機器小時	1,500	3,500
設定	25	25
移動	4,000	4,000
零件	24,000	16,000
變更訂單	60	40
物料需求單	200	100
接受訂單	400	200
發票	400	200

作業：

1. 請利用以機器小時為基礎的全廠單一費用比率，計算每一項產品所分配到的費用成本。

2. 請利用過程、作業水準、動因分類，來建立同質成本群，並計算成本群比率。建立成本群資訊的目的之一是減少所需費用比率的數目。就本個案而言，可以減少多少費用比率的數目？

3. 請利用第 2 題的成本群比率，計算每一項產品的單位費用成本。試就第 1 題與第 2 題答案之間的差異，提出你的看法與評論。

沿用個案 8-14 的資料。

> 8-15
> 作業制相關資料庫

作業：

1. 請建立作業相關性表格與產品相關性表格。

2. 請就作業相關性資料庫與總帳資料庫之間的差異，提出你的看法與評論。

畢格曼鑄造公司製造兩種不同的設備，專供國防航空、商用飛機與電子產業等使用。利用兩道主要的製造過程——沖模與組裝——可以生產出二十種不同的產品。工廠內的另外兩道過程則為採購與維護。以下列出作業相關性表格與產品相關性表格（為了簡化分析之便，產品相關性表格當中僅摘錄二十種產品當中的兩種）：

> 8-16
> 作業相關資料庫

作業相關性表格：畢格曼鑄造公司

作業編號	作業名稱	過程	水準	動因	作業產能	成本
1	設計模具	沖模	產品	產品數量	20	$600,000
2	製造模具	沖模	產品	產品數量	20	320,000
3	檢查模具	沖模	批次	設定次數	400	120,000
4	設定批次	沖模	批次	設定次數	400	120,000
5	工程設計	組裝	產品	變更訂單	40	130,000
6	物料處理	組裝	批次	組裝數量	400	90,000
7	機器生產	組裝	單位	機器小時	200,000	225,000
8	採購物料	採購	批次	訂購單	1,000	200,000
9	接收物料	採購	批次	訂購單	1,000	320,000
10	支付供應商	採購	產品	模具數量	20,000	180,000
11	提供動力	維護	設備	機器小時	20,000	20,000
12	提供空間	維護	設備	機器小時	20,000	50,000

產品相關性表格：畢格曼鑄造公司

產品編號	產品名稱	作業動因編號	作業動因名稱	作業使用情形
1	元件甲	1	單位數量	1,000
1	元件甲	2	模具數量	2,000
1	元件甲	3	設定次數	10
1	元件甲	4	變更訂單	4
1	元件甲	5	產品數量	1
1	元件甲	6	訂購單	50
1	元件甲	7	組裝數量	2
1	元件甲	8	機器小時	800
2	元件乙	1	單位數量	2,000
2	元件乙	2	模具數量	6,000
2	元件乙	3	批次數目	20
2	元件乙	4	變更訂單	3

2	元件乙	5	產品數量	1
2	元件乙	6	訂購單	60
2	元件乙	7	組裝數量	3
2	元件乙	8	機器小時	1,000

作業：

1. 請說明如何建立作業相關性表格與產品相關性表格。

2. 請利用上述表格，舉出代表下列各項的例子：

   a. 主要關鍵

   b. 連鎖關鍵

   c. 記錄

   d. 作業屬性

   e. 產品屬性

   f. 登錄

3. 請利用相關性表格當中的資訊，計算沖模過程的成本群比率。

4. 請利用第3題的成本群比率，將沖模過程成本分配至元件甲。試問，其單位沖模費用成本為何？

史納公司生產兩種型號的製雪機：小型製雪機與大型製雪機。製雪機所需要的零件全部採取自行生產的方式。製框部門生產製雪機的外框。製框部門將鋼片切割成每一種製雪機所需要的形狀。外框是採批次方式生產。從生產小型製雪機轉換成生產大型製雪機的時候，必須重新設定金屬切割設備。（因為因應顧客需求，史納公司通常會在重新設定之前完成一批次的生產作業。）製雪機的其它組件是由同公司的其它部門生產，然後再移至組裝部門。（舉例來說，小型馬達部門會將製雪機所需的馬達移至組裝部門。）組裝部門利用外框和自其它部門移入的零件組裝起來，成為最終產品。

製框部門的經理決定採行作業制成本制度。一項根據由部門經理等組成的專案小組進行的研究提出了下列關於製框生產的作業、成本、和作業動因等資訊：

> 8-17
> 作業分類；作業組；
> 同質成本群

過程	作業	成本	成本動因
批次			
	設定	$ 400,000	設定次數
	物料處理	200,000	移動次數
	檢查	250,000	設定次數
加工			
	機器折舊	300,000	機器小時
	電力（機器）	100,000	機器小時
過程維護			
	排程	60,000	產品數量
	維修	150,000	機器小時
	空間提供	89,000	附加價值 *
	工廠管理	80,000	附加價值 *
		$1,629,000	

* 進行研究的專案小組建議根據附加價值基礎（附加價值的定義為直接人工成本加上非設備水準費用成本）將設備水準成本分配至每一項產品中。

作業動因的預期數量分別如下：

作業	成本動因	數量
設定	設定次數	1,000
維修	機器小時	5,000
排程	產品數量	2
電力（機器）	機器小時	5,000
折舊	機器小時	5,000
檢查	設定次數	1,000
物料處理	移動次數	10,000

此外，每一種外框對於作業的需求列示於下：

| | 產品 | |
成本動因	小型外框	大型外框
產品數量	1	1
機器小時	2,000	3,000
設定次數	300	700
移動次數	3,500	6,500

該年度總共生產了 10,000 個小型外框和 15,000 個大型外框。總直接人工成本為 $230,000（其中 $85,000 屬於小型外框，其餘屬於大型外框）。

作業：

1. 請就過程、作業水準和動因等分類方式，將各項作業分門別類。
2. 請建立同質成本群，並請計算成本群比率。
3. 請利用成本群比率，計算小型外框和大型外框的單位費用成本。對於分配設備水準成本至每一項產品，你的看法為何？

春泉公司生產兩種計算機：科學用計算機與商業用計算機。兩種產品都會經過兩個生產部門。截至目前為止，商業用計算機是最受市場歡迎的產品。這兩種產品的相關資料彙整如下：

> 8-18
> 產品成本正確性；部門別費用比率；同質成本群

	產品相關資料	
	科學用計算機	商業用計算機
年度產出單位	30,000	300,000
主要成本	$100,000	$1,000,000
直接人工小時	40,000	400,000
機器小時	20,000	200,000
生產週期	40	60
檢查小時	800	1,200

	部門資料	
	部門一	部門二
直接人工小時：		
科學用計算機	30,000	10,000
商業用計算機	45,000	335,000
總計	75,000	365,000
機器小時：		
科學用計算機	10,000	10,000
商業用計算機	160,000	40,000
總計	170,000	50,000
費用成本：		
設定成本	$ 90,000	$ 90,000
檢查成本	70,000	70,000
電力	100,000	60,000
維修	80,000	100,000
總計	$340,000	$320,000

作業：

1. 請利用單位基礎的全廠單一費用比率，計算每一項產品的單位費用成本。

2. 請利用部門別比率，計算每一項產品的單位費用成本。計算部門別費用比率的時候，部門一採用機器小時，部門二採用直接人工小時；之後再以部門一採用直接人工小時，部門二採用機器小時的方式，重覆計算一次。

3. 請利用作業制成本法（如果可能的話，請建立同質成本群），計算每一項產品的單位費用成本。

4. 請就部門別比率可以提升產品成本正確性的能力，提出你的看法與評論。

精準造紙公司擁有三座紙漿工廠，其中一座位於美國田納西州的梅菲斯市。梅菲斯紙漿工廠生產 300 種表面經過處理與未經處理的特製印刷紙張。產品的大幅差異性是因應精準造紙公司採取的全產品線行銷策略而生。精準造紙公司的管理階層相信，產品差異性大所帶來的價值要遠超過複雜的生產過程的成本。

8-19
管理決策個案；作業制成本法；非製造成本的考量

一九九七年度，梅菲斯廠生產了 120,000 公噸表面經過處理的紙張和 80,000 公噸表面未經處理的紙張。總產量 200,000 公噸當中，已經售出 180,000 公噸。其中六十種產品佔了售出產量的百分之八十 (80%)。換言之，240 種產品可被歸類為低產量產品。

一項名為 LLHC 的產品正是屬於低產量產品的其中一種。LLHC 係以整綑方式生產，再加工成紙張，然後裝箱出售。一九九七年度，生產與銷售 LLHC 的成本列示如下：

原料：		
紙漿（3 種不同的紙漿）	2,250 英磅	$ 450
添加物（11 種）	220 英磅	500
模具尺寸	75 英磅	10
回收碎紙	(296 英磅)	(20)
原料總金額		$ 940
直接人工		$ 450
費用成本：		
造紙機器（$100/公噸 2,500 英磅）		$ 125
表面處理機器（$120/公噸 2,500 英磅）		150
總費用成本		$ 275
船運和倉儲		$ 30
總製造與銷售成本		$ 1,695

費用係採兩階段過程來分配。首先，根據仔細選擇的作業動因，利用直接分攤法將費用分配至造紙機器和表面處理機器。接下來，再將每一種機器的費用成本除以預算產出公噸數。再將這些比率乘上生產一公噸品質正常的紙張所需的英磅數。

　　一九九七年度，LLHC 的售價是每公噸 $2,400，是梅菲斯廠最賺錢的產品之一。經過其它低產量產品的類似研究之後發現，這些低產量產品的利潤邊際也相當穩定。可惜的是，高產量產品的績效卻不盡理想，其中許多利潤邊際偏低甚至出現虧損。因此，春泉公司總經理柴雷恩不得不與行銷副總伍珍妮和會計長布士強召開會議。

柴雷恩：根據低產量特製產品優於平均水準的表現和高產量產品獲利不佳的情況來看，我認為我們應該將行銷重點轉移至低產量的產品線。或許我們應該考慮停止生產部份高產量產品，特別是那些出現虧損的產品。

伍珍妮：我不認為你的提議正確。我知道我們的高產量產品向來品質優良，而且我相信我們的生產效率不輸其它公司。我認為我們的成本分配並不正確。舉例來說，船運和倉儲成本的分配是將這些成本除以銷售紙張總數。但是…

布士強：伍珍妮，我並不想反駁妳的看法，但是船運和倉儲成本每一公噸 $30 的費用看起來很合理。就我的瞭解，我們公司分配這些成本的方法和其它造紙公司一模一樣。

伍珍妮：嗯，或許你說的是真的，但是這些公司的產品和我們一樣多嗎？我們的低產量產品需要特殊的處理和加工，但是當我們在分配船運和倉儲成本的時候，卻是將這些特殊成本平均分配到所有的產品線上。造紙廠每生產一公噸的紙張，就會送到船運部門，或者直接送到顧客手上，或者透過經銷點再送到顧客手上。我手邊的記錄明白顯示，所有的高產量產品都是直接送到顧客手上，而大部份的低產量產品卻是送到經銷點。並非所有經過船運部門的產品都應該分配 $2,000,000 的年度船運成本。我也不認為全部的產品都應該像現在一樣，分配經銷點的收料與船運成本。

柴雷恩：布士強，這是真的嗎？我們的成本制度是這樣分配船運和倉儲成本嗎？

布士強：恐怕確實是如此。伍珍妮說得也有道理。或許我們應該重新評估分配這些成本至生產線的方法。

柴雷恩：伍珍妮，對於如何分配船運和倉儲成本，妳有任何建議嗎？

伍珍妮：把留在經銷點的產品和沒有留在經銷點的產品區分出來似乎較合理。同時，我們也應該分辨出經銷點的收料與船運作業。所有的進料都是以棧板方式包裝，每一個棧板重量是一公噸（每一個棧板上有十四箱紙）。一九九七年度，收料部門總共處理了 56,000 公噸的紙張。收料部門僱用了 15 位員工，年度薪資成本是 $600,000。其它收料成本總數為 $500,000。我建議根據處理的公噸數來分配這些成本。但是船運成本的處理又另當別論。船運相關的作業有兩項：從存貨當中取出訂購的紙張和包裝這些紙張。我們的取貨部門僱用 30 位員工，包裝部門僱用 10 位員工，年度薪資成本是 $1,200,000。其它船運成本總計達 $1,100,000。取貨和包裝作業與船運項目的多寡比較有關，與噸數較無關。換言之，船運的項目可能是兩箱或三箱紙張，而不是幾個棧板。如此一來，經銷點的船運成本應該根據船運項目的數目來進行分配。以一九九七年度為例，我們總共處理了 190,000 項船運項目。

柴雷恩：這些建議聽起來似乎可行。布士強，我想要瞭解伍珍妮的建議對於 LLHC 的船運和倉儲成本分配有何影響。如果影響是正面的，那麼我們應該將分析範圍擴大到所有的產品上。

布士強：我可以計算出可能的影響，但是我想建議另一種方式。目前，公司的政策是維持 25 公噸的 LLHC 存貨。目前的成本制度完全忽略了持有這些存貨的成本。由於每生產一公噸 LLHC 的成本高達 $1,665，此一作法無疑是把資金屯積起來，但是這些資金其實可以投資在其它更具生產效益的機會上面。事實上，報酬損失約為每年百分之十六 (16%)。這些成本也應該分配到售出的單位數量上。

柴雷恩：伍珍妮，布強的建議聽起來很有道理。從現在開始，我們在計算成本的時候也要將存貨成本考慮在內。

　　為了進行分析，伍珍妮蒐集了一九九七年度有關 LLHC 的資料如下：

出售公噸	10
每一艘船的平均箱數	2
每一公噸的平均船數	7

作業：

1. 請找出目前用以分配船運和倉儲成本的方法之缺點。

2. 請利用伍珍妮和布強所建議的新方法，來分配 LLHC 每一公噸的船運和倉儲成本。

3. 請利用第 2 題的新成本，計算 LLHC 每一公噸的利潤。比較採用新法計算而得的成本和舊法計算而得的結果之間的差異。你認為同樣的情況會發生在其它低產量產品上嗎？並請解說你的理由。

4. 請針對柴雷恩要求停止生產某些高產量產品，將重心轉移至低產量產品的提議，提出你的看法與評論。並請討論會計制度能夠輔助此類決策的角色。

5. 接到關於 LLHC 的分析結果之後，柴雷恩決定將分析範圍擴大到所有產品。同時，他也要求布強重新評估造紙廠成本分配至產品的方式。經過重新整合之後，柴雷恩採取了下列行動：(1) 提高大多數高產量產品的價格，(2) 降低許多高產量產品的價格，以及 (3) 停止生產某些低產量產品。試解說柴雷恩的決策為何改變如此之大？

> 8-20
> 作業制產品成本法與
> 倫理道德行為

　　以下內容係擷取自一家製造業公司總經理白禮納和公司的會計長同時也是管理會計師的戴查克之間的對話。

白禮納： 戴查克，你應該知道，最近三年來公司的市場佔有率節節敗退。我們失去標單的情況愈來愈多，我實在不明白究竟為什麼。一開始，我認為是其它公司刻意壓低價格以爭取生意。但是在翻閱他們的公開財務報表之後，我認為他們仍然賺取合理的報酬。我開始認為我們的成本和成本方法可能出了問題。

戴查克： 我不這麼認為。我們對於成本的控制一向良好。就和大多數的同業一樣，我們採用的是正常分批成本制度。我實在看不出來工廠有任何重大浪費的情形。

白禮納：我最近參加了一次產業會議，會中也有許多同業的高階主管
　　　　出席。我不確定問題是出在浪費。這些經理人曾經提到作業
　　　　制管理、作業制成本方法和持續改善的話題。他們提到過採
　　　　用稱為作業動因的東西來分配費用成本。他們表示這些新方
　　　　法有助於提高製造效率、更確實地控制費用成本、進而產生
　　　　更正確的產品成本。其中一項重要的作法是去除掉不具附加
　　　　價值的作業。我們投標的價格過高或許就是因為這些公司找
　　　　到降低費用成本、提高產品成本正確性的方法。

戴查克：我質疑這種可能性。首先，我不認為還有其它方法可以提高
　　　　我們計算產品成本的正確性。此外，所有的人都必須採用某
　　　　種生產作業指標來分配費用成本。我猜想他們口中的作業動
　　　　因只是衡量產量指標的新名詞，但是內容換湯不換藥。太多
　　　　曾經流行一時的成本方法最後還是會被淘汰。我倒不擔心這
　　　　一點。我猜測銷售量降低只是暫時性的問題。你應該還記得，
　　　　十二年前我們曾經遭遇過類似的問題。但是經過兩年之後，
　　　　問題就自然消失了。

作業：

1. 你同意戴查克的看法以及他對白禮納提出的建議嗎？請解說你的理
　由。
2. 戴查克所表現出來的行為當中，是否有任何不當或違反會計人員倫
　理道德的地方？請解說你的理由。
3. 你認為戴查克擁有充份足夠的資訊——也就是說他瞭解及時製造制
　度在會計上的意義以及作業動因的意義——嗎？請參閱（第一章）
　管理會計人員道德行為標準的第一類。這些道德標準是否適用戴查
　克的情況？

第九章
策略性成本管理、生命週期成本管理
與及時製造制度

學習目標

研讀完本章內容之後,各位應當能夠:

一. 解說何謂策略性成本管理,以及如何應用策略性成本管理來輔助企
　　業創造競爭優勢。

二. 解說何謂生命週期成本管理,以及如何應用生命週期成本管理來獲
　　致產品的最大利潤。

三. 說明及時採購制度與及時製造制度的基本特色。

四. 說明及時制度對於成本追蹤與產品成本法之影響。

　　　　第八章曾經介紹過作業制成本法的基本概念。這些基本概念是透過傳統產品成本的定義來說明。作業制產品成本法可以大幅提高傳統產品成本的正確性。於是，存貨價值的評估得以改善，企業管理者（和其他資訊使用者）能夠更加瞭解產品成本，進而擬訂出更理想的決策。然而，傳統產品成本定義的價值有限，亦可能不適用特定的決策內容。舉例來說，企業必須擬訂影響長期競爭地位與獲利的決策。策略規劃與決策制定所需要的成本資訊遠遠超過傳統產品成本定義所能提供的範圍；策略分析同樣也需要關於消費者、競爭者、與政府法令規章等非成本資訊。

　　　　如此廣泛的資訊必須滿足兩項條件。首先，這些資訊應該包括企業的經營環境與企業的內部組織。其次，這些資訊必須具有預測未來的功能，因此必須提供和未來年度、未來作業等相關的訊息。由成本資料構成的價值鍊架構和價值鍊分析可以滿足第一項條件。用以支持產品生命週期分析的成本資訊則可滿足第二項條件。活用價值鍊分析可以創造組織變革，進而徹底改變成本資訊的性質和需求。及時製造制度則是能夠改變成本會計資訊系統的策略方法之一。本章將介紹策略性成本管理、生命週期成本管理、與及時製造制度。及時製造制度的應用範圍極廣，對於成本會計的影響亦相當深遠，因此尤其值得讀者細心研究。及時製造制度與策略成本管理之間的關係密切，因此作者選擇在同一個章節裡一併探討。

策略性成本管理

學習目標一

解說何謂策略性成本管理，以及如何應用策略性成本管理來輔助企業創造競爭優勢。

　　　　凡足以影響企業長期競爭地位之決策，在擬訂過程中必須清楚明白地考慮其策略內容。就企業而言，最重要的策略內容係指其長期成本與企業存續。因此，**策略性決策制定** (Strategic Decision Making) 係指在眾多可行策略中選擇出一項或一項以上的策略，以合理確保企業的長期成長與存續。達到此一目標的關鍵是獲得競爭優勢。策略性成本管理意指利用成本資料，發展出能夠產生延續性的競爭優勢。

建立與維持競爭優勢

競爭優勢 (Comparative Advantage) 是以和競爭者相同或更低的成本來建立更好的消費者認定價值，或是以比競爭者更低的成本來建立相同的消費者認定價值。**消費者認定價值** (Customer Value) 係指消費者所接受之物（消費者獲得之物）和消費者所放棄的之物（消費者犧牲之物）之間的價值差異。消費者接受的不僅止於產品所提供的基本的績效水準。事實上，消費者所接受的稱為總產品。**總產品** (Total Product) 係指消費者購買產品時所接受的有形的和無形的利益。換言之，消費者獲得之物涵蓋了產品的基本與特殊特色、服務、品質、使用說明、信譽、品牌和消費者視為重要的其它因素。消費者犧牲之物則包括了購買產品的成本、取得與學習使用產品所花費的時間與心力以及購後成本——即使用、維修和處理產品的成本。

一般而言，建立可以存續的競爭優勢之策略分為兩類：(1) 低成本策略和 (2) 差異化策略。低成本策略的目標是以比競爭者更低的成本，提供予消費者相同或更好的價值。如果我們將消費者認定價值定義為消費者獲得之物與消費者犧牲之物之間的差異，那麼低成本策略便能減少消費者的犧牲，進而提高消費者認定價值。此時，企業追求的目標是成為市場上的成本領導者。舉例來說，企業可以重新設計產品，以期減少生產產品所需的零件、降低生產成本與購後維修產品的成本。

另一方面，差異化策略的用意在於藉由增加消費者接受的內容（即「消費者獲得之物」），來提高消費者認定價值。企業提供予消費者其他競爭者所未提供的內容，以期建立競爭優勢。換言之，企業必須創造和競爭者有所區隔的產品特色。產品差異可以見諸功能、外觀、或者樣式。舉例來說，電腦零售商可以提供到府維修服務，此一服務可能正是當地市場上的競爭同業所欠缺的特色。或者餅乾業者可以製造動物形狀的餅乾，在外觀上和傳統的餅乾區隔開來。然而，所謂的價值必須表現於消費者認定為重要的差異。此外，企業藉由差異化所提供予消費者的附加價值必須超過提供差異的成本。如果消費者認同產品的差異，且提供差異的成本超過提供附加價值的成本，企業便能

成功地建立競爭優勢。

價值鍊架構、連結與作業

如欲追求成本領導地位和差異化策略，企業管理者必須熟知有助於達成目標的作業內容，亦即對於*產業價值鍊*有所瞭解。所謂**產業價值鍊** (Industrial Value Chain) 係指自基本原料的加工到最終消費者棄置完成品的過程中，所從事的一連串創造價值的活動。**圖** 9-1 舉例說明了石油產業可能發生的產業價值鍊。實務上，許多石油業者不太可能——將來亦如此——從事所有的價值鍊活動。從圖中我們可以發現，不同的企業會參與不同的價值鍊活動。大多數規模較大的業者如 Exxon、Phillips、和 Mobile 等參與的活動自探勘油田到開設加油站等均一手包辦（如**圖** 9-1 的甲公司）。然而即便是這些石油鉅子仍然需要向其它生產者購買石油，同樣也會出售石油給其它同業所開設的加油站。再者，許多石油業者專精於價值鍊中的特定活動，像是探勘油田、生產原油或者是提鍊各種油品和配銷油品等（如**圖** 9-2 的乙公司和丙公司）。此外，為了創造與維持競爭優勢，企業必須徹底瞭解所屬產業的完整價值鍊，而不宜僅僅踽限於其所參與的部份活動。

因此，企業如欲成功地施行成本領導與差異化策略，必須能夠將價值鍊分解成為策略上相關的活動族群。建立價值鍊架構是瞭解企業重要策略活動的關鍵步驟。價值鍊架構的基本精神在於強調企業內部與外部的各項活動之間，存在著交互相關的複雜關連。一般而言，價值鍊架構當中有兩種不容忽略的重要連結：*內部連結*與*外部連結*。所謂**內部連結** (Internal Linkages) 係指企業所從屬的價值鍊中的各項活動之間的連結。另一方面，**外部連結** (External Linkages) 則說明了企業和其供應商與消費者所共同完成的各項活動之間的連結。外部連結又可細分為兩類：*供應商連結 (Supplier Linkages)* 與*消費者連結 (Customer Linkages)*。

為了進一步瞭解企業的內部連結與外部連結，我們必須找出企業所從事的活動內容，然後挑選出能夠創造（或維持）競爭優勢的活動

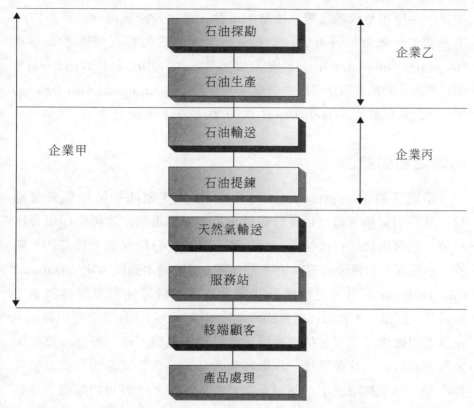

圖 9-1

石油產業之價值鍊

結構性作業	結構性成本動因
興建廠房	廠房數目、規模、集中化程度
建立管理結構	管理風格與哲學
員工分組	工作單位的數目與類型
複雜性	產品線數目、獨立製程的數目、獨立零件的數量
垂直整合	購買力、銷售力
選擇並使用製程技術	製程技術的類別
步驟性作業	步驟性(執行性)成本動因
使用員工	參與程度
提供品質	品質管理方法
提供廠房規劃	廠房規劃效率
設計與生產產品	產品工程
提供產能	產能利用

圖 9-2

組織作業與動因

項目。選擇創造或維持競爭優勢的活動，必須先瞭解每一項活動的成本與價值。就策略分析的目的而言，企業的活動可以分為*組織活動* (Organizational Activities) 與*作業活動* (Operational Activities)，而這些活動的成本則分別是由*組織成本動因* (Organizational Cost Drivers) 與*作業成本動因* (Operational Cost Drivers) 所決定。

組織活動與動因

組織活動 (Organizational Activities) 決定組織的結構與營業過程。常見的組織活動包括建設廠房、設計廠房規劃、選擇與採用管理結構、選擇與採用科技技術、垂直整合、員工分組（劃分為部門、職能、小組等）、保障品質與使用人力等。**組織成本動因** (Organizational Cost Drivers) 係指決定組織長期成本結構的結構性與步驟性因素。換言之，組織成本動因在所有的降低成本策略中扮演極為重要的角色。常見的組織成本動因包括作業廠房的數目、規模、集中程度、廠房佈置類型和效率、管理型態、作業技術種類、品質管理方法和員工參與程度等。在某些情況下（甚至是常見的情況下），特定的組織作業具備了一個以上的動因。舉例來說，建造廠房的成本會受到廠房規模、工廠數目和集中程度等因素的影響。致力於追求集中化的企業可能會建造較大型的廠房，以期涵蓋範圍更廣的地理區域，以收控制之效。同樣地，產品複雜程度可能會受到不同產品的數目、特殊製程的數目、和特殊零件的數目等因素的影響。

組織作業分為兩類：*結構性* (Structural) 與*步驟性* (Procedural) [或稱*執行性*(Executional)]。**結構性作業**決定組織的經濟結構。**步驟性作業**（或稱**執行性作業**）則定義組織的步驟，因此和組織成功運作的能力直接相關。組織成本動因亦可根據上述分類方式，區別為：*結構性成本動因* (Structural Cost Drivers) 和*步驟性成本動因* (Procedural Cost Drivers)。圖 9-2 列舉出幾種常見的結構性作業、結構性成本動因、步驟性作業和步驟性成本動因。試以員工分工與人力使用為例說明之。員工分工的方式與使用人力的多寡會影響組織的長期成本結構。再者，組織是否能夠成功運作的能力須視人力使用情形而定。員工參與程度降低的時候，人力使用成本會隨之提高。員工參與係指文化、

參與程度與對持續改善目標的認同等。

作業活動與動因

作業活動 (Operational Activities) 係指組織決定了結構與步驟之後，所產生的例行活動。常見的作業活動包括零件進料的收受與檢查、移動物料、運送產品、測試新產品和設定機器設備等。**作業成本動因** (Operational Cost Drivers) 係指促使作業活動成本發生的因素。常見的作業成本動因計有零件數量、移動次數、產品數量、消費者訂單數量、和退回產品數量等。讀者應該可以聯想得到，作業活動與動因應為作業制成本法的核心。**圖** 9-3 列出了常見的作業活動與作業成本動因。

結構性作業與步驟性作業可闡釋組織所執行的每日例行活動之數量與性質。舉例來說，假設組織決定利用特定設備生產一種以上的產品，那麼此一結構性決定將會需要重新安排生產計畫、也就是說將會牽涉到產品水準作業。同樣地，廠房規劃（通常屬於批次水準作業）則闡述物料處理作業的性質與範圍。此外，雖然組織活動可以定義作

單位水準作業	單位水準動因
沖壓零件	沖壓機器小時
組裝零件	組裝人工小時
鑽孔	鑽孔機器小時
使用物料	物料重量
使用電力	仟瓦小時
批次水準作業	批次水準動因
設定設備	設定次數
移動批次	移動次數
檢查批次	檢查小時
重製產品	瑕疵品數量
產品水準作業	產品水準動因
重新設計產品	變更訂單份數
外包	遲送訂單份數
安排生產排程	不同產品數目
測試產品	步驟數目

圖 9-3

執行性作業與動因

圖 9-4

組織性與執行性作業之
關係

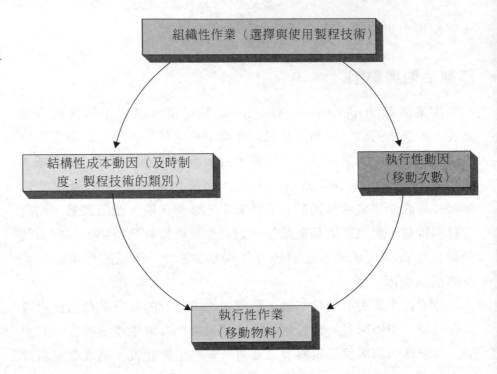

業活動，但是作業活動與動因的分析亦可作為策略性組織活動與動因
的選擇參考。舉例來說，當我們知道移動次數可以作為物料處理作業
的使用情形的衡量指標的時候，或可嘗試驗證重新規劃廠房以減少移
動次數時是否能夠減少資源的使用。作業活動、組織活動、作業成本
動因、與組織成本動因之間彼此交互相關。**圖 9-4** 便一一說明了這
些關係的內容。

價值鍊分析

　　價值鍊分析 (Value Chain Analysis) 係指找出促使企業達成成
本領導策略或差異化策略（無論是哪一項策略，均能建立持續性的競
爭優勢）的內部與外部連結的分析。想要找出上述內部與外部的連結，
便需要分析成本與其它非財務因素隨著不同作業改變的情形。舉例來
說，企業會視需要改變組織結構與步驟，以便因應新的挑戰、善用新
的契機。此時，企業便可能需要新的方法以求新求變。此外，如果企
業強調的是成本領導地位，那麼如何妥善有效地管理組織成本動因與

作業成本動因以期創造降低成本的長期結果遂成為價值鍊分析的重要環節。當然，此一目標的意義代表著企業必須比競爭者更有效地控制成本動因（進而創造競爭優勢）。

探索內部連結

　　健全的策略成本管理必須考量企業身處的價值鍊〔稱為*內部價值鍊 (Internal Value Chain)*〕。**圖 9-5** 說明了組織的內部價值鍊活動。我們必須找出生產之前與之後的活動內容，以及其間的關連。探索內部連結係指瞭解活動之間的關係，藉以降低成本、提高價值。舉例來說，產品設計與開發活動發生於生產之前，且與生產活動有關。產品的設計會影響生產成本。然而如欲瞭解產品設計如何影響生產成本，則需找出適當的成本動因。因此，想要瞭解與探索內部連結，就必須瞭解活動的成本動因。如果設計工程師知道零件數目是各種生產活動的成本動因（例如物料使用、直接人工使用、檢查、物料處理和採購等活動可能會受到零件數目的影響），則或可重新設計產品、減少所需零件數目，進而降低生產成本。日本的錄放影機製造商便曾利

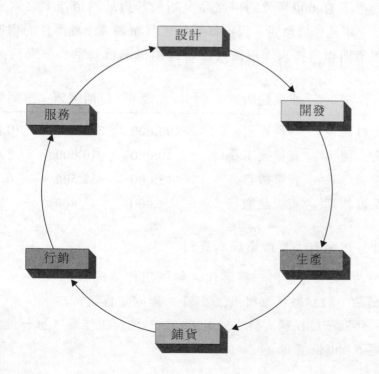

圖 9-5

企業內部之價值鍊分析

用此一特性，減少了錄放影機所使用的百分之五十 (50%) 的零件。這項發生於一九七七年至一九八四年間的改變使得錄放影機的價格從 $1,300 銳減至 $298 的超低水準。

設計活動也和企業價值鍊當中的服務活動具有一定的關連。生產產品所使用的零件數目較少，則產品出現瑕疵的可能性較低，於是產品保證（此乃重要的消費者服務）的相關成本也會隨之降低。再者，由於產品所使用的零件數目較少，因此產品保證的修理成本應該也會隨之減少。

內部連結分析：量化釋例

為了讓讀者更具體地瞭解內部連結的概念，謹以量化數據解說之。假設某家公司生產多項高科技醫療產品。其中，甲產品使用二十種零件。設計工程師曾被告知，零件數目是重要的作業動因（作業成本動因），減少零件數目有助於減少公司對於價值鍊當中其它下游作業的需求。根據此一訊息，設計工程部門便將甲產品重新組合成只需要八種零件。公司希望將節省下來的成本全數反映至售價上。目前，公司已經生產了 10,000 單位的甲產品。新設計對於四道作業之需求的影響如下。舉凡作業產能、目前作業需求（根據二十種零件的構形為基準）和預期作業需求（根據八種零件的構形為基準）分別為：

作業	作業動因	產能	目前需求	預期需求
物料使用	零件數目	200,000	200,000	80,000
人工使用	直接人工小時	10,000	10,000	5,000
採購	訂單數目	15,000	12,500	6,500
保證修理	瑕疵品數目	1,000	800	500

此外，另有下列作業成本資料：

物料使用：$3/ 每使用一個零件；無固定作業成本。

人工使用：$12/ 每一直接人工小時；無固定作業成本。

採購：共有三位採購人員；$30,000/ 每一位員工年薪；每一位員工可以處理 5,000 份訂單；

變動作業成本：$0.50/每處理一份訂單，包括表格、郵資等。

保證：二家修理人員，每一位年薪為$28,000；每一位修理人員每一年可以修500單位；變動作業成本：$20/每修理一單位。

　　根據上述資訊與成本資料，則重新設計產品或可節省的費用列示於**圖9-6**。個別作業的成本習性會影響我們是否能夠充份確實掌握新設計所可能帶來的改變。如果我們能夠掌握作業之間的關連以及作業需求的改變，則能瞭解不同設計策略的成本。值得注意的是，資源使用模式在價值鍊分析當中扮演極為重要的角色。目前的採購作業提供15,000單位的作業產能——每一位採購人員可以提供5,000單位的產能。（產能是根據訂單數量來衡量——**圖9-7**列出此項作業的階梯式成本習性。）目前生產規模下，尚有2,500單位(15,000 - 12,500)的未使用作業產能。重新設計產品之後，此項作業的需求將自12,500單位減少至6,500單位。換言之，未使用產能將會增為8,500單位(15,000 - 6,500)。如此一來，管理階層便可在使用之前，減少資源的支出。由於此項作業產能是以每次5000單位而取得，因此可以減少$30,000的資源支出（即一位採購人員的薪資）。再者，由於需求減少，取得此項資源所需的變動支出也會隨之減少($0.50 × 6,000)。同樣的分析亦可適用於保證作業。作業制成本模式以及對於作業成本習性的瞭解，堪稱策略性成本管理的重要環節。

物料使用	$360,000[a]
人工使用	60,000[b]
採購	33,000[c]
保證修理	34,000[d]
總計	487,000
產量	10,000
單位節省成本	$48.70

[a] (200,000 - 80,000) $3
[b] (10,000 - 5,000) $12
[c] [$30,000 + $0.50 (12,500 - 6,500)]
[d] [$28,000 + $20 (800-500)]

圖9-6

開發內部連結以降低成本

圖 9-7

分段式成本習性採購作業

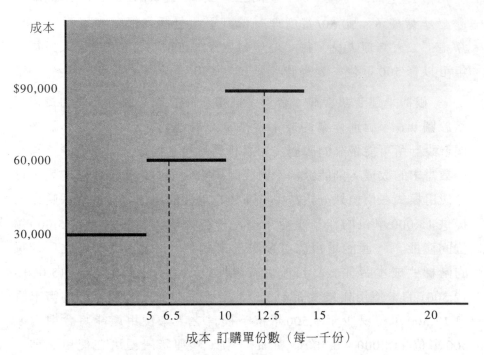

注意事項：粗體數字代表產品重新設計工程之前與之後的數據（12.5 是之前，6.5 是之後）。

前例當中的分析其實是基於工程設計作業的資源支出不變的假設。換言之，探索此項關連並不需要任何成本。然而現在假設我們必須增加 $50,000 的資源支出以便探索工程設計和價值鍊當中下游作業的關連。即便如此，以 $50,000 的資源支出換來 $487,000 的成本節省仍為正確且恰當的的決定。增加某一項作業的支出而節省另一項作業的成本，其實正是策略成本分析的基本原理之一。

探索外部連結

每一家公司都有自己專屬的價值鍊，如**圖 9-1** 所示。然而每一家公司也都身處範圍更廣的價值鍊當中——也就是所謂的產業價值鍊。此一產業價值鍊系統同樣涵蓋了賣主和買主所從事的價值鍊活動。沒有任何一家企業能夠大膽地忽略本身的價值鍊和供應商以及消費者之間的連結。探索企業外部連結意味著妥善有效地管理這些外部連結，使得企業本身和外部關係人都能同時受惠。

　　供應商提供投入給企業，因此對於使用者的成本領導與差異化策略具有攸關影響。舉例來說，假設一家公司採行全面品質控制方法來達成差異化與降低全面品質成本的目標。**全面品質控制** (Total Quality Control) 係指嚴格管理品質，要求達到生產零缺點產品的方法。如此一來，減少產品瑕疵便能降低品管作業的總成本。然而如欲達到零缺點的狀態，企業必須仰賴供應商提供零缺點的零件。一旦掌握此一原則，企業即可和供應商密切合作，以便確保供應商提供的零件能夠符合要求。美國企業 AlliedSignal 便深刻體認此一原則，而研擬出標準的「供應商合約」，要求供應商承諾每一年都應降低百分之六的成本，亦即間接督促供應商減少瑕疵零件。AlliedSignal 和位於美國墨西哥州愛森納多市的 Baja Oriente 簽訂供應商合約，由後者提供鋁片給前者位於墨西哥州附近的卡車裝配廠。這兩家公司之間的合作關係強調供應商和採購者之間互相依存、互信、互惠的關係。然而就在這兩家公司簽訂長期合約之後，鋁價意外地攀升了近百分之五十 (50%)。原料價格的飆漲，加上成品的價格未見起色，原可能導致 Baja Oriente 關門大吉。然而由於 AlliedSignal 適時地將訂單金額由 $500,000 提高至 $6,000,000，使得 Baja Oriente 能夠降低單位固定成本，最後總算化險為夷。

　　同樣地，消費者對於企業的成本與差異化地位也具有重要影響。舉例來說，企業在產能閒置的情況下，以特別的低價將品質中等的產品賣給零售商的作法可能會威脅到產品的主要通路。原因何在？因為將產品直接賣給零售商無異成為原有經過正常通路的中間經銷商的競爭者。正常通路的潛在消費者可能會轉向零售商，以較低的價格取得同樣的品質。如果中間經銷商獲悉此一作法時會有何種反應？此一作法對於企業所生產的品質中等產品差異化策略又會有何影響？事實上，企業透過非正常通路低價促銷的作法所造成的長期損失可能遠大於短期的利益。

外部連結分析：量化釋例

　　以實例來說明，可能會讓讀者更加瞭解外部連結的重要性。假設湯普森公司為十一家主要消費者生產精密零件，並採行作業制成本制

度來分配產品的製造成本。湯普森公司是以製造成本加上訂單完成成
本之後,再外加百分之二十(包括行政成本和利潤)做為售價。訂單
完成成本總數為 $606,000,目前是根據銷售量的比例來進行分配(以
售出零件數量為衡量指標)。在十一家主要消費者當中,其中一家佔
了營業額的百分之五十 (50%),其它十家的採購量大致相等,合佔
剩餘的百分之五十 (50%) 之營業額。這十一家消費者的相關作業如
下:

	主要消費者	小型消費者
採購數量	500,000	500,000
訂單份數	2	200
製造成本	$3,000,000	$3,000,000
分配的訂單完成成本 *	$303,000	$303,000
每單位訂購成本	$0.606	$0.606

*訂單完成產能是以每梯次 45 單位,每梯次成本 $40,400 的方式取得;變動訂單完成
成本則為 $2,000/ 每份訂單。作業產能是 225 份訂單;因此,總訂單完成成本應為 [(5
× $40,400) + ($2,000 × 202)] = $606,000。此一總數再根據採購的單位數量來進
行分配;換言之,主要消費者會分配到一半的訂單完成成本。

現在假設主要消費者抱怨價格過高,並威脅表示可能抽掉訂單。
主要消費者表示,湯普森公司的競爭者所提出的單價比湯普森公司少
了 $0.50。湯普森公司相信作業制成本制度所分配的製造成本正確無
誤,因此接下來便著手調查訂單完成成本,結果發現處理訂單數目比
售出零件數目更適合用來作為成本動因。因此,如果改以訂單數目來
衡量作業需求的話,則應以每一份訂單 $3,000 的比率($606,000/202
份訂單)來分配訂購成本。換言之,湯普森公司每一年向主要消費者
多收取了 $297,000,約為每單位超收了 $0.59 ($297,000/500,000)。
事實上,如果再考慮外加百分之二十 (20%) 的部份的話,其實湯普
森公司已經向主要消費者超收了每單位 $0.71 (12 × $0.59)。根據此
一結果,湯普森公司的管理階層立即決定降低主要消費者的單價至少
達 $0.50 的水準。

如此一來,對主要消費者來說,外部連結分析的好處之一是修正

價格。事實上，湯普森公司能夠得以保住一半的營業額，也是同樣受惠。另一方面，湯普森公司卻不得不面對向其它小型消費者宣佈調漲價格的困難任務。事實上，外部連結分析的目的並不僅止於正確分配成本與公平訂價。找出正確的成本動因（處理的訂單份數）可以反映出訂單完成作業和消費者行為之間的關連。金額較小、次數頻繁的訂單會增加湯普森公司的成本，湯普森公司再利用銷售量比例的方式把這些成本反應至所有的消費者身上。由於售價是總成本外加百分之二十 (20%)，因此實際向消費者收取的價格又更偏高。減少訂單數目有助於湯普森公司降低訂單完成成本。掌握此一原則之後，湯普森公司可以針對金額較大的訂單提供價格上的優惠。舉例來說，如果小型消費者訂單的金額增加一倍的話，則可減少百分之五十 (50%) 的訂單份數，進而節省下 \$280,000 [(2 × \$40,400) + (100 × \$2,000)]，如此一來甚至可以不需要調高小型消費者的價格。當然，除此之外，仍有許多連結必須同時一併考慮。金額較大、次數較不頻繁的訂單也能減少對於其它內部作業的需求，例如設備設定和物料處理等。這些作業的需求減少，可以節省更多的成本，促使湯普森公司更具降價實力，進而提高市場競爭能力。換言之，探索消費者連結能令買主和賣主收到互惠之效。

外部連結與其它策略性見解

　　前文當中的釋例說明了如何管理外部連結，以期創造重大利益。企業必須瞭解完整的價值體系，而非侷限於自身身處的狹小格局。有效的策略性成本管理必須具備外部的宏觀觀點。企業若忽略供應商與消費者之間的關係，便難有長期的競爭優勢可言。企業必須瞭解它在產業價值鍊當中的相對位置。企業如能確實掌握整體價值體系當中每一階段的經濟優勢與關係，相信必能獲致重要的策略見解。舉例來說，瞭解不同階段的收益與成本可以協助企業決定向前或向後整合，以便提高整體經濟效益。此外，供應商與消費者的力量也是企業探索外部連結的重要指標。藉由企業本身在所處價值鍊當中的獲利和供應商或消費者的獲利做一比較，便可得知供應商或消費者的力量。舉例來說，假設一家獨立的石油公司每一加侖的汽油獲利是 \$0.15，而另一家連

鎖加油站的獲利（不爲石油公司所有）則是每一加侖 $0.05。則我們可以推算出此一產業價值鍊的下游獲利佔整體價值鍊體系的百分之二十五 (25%)，而上游則佔整體價值鍊體系的百分之七十五 (75%)。相對於石油公司來說，消費者（也就是加油站）的力量較爲薄弱。此外，若加油站的投資報酬率較高的話，則或可考慮向前整合的可行性。

生命週期成本管理

學習目標二

解說何謂生命週期成本管理，以及如何應用生命週期成本管理來獲致產品的最大利潤。

策略性成本管理強調外部宏觀觀點的重要，強調企業必須同時掌握與瞭解內部與外部連結。生命週期成本管理便是一種類似的方法，目的在於建立概念性的架構，協助管理階層瞭解與掌握內部與外部連結。爲了說明何謂生命週期成本管理，首先介紹的是產品生命週期概念。

產品生命週期觀點

簡單地說，**產品生命週期** (Product Life Cycle) 是指產品存在——從概念形成到棄置——的時間。產品生命週期通指一種產品類別——例如汽車，但亦可專指特定的形式——例如廂形車，或者特定的品牌或車款——例如克萊斯勒的 Neon 車款。同樣地，如果我們以「購買」取代「概念形成」，則可獲得產品生命週期的消費者導向定義。生產者導向的定義係指特定類別、形式或品牌的生命，而消費者導向的定義則指產品特定單位的生命。我們可以從創造利潤生命和可供消費生命來進一步探討這些生產者導向與消費者導向的定義內涵。**創造利潤生命** (Benefit-producing Life) 代表著產品爲企業創造利潤的時間。當產品賣出第一個單位的時候，就開始了它的創造利潤生命。另一方面，**可供消費生命** (Consumable Life) 則代表著產品滿足消費者需求的時間。很顯然地，生產者最關心的是產品的創造利潤生命，而消費者最關心的則是產品的可供消費生命。然而隨著時代的演變，生產者愈來愈重視產品的可供消費生命，以期做爲有利的競爭工具。

行銷觀點

　　產品或服務的生產者往往從兩種觀點來看待產品生命週期：行銷觀點與生產觀點。行銷觀點涉及產品經過特定的生命週期階段的一般銷售模式。**圖** 9-8 是以行銷觀點來描述產品生命週期的一般模式。圖中區隔出幾個特定的階段，分別為引進、成長、成熟與下降。**引進階段** (Introduction Stage) 代表著產品生產之前的起始作業，此一階段的重點是取得市場的落腳地點。從圖中可以看出，生產之前的期間銷售量為零，然後隨著進入市場的時間增加，銷售量也隨之緩慢成長。**成長階段** (Growth Stage) 係指銷售成長率遞增的期間。**成熟階段** (Maturity Stage) 係指銷售成長率遞減的期間。然後受到成熟階段的成長率逐漸下滑的影響，成長率由正轉負，則為**衰退階段** (Decline Stage)。由此可知，產品到了成熟階段，便逐漸失去市場的接受程度，銷售量開始下滑。

生產觀點

　　產品生命週期的生產觀點係藉由生產者所從事的作業類型之改變——研發作業、生產作業與後勤作業，來定義生命週期的各個階段。

銷貨數量

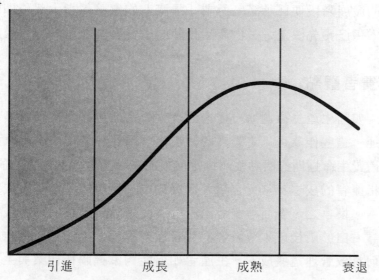

引進　　　　成長　　　　成熟　　　　衰退

圖 9-8

產品生命週期的一般模式：行銷觀點

圖 9-9

產品生命週期：生產觀點

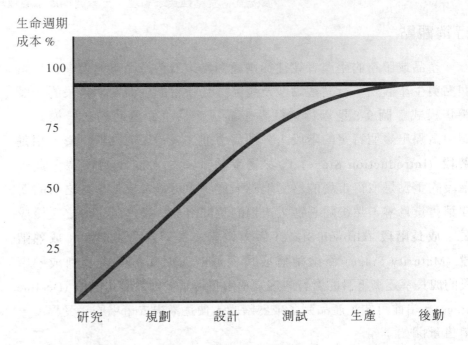

生產觀點強調生命週期成本，然而行銷觀點強調的卻是銷售利潤行為。**生命週期成本** (Life Cycle Cost) 涵蓋了產品生命週期內所有的相關成本，其中包括研究（產品概念的成形）、發展（規劃、設計、與測試）、生產（加工作業）、與後勤支援（廣告、鋪貨、保證、消費者服務、產品服務等）。**圖 9-9** 說明了產品生命週期及其相關成本承諾曲線。值得注意的是，高達百分之九十的相關成本是在產品生命週期的發展階段便已承諾。所謂「承諾」的意義係指大部份即將發生的成本係已預先決定——由產品設計的本質與設計所需的步驟所決定。

消費者觀點

　　如同生產生命週期一樣，消費生命週期也和作業內容具有一定的關連。這些作業可以定義為四個階段：購買、使用、維護、處理。可供消費生命週期的觀點強調特定價格的產品績效。此處所謂的「價格」係指擁有的成本，常可包括：購買成本、使用成本、維護成本與處理成本。換言之，全面消費者滿意度會受到購買價格與購後成本的雙重影響。由於購後成本會影響消費者滿意程度，因此生產者也格外關切如何有效管理這些成本。生產者如何能夠掌握購後作業與生產者作業

之間的關係，遂成為產品生命週期成本管理的重要課題。

互動觀點

上述三種生命週期觀點均有助於產品與服務的生產者瞭解生命週期的意涵。事實上，任何生產者均不能夠忽略或偏重任何一種觀點。完整的生命週期成本管理計畫必須注意各種觀點的存在與差異，因而產生了生命週期成本管理中整合的、完整的定義。**生命週期成本管理** (Life Cycle Cost Management) 包括引起產品設計、開發、生產、行銷、鋪貨、使用、維護、服務與處理等的行為，以達到生命週期利潤最大化的目標。生命週期利潤最大化意指生產者必須瞭解與強調上述三種生命週期觀點之間的交互關係。一旦瞭解這些關係之後，才能採取適當行動、提高收益，並降低成本。

生命週期觀點之間的關係

行銷觀點強調產品在生命週期期間內的銷售模式，屬於 *利潤導向觀點 (Revenue-oriented Viewpoint)*。生產觀點強調用以開發、生產、行銷、與服務產品所需的內部作業。生產階段的存在是為了支援行銷階段的銷售目標。此一銷售支援需要資源支出；因此，生產生命週期可以解釋為 *費用導向觀點 (Expense-oriented Viewpoint)*。消費生命週期關切的是產品績效與價格（包括購後成本）。企業創造收益與使用資源的水準均與產品績效和價格有關。生產者必須兼顧消費者接受的內容與消費者放棄的內容。因此，消費生命週期亦可解釋為 *消費者認定價值導向觀點 (Customer-value Oriented Viewpoint)*。**圖 9-10** 說明了三種觀點的各個階段之間的關係。**圖 9-10** 當中，直的欄位是行銷觀點的各個階段，橫列代表的是其它兩種觀點。其它兩種觀點係根據屬性的內容分類，亦即生產生命週期的費用與消費生命週期的消費者認定價值。市場競爭與消費者類型列於消費者認定價值之內，因為這兩項因素都會影響生產者提供消費者認定價值的方法。

圖 9-10 列舉的是常見的三種觀點的交互關係，但實務上會因產品的性質與生產者所處的產業而有所不同。三種觀點之間的關係可由

圖 9-10

產品生命週期觀念之典
型關係

行銷產品生命週期：				
屬性	引進	成長	成熟	衰退
銷售	低	快速成長	緩慢成長 銷貨數量 達到高峰	下滑

生產產品生命週期：				
屬性	引進	成長	成熟	衰退
費用：				
產品研發	高	普通	普通	低
製程研發	普通	高	普通	低
工廠與設備	低至普通	高	普通	低
廣告	普通至高	高	普通	低
服務	低	普通	高	低

消費者產品生命週期：				
屬性	引進	成長	成熟	衰退
消費者認定價值：				
消費者類型	創新者	大眾市場	大眾市場，差異化	落後市場
績效敏感度	高	高	高	普通
價格敏感度	低	普通	高	普通
競爭	無	成長	高	低
屬性	引進	成長	成熟	衰退
利潤	可能仍有虧損	高峰水準	普通至高	低

縱面（即由上而下）或由橫面（即由左而右）來剖析。謹以引進階段
為例，如果我們由縱面來看，由於研發與行銷費用相當地高，因此可
以預期將會有損失發生，或者即使沒有損失，利潤仍然非常有限。此
一階段的消費者是第一批購買、願意冒險、願意嘗試新事物的消費者，
因此稱為創新者。這些消費者通常比較在乎新產品的績效，對於價格
較不敏感。此一事實，再加上市場上缺乏競爭者，因此可以容許新產
品有較高的價格。如果進入市場的門檻較高，則高價的現象仍可維持
一段時間。然而隨著橫列的競爭趨烈，消費者的價格敏感度提高，此
時生產者必須藉助不斷的研發與差異化策略，方能維持競爭優勢。

提高收益

　　創造收益的方法取決於行銷生命週期階段與消費者認定價值效果。舉例來說，定價策略會隨著不同的階段而有所調整。在引進階段，由於顧客對於價格較不敏感，對於產品績效較有興趣，因此生產者可以訂定較高的價格。

　　到了成熟階段，消費者對於產品價格與績效同樣重視。此時，增加產品特色、提高產品耐用年限，簡化產品維護需求、提供量身訂做產品等均不失為理想的因應策略。就成熟階段而言，產品差異化是相當重要的關鍵。生產者如欲提高收益，勢必要讓消費者願意支付差價，以利生產者改善產品績效。再者，此一差價必須超過生產者提升新產品屬性所將發生的成本。到了下降階段，生產者可以藉由開發產品的新用途與新消費者來提高收益。著名的例子就是製造商 Arm & Hammer's 成功地宣導利用傳統烘焙用的蘇打粉來吸除冰箱異味的新用途。

降低成本

　　降低成本——而非控制成本——是生命週期成本管理的重要課題。降低成本策略應該明白地指出，在生產生命週期的早期階段可以採取哪些行動來降低後續的生產與消費階段的成本。由於產品生命週期成本的百分之九十 (90%) 甚至更高比例的部份是在開發階段便已預先決定，因此我們必須強調早期階段的作業管理。根據研究指出，生產之前的階段所支出的每一塊錢可以省下生產與生產後作業——包括消費者維護、修理、與處理成本——的八到十塊錢。顯然地，許多降低成本的機會發生在生產開始之前。經理必須投注更多的心力瞭解生產之前的資源與資產，投注更多的資源在產品生命週期的早期階段，以期降低生產、行銷與購後成本。

　　產品設計與製程設計可以從幾方面提供降低成本的機會：(1) 能夠降低製造成本的設計，(2) 能夠降低後勤服務成本的設計，以及 (3) 能夠降低購後成本——包括消費者投入維護、修理、與處理的時間——的設計。如欲成功地採行這些方法，管理者必須充份確實地瞭解作業內容、成本動因以及作業之間的互動情形。須知，製造作業、後勤

作業、與購後作業之間並非獨立存在，這些作業之間彼此交互相關。某些設計可能降低購後成本，但會增加製造成本。某些設計則可能同時降低生產、後勤與購後成本。舉例來說，當今的電腦往往因為需要自行添購配備（例如麥克風、音效卡、印表機和高解析螢幕等）而履履造成消費者不便。微軟公司的產品設計者在設計新的視窗九五軟體的時候，便以電腦能夠自動偵測與設定這些附加配備為目標之一。微軟公司深切體認短期內消費者不便所浪費的時間與金錢（估計消費者每打一通電話要求技術支援的成本為 $25 至 $50 的水準），長期來看更會導致喪失市場與成長減緩的威脅。

降低成本：釋例

傳統成本制度往往不會提供支援生命週期成本管理所需的資訊。傳統成本制度強調採用單位基礎成本動因來解釋成本習性，強調生產作業、忽略後勤與購後作業，並在研發成本與其它製造成本發生的時候才予以認列。傳統成本制度並不蒐集產品生命週期內所發生成本的完整歷史。更重要的是，以一般公認會計原則為主的成本制度無法滿足生命週期成本方法的要求。然而作業制成本卻能夠提供作業的相關資訊，其中當然包括了生產之前與生產之後的作業內容，及其個別的成本動因。

為了說明瞭解作業資訊的重要性，謹以生產工業電動工具的製造商格雷公司為例。格雷公司目前採用傳統的單位基礎成本制度，假設所有的加工成本動因均為直接人工小時。受到市場競爭力量變化的影響，格雷公司的管理階層要求設計工程師開發新產品與新製程的設計，以降低現有產品的製造成本（預定進行設計改善的產品目前正準備進入行銷生命週期的最後成長階段）。如果製造成本的動因並非直接人工小時，則重新設計的動作將可能得到預期以外的成本。舉例來說，假設工程師正在針對其中一項電動工具進行兩種新的產品設計。這兩種設計都能夠降低直接物料與直接人工的需求。在傳統成本制度與作業制成本制度下，這兩種設計對於製造作業、後勤作業與購後作業的預期影響分述如後。

成本習性

單位基礎制度：

　變動加工作業比率：$40/每一直接人工小時

　物料使用比率：$8/每一個零件

作業制成本制度：

　人工使用：$10/每一直接人工小時

　物料使用（直接物料）：$8/每一個零件

　機器：$28/每一機器小時

　採購作業：$60/每一份訂單

　設定作業：$1,000/每一設定小時

　保證作業：$200/每一退回單位（通常需要範圍極廣的重製作業）

　消費者修理成本：$10/每一修理小時

作業與資源資訊（年度估計）

	設計 A	設計 B
產出單位	10,000	10,000
直接物料使用	100,000 零件	60,000 零件
人工使用	50,000 小時	80,000 小時
機器小時	25,000	20,000
採購訂單	300	200
設定小時	200	100
退回單位	400	75
修理時間（消費者）	800	150

　　圖 9-11 進一步說明傳統單位基礎成本制度與作業制成本制度下，每一種設計的成本分析資料。單位基礎制度僅採用製造成本來計算單位產品成本。傳統分析的結果顯示設計 A 是較好的選擇。於是，格雷公司傾向選擇設計 A，放棄設計 B。然而作業制成本分析的結果卻大異其趣。相較於設計 A，設計 B 同時降低了製造作業、後勤作業和購後作業的成本。如果不計算購後成本，則設計 B 每一年可以節省 $331,000。此外，雖然相較之下購後成本的金額並不足為道，然而對於面

圖 9-11

成本分析競爭產品設計

一、傳統成本制度	設計甲	設計乙
直接物料 [a]	$800,000	$480,000
加工成本 [b]	2,000,000	3,200,000
總製造成本	$2,800,000	$3,680,000
產量	10,000	10,000
單位成本	$280	$368

[a] $8 × 100,000; $8 × 60,000
[b] $40 × 50,000; $40 × 80,000

二、作業制成本制度	設計甲	設計乙
直接物料	$ 800,000	$ 480,000
直接人工 [a]	500,000	800,000
機器生產 [b]	700,000	560,000
採購 [c]	18,000	12,000
設定 [c]	200,000	100,000
保證 [c]	80,000	15,000
總產品成本	$2,298,000	$1,967,000
產量	10,000	10,000
單位成本	$230	$197
購後成本	$8,000	$1,500

[a] $10 × 50,000; $10 × 80,000
[b] $28 × 25,000; $28 × 20,000
[c] $60 × 300; $60 × 200;etc.

臨激烈競爭的企業而言，仍然是不可忽略的節流之道。值得注意的是，設計 A 的每單位消費者修理小時是 0.08 (800/10,000)，設計 B 的每單位消費者修理小時卻只有 0.015 (150/10,000)。此一數據顯示出，設計 B 的服務能力優於設計 A；換言之，設計 B 能夠提供更多的消費者認定價值。

目標成本方法的角色

　　目標成本 (Target Cost) 係指為達預定市場佔有率所訂定的售價與期望單位利潤之間的差異。如果目標成本低於目前可以實現的價格，則管理階層擬定降低成本的預算可以讓實際成本趨近目標成本。實務上可以從實際成本與目前的目標成本做一比較，得知降低成本策略的成效。舉例來說，假設某產品的目前售價是 $20，市場佔有率為百分之二十四 (24%)。行銷經理指出，售價降至 $17 可以將市場佔有率從百分之二十四 (24%) 提高至百分之三十六 (36%)。這項產品目前的利潤是每單位 $4。公司的總經理指示必須維持每單位 $4 的水準。因此，如果可以維持目前的單位利潤，亦可提高市場佔有率，則可提高總利潤。再者，提高市場佔有率可以鞏固企業的長期競爭地位。目標價格 $14 與單位目標利潤 $4 隱含著目標成本。目標成本的計算過程如下：

　　　　目標成本 = $17 - $4 = $13

　　假設目前生產產品的單位成本是 $15。於是，為了達成目標成本與預期利潤的降低成本則為 $2 ($15 - $13)。為了實現目標成本，管理階層必須藉助公正的作業分析與管理來達成降低成本的長程目標。

　　由於生命週期成本管理強調降低成本，目標成本方法遂成為建立降低成本目標的有利工具。以日本豐田汽車為例，豐田汽車將目標利潤比率乘上目標銷售量，求出新車款的生命週期目標利潤。然後再將預估成本自目標銷售額中扣除，計算出預估利潤。此時，目標利潤通常會大於預估利潤。降低成本的目標係由目標利潤與估計利潤之間的差異來定義。豐田汽車於是藉由設計更好的新車款來尋找降低成本的可能機會。豐田汽車的管理階層相信，產品規劃階段中降低成本的機會多於實際開發與生產階段。

短程生命週期

　　生命週期成本管理是所有的製造業所不容忽視的課題，然而其對於產品生命週期較短的業者而言卻是格外重要。產品必須涵蓋所有生

　　命週期成本，提供可以接受的利潤。如果企業的產品生命週期較長，則或可藉由重新設計、改變價格、降低成本與改變產品組合等行動來提高利潤績效。相反地，如果企業的產品生命週期較短，往往沒有足夠的時間採取上述行動，因此必須另謀更加靈敏的方法。因此，生命週期較短的產品必須具備良好的生命週期規劃，其價格必須涵蓋所有的生命週期成本，並且提供可觀的報酬。作業制成本法可以用來輔助達成良好的生命週期規劃。企業必須謹慎地選擇成本動因的方式，方能鼓勵設計工程師選擇成本最小的設計。

及時製造制度與及時採購制度

　　及時製造制度與及時採購制度適足以說明管理者如何利用前面章節介紹過的策略概念來帶領組織內部的重大變革。施行及時制度的企業為達成降低成本策略，必須重新定義組織內部執行的結構性作業與步驟性作業。降低成本有助於達成成本領導策略或差異化策略。降低成本與成本領導具有直接關連。成功的差異化策略取決於企業是否能夠提供更多的價值；然而附加的價值必須低於提供此一價值的成本。及時制度可以藉由減少浪費來提高價值。成功地施行及時制度可以帶來重大的改善，例如改善品質、提高獲利、降低等待時間、大幅減少存貨、縮減設定時間、降低製造成本、和提高生產比率等。舉例來說，奧瑞岡切割系統公司專門生產（電鋸用）鋸片、伐木機、和定位設備。在不到五年的期間內，奧瑞岡公司成功地降低了百分之八十 (80%)的瑕疵品，減廢達百分之五十 (50%)，設定時間也由原先的小時縮減至分鐘（每沖壓一次的設定時間由三小時縮減至 4.5 分鐘），等待時間由二十一天縮短為三天，製造成本也降低了百分之三十五 (35%)。下列企業也紛紛施行及時制度：

沃爾商場 WalMart	克萊斯勒汽車 Chrysler	英代爾 Intel
惠普公司 Hewlett-Packard	西屋 Westinghouse	福特汽車 Ford
摩托羅拉 Motorola	玩具反斗城 Toy"R"Us	震旦行 Xerox
通用電子 General Electric	美國電子電報公司 AT&T	
通用汽車 General Motors	哈雷機車 Harley Davidson	

　　採行及時製造制度會對成本管理會計制度的性質產生重大影響。採行及時製造制度會影響成本的可追蹤性、提高產品成本方法的正確性、減少服務中心成本分配的需要、改變直接人工成本的習性與相對重要性、影響分批成本與分步成本制度、減少對於標準與變異分析的依賴以及降低存貨追蹤制度的重要性。為了深入瞭解這些影響，我們先要瞭解何謂及時製造制度，以及及時製造制度與傳統製造制度有何不同。

　　及時製造制度屬於需求牽引制度。**及時製造制度** (JIT Manufacturing) 的目標是減少浪費，在需要的時候才生產產品，而且只生產消費者所需要的數量。需求牽引產品，通過一道又一道的製造過程。每一道作業都只生產滿足下一道作業需求的內容與數量。除非後面的製程傳達出需要製造的訊息，否則不會提前動作。零件與物料在需要用於生產的時候才會及時送達。及時製造制度假設除了直接物料成本之外，其它所有的成本都是由時間與空間動因所驅動。及時製造制度強調藉由壓縮時間與空間的方式，來減少浪費情形。

存貨影響　(Inventory Effects)

　　及時製造制度的精神在於確實掌握消費者連結。其中，生產又與消費者需求關係密切。此一連結會往價值鍊的上游延伸，進而影響生產者與供應商之間的關係。**及時採購制度** (JIT Purchasing) 在有生產需求的時候才要求供應商將零件與物料送達。換言之，供應商連結便顯得格外重要。成功地掌握這些關連有助於降低存貨水準。傳統的推動製造制度恰恰與此相反。傳統製造制度中，物料的供應和零件的生產均以滿足消費者需求和交貨日期為準則。然而在傳統製造制度中，反應緩慢、延遲是常見的問題，並且往往因此造成製成品存貨堆積如山（不然，消費者必須花費很長的時間等待生產者生產與遞送需要的產品）。推動製造制度需要保留製成品存貨，以因應產量不敷需求的窘境。於是，推動製造制度往往必須生產出比及時製造制度多出數倍的製成品存貨。

　　傳統上，企業必須保留原物料與零件存貨，以便取得價格優惠，

並預防未來漲價的風險。此舉目的在於降低存貨成本。及時製造制度的目的相同，但是卻不保留任何存貨。及時製造制度藉由謹慎選擇距離生產工廠最近的供應商，與其簽訂長期合約，鼓勵供應商廣泛參與等方式，來鞏固供應商連結。供應商的選擇並非侷限於價格上的考量。績效——原料的品質與準時送達的能力——以及對於及時採購制度的認同都是重要的考量。企業與供應商之間努力建立事業夥伴互惠互利的健全關係。供應商必須相信，其自身的利益和買主的利益息息相關。

　　為了降低對供應商需求的不確定性、進而建立互信，採行及時採購制度的企業強調簽訂長期合約的方式。長期合約的好處不限於此。長期合約可以刺激價格，確保可以接受的品質水準。長期合約亦可大幅降低訂單的數量，有助於縮減訂購與收料成本。長期合約的另一項好處是降低零件與物料的成本——通常較傳統制度少了百分之五到二十 (5%-20%)。此外，為了開發更為緊密的供應商關係，企業往往會大幅削減供應商的家數。舉例來說，位於美國阿拉巴馬州溫斯市的賓士汽車工廠，便由原先的一千家供應商當中篩選了其中一百家做為長期合作的對象，因而節省下大筆的金錢與時間。為了取得每年降價百分之五 (5%)的優惠價格，賓士汽車改以提供長期合約做為交換條件（賓士汽車的其它工廠則仍採每年議價換約的方式）。如此一來，供應商也樂於配合賓士汽車的需求，訂製特殊的零件。到了最後，賓士汽車和供應商都得以降低成本。供應商也同樣受惠。長期合約可以確保穩定的產品需求。供應商的家數變少意味著每一家供應商的訂購量相對提高。換言之，買賣雙方都能因此受益，而這也正是瞭解並掌握外部連結的常見結果。

　　藉由減少供應商家數，並與其緊密合作的方式，企業得以大幅改善購入物料的品質——及時制度的重要特色。隨著購入物料的品質不斷提升，許多與品質相關的成本便得以避免或降低。舉例來說，企業或可不再需要進料檢驗作業，重製的必要性亦或可大幅降低。

廠房規劃 (Plant Layout)

　　廠房規劃的型式與效率是及時製造制度所重視的另一項作業成本

動因。（參見圖 9-2，複習作業性成本動因的內容。）在傳統的分批與分步製造環境當中，產品的移動是由一組相同的機器移至另一組相同的機器。功能相同的機器設備放置在相同的地點或區域，稱為*部門 (Department)* 或 *製程(Process)*。熟悉特定機器的操作人員會安排在同一部門。換言之，傳統製造環境當中的執行性成本動因就是部門結構。及時製造制度將傳統的廠房規劃取代成為製造中心的型式。及時製造制度的執行性成本動因是製造中心結構，因因此一結構有助於提高組織成功「執行」作業的能力。前文當中曾經介紹過的奧瑞岡切割公司之所以能夠成功地降低等待時間和製造成本，便是直接源自於製造中心結構的好處。製造中心的設計需要的空間較少，因此也會影響結構性作業——例如工廠規模和工廠數目等。前文當中的奧瑞岡切割公司便削減了百分之四十 (40%) 的空間需求。空間的節省可以降低建造新廠房的需求，或在確實需要建造新廠房的時候，亦能有效運用空間。

　　製造中心 (Manufacturing Cells) 包含群聚的機器設備，這些機器設備通常是以半圓形的方式放置，如此一來便可循序執行不同的作業內容。每一個製造中心均可生產特定的產品或特定的產品群。產品依序經過每一台機器，直到完工為止。操作人員會被分配到特定的製造中心，接受訓練以期能夠操作中心內的所有機器。換言之，及時製造制度講求的是多技能，而非專精於特定一項技術。每一個製造中心基本上就是一座小型的迷你工廠；事實上，製造中心常被稱為*工廠內的工廠 (Factory Within a Factory)*。圖 9-12針對傳統廠房規劃與及時製造制度的廠房規劃進行了比較。

員工分工 (Grouping of Employees)

　　採行及時制度與傳統制度的組織在結構上的另一項重要差異是員工的分工方式。誠如前文所述，每一個製造中心都可視為一座小型的迷你工廠；因此，每一個製造中心都必須能夠提供迅速便捷的服務。換言之，集中式的服務部門必須拆開重組，直接與製造中心密切配合。以原料為例，製造中心設置多處地點，將原料放置在靠近即將使用的

圖 9-12

廠房規劃類型：傳統制度與及時制度

傳統制度下的廠房規劃

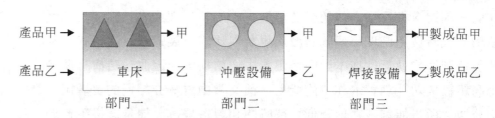

每一個產品都會經過專門負責某一製程的部門。每一個部門則處理多樣的產品。

及時制度下的廠房規劃

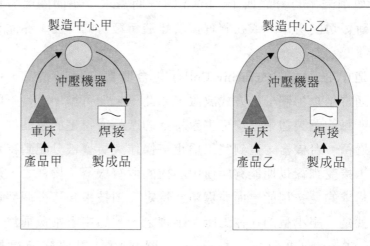

值得注意的是，每一個產品都只經過所屬的製造中心。所有需要用以處理該項產品的機器都設在製造中心內。每一個製造中心都會負責專門生產一項產品或零組件。

地方。如此一來，製造中心便不需要集中的存放地點，也就意味著製造中心可以完成更具效率的生產作業。每一個製造中心可以分配一位採購人員，專門處理物料作業。同樣地，每一個製造中心也可以分配製造工程師或品質工程師等服務人員各司專職。

其它的後勤服務則可訓練製造中心的操作人員來獨立完成。舉例來說，除了直接生產工作之外，製造中心的操作人員亦可執行設定工作，自行移動中心內每一個部門的製成品，進行預防性的維護和簡易

的修理工作，進行品檢以及安全門禁等工作。根據需求進行生產意味著生產工人（前文當中稱為直接人工）可以擁有「自由的」時間。這些非生產時間便可用於執行其它後勤作業。

員工授權　(Employee Empowerment)

　　傳統製造制度與及時製造制度的另一項步驟性的重要差異在於企業允許員工參與組織管理的程度。從及時製造制度的觀點來看，提高員工參與（執行性成本動因）可以提高生產力與整體成本效率。製造中心的操作人員可以發表意見，談論工廠應該如何經營等等話題。舉例來說，操作人員可以停止生產，以便適時找出問題、解決問題。企業鼓勵員工投入心力與時間，以改善生產過程。操作人員往往可以參與新員工的面談與僱用，其中甚至擴及他們未來的主管。此舉原因何在？如果「氣氛對了」，生產線的效率就會更高，而且更好。

　　屬於步驟性作業的員工授權同樣會對其它結構性與步驟性作業造成影響。企業的管理結構必須適時調整，以擴大員工參與的程度。如此一來，員工感受到更大的責任，企業對於管理人員的需求降低，組織亦會逐漸呈現扁平化的現象。扁平化的組織可以提高資訊交換的速度和品質。採行及時制度的企業所需要的管理模式也會隨之改變。身處及時製造環境的管理者必須將早先的監督管理逐漸轉移重心至協調溝通。管理者扮演的角色是開發人力資源，造就員工提供具有附加價值的貢獻。

全面品質控制　(Total Quality Control)

　　及時製造制度非常強調品質的管理。品質不良的低價零件極可能會造成生產上莫大的損失。在沒有保留存貨的製造環境裡，是不容許任何劣等品出現的。簡單地說，如果沒有全面品質控制 (TQC, Total Quality Control)，就沒有及時製造制度。全面品質控制代表著不斷追求完美的品質：致力於無瑕疵的產品設計與製造過程。及時製造制度管理品質的方法和傳統教條大不相同，稱為**可接受的品質水準**

圖 9-13

及時製造與採購方法和
傳統製造與採購方法之
比較

及時制度	傳統制度
1. 拉動制度	1. 推動制度
2. 存貨不多	2. 存貨很多
3. 供應商不多	3. 供應商很多
4. 長期供應合約	4. 短期供應合約
5. 製造中心結構	5. 部門別結構
6. 多技能人工	6. 專業技能人工
7. 分散式服務	7. 集中式服務
8. 員工參與程度高	8. 員工參與程度低
9. 自治管理風格	9. 監督管理風格
10. 全面品質控制	10. 可以接受的品質水準
11. 買方市場	11. 賣方市場
12. 強調價值鍊	12. 強調附加價值

(Acceptable Quality Level)。可接受的品質水準允許瑕疵的產生，
惟瑕疵的產生不得超過預定水準。

　　圖 9-13 歸納出及時製造制度與傳統製造制度的主要差異。這些
差異將在稍後介紹及時製造制度對成本管理的意涵時再行討論。

及時製造制度與自動化 (JIT and Automation)

　　將複雜的製造過程予以自動化需要相當昂貴的代價。簡化產品設
計與製造過程則能讓自動化成本發揮可觀的效益。一旦採行及時製造
制度之後，企業往往能夠體認自動化的價值。因此，在實務上不難見
到企業在採行及時製造制度之後，緊接著便又引進先進的製造技術。
企業期望藉由自動化來提高產能、效率，改善品質與服務、縮減作業
時間，進而增加產出。自動化可以分為三種層次：獨立設備、自動化
製造中心、以及高度整合工廠。

　　自動化的第一個層次以**電腦計算控制** (CNC, Computer-numerically
controlled) 機器為代表，這些是由電腦所控制、獨立運作的機器。
製造中心可以進一步地採用這一類的機器，將電腦控制機器與自動化
物料處理設備整合在一起。自動化製造中心的特殊例子稱為**彈性製造
系統** (FMS, Flexible Manufacturing Systems)。彈性製造中心係指
利用機器人和其它透過電腦控制的自動化設備，從頭到尾一貫化地生

產一組產品群。彈性製造制度的優點在於只要改變簡單的設定,便能夠改變生產的產品內容。一座工廠內可以同時設有數個製造中心。最後的一個層次稱為**電腦整合製造系統** (CIM, Computer-integrated Manufacturing Systems)。電腦整合製造系統能將電腦輔助設計、電腦輔助工程、電腦輔助製造等制度確實整合。在電腦整合製造制度當中,所有的自動化元件均透過一個中央控制資訊系統連結在一起。利用電腦輔助設計制度改變的設計,能夠透過電腦輔助工程與電腦輔助製造制度自動地重新設定機器。

及時製造制度及其對於成本管理制度之影響

前文當中曾經介紹過許多及時製造制度在結構性作業與步驟性作業上的種種改變。事實上,及時製造制度也會改變傳統成本管理方法。成本會計制度與作業控制制度都會受到及時製造制度的影響。一般而言,組織的變革可以簡化成本管理會計制度,同時亦能提高成本資訊的正確性。

學習目標五

說明及時製造制度對於成本追蹤與產品成本方法的影響。

費用成本的可追蹤性

成本制度分配個別產品成本的方法有三,分別為:直接追蹤、動因追蹤、與分攤。這三種方法當中,以直接追蹤最為正確;因此,也較常為企業所採用。在及時製造環境當中,許多利用動因追蹤或分攤方法分配至產品的費用成本事實上均可直接歸屬於產品本身。及時製造制度的製造中心制度、多技能人工與分權式服務作業等都是改變成本追蹤的重要因素。

在部門別的組織結構裡,許多不同的產品可能都必須經過某一部門(例如研磨)的特定製程的加工處理。完成某一製程之後,產品便移至不同的部門(例如組裝、印刷等),進行其它特定製程的加工處理。雖然一項產品往往需要經過一道以上的不同製程,但是同一道製程卻往往也適用數項產品。舉例來說,某公司可能有三十種不同的產品都需要經過研磨的製程。由於同一個部門處理的產品不止一項,因此該部門的成本必須利用作業動因或分攤等方式分配至所有經過該部

門加工處理的產品。然而在製造中心的結構裡，每一項產品的生產都需要經過該製造中心的所有製程。換言之，操作該製造中心的成本便可利用直接追蹤的方式分配至經過該製造中心的產品中。（當然如果製造中心生產的是一群產品，則仍然必須藉助動因和分攤才能分配成本。）

　　舉例來說，之前放置在其它部門的設備重新放置在製造中心，可能專門用於生產特定的單一產品。如此一來，折舊便可直接歸為產品成本。多技能人工與分散式服務也具有同樣效果。製造中心的操作人員會施以訓練，以便自行設定、維護與操作設備。此外，製造中心的操作人員能將部份製成品自一台機器移至另一台機器，亦可執行維護、設定、與物料處理作業。這些後勤功能原本是由所有產品線當中不同組別的人工所執行。再者，具備專業技能的人員（例如工業工程師與生產排程人員等）會直接分配至製造中心工作。如此一來，許多後勤成本便可利用直接追蹤的方式分配至產品中。**圖 9-14** 比較了在傳統製造環境中某些成本項目處於及時製造環境（假設為單一產品的製造中心）當中的可追蹤性。利用三種成本分配方法為比較基礎。

圖 9-14

產品成本分配：傳統制度與及時制度

製造成本	傳統環境	及時制度環境
直接人工	直接追蹤	直接追蹤
直接物料	直接追蹤	直接追蹤
物料處理	動因追蹤	直接追蹤
修理與維護	動因追蹤	直接追蹤
電力	動因追蹤	直接追蹤
營業耗材	動因追蹤	直接追蹤
管理（部門）	分攤	直接追蹤
保險與稅賦	分攤	分攤
工廠折舊	分攤	分攤
設備折舊	動因追蹤	直接追蹤
保管服務	分攤	直接追蹤
自助餐服務	動因追蹤	動因追蹤

產品成本法

　　增加可直接歸因的成本，便能提高產品成本法的正確性。可以直接追蹤的成本（通常是經由實際觀察得知）往往可以視為屬於產品的成本。然而其它的成本屬於數項產品的共同成本，因此必須利用作業動因與分攤等分式來分配至各該項產品。基於成本效益和簡便的考量，企業可能會採用與費用作業消費的關係較不緊密的作業動因。及時製造制度將許多共同成本轉換成可直接追蹤成本，因而避免了此一困擾。然而值得注意的是，這些變革背後的動力並非源於成本管理制度本身，而是在於及時製造制度所帶來的結構性與步驟性作業。作業制成本法有效地大幅提升產品成本方法的正確性，而及時製造制度則能提供更多、更大的改善。

　　圖 9-14 顯示出及時製造制度並未將所有的成本均轉換為可以直接追蹤的成本。在及時製造制度當中，仍有許多費用作業屬於各個製造中心的共同成本。這些後勤作業多半屬於設備水準作業。在及時製造制度當中，批量大小恰好就是一單位產品。因此，所有的批次水準作業均可轉會成單位水準作業。此外，許多批次水準作業得以減少或消除。舉例來說，由於製造中心將部門結構變為製造中心結構，因而得以大幅減少物料處理作業。同樣地，單一產品的製造中心不再需要設定作業。即使就生產一群產品群的製造中心而言，設定時間也會大幅縮減。此外，由於後勤作業分散至各個製造中心，產品水準作業對於其作業動因的需求也會隨之減少。那麼讀者或許會問，採行及時製造制度的企業是否需要作業制成本方法？

　　及時製造制度不再仰賴作業制成本方法來追蹤個別產品的製造成本，然而事實上作業制成本制度的應用遠遠超過追蹤產品的製造成本。就許多策略性與戰術性決策而言，產品成本定義必須涵蓋非製造成本。舉例來說，價值鍊與作業性產品成本方法對於策略性成本方法分析與生命週期成本管理而言，都是不可或缺的寶貴工具。同樣地，涵蓋購後成本的產品成本定義也能提供企業決策者不同的思考角度。換言之，瞭解一般行政總務、研究、發展、行銷、消費者服務、購後作業內容及其相關成本，是健全的成本分析必備的要件。前文當中的奧瑞岡切

割公司在一九九〇年指派了一隻特殊的跨部門專案小組來研究施行作業制成本制度的可行性。該專案小組必須負責找出組織服務作業（具有附加價值的作業，而非製造作業）的成本動因，目的在於藉由對於作業內容及其動因的瞭解來達到可與製造作業比擬的效率水準。最後值得一提的是，當代成本管理制度的目標非僅止於計算產品成本。須知，成本動因在降低成本、控制成本與評估績效等等層面同樣扮演著重要的角色。

及時制度對分批成本制度與分步成本制度之影響

在分批成本制度當中施行及時製造制度的時候，企業應將例行性的重覆工作和特殊訂單區分開來。接下來，企業可以著手建立製造中心，負責執行例行性的重覆工作。就產品需求未達產能的製造中心而言，可以將不同的機器放置在同一製造中心，以便生產需要相同製造流程的產品群或零件群。

經過重新安排製造流程之後，企業便不再需要分批制度來累積產品成本。取而代之地，企業可以改採製造中心來累積成本。此外，由於批次的數量大幅減少（因為在製品存貨與製成品存貨減少之故），一批工作建立一次工作訂單的方式不再切合實際。受到及時製造制度緊縮時間與空間的特色所影響（到最後，幾乎不需要任何的設定時間和製造中心結構），產品的等待時間縮短，追蹤經過製造中心的每一件產品變得困難許多。基本上，分批制度已經帶有分步成本制度的色彩。

及時製造制度簡化了分步成本方法。及時製造制度的主要特色之一是減少存貨。假設及時製造制度成功地減少在製品存貨（以奧瑞岡公司為例，就節省了百分之八十五 (85%) 的在製品存貨），此時不再需要計算約當產量。我們只須蒐集特定期間內製造中心的成本，再將此一成本除以各該期間內的產出單位即可求得產品的單位成本。

沖轉成本法

　　及時製造制度亦能簡化製造成本流程的會計處理。在存貨少的情況下，企業或將不再需要動用資源來追蹤所有存貨帳目的成本流程。傳統會計制度設有每一個部門的在製品帳目，以便追蹤製造成本。然而及時製造制度並未設置部門，十四天的等待時間縮減為四小時（舉例而言），企業不再需要勞師動眾地追蹤製造中心內每一站的成本。畢竟如果生產週期時間是以分鐘或小時計，而且產品完工之後便立即送出的話，那麼每一天所有的製造成本都會流入銷貨成本帳目。瞭解此一特性之後，我們便可著手簡化製造成本流程的會計處理方法。此一簡化方法稱為**沖轉成本法** (Backflush Costing)，也就是利用認列點來決定製造成本應該分配至主要存貨帳目或者是臨時帳目。改變認列點的數目和地點會產生沖轉成本法的變數。雖然沖轉成本法的變數不止一個，此處僅就改變認列點的地點的兩個變數加以探討。認列點係指「引發」會計制度認列特定製造成本的事件。

一般說明

　　沖轉成本法並未設置單獨的物料帳目和在製品帳目。取而代之地，沖轉成本法僅設置單一帳目，即原料與在製品帳目 (RIP, Raw Material and in Process)。原料與在製品帳目僅用於追蹤原料成本。在沖轉成本法的兩種變數影響之下，第一個認列點是原料的採購。當及時製造制度購買物料的時候，就立即送往製造中心進行加工處理。因此，毋須設置個別的存貨帳目來記錄物料的採購。沖轉成本法的第二項特色是將直接人工與費用合而為一。對於採行及時製造制度與自動化的企業而言，不再設置傳統的直接人工成本科目。多技能人工交互執行設定作業、機器裝置作業、維護作業、與物料處理作業等。隨著人工的技能增加，單獨追蹤與報告直接人工的可能性不復存在。於是，沖轉成本法通常將直接人工成本與費用成本統籌納入稱為*加工成本控制* (Conversion Cost Control) 的臨時帳目中。加工成本控制帳目採取借記實際加工成本，貸記已分配加工成本的方式來處理。實際加工成本與已分配加工成本之間的差異則轉為銷貨成本。沖轉成本法的第

一個變數當中，產品的完成引發用以生產產品（第二個認列點）的製造成本的認列動作。此時，借記製成品，貸記加工成本控制，即可求出已分配加工成本；借記製成品，貸記原物料與在製品，則可求出物料成本。換言之，製造成本在產品完工之後，便「沖逐」出成本會計制度。

在沖轉成本方法的第二個變數當中，第二個認列點定義為產品售出的時間，而非產品完成的時間。就此一變數而言，製造成本是在產品出售的時候，才「沖逐」出成本會計制度。換言之，加工成本的分配與物料成本的移轉係採借記銷貨成本，分別貸記加工成本控制和物料與在製品的方式處理。

釋例：沖轉成本方法與傳統成本流動會計處理

為了進一步說明沖轉成本方法，並比較沖轉成本法與傳統成本法之異同，假設採行及時製造制度的某公司在六月份的時候發生下列交易：

1. 帳上買進原料 $160,000。
2. 所有收入的物料都移做生產之用。
3. 實際直接人工成本為 $25,000。
4. 實際費用成本為 $225,000。
5. 已分配之加工成本為 $235,000。
6. 所有的工作均在當月完成。
7. 所有完成的產品均已售出。
8. 已經求出實際成本與已分配成本之間的差異。

圖 9-15 分別列出沖轉成本方法的第一項變數與傳統成本方法的分類帳。

沖轉成本方法第二項變數的第六筆和第七筆交易分別如下：

銷貨成本	395,000
加工成本控制	235,000
原料與在製品	160,000

圖 9-15

成本流動：傳統制度與及時制度之比較

交易	傳統分類帳		沖轉分類帳	
1. 採購原料。	物料　　　　160,000		原料與在製品　160,000	
	應付帳款	160,000	應付帳款	160,000
2. 發料給生產部門。	在製品　　　160,000		無登錄	
	物料	160,000		
3. 發生直接人工成本。	在製品薪資　25,000		與費用結合：參見下一分類帳目	
	薪資	25,000		
4. 發生費用成本。	費用統制帳目　225,000		加工成本統制帳目　250,000	
	應付帳款	225,000	薪資	25,000
			應付帳款	225,000
5. 分配費用。	在製品　　　210,000		無登錄	
	費用統制帳目	210,000		
6. 完成產品。	製成品　　　395,000		製成品　　　395,000	
	在製品	395,000	原物料與在製品	160,000
			加工成本統制帳目	235,000
7. 出售產品。	銷貨成本　　395,000		銷貨成本　　395,000	
	製成品	395,000	製成品	395,000
8. 認列變數。	銷貨成本　　15,000		銷貨成本　　15,000	
	費用統制帳目	15,000	加工成本統制帳目	15,000

結 語

　　策略性成本管理的目標在於取得競爭優勢，以期確保企業的存續。不同的策略會產生不同的因應作業內容。藉由分配作業成本的方式，可以瞭解不同策略的成本。策略成本分析的基礎有賴於對組織與操作性作業及其相關成本動因之瞭解與掌握。瞭解企業內部的價值鍊及其所處的產業價值鍊，是策略分析的成功關鍵。成功的價值鍊分析必須找出企業內部與外部的種種連結。

　　生命週期成本管理與策略性成本分析息息相關；事實上，生命週期成本管理亦可稱為策略性成本分析的一種。生命週期成本管理應從三個生命週期觀點來加以探討：行銷觀點、生產觀點、與可供消費生命觀點。瞭解這三種觀點的互動關係，有助於管理者創造生命週期的最大利潤。

　　及時採購制度與及時製造制度提供了一套與傳統組織完全不同的結構性作業與步驟性作業。及時制度的組織結構與傳統制度的組織結構之間的差異足以說明，妥善地管理組織

作業和成本動因的類型可以創造、維持企業的競爭優勢。及時製造制度亦能影響成本管理制度，改變成本的可追蹤性、提高產品成本的正確性、進而提出較為簡化的成本會計制度。

習題與解答

假設某家公司的作業內容與相關成本習性如下：

作業	成本習性
人工	$10/ 每一直接人工小時
設定	變動：$100/ 每一次設定
	階梯式固定成本：$30,000/ 每一梯次，一梯次 = 十次設定
收料	階梯式固定成本：$40,000/ 每一梯次，一梯次 =2,000 小時

具備階梯式成本習性的作業目前都為現有產品所充份利用。換言之，增加任何新產品都將增加這些作業的資源支出。

目前有一項新產品正在考慮兩種設計：設計一和設計二。兩種設計的資訊分述如下（新產品將會生產 1,000 單位）：

成本動因	設計一	設計二
直接人工小時	3,000	2,000
設定次數	10	20
收料小時	2,000	4,000

公司最近決定利用直接人工小時為動因，導出製造成本的成本公式。公式當中的 $R^2 = 0.60$，公式內容如下：

$$Y = \$150,000 + \$20X$$

作業：

1. 假設設計工程人員被告知製造成本的動因只有直接人工小時（以直接人工成本公式為依據）。請計算出每一項設計的成本。根據單位基礎成本假設，哪一項設計會雀屏中選？

2. 現在請利用所有的動因和作業資訊，計算每一項設計的成本。哪一項設計會雀屏中選？採用較爲完整的作業資訊是否還有另外的含意？

3. 請考慮下列說法：「策略成本分析應該探討內部連結。」試問，這句話代表何意？請利用第 1 題和第 2 題的答案說明之。

4. 考慮題目中的兩項設計的時候，還有哪些其它資訊可供參考？並請一一說明之。

---

1. 設計一：$20 × 3,000 = $60,000

　　設計二：$20 × 2,000 = $40,000

　　單位基礎分析的結果會傾向選擇設計二。

解答

2.

設計一：

人工 ($10 × 3,000)	$ 30,000
設定 [(10 × $100) + (1 × $30,000)]	31,000
收料 (1 × $40,000)	40,000
總計	$101,000

設計二：

人工 ($10 × 2,000)	$ 20,000
設定 [(20 × $100) + (2 × $30,000)]	62,000
收料 (2 × $40,000)	80,000
總計	$162,000

設計一的總成本最低。然而值得注意的是，預期總製造成本的差異。就兩項設計而言，直接人工動因方法所產生的結果都比較低。此一成本差異有可能會產生訂價策略的極大差異。

3. 探討外部連結代表善用企業內部價值鍊中各項作業之間的關係。爲了瞭解與掌握內部連結，我們必須瞭解作業內容以及各項作業之間的關係。作業成本與動因都是此類分析的關鍵。僅僅採用單位基礎動因來擬定設計決策，如第一題，忽略了不同的設計對於非單位基礎作業的影響。第二題的結果顯示出兩種設計之間存在著重大的差異——相對於單位基礎分析而言。傳統成本制度無法提供完整的關

連性分析所需要的充份資訊。

4. 企業的內部價值鍊作業之間同樣具有一定的關連。換言之，我們必須瞭解產品設計的決策如何影響後勤作業，以及後勤作業又是如何影響產品設計。此外，外部連結亦有助於我們建立與維持企業長期競爭優勢。舉例來說，我們亦可設法瞭解購後作業與購後成本如何影響產品設計，以及產品設計又將如何影響購後作業與購後成本。

重要辭彙

Acceptable quality level (AQL) 可接受品質水準

Backfluch costing 沖轉成本法

Competitive advantage 競爭優勢

Computer-integrated manufacturing (CIM) system 電腦整合製造系統

Computer-numerically controlled (CNC) machines 電腦計算控制機器

Consumable life 可供消費生命

Customer value 消費者認定價值

Decline stage 衰退階段

External linkages 外部連結

Flexible manufacturing system (FMS) 彈性製造制度

FMS cell 彈性製造中心

Growth stage 成長階段

Industrial value chain 產業價值鍊

Internal linkages 內部連結

Introduction stage 引進階段

JIT manufacturing 及時製造制度

JIT purchasing 及時採購制度

Life cycle cost 生命週期成本

Life cycle cost management 生命週期成本管理

Manufacturing cell 製造中心

Maturity stage 成熟階段

Operational activities 操作性作業

Operational cost drivers 作業性成本動因

Organizational activities 組織性作業

Organizational cost drivers 組織性成本動因

Postpurchase costs 購後成本

Procedural (executional) activities 步驟性（執行性）作業

Product life cycle 產品生命週期

Revenue-producing life 創造收益生命

Strategic cost management 策略性成本管理

Strategic decision making 策略決策

Structural activities 結構性作業

Target cost 目標成本

Total product 總產品

Total quality control 全面品質控制

Value-chain analysis 價值鍊分析

問題與討論

1. 「企業最重要的策略要素就是長期成長與存續。」你是否同意上述說法？並請解說策略性成本管理在達成長期成長與存續的目標上，扮演何種角色？

2. 取得競爭優勢的意義爲何？成本管理制度在輔助達成此一目標上，扮演何種角色？

3. 何謂消費者認定價值？消費者認定價值與成本領導策略有何關係？消費者認定價值與差異化策略又有何關係？

4. 請解說何謂內部連結與外部連結。

5. 組織性作業與操作性作業分別爲何？組織性成本動因爲何？操作性成本動因爲何？

6. 結構性成本動因與執行性成本動因之間有何差異？並請各舉一個例子來解釋。

7. 何謂價值鍊分析？價值鍊分析在策略成本分析上，扮演何種角色？

8. 瞭解並掌握外部與內部連結之意義爲何？

9. 何謂產業價值鍊？並請解說爲什麼企業的策略和其所處的產業價值鍊之間互有關連。請以全面品質控制爲例，說明何以品質管理方法的成功與否取決於供應商連結。

10. 產品生命週期的生產者導向定義與消費者導向定義有何差異？

11. 產品生命週期的三種觀點爲何？這三種觀點之間有何不同？

12. 行銷生命週期的四個階段爲何？

13. 何謂生命週期成本？這些成本與生產生命週期有何關連？

14. 消費生命週期的四個階段爲何？購後成本爲何？並請解說生產者可能想要瞭解購後成本的原因。

15. 請解說生命週期觀點之間如何交互相關。

16. 請解說產品由引進階段移至成熟階段時，價格靈敏度隨之提高的原因。

17. 請說明產品生命週期的成熟階段所採行的提高收入策略。

18. 「生命週期成本的降低在生產生命週期的開發階段最易達成。」你是否同意上述說法？並請解說你的理由。

19. 請解說設計策略必須考慮生產、後勤與購後作業的原因。

20. 何謂目標成本方法？目標成本方法在生命週期成本管理上，扮演何種角色？

21. 「成功的及時製造制度必須兼顧消費者連結與供應商連結。」請解說這句話的道理。

22. 廠房規劃和效率是及時製造制度的重要執行性成本動因。請解說此一執行性成本動因如何能夠提高效率、降低成本。

23. 除了廠房規劃和效率之外，及時製造制度還會採用哪些組織性動因以取得競爭優勢？

24. 請解說及時製造制度的製造中心何以能夠提高產品成本正確性的原因。

25. 除了產品成本正確性之外，及時製造制度對於成本管理制度還有哪些影響？

個案研究

<table>
<tr><td>9-1
競爭優勢：基本概念</td></tr>
</table>

易傑森決定購買一部個人電腦。他將選擇縮減為兩項：品牌甲和品牌乙。這兩種品牌的處理速度、硬碟容量、磁碟機與光碟的規格和套裝軟體的內容完全相同。兩種品牌的信譽一向良好。售價也一模一樣。經過仔細的瞭解之後，易傑森發現，以三年為期，品牌甲的操作與維護成本是 $200，品牌乙則為 $600。品牌甲的銷售人員強調操作與維護成本低於任何其它品牌的優點。品牌乙的銷售人員則強調該產品的服務信譽，並提出電腦雜誌所刊登關於各種電腦品牌服務表現排名的文章為佐證，這篇文章當中品牌乙的服務表現排名第一。根據上述資訊，易傑森決定購買品牌乙。

作業：

1. 易傑森所購買的總產品為何？

2. 品牌甲的公司追求的是成本領導策略還是差異化策略？品牌乙呢？並解說你的理由。

3. 當易傑森被問到為什麼購買品牌乙的時候，他回答：「我認為品牌乙提供的價值多於品牌甲。」他所謂的更多的價值可能源自何處？如果易傑森的反應代表大多屬消費者的意見，那麼你會建議品牌甲如何提升市場地位？

<table>
<tr><td>9-2
動因分類</td></tr>
</table>

請就下列各項動因，分別歸類為結構性動因、執行性動因、或作業性動因。

a. 員工人數

b. 設定小時

c. 員工參與程度

d. 產能利用程度

e. 產品線數目

f. 銷貨通路數目

g. 銷貨單位數量

h. 機器小時

i. 組織內垂直水準數目

j. 生產設定數目

k. 供應商連結

l. 訂購單份數

m. 瑕疵品數量

n. 管理模式

o. 製程技術類型

p. 檢查小時

q. 廠房規劃類型與績效

r. 生產規模

s. 功能性部門數目

t. 規劃會議次數

　　麥康吉公司決定追求成本領導策略。此一決策之成型，部份原因是起於國外同業的競爭趨烈。麥康吉公司的管理階層相信，如果能夠更有效地管理公司的操作性作業，則能有效降低成本。然而提升操作性作業效率往往會帶來組織性作業的策略性變革。麥康吉公司目前採用非常傳統的製造方法。工廠是根據部門別來分類。品質管理依循傳統的可接受品質水準方法（如果一批產品的瑕疵品數量低於可以接受的水準，則該批產品可被接受。）物料的採購是取自為數眾多的供應商。麥康吉公司並維持一定數量的物料、在製品、與製成品存貨。公司生產許多不同的產品，每一項產品需要的零件不盡相同，許多零件是向供應商購買。

9-3
操作性作業與組織性作業

　　基於上面的描述，請就每一項操作性作業及其相關動因，提出哪些組織性作業（和動因）的策略性變革或可降低各該操作性作業的成本。並請解說你的理由。

操作性作業	操作性成本動因
檢查產品	檢查小時時數
移動物料	移動距離
重製產品	瑕疵品數量
設定設備	設定時間
採購零件	不同零件的數量
存放產品與物料	存放天數
發送訂單	延遲訂單份數
保證工作	售出的不良品數量

9-4
內部連結與策略性決策

　　特洛伊公司採用傳統的單位基礎成本制度。特洛伊公司位於美國巴爾的摩市的工廠生產十種不同的電子產品。每一項產品的需求大致相等。雖然產品的複雜度不一,但是使用的人工時間和物料大致相同。歷年來,這座工廠均利用直接人工小時來分配產品的費用成本。為了幫助設計工程師瞭解其中隱含的成本關係,成本會計部門導出下列成本公式(成本公式描述的是總製造成本與直接人工小時之間的關係;公式的標準差係數為 60%):

$$Y = \$5,000,000 + \$30X, \text{ 其中 } X = 直接人工小時$$

$30 的變動比率明細如下:

直接人工	$ 9
變動費用	5
直接物料	16

　　有感於競爭壓力日趨迫人,產品工程師被要求重新設計以降低製造總成本。根據上述成本關係,產品工程師重新設計了產品以期降低直接人工的比重。每完成一件設計,就終止一份工程變更訂單,然後必須經過包括設計審核、通路選擇、物料需求的更新、重新安排生產排程、試做、變更設定步驟、開發新的檢查步驟等一連串的作業。

　　經過一年的設計變更之後,直接人工的正常水準由 $250,000 小時降為 200,000 小時,生產的產品數量維持不變。雖然每一項產品使

用人工的情形不一，然而重新設計的確降低了直接人工佔全部產品的比重。平均而言，每一單位的人工比重由 1.25 小時縮減爲 1 小時。然而固定成本卻由每一年的 $5,000,000 增至 $6,600,000。

作業：

1. 請利用正常水準，計算變更設計之前每一人工小時的製造成本。試問，「平均」產品的單位成本爲何？

2. 請利用變更設計之後的正常水準，計算每一人工小時的製造成本。試問，「平均」產品的單位成本爲何？

3. 你認爲變更設計未能降低製造成本的最可能解釋爲何？你會建議特洛伊公司如何來降低成本？

> 9-5
> 外部連結與策略性決策

　　畢傑製造公司生產數種高倍數望遠鏡。這些產品是根據消費者訂單而採批次方式生產。高倍數望遠鏡的種類雖然很多，但是仍然可歸類爲三種產品群。每一個產品群的銷貨數量相等，銷貨價格則自每單位 $0.50 至 $0.80 之間不等。畢傑公司也會根據產品群的分類方式，將消費者分爲三類。以往，訂單輸入、訂單處理和物料處理等成本是公司財務上的重擔，且未直接追蹤至個別產品中。這些成本的金額爲數不小，最近一個年度甚至達到 $4,500,000。此外，這些成本仍在繼續不斷增加。最近，畢傑公司開始強調降低成本策略；然而所有的降低成本決策都必須能夠創造競爭優勢。

　　有鑑於訂單完成成本節節高升，畢傑公司的管理階層決定找出這些成本發生的原因。他們發現訂單完成成本的動因是處理消費者訂單的份數。經過進一步調查後，他們找出下列成本習性：

階梯式固定成本：$50,000/ 每一梯次；每一梯次爲 2,000 份訂單 *

變動成本：$20/ 每一份訂單

*畢傑公司目前擁有足夠的產能來處理 100,000 份訂單。

　　當年度預期消費者訂單爲 100,000 份。每一類產品群的預期訂單完成作業與訂單平均數量分示如下：

	甲產品群	乙產品群	丙產品群
訂單份數	50,000	30,000	20,000
平均訂單數量	600	1,000	1,500

根據上述成本習性分析，畢傑公司的行銷經理建議每一份訂單加收一定的費用。畢傑公司的總經理同意之後，便在每一份訂單的價格之外，再外加一定的成本（利用估計訂購成本與預期訂單來計算）。隨著訂單數量增加，此一訂購成本隨之降低；當訂單數量達到 2,000 單位的時候（行銷經理指出，當訂單數量超過此一水準時，再加收訂購成本將會造成公司失去部份小消費者的後果），則不收取任何訂購成本。當畢傑公司和供應商宣佈新的價格措施之後，很快地，三類產品群的平均訂購數量都增加至 2,000 單位。

作業：

1. 以往畢傑公司都將訂單完成成本視為費用處理。試問此一作法的最可能原因為何？

2. 請考慮下列說法：如果將訂單完成成本視為費用處理，則所有產品的成本會有低估的現象；此外，小批量訂購的產品成本低估現象尤其嚴重。請就上述說法，提出你的理由。儘可能利用計算數據來支持你的理由。

3. 請計算改變定價策略之後，所能降低的訂單完成成本（假設資源的支出已經儘可能減少，而總銷貨數量則維持不變）。並請解說瞭解與掌握消費者連結如何能夠降低成本。是否還有其它的內部作業也會受惠於此一定價策略？

4. 畢傑公司的目標之一是降低成本，以期建立競爭優勢。請解說畢傑公司的管理階層可能會如何利用此一結果來建立競爭優勢。

> **9-6**
> 內部與外部連結；策略性成本管理

愛斯頓公司生產數種不同（包括掃把在內）的清潔設備。過去幾年來，市場競爭日趨白熱化。為了維持市場佔有率，甚至提高市場佔有率，愛斯頓公司的管理階層認為必須提高產品的整體品質。此外，公司必須著手降低成本，以便進一步降低售價。經過一番調查之後，

愛斯頓公司發現許多問題可能源自於向外部供應商採購的零件的可靠度。許多組件無法發揮應有功效，因而造成產品績效不彰。近年來，愛斯頓公司不斷增加製成品的品檢作業。一旦找出問題，通常採取重製的方式以達到預期的績效。管理階層同時也增加保證範圍，於是保證作業也逐年提高。

　　愛斯頓公司的總經理柯華特和高階主管召開了一次會議，其中包括總工程師泰比爾、財務長艾胥禮和採購經理米伯德均出席了這一次的會議。這次會議的主旨在於如何提升公司的競爭地位。以下內容擷取自會議的部份對話。

柯華特：我們必須找出方法提升公司產品的品質，同時還要降低成本。泰比爾，你說你曾經在這方面做過研究。就由你開始發表研究的結果。

泰比爾：大家應該都知道，我們的品質問題很大的原因來自於外購零件的品質不良。我們有許多不同的零件，因此問題顯得更為棘手。我曾經想過，如果我們可以重新設計產品，讓產品儘可能共用相同的零件，則或許會有大幅改善。如此一來，不僅可以減少零件種類，檢查容易，保證作業的修理費用也比較便宜。我的工程師已經開始著手重新設計，希望能夠達成此一目標。

米伯德：我欣賞這樣的看法。如此一來將可大幅簡化採購作業。零件數目減少之後，我可以預見我的部門將能節省可觀的費用。因為我比較瞭解產品需要哪些零件，因此泰比爾曾經讓我看過新的設計。我也有一項建議。如果我們決定減少外購零件的數目，那麼往來的供應商家數就不需要像現在這麼多。我們應該選擇其中幾家可以配合提供我們所需要的品質要求的供應商。我已經做過一些前置作業，篩選出五家願意配合，也能夠符合我們對於品質的要求的供應商。泰比爾或許可以派幾位工程師到這些供應商的工廠實際瞭解，確定這些供應商是否真的能夠提供他們所宣稱的品質水準。

柯華特：聽起來不錯。艾胥禮，麻煩你看一下這些建議內容和預估的數據，好讓我們瞭解這個方法是否真的能夠節省下任何成本。

如果可以的話，究竟可以節省多少成本。

艾胥禮：事實上，我已經研究過這個問題了。泰比爾和米伯德都曾經
和我討論過這個方法。根據他們所提供的數據，我準備了一
份資料，其中包括了我認為會受到影響的主要作業內容。同
時，我也蒐集了部份關於這些作業成本的最新資訊。這張表
格列出目前的需求，和實施變革之後的預期需求。擁有這些
資訊之後，我們應該可以大致瞭解預期中可以節省多少成本。

資料內容

作業	成本動因	產能	目前需求	預期需求
採購零件	不同零件的數目	400	400	100
檢查產品	檢查小時	10,000	10,000	5,000
重製產品	重製數量	視需要	12,500	5,000
保證修理	瑕疵品數量	2,000	1,800	700

此外，另有下列作業成本資料：

採購零件：變動作業成本：$30/每個零件；四位採購人員，每人年
薪為 $40,000。每一位採購人員可以處理 100 份零件訂單。

檢查零件：五位檢查人員，每一位檢查人員的年薪為 $35,000。每一
位檢查人員可以完成 2,000 個檢查小時。

重製產品：變動作業成本：$25/每重製一單位（包括人工與零件）。

維修保證：四位維修人員，每人年薪為 $30,000。每位維修人員每年
可以修理 500 單位。變動作業成本：$15/每修理一單位。

作業：

1. 請利用艾胥禮所提供的資料，計算出可能節省的總成本。假設資源
的支出已經盡可能降低。

2. 請解說重新設計與供應商評估和第一題求得的成本節省有何關連。
並請討論瞭解與掌握內部與外部連結的重要性。

3. 請找出愛斯頓考慮的策略當中，涉及到的組織性作業與操作性作業。
試問，組織性作業與操作性作業之間有何關係？

　　包尼公司專為工業設備製造商生產機器零件。近幾年來，包尼公司一直持續穩定地替中小型機器製造商提供品質良好的零件。包尼公司的老闆莫麥克對於今年的年底損益表又感到相當失望。公司獲利又沒有達到預期水準。公司自從成為財富 (Fortune) 雜誌排名五百大之企業的穩定供應商之後，產能已經連續兩年達到百分之百 (100%)，但績效卻不見改善。近兩年來，包尼公司的市場佔有率逐漸成長，目前提供工業設備產業百分之四十 (40%) 的需求。莫麥克認為其中必有問題，因此向當地一家會計師事務所的會計師海布克請教。海布克同意進一步瞭解包尼公司的情況。

　　不久之後，海布克拜訪了莫麥克。他們的對話節錄於下。

海布克：莫麥克，我認為我已經找出你的問題。我認為包尼公司最大的問題在於定價——你們向主要消費者收取的價格過低。高度精密機器零件的價格遠低於你們的成本。我猜想你們的小客戶一定不斷地在流失。或許你應該重新考慮包尼公司的策略地位。相對於整個工業機具業而言，包尼公司只是其中一小部份。這家財富雜誌排名五百大的企業就佔了工業機具產業的百分之四十 (40%)。這幾年來，包尼公司已經在中小型製造商裡闖出良好的信譽，不是嗎？

莫麥克：沒錯。這幾年來，我們的消費者始終都是中小型的製造商。但是我認為和這家排名五百大的企業合作，可以讓我們有機會成為他們其中的一份子。我們認為這是擴大規模的大好機會。而且我們的確已經擴大了規模——至少我們的員工人數增加了，而且也添購了許多專業工程設備。我們公司的工程與設計成本一路攀升——這些都是為了符合這家大客戶的特殊規格所需要的資源。利潤雖然小有增加，但是遠不如我預期得好。此外，我們的確也一直在流失一些小客戶。許多小客戶抱怨他們的價格調漲。這些小客戶指出，他們喜歡我們的品質，也認為我們的地點較為方便，但是他們就是無法負擔我們要求的價格。其餘的小客戶也有同樣的抱怨，而且威脅著會另尋零件供應商。我們當然想盡辦法要留住這些小客戶——但是除非公司有所變革，否則恐怕很難做到。當然，

截至目前為止，我們失去的生意幸好都由大客戶的訂單來補足。我期望還可以接下這家大客戶的更多訂單。但是我們真的可以像你所說的，向對方要求更高的價格嗎？目前大小客戶的定價完全相同——都是全額製造成本外加百分之二十五。

海布克：我準備了一份報告，列出一季的總費用成本。這份報告詳細說明了包尼公司的主要作業內容及其相關成本。報告中也針對包尼公司對小客戶所執行的工作和對大客戶所執行的工作進行比較。我認為主要的問題出在包尼公司的會計制度沒有反應出特定的外部事件。目前的會計制度無法顯示出大客戶的作業對於包尼公司的作業和對其它小客戶的作業所產生的影響。如果你改採機器小時來分配費用成本的話，相信得到的結果一定令人相當驚訝。

莫麥克：我會請公司的財務長仔細研究一下這份報告。如果誠如你所說的，我們對大客戶要求的價格過低，那麼問題可就大了。我不確定在漲價之後，還可以保住這家大客戶的生意。畢竟他們可以選擇其它數十家和我們一樣的供應商。漲價的方式可能行不通。如果真的漲價，恐怕我們會丟掉百分之四十(40%)的生意。但是我想或許我們可以重新拿回小客戶的大部份訂單。事實上，我很肯定我們可以拿回大多數的訂單。我只是不確定是不是應該這樣做。

報告
當地會計師事務所

一、主要作業內容及其成本

作業	總作業成本	成本習性 *
設定	$209,000	變動
工程	151,200	階梯式固定，每一梯次 = 105 小時
數位控制程式	130,400	變動
機器生產	100,000	變動
重製	101,400	變動
檢查	23,000	階梯式固定，每一梯次 =230 小時
銷售支援	80,000	階梯式固定，每一梯次 =23 份訂單
	$795,000	

* 成本習性係依循個別成本動因的定義。列出的成本係指當季該項作業的總成本。換言之，就階梯式固定成本而言，其作業成本包括該項作業所使用的所有梯次。每一梯次的成本則為總成本除以使用的梯次數目。

二、工作內容

使用資源	小客戶	「財富」排名 500 大客戶
設定小時	3	10
工程小時	2	6
程式小時	1	8
瑕疵品數量	20	10
檢查小時	2	2
機器小時	2,000	200
主要成本	$14,000	$1,600
其它資料：		
工作數量	1,000 零件	100 零件
每季工作（訂單）	15	100
費用比率	$14.30/ 機器小時	$14.30/ 機器小時

注意事項：所有的作業在當季均已充份利用（沒有未利用產能）。

作業：

1. 在沒有計算之前，試解說包尼公司不賺錢的原因。請探討瞭解作業內容、作業成本與消費者連結等，對於決策者的策略性思考有何助益。請就海布克認為包尼公司目前的會計制度無法反映出外部事件的觀察，提出你的見解與評論。為了克服此一缺點（如果為真的話），應該採取哪些變革？

2. 請計算包尼公司目前向每一類客戶收取的價格（利用機器小時來分配費用成本）。

3. 假設包尼公司改採作業制成本方法，請計算包尼公司應向每一類客戶收取的價格。會計師的看法是否正確？大客戶的價格是否低於生產這些零件的成本？如果將銷售支援作業分配至各項工作的話，對於上述結果有何影響？（請利用訂單——亦即工作做為成本動因）。

4. 請計算目前包尼公司的每季利潤。如果包尼公司只賣零件給小客戶（小客戶策略），並請計算可以賺得的利潤。針對第二份損益表，請採用作業制成本法來分配成本。針對第二份損益表，大客戶的訂單由十家小客戶所取代。這十家小客戶的特質和目前向包尼公司購買零件的十五家小客戶一樣。假設任何降低資源支出與使用的機會都會反映在與小客戶策略相關的利潤上。同樣地，只有作業使用成本會分配到各項工作中。任何未使用的作業成本在損益表上會另外註明。銷售支援視為當季費用處理。

5. 你會建議哪些策略上的改變？在提出建議之前，請先考量包尼公司的價值鍊架構。

> **9-8**
> **產品生命週期**

以下列出與產品生命週期觀點相關的敘述。請就每一項敘述，辨別其屬於行銷觀點、生產觀點、或是消費者觀點。如果可能的話，指出內容當中符合特定觀點的部份。如果內容符合一項以上的觀點，則註明為互動觀點，並請解說其互動之處。

a. 銷售量正以遞增的比率增加。

b. 購買之後維護產品的成本。

c. 產品正在逐漸喪失市場接受率，銷售量開始下滑。

d. 選擇購後成本最低的設計。

e. 百分之九十甚至更高的成本在開發階段便已承諾。

f. 產品滿足消費者需求的時間。

g. 產品完整的生命週期內所有的相關成本。

h. 產品為公司創造利潤的時間。

i. 利潤在此一階段傾向達到高峰。

j. 消費者在此一階段對價格最不敏感。

k. 說明產品經過特定生命週期階段的一般銷售模式。

l. 關切的重點在於產品績效與價格。

m. 採取行動以獲致生命週期的最大利潤。

n. 強調開發、生產、行銷與服務產品所需的內部作業。

凱特蘭公司生產生命週期較短（少於兩年）的電子產品。開發速度必須很快。產品的獲利受限於找出能夠使生產與後勤成本保持低檔的設計能力。近來，公司的管理階層開始認為，購後成本也是設計決策的重要考量。上個月，設計人員提出了一種新產品。估計新產品的總市場為 100,000 單位（兩年期間）。預估單價為 $30。製造與後勤成本估計為每單位 $25。目前預估市場佔有率為百分之二十 (20%)。

　　瞭解了上述數據之後，布萊恩找來總設計工程師馬丹尼和行銷經理羅凱莉共同會商。以下是部份會商內容：

布萊恩： 馬丹尼，雖然新產品的單位獲利 $5 看起來還蠻合理，但是我認為還應該再提高一些。羅凱莉，妳有任何建議嗎？

羅凱莉： 很簡單。把價格降為 $27，如此一來可將市場佔有率提高至百分之三十五 (35%)。然而如果要提高總獲利的話，我們也必須設法降低成本。

布萊恩： 沒錯，我是不希望每單位獲利低於 $5。

馬丹尼： 每單位 $5 的獲利是否已經考慮過生產之前的成本？我們已經花了 $20,000 在開發這項新產品上。如果要降低成本，勢必得花費更多的開發費用。

布萊恩： 有道理。如果可能的話，我希望的設計是能夠提供 $5 的單位利潤，其中已經考慮過生產之前的成本。如果我們把生產之前的成本一併考慮進去的話，第一次的設計就不符合我的標準。

羅凱莉： 我想提的是，購後成本也相當重要。目前的設計需要消費者花費每一單位 $1.00 的成本在產品的使用、維護、和處理上。這和我們的競爭者不相上下。如果我們能夠設計出更好的產品，把購後成本降至每單位 $0.50，可能可以拿下百分之五十 (50%)的市場。

作業：

1. 請計算目前的設計所能提供的總生命週期利潤（請將生產之前的成本一併考慮進去）。

2. 假設工程部門提出兩項設計：甲設計和乙設計。這兩款設計都可以

把生產與後勤成本降至每單位 $21。然而甲設計的購後成本是每單位 $1，乙設計的購後成本卻只有每單位 $0.40。開發與測試甲設計需要另外花費 $15,000，而開發與測試乙設計卻需要另外花費 $30,000。請計算每一項設計的總生命週期利潤。你會選擇哪一項設計？並請解說你的理由。如果你所選擇的設計必須另外花費 $50,000 的開發與測試成本，你會改變你的決定嗎？

3.延續第 2 題。如果在生產之前的作業上每多花費一塊錢，會創造多少收入？此一收入是否能夠說明瞭解與掌握生產前作業與生產後作業間的關連之重要性？

9-10
生命週期成本管理

費根公司的經理艾瓊琳答應公司要提出策略健全的降低成本計畫。此一計畫的主旨在於強調生命週期成本管理。艾瓊琳認為如果公司能夠更加重視設計與製造之間的關係，應該能夠順利降低生產成本。設計工程師必須瞭解製造成本發生的原因。艾瓊琳要求財務會計人員導出最近一項新產品的製造成本公式。行銷部門預估這項新產品的銷售量為 25,000 單位（這項產品的生命週期估計為十八個月，公司預期拿下百分之五十 (50%) 的市場，並根據這些預估數據訂定價格）。預估售價是每單位 $20。成本公式內容為：

$$Y = \$200{,}000 + \$10X_1$$

其中 X_1= 機器小時（預估每生產一單位的新產品，需要使用 1 機器小時）

艾瓊琳看到上述成本公式之後，很快地便計算出預估毛利為 $50,000。換言之，每單位毛利則為 $2，遠低於目標毛利每單位 $4。艾瓊林立即知會設計工程單位，要求他們另尋新的設計，使得生產成本至少減少 $50,000，如此方能達成目標利潤。

兩天後，設計工程部門提出一種新的設計。這項新設計（稱為 X 設計）可以降低單位變動成本，由原先的每一機器小時 $10 減為 $8。總工程師在審閱新設計的同時，卻也質疑成本公式的正確性。他建議應該更進一步地瞭解新設計對於作業內容而非機器生產的影響。根據總工程師的建議，艾瓊琳修正了原先的成本公式。這項成本公式反映出最新設計（X 設計）的成本關係：

$$Y = \$140{,}000 + \$8X_1 + \$5{,}000X_2 + \$2{,}000X_3$$

其中 X_1 ＝ 售出單位

X_2 ＝ 批次數目

X_3 ＝ 工程變更訂單份數

基於生產排程與存貨的考量，產品將以每批次 1,000 單位的方式生產；換言之，這項新產品的生命週期內將會需要二十五批次。再者，根據以往經驗，新產品可能會需要二十份工程變更訂單。

有鑑於上述關於產品與其隱含作業之間連結性的新發現，設計工程部門又提出另一項新設計（稱為 Y 設計）。這一項設計同樣也能降低單位水準成本至每單位 $2，但是將設計支援需求的數目由二十份訂單縮減至十份訂單。 Y 設計同時也兼顧了設定作業，不僅可以減少設定時間，亦將變動設定成本由原先的每一次設定 $5,000 降為 $3,000。此外， Y 設計同時也創造了設定作業的剩餘產能，設定作業產能所需的資源支出降為 $40,000，使得成本公式裡的固定成本部份減少了 $40,000。

公司到最後採用了 Y 設計。測試原型產品的時候，發生了額外的利益。根據測試結果，購後成本由預估的每售出一單位 $0.70 降至每售出一單位 $0.40。根據此一資訊，行銷部門將預估市場佔有率由百分之五十 (50%) 向上修正為百分之六十 (60%)（因為降價之故）。

作業：

1. 請利用財務會計人員導出的原始公式，計算 X 設計的預估單位毛利。根據此一求出的結果， X 設計是否達到目標單位利潤？請再利用工程師修正的成本公式，重新計算一遍。並請解說 X 設計未能達到目標利潤的原因。此一結果是否能夠說明傳統成本方法是否適用於生命週期成本管理？

2. 請計算 Y 設計的預估單位利潤。請就作業資訊對於生命週期成本管理的價值，提出你的見解與評論。

3. 費根公司在測試 Y 設計的過程中，發現降低購後成本的好處。這會對費根公司帶來什麼樣的直接好處（請以金額表示）？降低購後成本並非費根公司原先的設計目標。費根公司是否應該將降低購後成

本列爲設計目標之一？費根公司是否應該考慮其它設計目標？

> **9-11**
> 及時製造制度與成本的可追蹤性

假設某家公司最近開始改採及時製造制度。每一個製造中心生產單一產品或者負責重要的裝配工作。製造中心的工人已經接受過適當的訓練，能夠完成不同的工作內容。此外，許多後勤服務也都分散到各個製造中心。這家公司是採用直接追蹤、動因追蹤和分攤等方式來分配產品的成本。請就下列各項成本，分別指出在採行及時製造制度之前與之後最有可能的產品成本方法。請利用表格的方式表達，表格的欄位分別爲成本項目、採行及時製造制度之前、以及採行及時製造制度之後。各位可以假設這家公司在可能的情況下，儘量採用直接追蹤、其次是動因追蹤、最後則爲分攤的成本分配方法。

a. 檢查成本

b. 暖氣、燈光和冷氣的電力

c. 生產設備的簡易修理

d. (生產部門／製造中心) 生產主管的薪資

e. 機器潤滑油

f. 工廠主管的薪資

g. 設定機器的成本

h. 工廠警衛的薪資

i. 操作生產設備的電力

j. 工廠與設備的稅賦

k. 生產設備的折舊

l. 原料

m. 工業工程師的薪資

n. 機器零件

o. (生產部門／製造中心) 生產主管使用的鉛筆和檔案夾

p. 工廠與設備的保險

q. 製造中心工人的加班費

r. 工廠折舊

s. 物料處理

t. 預防性維護

9-12
及時製造制度的特色
與產品成本法的正確
性

貝洛公司在引進及時製造制度之前，是利用機器小時來分配三項產品（插座、鉗子、板鉗）的維護成本。每一年的維護成本總數為 $560,000。每一項產品的產量與所使用的機器小時分述如下：

	機器小時	產量
插座	60,000	15,000
鉗子	60,000	15,000
板鉗	80,000	20,000

採行及時製造制度之後，貝洛公司設立了三個製造中心，並且訓練工人執行預防性維護與簡易的修理工作。同時，每一個製造中心都安排了一位專職的維修人員，這三個製造中心的維護成本總數仍為 $560,000；然而，這些成本已經可以分別追蹤至各個製造中心：

插座製造中心	$152,000
鉗子製造中心	168,000
板鉗製造中心	240,000

作業：

1. 請計算採行及時製造制度之前，每一種產品的維護成本。
2. 請計算採行及時製造制度之後，每一種產品的維護成本。
3. 請解說何以及時製造制度的單位維護成本比採行及時製造制度之前的單位維護成本正確的原因。

9-13
及時製造制度；成本
的可追蹤性；成本方
法的正確性；及時製
造制度對於成本會計
制度之影響

荷馬公司生產多種不同的 22 口徑來福槍。下表列出荷馬公司在採行及時製造制度之前與之後所分配到陽春型來福槍的製造成本。製造中心的工人負責所有的維護工作，同時也負責物料移動、製造中心的安全警衛工作與產品檢查工作。製造中心以外的安全警衛工作仍由安全部門統籌負責。

採行及時製造制度之前與之後，荷馬公司同樣都生產 10,000 單位的陽春型來福槍。採行及時製造制度之後，荷馬公司是利用製造中心來生產每一項產品。管理階層發現，採行及時製造制度之後，所有

產品的製造成本都大幅減少。此外，存貨相關成本與等待時間也隨之
降低。由於荷馬公司由原先的分批會計制度改為分步會計制度，會計
成本也相對減少。

	之前	之後
直接物料	$ 60,000	$ 55,000
直接人工	40,000	50,000
維護	50,000	30,000
檢查	30,000	10,000
重製	60,000	9,000
電力	10,000	6,000
折舊	12,500	10,000
物料處理	8,000	2,000
工程	80,000	50,000*
設定	15,000	0
安全警衛	40,000	20,000
建物與土地	11,800	12,400
耗用物料	4,000	3,000
管理（工廠）	10,000	8,000
製造中心管理	—	35,000
成本會計	40,000	25,000
部門管理	18,000	—
總計	$489,300	$325,400

*分配至製造中心的工程師之薪資。

作業：

1. 請計算採行及時製造制度之前與之後的產品單位成本。

2. 請解說何以及時製造制度的單位成本較為正確的理由。並請解說及
   時製造制度的哪些特色促成了生產成本降低。儘可能利用特定的成
   本項目來支持你的理由。

3. 請解說何以荷馬公司在採行及時製造制度之後，會由原先的分批成

本制度改爲分步成本制度。

4. 請分別說明及時製造環境當中的成本是如何進行分配——是直接追蹤、動因追蹤還是分攤，哪一種成本分配方法最爲常見？此一現象是否意味著任何成本正確性的涵義？

9-14
沖轉成本方法

　　拉納公司最近採行了及時採購制度與及時製造制度，目前則以沖轉成本方法來決定成本流程。拉納公司是以產品的完工做爲將製造成本沖轉出會計制度的認列點。十月份的時候，拉納公司的交易如下：

採購的原料	$120,000
直接人工成本	20,000
費用成本	100,000
已分配的加工成本	130,000*

*$20,000 人工外加 $110,000 費用。

　　本月份並無任何期初或期末存貨。所有完工的產品均以成本外加百分之四十 (40%) 的價格售出。如有差異均結入銷貨成本中。

作業：

1. 請編製傳統成本法之下，針對成本流程所應登錄的分類帳。
2. 請編製沖轉成本法之下，當月的分類帳。
3. 假設拉納公司採用銷貨、而非完工來做爲認列的第二個時間點，請編製當月的分類帳。

9-15
及時製造制度與產品
成本方法

　　馬特公司最近施行及時製造制度。經過一年的運作之後，馬特公司的總經理貝西帝希望比較及時製造制度與舊制的產品成本。馬特公司生產兩項產品：除草機和修剪機。舊制的單位主要成本如下：

	除草機	修剪機
直接物料	$12	$45
直接人工	4	30

在以往的製造制度之下，馬特公司設有三個服務中心和兩個生產部門。費用分配係以部門別費用比率為基礎。在施行及時製造制度的前一年度裡，與各部門相關的直接費用成本分別為：

維護	$110,000
物料處理	90,000
建築與土地	150,000
機器	280,000
裝配	175,000
	$805,000

在以往的製造制度之下，服務部門的費用成本直接分配至生產部門，然後再分配到經過各個生產部門的產品中。機器部門的費用比率係以機器小時為基礎，裝配部門的費用比率係以直接人工小時為基礎。在維持舊制的最後一個年度裡，機器部門使用了 80,000 個機器小時，裝配部門使用了 20,000 個直接人工小時。每一部除草機需要機器部門的 1 機器小時和裝配部門的 0.25 直接人工小時。每一部修剪機需要機器部門的 2 機器小時和裝配部門的 0.5 直接人工小時。服務成本的分配基礎如下：

	平方英呎空間	物料移動次數	機器小時
機器	80,000	90,000	80,000
裝配	40,000	60,000	20,000
總計	120,000	150,000	100,000

馬特公司在採行及時製造制度的同時，針對每一項產品設置了製造中心以取代舊有的部門別結構。每一個製造中心佔地四萬平方英呎。維修與物料移動作業均授權每一個製造中心自行負責。基本上，製造中心的直接員工均已接受過適當的訓練，能夠操作製造中心裡的所有機器設備、組裝零組件、維修機器設備、和移動製造中心內的半成品。馬特公司施行及時製造制度的第一年，生產並出售了二萬台除草機和三萬台整草機。產量和舊制的最後一個年度相同。每一個製造中心所

分配到的成本如下：

	除草機製造中心	整草機製造中心
直接物料	$185,000	$1,140,000
直接人工	66,000	660,000
直接費用	99,000	350,500
已分配費用 *	75,000	75,000
總計	$425,000	$2,225,500

*建物與土地成本是以平方英呎為分配基礎。

作業：

1. 請計算舊制下，每一項產品的單位成本。

2. 請計算及時製造制度下，每一項產品的單位成本。

3. 哪一項成本較為正確？並請說明你的理由。在說明理由的同時，並請探討計算方法的差異。

4. 請計算及時製造制度下費用成本減少的金額，並請提出費用成本減少的可能理由。

> **9-16**
> 成本行為；可追蹤性；單位成本；及時製造制度與作業制成本法

　　貝里公司是生產運動鞋的製造商，最近才採行了及時製造制度。在採行及時製造制度的同時，貝里公司針對三類產品設置了三個類型的製造中心。籃球鞋產品線的製造成本如下（預期產量為 25,000 單位）。製造中心的直接員工必須負責操作與維護機器設備、移動每一站的物料、檢查包裝以及清潔環境。

製造中心製造成本：	
直接物料	$240,000
人工	160,000
電力	25,000
管理	40,000
折舊（設備）	20,000

（接續下頁）

其它製造成本：

工廠折舊攤提	14,000
工廠主管薪資攤提	6,000
工程維護（50份訂單）	40,000
成本會計（1,000筆交易）	20,000

　　工程維護的成本動因是工程訂單，成本會計的成本動因則為交易筆數。這些作業都屬於階梯式的固定成本。工程維護作業以50份訂單為一單位，現有40單位的未使用作業產能。成本會計則以2,000筆交易為一單位，現有200單位的未使用作業產能。

作業：

1. 假設一開始所有的成本都是典型的固定成本或典型的變動成本。請就下列項目，導出個別的成本公式。
   a. 直接物料
   b. 直接人工
   c. 除了直接物料與直接人工以外，所有可以直接歸因的製造成本
   d. 所有可以直接歸因的製造成本
   e. 總製造成本

2. 假設貝里公司生產了25,000雙籃球鞋，請利用第一題所導出的成本公式，計算下列成本。
   a. 直接物料成本
   b. 直接人工成本
   c. 可直接歸因的製造成本
   d. 總製造成本
   e. 單位成本

3. 請利用單位基礎成本公式，計算30,000單位的總製造成本，並請求出單位成本。哪一項成本改變了？原因為何？

4. 現在請將各項成本分類為單位水準、批次水準、產品水準與設備水準。並請計算出產量分別為25,000及30,000單位時，各個類別的總成本。哪一項成本改變了？原因為何？

5. 延續第四題。假設工程訂單數目由 50 份增加為 60 份，交易筆數由 1,000 份增加為 1,100 份。則當產量為 25,000 單位時的總成本有何變化？產量為 30,000 單位時的總成本又有何變化？並請說明你的理由。

　　高斯坦公司生產兩種花瓶（甲花瓶和乙花瓶）。這兩種產品都會經過兩個生產部門：壓模與上色。另設有一個維護部門提供設備所需的維護與修理作業。這三個部門的預算資料如下：

9-17
成本分配與及時製造制度

	維護	壓模	上色
費用	$100,000	$165,000	$119,000
維修小時	—	15,000	5,000
直接人工小時	—	12,000	6,000

　　在壓模部門裡，甲花瓶需要 1 直接人工小時，乙花瓶需要 2 直接人工小時。在上色部門裡，甲花瓶需要 0.5 直接人工小時，乙花瓶需要 1 直接人工小時。預期產量分別為：甲花瓶 4,000 單位，乙花瓶 4,000 單位。

　　高斯坦公司在編製預算資料之後，一位顧問建議設置兩個製造中心：一個負責甲花瓶的生產，另一個負責乙花瓶的生產。此外，中心的員工必須接受訓練以執行維護工作；換言之，維護作業授權給製造中心自行負責。估計每一個製造中心的總直接費用成本分別為製造中心甲的 $200,000 與製造中心乙的 $184,000。

作業：

1. 請將服務成本分配至每一個部門，並請計算每一種花瓶的單位費用成本（費用比率採用直接人工小時）。

2. 請計算設置製造中心後的單位費用成本。你認為哪一個單位費用成本比較正確——部門別結構的單位費用成本或製造中心結構的單位費用成本？並請說明你的理由。

3. 請各位注意，本題係假設每一種制度的總費用成本是相同的。你是否認為採行及時製造制度之後的費用成本仍然維持不變？並請說明你的理由。

泰一公司已經採行及時彈性製造制度。泰一公司的財務長艾凱德預期存貨將會因此減少，因此決定簡化會計規定。艾凱德決定將直接人工成本視為費用處理，終止以往的人工會計作業。泰一公司設置了兩個製造中心，每一個製造中心負責生產一組產品。第一個製造中心是機械零件製造中心（稱為機械中心），負責生產各式機械零件。第二個製造中心是電子元件中心（稱為電子中心），負責生產各式電子元件。兩個製造中心的產品均出售給同公司的另一個生產工業機具的部門和使用這些零件與元件以從事修理作業的消費者。製造中心以外的產品水準與單位水準費用成本係以適當的動因為基礎，分配至這兩個製造中心。設備水準成本則以平方英呎為基礎，來分配至這兩個製造中心。預算人工成本與費用成本分述如下：

	機械中心	電子中心
直接人工成本	$ 40,000	$ 20,000
直接費用	160,000	80,000
產品維護	60,000	24,000
設備水準	40,000	20,000
總加工成本	$300,000	$144,000

預定加工成本比率係以每一個製造中心可得的生產小時為基礎。機械中心可以提供 10,000 小時，電子中心則可提供 6,000 小時。加工成本係將加工比率乘上生產特定產量所需的實際時間，分配至產出單位中。機械中心生產了 18,000 單位，平均每生產一單位需要 0.5 小時。電子中心生產了 20,000 單位，平均每生產一單位需要 0.25 小時。

當年度其它實際資料如下：

採購並領用之物料	$340,000
人工成本	60,000
費用	420,000

當年度所有生產的產品全數售出。所有加工成本差異均結入銷貨成本中。

作業：

1. 請計算每一個製造中心的預定加工成本比率。

2. 請利用沖轉會計方法，編製分類帳。假設產品完工代表第二個認列點。

3. 重覆第二題的規定，並假設產品售出代表第二個認列點。

4. 請解說不需要在製品帳目的理由。

5. 沖轉會計方法的兩項差異在於第二個認列點的不同。假設製造成本的唯一認列點是產品的出售，則應該做何登錄？在何種情況下使用此一認列點才是恰當的？

┌─────────────┐
│ 9-19   │
│ 管理決策個案：及時 │
│ 製造制度；製造中心 │
│ 的設置；成本習性； │
│ 成本實務的影響   │
└─────────────┘

　　熱帝公司生產多用途的插入型加熱器，可以用於咖啡壺、甚至潛水艇等。由於生產的加熱器種類繁多，因此熱帝公司採用的是分批成本制度。熱帝公司根據加熱器的規格區分出不同的產品線。在熱帝公司成立初期，銷售情況極佳，獲利也呈現穩定成長。然而近年來，利潤不斷下降，市場佔有率也逐年減少。有鑑於公司財務情況逐漸走下坡，熱帝公司的總經理楊道格要求針對問題進行特別研究，由內部稽核部門的經理白雪莉負責。經過兩個月的調查，白雪莉準備好向楊道格報告研究結果。

白雪莉：總經理，我認為下列幾點是公司必須注意的地方——產量降低、員工士氣低落、和瑕疵品過多。事實上，過去幾年來，我們的不良品比例已經由總產量的百分之九 (9%) 攀升至百分之十五 (15%)。而重製瑕疵品的費用非常昂貴。公司目前的作法是在生產過程的最末端才來檢測瑕疵品。但是如此一來，公司的損失就已經非常可觀。生產作業事實上是不允許重製的。

楊道格：我想不良品率增加的原因似乎和所提到的士氣問題有關。妳知不知道員工的士氣為什麼會如此低落？

白雪莉：我想工作太過單調是原因之一。許多員工認為他們的工作毫無挑戰性可言。此外，受到生產績效降低的影響，員工會受到主管更多的壓力，因而使得問題更加嚴重。

楊道格：妳還看出哪些其它問題？

白雪莉：嗯，我們的市場大半都是被國外的競爭者搶走。我們處理訂單的時間——從接受訂單到交貨這段時間——從二十天增加到三十天。許多流失的消費者都轉向日本供應商，這些日本供應商不到十五天就可以交貨了。此外，還有一個問題是加熱器的品質問題。過去幾年來，我們的加熱器品質似乎每下愈況。

楊道格：眞沒想到我們隔了這麼久才發現這些問題。很難想像日本業者交貨的速度竟然比我們以往效率更好的時候還來得更快。眞不知道他們的秘訣何在。

白雪莉：我調查過這個問題。原因似乎是因爲這些日本業者採行及時採購和及時製造制度的關係。

楊道格：我們公司也可以藉此提升競爭能力嗎？

白雪莉：我認爲應該可以，但是我們需要專家來指導我們如何著手。或許我們可以考慮先從主要產品線之一開始實驗。我建議先由小型加熱器開始實驗。過去幾年來，小型加熱器的問題最多，而且已經出現虧損。如果及時制度可以恢復這條產品線的競爭能力，那麼應該也可以適用其它產品線。

　　會議結束後的一個星期內，熱帝公司聘請了一家大型會計師事務所來進行輔導。這家會計師事務所派了一位管理者白爾金來進行先期的背景瞭解工作。經過一番瞭解之後，白爾金針對小型加熱器的生產做了下列描述：

　　工廠內分散設置了許多部門。各個部門都有專門的員工負責操作該部門的機器設備。此外，熱帝公司還設有集中儲存區用以提供生產所需的原物料、集中的維護部門負責維護所有的生產機器設備，並指定專門的員工負責各個部門之間的物料移動作業。

　　根據現行的生產方法，小型加熱器必須經過數個部門，而每一個部門都備有類似的機器設備。第一個部門將金屬管切割成三種長度：三英吋、四英吋、和五英吋。切割以後的金屬管送到雷射部門，將零件編號印在金屬管上。第二個部門會將口徑比金屬管小一點的圓柱狀陶瓷（利用纏繞機器）纏繞細線圈。金屬管和繞好線圈的陶瓷一起送至焊接部門，將陶瓷置入金屬管內的中央位置，再灌入絕緣物質以避

免觸電危險。最後，再將金屬管的兩端焊成密封狀態，其中一端留下兩條線圈。完成的加熱器送至測試部門，利用特殊的儀器測試加熱器的功能是否正常。

小型加熱器是採每批次 300 台的方式生產。切割 300 條金屬管和準備 300 個圓柱狀陶瓷需要 50 小時（兩道過程同時進行，每單位 1/6 小時）。經過 50 小時的生產時間之後，300 條金屬管送至雷射部門（需要 2 分鐘的運送時間），300 個圓柱狀陶瓷則送至焊接部門（需要 20 分鐘的運送時間）。在雷射部門，印製零件編號需要 50 小時（每一條金屬管 1/6 小時），然後再將金屬管送至焊接部門。焊接部門將金屬管和圓柱狀陶瓷組合之後焊接密封。焊接的過程需要 50 小時（每一條金屬管 1/6 小時）。最後，300 單位的產品再送至測試部門（需要 20 分鐘的運送時間）。每一單位需要 1/6 小時的測試時間，也就是總數 300 單位的產品需要 50 小時的測試時間。從開始到結束，300 單位的總生產時間分述如下：

切割與製陶	50 小時
雷射	50
焊接	50
測試	50
移動	1
總時間	201 小時

值得注意的是，雷射部門在開始印刷之前必須等待 50 小時。同樣地，焊接部門在開始批次作業之前必須等待 100 小時。最後，測試部門在開始批次作業之前也必須等待 150 小時。

根據蒐集到的資訊，白爾金估計可以藉由設置小型加熱器製造中心的方式，將 300 單位所需的生產時間由目前的 201 小時縮減為 50 小時。

作業：

1. 熱帝公司採取的首批行動之一便是籌組小型加熱器製造中心。請說明你會如何組織該製造中心。該製造中心和傳統的安排有何不同？

這項轉換成及時制度的作法會產生任何訓練成本嗎？並請解說你的理由。

2. 請藉助計算數據，說明 300 單位的生產時間如何能夠縮減為 50 小時。如果生產時間真的能夠減少，對於熱帝公司的競爭地位有何影響？

3. 請說明為了縮減生產時間，必須進行哪些組織性與作業性活動。和這些活動相關的成本動因有哪些？並請就作業性動因，指出其對於作業成本的預期影響。

4. 一開始，熱帝公司的員工都排斥改採及時制度的變革。然而經過短暫的時間之後，員工的士氣卻大幅提升。請解說何以改採及時制度可以提高員工士氣的理由。

5. 經過幾個月之後，熱帝公司便能降低小型加熱器的售價。此外，消費者對於小型加熱器品質不良的抱怨也大幅減少。到了第二年年底，小型加熱器產品線的獲利已經超過以往的所有年度。請就及時制度可以降低售價、提高利潤的特色進行討論。

6. 在施行及時制度之後的一年內，熱帝公司財務長表示：「我們對於生產小型加熱器的成本的瞭解，要遠遠超過以往所能認知的程度。」試評論財務長的說法。

7. 請探討及時制度對於其它管理會計實務的影響。

| 9-20 |
| 道德問題 |

帝賓斯公司的成本會計經理何堂恩正在和大學時代的朋友季斯潘一道吃午餐。這兩個人念同一所大學，而且同屬一個教會。畢業之後，他們分別到同業的不同公司工作。他們工作的公司總部恰巧設在同一個城市。兩年前，帝賓斯公司的高階管理階層進行了一項生命週期成本管理計畫。自此，何堂恩就和設計工程人員密切合作，提供設計工程人員所需的作業與成本資訊。也因此，何堂恩對於新產品開發計畫也非常瞭解。季斯潘也是從事會計工作，而且最近才升為副財務長。聊著聊著，話題自然轉向工作上來。

季斯潘：最近工作如何？

何堂恩：嗯，一切都很順利。我們公司採行了新的生命週期成本管理計畫，公司獲利的確大 有起色。最新的兩項產品獲利情況尤其可觀。

季斯潘：有意思。你們公司今年會推出多少新產品？

何堂恩：我們將會推出三項新產品——其中兩項可能會對你們公司造
　　　　成相當大的威脅。

季斯潘：我們已經領受過之前兩項產品的威力了。受到那兩項新產品
　　　　的影響，我們的同質產品獲利銳減了百分之三十 (30%)。我
　　　　不曉得你們怎麼辦到的，但是消費者似乎比較喜歡你們的產
　　　　品。

何堂恩：我們先就產品的維護和使用成本等資訊進行瞭解，然後努力
　　　　尋找可以降低這些成本的方法來重新設計產品。我們同樣也
　　　　重視可以降低生產成本的設計。如此一來，我們就可以降低
　　　　售價，同時還保有同樣的單位利潤。結果果然奏效。每一項
　　　　產品的總利潤大約增加了 $40,000。

季斯潘：那麼新的三項產品呢？你們很快就會推出了嗎？你們打算
　　　　再降低售價嗎？

何堂恩：就我目前的瞭解，應該會在兩個星期內上市。還有，我們
　　　　的確會賣得比正常水準再便宜一點。畢竟這些產品的成本比
　　　　較低。將設計與下游作業連結在一起的確大有助益。

季斯潘：嗯，或許我們公司也應該考慮效法你們。我們公司的同質產
　　　　品可能會比你們晚一點推出。這對我們來說有點不利。喔，
　　　　對了，我們應該談點比較輕鬆的話題。這個禮拜的工作負荷
　　　　已經夠大夠多了。

作業：針對本書第一章所提的道德行為準則，試評論何堂恩與季斯
潘的道德行為。

　　瞭解策略成本分析如何應用於實際生活有助於讀者確切體認策略
成本分析的好處與效用。請各位閱讀下列四篇文章和各位自行找到的
相關內容之後，針對下列議題寫下二到三頁的短文：

| 9-21 |
| 研究工作 |

1. 如何利用成本分析來找出不同產品的策略地位。
2. 如何利用成本資料來制定較好的策略。
3. 進行策略性成本分析所應遵循的步驟。

4. 作業制成本法與價值鍊分析在策略性成本管理中所扮演的角色。

5. 各位對於策略性成本分析與傳統成本分析之間的差異有何看法。

閱讀參考文章：

John K. Shank and Vijay Govindarajan, "Strategic Cost management： The Value Chain Perspective," *Journal of Management Accounting Research*, Fall 1992, pp. 179-197.

Michael D. Shields and S. mark Young, "Effective Long-Term Cost Reduction： A Strtegic Perspective," *Journal of Cost Management*, Spring 1992, pp. 16-30.

Vijay Govindarajan and John K. Shank, "Strategic Cost Analysis： The Crown Cork and Seal Case," *Journal of Cost Management*, Winter 1989, pp. 5-15.

John K. Shank, Vijay Govindarajan, and Eric Spiegel, "Strtegic Cost Analysis： A Case Study," *Journal of Cost Management*, Fall 1988, pp. 25-33.

綜 合 個 案 研 究 二

麥卡傢俱公司生產沙發、躺椅和涼椅三種產品。麥卡公司位於美國西北部的一座中型社區內。事實上，這座社區的經濟能力與麥卡公司息息相關。在同一社區內，麥卡公司還設置了一座鋸木廠、一座織布工廠和一座傢俱工廠。

範圍：第四章至第九章

麥卡公司的鋸木廠向獨立的供應商購買原木，然後將原木製成四種不同等級的木塊：特優與優等、普一、普二和普三等四級。鋸木廠所發生的所有成本都屬於上述四種等級木塊的共同成本。這四種等級的木塊全交由傢俱工廠加工。鋸木廠所生產的所有產品都送往傢俱工廠。利用卡車將鋸木廠的所有產品運送至傢俱工廠的成本均由後者負擔。雖然目前並未向外銷售木塊，但是鋸木廠可以自由選擇是否向外銷售，且四種等級的售價均爲已知。

紡織廠負責生產傢俱工廠所需的布料。爲了生產三種完全不同的布料（料號分別爲：FB60、FB70、和FB80），紡織廠擁有三種個別的生產作業，分別負責生產其中一種布料。換言之，所有三種布料的生產係於工廠內的不同位置同時進行。每一種布料的生產作業可以分爲兩道過程：紡織與定型過程，以及染色與捲捆過程。紡織與定型過程是生產不同設計的布料。染色與捲捆過程則是將布料染色，並切割成25碼的大小，在繞著厚紙板捲成捆狀。捲成捆狀的布料再用堆高機送往傢俱工廠的收料部門。紡織廠的所有產品都交由傢俱工廠加工（製成沙發和椅子）。就會計目的而言，布料送往傢俱工廠的運送成本係由傢俱工廠負擔。

傢俱工廠根據消費者的訂單採取訂製的方式來進行生產。消費者可以自行指定數量、外觀、布料、木頭的等級和型式。基本上，每一次訂單的量都很大（至少500單位）。傢俱工廠設有兩個生產部門：切割部門與組裝部門。切割部門負責量測與切割布料和木質配件。其它配件係向外部供應商採購，並且在需要組裝的時候才向外取貨。布料和木質配件切割完畢之後，便移至組裝部門。組裝部門負責將個別的配件組合成爲沙發（或椅子）。

　　麥卡公司已有逾二十年的歷史，而且信譽一向良好。然而最近五年來，麥卡公司的銷售與利潤紛紛大幅下滑。較為暢銷的產品的銷售量跌幅尤其可觀（即使他們的價格已經頗具競爭力）。然而麥卡公司在較難生產的產品項目上卻表現頗佳。麥卡公司的老闆魏西恩對此情形感到沮喪。他實在不明白為什麼某些競爭者的價格如此地低。就一般的沙發（500單位的訂單）而言，麥卡公司的單價平均竟然比競爭者多出 \$25。然而就較難生產的項目而言，麥卡公司的單價則比競爭者少了 \$60 之多。麥卡公司要求財務副總羅黛比針對公司的生產線進行成本分析。魏西恩希望瞭解麥卡公司的成本是否過高。或許公司的成本當中有浪費的情形，也或許公司的生產成本就是比競爭者來得高出許多。

　　羅黛比閱讀了許多近期內關於成本管理與產品成本方法的著作，同時也參加了幾場探討相同主題的研討會議。她重新核閱鋸木廠和其它兩座工廠的成本步驟，並進行一番分析。鋸木廠的生產成本屬於所有等級木塊的共同成本，並採用實際數量法來進行分配。由於整年度的產出與生產成本相同一致，因此鋸木廠採用的是實際成本制度。雖然羅黛比對於實際成本法並無特別的好惡，但是她仍然決定瞭解改採分離點售價法的可能影響。於是，她蒐集了鋸木廠的成本與生產資料，以便進行分析。兩座工廠採用的是常態成本法。紡織廠採用分步成本法，傢俱廠則採用分批成本法。兩座工廠都採用以直接人工小時為基礎的全廠單一費用比率。根據初步的瞭解，羅黛比認為紡織廠的成本步驟並無問題，主要原因在於並無明顯的產品差異。根據統計數據顯示，直接人工小時約可解釋紡織廠百分之九十 (90%) 的費用成本。換言之，採用以直接人工小時為基礎的全廠單一費用比率的作法並無不妥之處。然而羅黛比還是決定在她呈給魏西恩的報告當中，說明紡織廠的成本步驟——至少以其中一種布料做為說明。至於傢俱廠的部份則較為棘手。傢俱廠的產品有明顯的差異，因而可能造成產品成本的扭曲。此外，根據統計數據顯示，直接人工小時僅能解釋傢俱廠百分之四十 (40%) 的費用成本。羅黛比認為還需要更進一步的研究分析，才能找出更適當的產品成本方法。

　　羅黛比向鋸木廠的成本會計經理和其它兩座工廠的會計長取得下

列一九九八年的資料：

鋸木廠：

聯合製造成本：$600,000

等級	產量 （平方英呎）	分離點價格 （每一千平方英呎）
特優與優等	1,000,000	$300
普一	2,000,000	225
普二	1,250,000	140
普三	750,000	100
總計	$5,000,000	

紡織廠：

預算費用成本：$1,200,000

實際產量（直接人工小時）：120,000 小時

實際費用成本：$1,240,000

實際工作小時：

	紡織與定型	染色與捲捆	總計
FB60	20,000	16,000	36,000
FB70	28,000	14,000	42,000
FB80	26,000	18,000	44,000
	74,000	48,000	122,000

FB70之部門別資料：

	紡織與定型	染色與捲捆
期初存貨：		
單位（碼）	20,000	10,000
成本：		
轉入	—	$100,000
物料	$80,000	$8,000
人工	$18,000	$6,600
費用	$22,000	$9,000
當期生產：		
開始單位	80,000	?
轉出單位	80,000	80,000
成本：		
轉入	$ —	$?
物料	$320,000	$82,000
人工	$208,000	$99,400
費用	$?	$?
完工百分比：		
期初存貨：	30	40
期末存貨：	40	50

注意事項：除了厚紙板捲筒之外，所有的物料是在每一道過程開始的時候加入。紙筒的成本相對而言並不重要，因此記入費用成本中。

傢俱廠：

作業相關性表格：

作業	作業名稱	過程	水準	作業動因	產能	成本
1	收料	採購	產品	接受訂單份數	22,500	$450,000
2	電力	過程維護	單位	機器小時	75,000	$600,000
3	設備維護	過程維護	產品	機器小時	75,000	$300,000
4	設備設定	切割	批次	設定次數	1,000	$600,000

作業	作業名稱	過程	水準	作業動因	產能	成本
5	物料處理	切割	批次	移動次數	2,500	$150,000
	物料處理	組裝	產品	配件數量	300,000	$150,000
6	派發	組裝	批次	發包份數	300	$225,000
7	一般作業	過程維護	設備	直接人工小時	250,000	$525,000

部門資料（預算）：

	服務部門				生產部門	
	收料	電力	維護	一般作業	切割	組裝
費用	$450,000	$600,000	$300,000	$525,000	$750,000	$375,000
機器小時	—	—	—	—	60,000	15,000
接受訂單	—	—	—	—	13,500	9,000
平方英呎	1,000	5,000	4,000	—	15,000	10,000
直接人工小時	—	—	—	—	50,000	200,000

　　經過與傢俱廠會計長的一番討論之後，羅黛比決定採用機器小時和計算切割部門的費用成本（比率），另採用直接人工小時來計算組裝部門的費用成本比率（切割部門的自動化程度比組裝部門高）。在報告中，羅黛比還針對各項工作的全廠單一費用比率、部門別費用比率、和作業群費用比率之間的優缺點進行分析比較。她希望瞭解費用成本方法是否為麥卡公司定價問題的根源。

　　為了瞭解不同的費用分配步驟的影響，羅黛比決定調查兩項可能的工作。其中一項工作編號為 A500，生產 500 單位的沙發，款示較為常見，採用的是 FB70 的布料。另一項工作編號為 B75，生產 75 單位的特殊設計的躺椅。這項工作必須採用新的設計、特殊的切割規格和較不常用的組裝作業，因此員工在作業上較為困難。近年來，麥卡公司在這一類產品的市場表現較為理想。為了計算上述兩項工作的成本，羅黛比整理出下列資訊：

編號 A500：

直接物料：

布料 FB70	4,500	碼（單價 $14）
木塊（普一級）	20,000	平方英呎（單價 $0.12）
其它配件	$26,600	

直接人工：

切割部門	400	小時（單價 $10）
組裝部門	1,600	小時（單價 $8.75）

機器時間：

切割部門	350	機器小時
組裝部門	50	機器小時

物料移動	5
設定	2
發包	0
配件數量	10,000
接受訂單	10

編號 B75：

直接物料：

布料 FB70	650	碼（單價 $14）
木塊（特優與優等）	2,200	平方英呎（單價 $0.12）
其它配件	$3,236	

直接人工：

切割部門	70	小時（單價 $10）
組裝部門	240	小時（單價 $8.75）

機器時間：

切割部門	90	機器小時
組裝部門	15	機器小時

物料移動	8
設定	4
發包	1*
配件數量	800
接受訂單	8

* 幾乎向來都很難準時完成此類工作。消費者的壓力往往迫使麥卡公司必須對外發包。

作業：

1. 請將聯合鋸木成本分攤至每一等級的木塊，並請計算每一等級的平方英呎成本：(1)利用分攤的實際單位法與(2)分離點售價法。鋸木廠應該採用哪一種方法？並請解說你的理由。如果鋸木廠改採分離點售價法，會對每一項可能的工作產生何種影響？

2. 請計算紡織廠的全廠單一費用比率。

3. 請計算紡織廠的多分配成本或少分配成本的金額。

4. 請利用加權平均法，計算布料 FB70 的每捆成本。

5. 請探討及時製造制度對於第 1 題答案的影響。假設題目當中的目前生產資料為真，請計算及時製造環境中布料 FB70 的每碼成本。

6. 請解說鋸木廠或紡織廠不需要作業制成本法的理由。

7. 假設每一種布料的紡織與定型過程均非單獨的過程，且每一種布料使用的紗線成本差異極大，則分步成本方法是否適用紡織與定型過程？你會建議採用哪一種成本方法？並請詳細說明你的方法。

8. 請計算傢俱廠的下列費用比率：(1) 全廠單一費用比率，(2) 部門別費用比率，及 (3) 作業費用比率。請利用直接法，將服務成本分配至生產部門。

9. 請就第 8 題求出的每一項費用比率，計算工作 A500 與 B75 的單價。假設麥卡公司的投標價格是成本外加百分之五十 (50%)。請就全廠單一費用比率的分配方法是否會令麥卡公司贏得訂單或輸掉訂單，提出你的看法。你會提出哪些建議？並請解說你的理由。

10. 麥卡公司的生產經理白山姆建議，傢俱廠應該改採及時製造制度（設置循環的製造中心）。白山姆想要針對重覆性的作業（較為暢銷的產品線的生產與銷售）設置單獨的製造中心。此外，再針對每一項非重覆性的作業分設一個製造中心。最後一個製造中心負責新工作所需的設備設定作業。白山姆相信，藉由這項方法可以減少或消除不具附加價值的作業，進而得以降低成本。舉例來說，重覆性作業的製造中心將不需要設定作業，使得物料處理成本得以縮減為零。再者，由於等待時間減少，發包作業也將取消。白山姆同時指出，全面地強調品質能夠降低百分之十五 (15%) 的物料成本（因為廢料減少的緣故）。最後，與供應商密切配合的

及時採購制度亦能降低收料作業的需求。

a. 假設白山姆的建議獲得採納,且預測的效果確實實現,請重新計算工作 A500 的投標價格。並請就可能實現的競爭利益,提出你的看法。

b. 請探討改採及時制度以及設置循環製造中心等作法會對麥卡公司的管理會計步驟產生哪些其它影響(請針對傢俱廠)。

c. 哪些結構性與執行性作業的變革能夠消除或減少不具附加價值的操作性作業?

重要辭彙解釋

A

ABC data base 作業制資料庫

為組織的作業制成本資訊系統之用途所蒐集之有系統的、交互相關的資料組合。

absorption-costing (Full-costing) income 吸收成本收益

根據功能性分類所計算而得的收益。

acceptable quality level (AQL) 可接受的品質水準

企業容許出售的瑕疵產品之預定水準。

accounting information system 會計資訊系統

藉由蒐集、記錄、彙整、分析（利用決策模式）以及管理資料等交互相關的人工與電腦作業方式，來提供產出資訊給系統使用者的會計系統。

activity 作業

組織內部所執行的工作的基本單位。亦可定義為經理人用為規劃、控制、與做決策等目的所執行的一連串組織內部行動的組合。

activity attributes 作業屬性

提供個別作業的非財務與財務資訊內容的說明標籤。

activity capacity 作業產能

執行作業的能力。

activity drivers 作業動因

衡量成本標的對於作業的需求的因素，並利用這些衡量指標來分配作業成本至成本標的。

activity inputs 作業投入

作業生產產出時所消耗的資源。（作業投入即為促使作業能夠執

行的因素。）

activity inventory 作業存貨

組織內部所執行的作業的清單。

activity output (usage) 作業產出（使用）

作業的結果或產品。

activity output measure 作業產出衡量指標

分析作業執行次數的指標，亦即產出的量化指標。

activity productivity analysis 作業生產力分析

直接衡量作業生產力變動的方法。

activity rate 作業比率

平均單位成本，將資源費用除以作業實際產能即可求得作業比率。

activity-based cost (ABC) system 作業制成本制度

同時採用單位基礎與非單位基礎成本動因，先將成本分配至作業，再追蹤作業成本至個別產品的成本會計制度。

activity-based costing 作業制成本法

首先追蹤作業成本，然後再追蹤作業成本至成本標的的方法。

activity-based management (AMB) 作業制管理

先進的控制制度，管理階層強調為達提升顧客獲得的價值與企業獲得的利潤之目標所從事的作業。作業制管理包括了動因分析、作業分析、與績效評估，並以作業制成本法為資訊的主要來源。

actual cost system 實際成本制度

分配實際製造成本至個別產品的成本衡量制度。

adjusted cost of goods sold 調整銷貨成本

調整正常銷貨成本以概括費用變數。

administrative costs 行政費用

與組織的一般行政管理相關，且無法合理分配至行銷或生產的所有成本。

advanced manufacturing environment 先進製造環境

具有激烈競爭（通常屬全球性）、複雜科技、全面品質控制以及持續改善等特色的環境。

allocation 分攤

將間接成本分配至成本標的。

applied overhead 分配費用成本

利用預定費用比率分配至生產的費用成本。

assets 資產

未到期成本。

B

backflush costing 沖轉成本法

利用認列點來決定何時將製造成本分配至主要存貨與暫時帳戶的簡化成本流動會計方法。

batch production processes 批量生產製程

生產一批批在某些方面完全一樣、某些方面卻不儘相同的產品的製程。

batch-level activities 批次水準作業

每生產一批次產品就執行一次的作業。

batch-level drivers 批次水準動因

批次水準作業的產出衡量指標。

best-fitting line 最適線

由一群資料點所形成的線，這些資料點距離直線的平方差總和為最小。

by-product 副產品

在聯合製程中製造主要產品而衍生的次要產品。

C

causal factors 發生因素

引起服務成本的作業或變數。一般而言，企業必須利用發生因素來做為分配服務成本的基礎。

certified Internal Auditor (CIA) 合格內部稽核師

擁有內部稽核的專業認證資格的會計人員。

certified Management Accountant (CMA) **合格管理會計師**
　　具有管理會計的專業認證資格的會計人員。

certified Public Accountant (CPA) **合格公共會計師**
　　具有外部稽核的專業認證資格的會計人員。

coefficient of correlation **相關係數**
　　用以表達兩個變數之間的相關程度以及正負相關特性的限定係數
　　的平方根。

coefficient of determination **限定係數**
　　利用自變數（例如：作業水準）來表示因變數的變異程度的百分
　　比例，其值介於 0 與 1 之間。

committed fixed expenses **承諾性固定費用**
　　為取得長期作業產能所發生的成本，通常為策略性規劃的結果。

common cost **共同成本**
　　用於兩種或兩種以上的服務或產品之產出的資源成本。

competitive advantage **競爭優勢**
　　以同樣或較低的成本所創造的更好的顧客價值，或以比競爭者更
　　低的成本創造相同的顧客價值。

computer-integrated manufacturing (CIM) system **電腦整合製造制度**
　　整合電腦輔助設計、工程與製造系統的制度。

computer-numerically controlled (CNC) machines **電腦數值控制機器**
　　由電腦控制的、可獨立運作的機器。

confidence interval **信賴區間**
　　在預定的信賴水準下，實際成本所介於其範圍內的預測區間。

constant gross margin percentage method **常態毛邊際比例法**
　　每一項產品都維持同樣的毛邊際比例的聯合成本分配方法。

consumable life **可供消費生命**
　　產品滿足顧客需求的期間。

consumption ratio **消耗比率**
　　產品所消耗的費用作業之比例。

contemporary cost accounting system **當代成本會計制度**
　　強調追蹤而非分攤，強調找出與產品數量無關的作業動因的制度。

controller **會計長**

組織內部的最高會計主管。

controlling **控制**

利用反饋來監督計畫的施行與成效，以確保計畫的施行與成效均如預期。

conversion cost **加工成本**

直接人工成本與費用成本的總和。

cost **成本**

因為預期將可為組織帶來目前或未來利益的產品與服務所犧牲的現金或與現金等值的資產。

cost accounting **成本會計**

財務會計制度與管理會計制度的綜合體。成本會計制度可以提供組織的成本資訊，並適用於內部與外部目的。

cost accounting information system **成本會計資訊系統**

用以分配成本至個別產品與服務以及其它管理階層指定的標的的成本管理次要系統。

cost accumulation **成本累積**

成本的認列與記錄。

cost assignment **成本分配**

找出製造成本與其產出單位數量之間的關連的過程。

cost behavior **成本習性**

成本隨作業使用情形改變的方式。

cost drivers **成本動因**

引起成本改變的因素。

cost formula **成本公式**

線性函數 $Y = F + VX$，其中 Y 代表總混合成本，F 代表固定成本，V 代表每一單位作業的變動成本，X 則代表作業水準。

cost Management information system **成本管理資訊系統**

主要製作內部使用者為滿足管理目標所需的投入與製程的相關資訊之會計資訊次要系統。

cost measurement 成本衡量

分配實際金額至成本項目的過程。

cost object 成本標的

用以衡量與分配成本的單位,例如產品、部門、專案以及作業等等。

cost of goods manufactured 製造成本

當期完工的產品之總成本。

cost of goods sold 銷貨成本

與銷貨數量相關的直接物料、直接人工與費用成本。

cost of resource usage 資源使用成本

作業比率乘上實際作業使用的乘積。

cost of unused capacity 未使用產能成本

作業比率乘上未使用作業的乘積。

cost reconciliation 成本調整

判斷分配至轉出單位數量與期末在製品的成本是否等於期初在製品成本加上當期所發生的製造成本。

customer value 消費者認定價值

消費者所接受之物(消費者獲得之物)與所放棄之物(消費者犧牲之物)之間的價值差異。

D

data set 資料組

一群具有邏輯關係的資料組合。

decision making 決策

由不同的可行方案中選擇最適者的過程。

decline stage 衰退階段

產品生命週期當中的一個階段。位於衰退階段的產品,其市場接受程度逐漸降低,銷貨收入開始下滑。

dependable variable 因變數

其值隨著另一項變數之值的變化而變化的變數。舉例來說,成本公式 $Y = F + VX$ 當中的 Y 即為 X 值的因變數。

deviation 變異

　　成本公式預估的成本與實際成本之間的差異。變異代表著資料點
　　到成本線的距離。

direct costs 直接成本

　　可以輕易、精確地追蹤至成本標的的成本。

direct labor 直接人工

　　可以追蹤至正在生產的產品或服務的人工。

direct materials 直接物料

　　可以追蹤至正在生產的產品或服務的物料。

direct method 直接法

　　將服務成本直接分配至生產部門的方法。直接法並不考慮服務部
　　門之間可能存在的互動關係。

direct tracing 直接追蹤

　　找出與成本標的具有特定或實際關係的過程。

discretionary fixed expenses 自由裁量性固定費用

　　為取得短期產能或服務所發生的成本，多為年度規劃之結果。

driver tracing 動因追蹤

　　利用動因來分配成本至成本標的。

drivers 動因

　　引起資源使用、作業使用、成本、與收入等改變的因素。

E

equivalent units of output 約當產量

　　在特定製造投入的條件下，一定期間內所能生產的數量。

error costs 錯誤成本

　　因為產品成本不正確（或因成本資訊不佳）而導致的不良決策的
　　相關成本。

ethical behavior 倫理道德行為

　　引導出正確的、適當的、公正的決定或行動的行為。

expected activity level 預期作業水準

　　預期下一期間的生產作業水準。

expenses **費用**

　　到期的成本。

external linkage **外部連結**

　　企業價值鍊裡的活動與其供應商和顧客的活動作業之間的關連。

F

facility-level activities **設施水準作業**

　　維護設施的一般製造流程的的作業。

feedback **反饋**

　　可用以評估或修正執行計畫的行動的資訊。

FIFO costing method **先進先出成本法**

　　計算當期單位作業與成本時，不包括前期作業與成本的單位成本方法。

financial accounting **財務會計**

　　會計制度的分支，係爲了組織的外部使用者編製財務報表。

financial accounting information system **財務會計資訊系統**

　　會計資訊系統的次級系統，主要爲外部使用者編製所需資訊，並利用特定的經濟事件做爲編製報表的規定投入內容。

fixed costs **固定成本**

　　隨著成本動因的水準的變化，其總數維持在相關範圍內的成本。

flexible manufacturing system (FMS) cell **彈性製造制度中心**

　　利用電腦控制的機器人與其它自動化設備，一慣化生產一系列產品的制度。

G

goodness of fit **接近程度**

　　Y 與 X（成本與作業）之間的相關程度，亦即利用 X 來解釋 Y 的變動。

growth stage **成長階段**

　　產品生命週期內的階段之一。位於成長階段的產品其銷貨收入以遞增的比率增加。

H

heterogeneity 異質性

意指服務的績效變異遠大於產品的生產變異的特性。

high-low method 高低點法

利用資料群組中的高低點，找出一條能夠滿足資料點之直線的方法。就成本公式而言，高低點代表了高低不同的作業水準，可用於分解混合成本當中的固定部份與變動部份。

homogeneous cost pool 同質成本群

與具有相同製程、相同水準、並使用同樣作業動因來分配產品成本的作業相關的所有費用成本。

hypothesis test of cost parameters 成本參數的假設檢定

對於成本公式之可靠度的統計分析，確認這些參數是否為零。

hypothetical sales value 假設銷售價值

聯產品在分離點的最大銷售價值。將最終市價減去所有個別的加工成本，即可求得假設銷售價值。

I

independent variable 自變數

不會跟隨另一變數的值改變而改變的變數。例如，成本公式 $Y = F + VX$ 當中的變數 X 即為自變數。

indirect costs 間接成本

無法追蹤至成本標的的成本。

industrial value chain 產業價值鍊

由基本的原物料到終端消費者之間一連串創造價值的作業之組合。

inseparability 不可分割性

服務的生產與消費無法分割的屬性。

intangibility 無形性質

相較於有形產品，服務不具實體外觀的特性。

intercept Parameter 截距參數

固定成本，代表成本公式與縱軸相交的點。成本公式 $Y = F + VX$ 當中，F 即為截距參數。

internal linkages 內部連結

　　企業價值鍊內各項活動之間的連結。

introduction stage 引進階段

　　產品生命週期的階段之一。位於引進階段的產品，以生產前置作業爲主，並以在市場上佔有一席之地爲重點。

J

job-order cost sheet 分批成本表

　　用以累計工作批號的製造成本之文件或記錄。

job-order costing system 分批成本制度

　　累計工作批號的製造成本的成本累積方法。

joint products 聯產品

　　同一道製程在分離點之前，所同時生產出來的兩種或兩種以上價值相當的產品。

just-in-time (JIT) manufacturing 及時製造制度

　　由需求拉動的制度，特點在於僅在需要的時候才生產產品，並僅生產需要的數量。

just-in-time (JIT) purchasing 及時採購制度

　　要求供應商在生產作業需要的時候及時送達零件與物料的制度。

L

life cycle costs 生命週期成本

　　與產品的完整生命週期相關的所有成本。

line position 線上人員

　　直接負責執行組織基本目標的人員。

long run 長期

　　所有成本均屬變動成本的期間，亦即長期而言，沒有任何固定成本的期間。

loss 損失

　　到期而未創造任何收入的成本;亦即負的利潤。

M

management accounting **管理會計**

　　會計制度的分支，主要提供組織內部使用者所需要的資訊。

manufacturing cells **製造中心**

　　將機器設備組合在一起（通常爲半圓形的型式）的廠房規劃。

marketing or selling costs **行銷或銷售成本**

　　爲行銷與鋪貨產品或服務所必須之成本。

materials requisition form **物料需求表**

　　用以找出分配至每一批次工作的原料成本的文件。

maturity stage **成熟階段**

　　產品生命週期的階段之一。位於成熟階段的產品之銷貨數量以遞
減的比率增加。

measurement costs **衡量成本**

　　與成本管理制度規定的衡量作業相關的成本。

method of least squares **最小平方法**

　　用以找出最吻合一組資料的直線之統計方法。最小平方法亦可用
以區分混合成本當中的固定部份與變動部份。

mixed costs **混合成本**

　　同時包含固定部份與變動部份的成本。

multiple regression **多重迴歸**

　　利用最小平方分析來判定具有兩種或兩種以上變數的線性公式之
參數。

N

net realized value method **淨變現價值法**

　　根據個別聯產品佔最終銷貨收入減去再加工成本之後的餘額的比
例，來分配聯合生產成本至聯產品上的方法。

noncost methods **非成本方法**

　　不計算副產品或其存貨之成本，但貸記收益或主要產品的方法。

noninventoriable (period) costs **非存貨（期間）成本**

　　在發生當期視爲費用處理的成本。

nonproduction costs 非生產成本

與銷售和行政功能相關的成本。

nonunit-based activity cost drivers 非單位基礎作業成本動因

除了產出單位數量以外，用以衡量成本標的對於作業的需求的因素。

normal activity level 正常作業水準

企業在至少一個會計期間所經歷的平均作業水準。

normal cost of goods sold 正常銷貨成本

利用單位正常成本所計算的銷貨成本數據。

normal costing system 正常成本制度

將直接物料與直接人工的實際成本分配至生產作業，且利用預定比率來分配費用成本至生產作業的成本衡量制度。

O

operating costing 營業成本法

利用分批成本法來分配物料成本，並利用製程成本法來分配加工成本的成本制度。

operational activities 作業活動

因為組織所選擇的結構與流程，而執行的例行性活動。

operational control information system 作業控制資訊系統

針對經理人的績效及其規劃與控制作業，提供正確且及時的反饋之成本管理次級系統。

operational cost drivers 作業性成本動因

驅動執行性作業發生成本的因素。

optimal cost management system 最適成本管理制度

將衡量成本與誤差成本的總和降至最低的制度。

organizational activities 組織性作業

決定組織結構與流程的作業。

organizational cost drivers 組織性成本動因

決定組織的長期成本結構的結構性與步驟性因素。

overapplied overhead **多分配費用**

　　因為分配的費用超過實際發生的費用成本而產生的費用變數。

overhead **費用**

　　除了直接物料與直接人工以外的所有生產成本。

overhead variance **費用變數**

　　實際費用與分配費用之間的差異。

P

performance reports **績效報告**

　　比較計劃結果與實際結果，提供經理人反饋的會計報告。

perishability **無法保存性**

　　服務的特性之一，代表其無法儲存，必須在執行的時候就消費的
　　特性。

physical flow schedule **實際流動表**

　　在一定期間內，所有產品經過某一部門的流動表格。

physical units method **實際產量法**

　　根據每一項產品佔總銷貨收入的比例來分配聯產品成本。

planning **規劃**

　　建立目標，並找出達成這些目標的方法。

pool rate **成本群比率**

　　同質成本群的費用成本除以和該成本群相關的作業動因之實際產
　　能。

postpurchase costs **購後成本**

　　使用、維護與處理產品的成本。

practical activity level **實際作業水準**

　　如果發揮效率的話，企業所能達到的產出。

predetermined overhead rate **預定費用比率**

　　預估費用成本除以生產作業的預估水準，可用以分配費用至生產
　　作業。

primary key **主要關鍵**

　　代表了表格當中每一列資料的屬性。

prime cost 主要成本
　　直接物料成本與直接人工成本的總和。

procedural (executional) activities 步驟性（執行性）作業
　　定義組織流程的作業。

process 過程（製程）
　　爲特定目標所執行的一連串相關的作業。

process costing principle 製程成本法則
　　將當期成本除以當期產出，以求算當期單位成本。

process costing system 製程成本制度
　　列記各個製程或部門的成本之成本累積方法。

producing department 生產部門
　　組織內部的單位，負責生產銷售給顧客的產品或服務。

product cost 產品
　　滿足特定管理目標的成本分配方法。

product diversity 產品差異
　　產品消耗不同比例的費用成本之情況。

product life cycle 產品生命週期
　　產品存在的時間－－由概念的形成到遭棄置;產品在四個不同階段的獲利歷史－－引進、成長、成熟與衰退。

product-level drivers 產品水準動因
　　產品水準作業的產出衡量指標。

product-level (sustaining) activities 產品水準（維護）作業
　　爲生產每一種不同的產品而執行的作業。

production costs 生產成本
　　與製造商品或提供服務相關的成本。

production report 生產報告
　　摘錄特定期間內某一部門的製造作業，揭示實際流動、約當產量、應計算的總成本、單位成本、分配至轉出商品以及期末在製品的成本之報告。

R

reciprocal method **相關法**

　　同時分配服務成本至所有使用部門，充份考量服務部門之間的互動關係的方法。

relational structure **關連性結構**

　　利用表格來表示資料庫內的整體邏輯觀點的資料結構。

relevant range **相關範圍**

　　企業在正常的運作情況下，其假設的成本關係成立的範圍。

replacement cost method **替代成本法**

　　以採購或替代某項產品的機會成本，來計算工廠內副產品成本的價值之方法。

resource drivers **資源動因**

　　衡量作業對於資源的需求，並用以分配資源成本至各項作業的因素。

resource spending **資源耗用**

　　取得產能以執行作業的成本。

resource usage **資源使用**

　　用以生產組織的產出之作業產能的金額。

resources **資源**

　　執行作業時所消耗的經濟要素。

resources supplied as used and needed **在需要的時候才取得的資源**

　　自外部管道取得的資源，且毋須簽訂必須購買一定金額之資源的長期合約。

resources supplied in advance of usage **在使用之前預先取得的資源**

　　藉由書面合約或口頭承諾等方式而取得的一定數量的資源，且無論這些資源是否會被完全使用。

revenue-producing life **創造收入生命**

　　產品替公司賺取收入的期間。

S

sales-to-production-ratio method 銷售生產比率法

根據加權指數－－比較銷貨數量的比例和生產產量的比例所求得的指數－－來分配聯成本的方法。

sales-value-at-split-off method 分離點銷售價值法

根據每一項產品在分離點時可以實現的銷貨收入比例，來分配聯合生產成本。

scattergraph 離散圖

由不同的 (X , Y) 組合而成的點圖。就成本分析而言，X 代表作業使用，Y 代表該作業水準下的相關成本。

scatterplot method 離散圖法

根據經驗判斷選擇兩點連成一線，用以區分出混合成本當中的固定部份和變動部份。

separable costs 可分割成本

可以輕易地追蹤至個別產品的成本。

sequential (or step) method 連續法

連續分配服務成本至使用部門的方法，或多或少考量了服務部門之間的互動關係。

service 服務

利用組織的產品或設備，為顧客所執行或顧客自行執行的作業。

short run 短期

至少有一項成本屬於固定成本的期間。

slope parameter 斜率參數

每一單位的作業使用的變動成本。在成本公式 $Y = F + VX$ 當中，V 即代表斜率參數。

source document 來源文件

說明交易內容，並用以追蹤發生之成本的文件。

split-off point 分離點

聯產品分開為個別產品的時間點。

staff positions 幕僚人員

組織內負責提供直線職務所需支援的人員。換言之，幕僚人員僅

僅間接參與組織的基本目標。

step-cost function 階梯式成本函數

將成本定義為作業使用範圍內的成本，而非特定作業使用點之成本的函數。階梯式成本函數能夠顯示特定作業範圍內的常態成本，以及新的作業範圍發生時成本水準的變動情形。

step-fixed cost 階梯式固定成本

階梯式固定成本函數意即在較廣泛的作業使用範圍內，成本會維持常態不變。

step-variable cost 階梯式變動成本

階梯式變動成本函數意即在相對較小的作業範圍內，成本才會維持常態不變。

strategic cost management 策略性成本管理

利用成本資料來研擬更好的策略，以創造長期競爭優勢。

strategic decision making 策略性決策

在不同的策略當中選擇最佳策略，以確保企業的長期成長與存續。

structural activities 結構性作業

決定組織的經濟結構之作業。

supplies 耗用物料

屬於生產所必須，但不會成為製成品的一部份，亦不用於提供服務的物料。

support department 支援部門

組織內部專門提供重要支援服務給生產部門的單位。

system 制度

一群交互相關，且執行至少一道流程以達成特定目標的作業或規定。

T

tangible products 有形產品

利用人工與資金投入－－例如工廠、土地和機器設備等，將原物料所轉換成的產品。

target cost **目標成本**

為達預期市場佔有率所必須的銷售價格與預期單位利潤之間的差異。

theoretical activity level **理論作業水準**

在完美的運作狀況下所可能生產的最大產出。

time ticket **工作計時卡**

用以記錄特定批號工作的直接人工成本的文件。

total product **總產品**

顧客自產品獲得的所有有形與無形的好處。

total quality control **全面品質控制**

管理生產零瑕疵產品的品質方法。

traceability **可追蹤性**

以具有經濟效益的方式,將成本直接分配至成本標的的能力。

tracing **追蹤**

利用可以觀察到的成本標的資源消耗衡量指標,將成本分配至成本標的。

traditional cost system **傳統成本制度**

僅採用單位基礎動因來分配成本至成本標的的成本會計制度。

traditional operation control system **傳統作業控制制度**

分配成本至組織內部的單位,要求各單位經理人負責控制分配到的成本之制度。

transferred-in cost **轉入成本**

商品由前一製程轉入的成本。

U

underapplied overhead **少分配費用**

發生的實際費用成本大於分配的費用成本時,所產生的費用變數。

unit-based activity **單位基礎作業**

當產量變動時,引起成本變動的因素。

unit-level activities **單位水準作業**

每生產一單位的產品就執行一次的作業。

unit-level drivers **單位水準動因**

單位水準作業的產出衡量指標。

unused capacity **未使用產能**

取得的作業產能與實際作業使用之間的差異。

V

value chain **價值鍊**

為了設計、開發、生產、行銷、鋪貨與服務一項產品（也可能是服務）所必須發生的一連串作業。

value-chain analysis **價值鍊分析**

利用成本領導策略與差異化策略來建立長期競爭優勢，以探索內部與外部關連。

variable costs **變動成本**

總數會與成本動因呈同比例變動的成本。

W

weight factor **加權因素**

根據聯產品的相對規模、生產難易度等，以分配權數至不同的聯產品的數值。

weighted average cost of capital **資金的加權平均成本**

每一種融資方法的比例乘上其對應比例的成本，再逐項加總起來。

weighted average method **加權平均法**

將前期的作業與成本和當期的作業與成本合併考量的單位成本方法。

work in process **在製品**

在特定時間點上，所有生產過程中的半成品。

work orders **工作訂單**

用以取得產品批次的生產成本，並開始生產的文件。

work-in-process file **在製品檔案**

開放式分批成本表或分批成本記錄的彙整。

個案研究解答

2-5	1. 製造成本 = $216,450
2-6	稅前收益 = $175,000
2-7	1. 目前總製造成本 = $26,470
2-8	2. 主要成本 = $175,050
2-9	5. 單位成本 = $2.50
2-17	3. 毛邊際 = $356,050
2-18	期初在製品 = $30,000
2-19	3. 稅前收益 = $400,000
2-20	2. 可供銷售產品 = $370,000
2-21	4. 錄放影機單位成本 = $42；電視機單位成本 = $64
2-22	2. 毛邊際 $381,360
3-2	2. 作業比率 = $18.35／每一次測試
3-5	2. F = $1,393.60
3-6	2. Y = 3,150
3-7	3. R2=.84
3-8	2. 電力：Y $19,500
	3. Y = $183,400
3-9	2. Y = $130,500
3-10	2. Y = $6,500
3-12	2. 資源耗用減少了 $45,000
	3. 未始用作業成本（檢查）= 3.750
3-13	3. 總成本；單位變動成本 = $68
3-14	4. V = $15.15／每一份訂單

5. 標準差平方 = $37,879,950

3-15　3. 單位成本 = $222

3-16　3. V = $1.21

4. 最小平方：Y = $34,707.5

3-1　3. 固定作業比率 = $0.60／每一份訂單

3-18　1. V = $51.67

3-19　2. 八十次設定的預算設定成本 = $9,226.94

3-20　2. Y = $34,851

3-21　2. 一九九六年度 = $2,150,000

4-2　2. 總成本 = $489

4-3　1. 分配的費用成本 = $100,650

2. 多分配的費用成本 = $2,650

4-4　3. 四月份的單位成本 = $210

4. 單位成本 = $215

4-5　2. $570,000

4-6　2. 分配的費用成本 = $681,300

4-7　1. 每一機器小時 $27

4-8　2. 艾法公司的多分配費用成本 = $23,000

4-9　2. b. $26,665

4-10　1. 每一機器小時 $50

4-11　3. 在製品期末餘額 = $39,500

4-12　1. 少分配的費用成本 = $10,500

2. 製造成本 = $524,750

4-13　3. 批號 #22 的費用成本（全廠單一比率）= $280

批號 #22 的費用成本（部門別比率）= $305

4-14　1. $33.95

4-15　3. $230,000

5. 直接原料 = $5,000

4-16　4. 批號 #689 的單位成本 = $139.73

4-17　1. 批號 #18 的總成本 = $19,793

　　　　　3. 在製品期末餘額 = $21,300

4-18　　2. 在製品期末餘額 = $38,000

　　　　　4. 銷貨成本增加了 $5,550

4-19　　3. 少分配的費用成本 = $20,850

4-20　　1. 每一直接人工小時 $7

　　　　　2. 每一直接人工小時 $17

4-21　　2. 批號 #416 的總成本 = $115.25

4-22　　2. 荷百坎的總成本 = $14,440

4-24　　1. $35,813

　　　　　4. 售價 = $66,329

4-25　　2. 批號 #97-28 的單位價格 = $14.67

4-27　　1. 毛利 = $19

　　　　　2. 三管補牙劑的毛利 = $20.67

4-28　　1. 單位成本 = $7.16

　　　　　3. 實際單位成本 = $7.54

4-29　　2. 部門乙的多分配費用成本 = $1,000

　　　　　4. 批號 #689 的總成本 = $7,658

4-30　　1. $50

4-31　　2. 總成本 = $25.05

5-1　　　1. 製成本 = $270,000

5-4　　　3. 總單位成本 = $1.25

5-5　　　單位原料成本 = $1.00；

　　　　　單位加工成本 = $5.00

5-6　　　3. 產出的約當產量：原料 = $100,000

5-7　　　1. 期末在製品總額 = $27,000

5-8　　　部門 D 的約當產量 = 52,000

5-9　　　初期在製品 = 20,250

5-10　　2. 期末在製品成本 = $56,250

5-11　　2. 單位成本 = $5.20／每完成一單位

5-12　　2. 單位成本 = $6.65

5-13	2. 單位成本 = $6.46
5-14	2. 在製品－組裝期末存貨 = $1,100
5-15	3. 總單位成本 = $0.39
5-16	4. 期末在製品成本 = $198.55
5-18	2. 單位成本：一般疼痛止痛藥 = $2.17
5-19	每一單位的約當產量的成本 = $4.00
5-20	目前完成產品的成本 = $10,800
5-21	3. 轉出產品 = $200,864
5-2	2. d. 期末在製品 = $11,000
5-23	1. 每一單位的約當產量的成本：原料 = $3.60753
	2. 每一單位的約當產量的成本：加工 = $4.13372
5-24	3. 轉出產品 = $191,033
5-25	應計算的總成本：期末在製品 = $2.042
5-26	應計算的總成本： 原料 = $1,668
5-27	1. c. 單位成本 = $5.6857
	3. c. 單位成本 = $11.0082
5-28	1. c. 單位成本 = $5.70
	3. c. 單位成本 = $11.0133
5-29	1. 製成膠囊部門的單位加工成本 = $0.0245
5-30	選料部門開始與完成的產品：轉出 = $14,697
5-31	1. 單位成本 = $70.71
	2. 單位成本 = $48.75
5-32	1. 增加的總成本 = $497,776
5-34	3. 轉出產品 = $1,155,000
5-35	3. 轉出產品 = $1.095,600
6-2	2. 單位成本 = $1.18
6-3	2. 單位成本 = $268.33
6-4	1. 單一分配率 = $3／每一項禮品
	2. 爪哇美食的總費用 = $180
6-5	1. 一九九五年度部門甲的分配金額 = $40,000

6-6　　1. 一九九五年度部門乙的總成本 = $40,000

　　　　2. 一九九五年度部門乙的總成本 = $50,000

6-7　　1. 分配至女性的總成本 = $117,750

6-8　　1. 分配至男性的總成本 = $81,278

6-9　　2. 沖壓部門的費用比率 = $4.64／每一直接人工小時

6-10　1. 刨光部門的總成本 = $137,000

　　　　2. 沖壓部門的費用比率 = $4.75／每一直接人工小時

6-11　沖壓部門的總成本 = $92,120

6-12　1. 達拉斯 = $77,226

6-13　1. b. 達拉斯 = $79,226

6-14　一九九八年度的製圖費用比率 = $2.80／每一小時

6-15　1. 雷諾航線的總成本 = $242,000

　　　　2. 波特蘭航線的總成本 = $107,175

6-16　1. 食品的總成本 = $199,775

　　　　2. 食品的總成本 = $201,989

　　　　3. 食品的總成本 = $200,000

6-17　1. a. 價格 = $49.12

　　　　1. b. 烹煮的費用比率 = $9.94／每一機器小時

　　　　1. c. 價格 = $48.60

6-18　1. $0.1333／每一英哩

6-19　1. 阿瑪利歐分店 = $31,111

　　　　2. 艾爾帕索分店 = $36,150

6-20　1. 貝里尼樂器 = $49,000

　　　　2. 大西洋面紙總成本 = $17,849

6-21　2. 住宿生比率 = $3,893

6-22　1. 組裝費用比率 = $2.4620／每一人工小時

　　　　1. 組裝費用比率 = $2.6625／每一人工小時

6-23　1. 醫護總成本 = $264,280

　　　　2. 成本分配比率 = .90

　　　　3. 測試 B 的成本 = $4.50

　　　　4. 測試 B 的成本 = $7.28

7-1　乳清的成本分配 = $2,300

7-2　再加工的累進價值 = $3,000

7-3　丙批在分離點的收入 = $9,375

7-4　1. 低密度記憶晶片的毛利 = $3,000

　　　2. 低密度記憶晶片的毛利 = $4,500

7-5　1. 柔亮肌膚乳液的貢獻邊際 = $360,000

　　　2. 特殊訂單的虧損 = $96,000

7-6　2. 每一英磅的額外收益 = $1.43

7-7　1. 毛利 = $35,000

7-8　1. 如果再加工, Altox 的毛利 = $575,000

　　　2. Dorzine 的銷售損失 = $3,750

7-11　1. 紅色球果果樹的聯合成本 = $1,500

　　　2. 紅色球果果樹的聯合成本 = $2,586

7-12　1. b. 果汁的可實現淨值 = $24,000

7-13　1. 再繼續加工的聯合成本 = $4,800

　　　2. 再繼續加工的聯合成本 = $5,053

7-14　1. 甲產品在分離點的銷售價值 = $40,000

8-1　3. 費用比率 = $1.80／每一機器小時

8-2　2. 價格 = $18,375

8-3　1. 批號 #600 的單位成本 = $41

8-4　2. 第二成本群的總成本 = $270,000

8-5　1. 檢查 = $80,000

8-6　2. 單位費用成本－標準成本 = $7.05

8-7　3. 設計製具 = $179,000

8-9　3. 組裝過程的作業比率 = $10／每一份訂單

8-10　2. 第四成本群的比率 = $173.33

8-11　3. 病情嚴重者的每日住院費用比率 = $646.67

8-12　2. $55.33／每一支存帳戶

8-13　5. 批號 #127 的單位毛利 = $16.61；

批號 #234 的單位毛利 = $ (18.54)

8-14　2. 第六成本群的比率 = $700／每一份收料單

8-15　1. 機器生產 = $200,000

8-16　3. 第一成本群的比率 = $46,000／每一項產品

8-17　3. 小型外框的單位費用成本 = $57.50

8-18　2. 科學用計算機的單位費用成本 = $0.96

8-19　3. 每一公噸的修正利潤 = $ (35.41)

9-4　2. 平衡產品的單位成本 = $63

9-5　2. 作業比率 = $45／每一份訂單

9-6　1. 節省下來的總今額 = $463,000

9-7　3. 小型客戶的作業制價格 = $26.25；
　　大型客戶的作業制價格 = $96.25

9-9　2. 生命週期收益 = $175,000

9-10　1. 工程師修正的成本公式的單位損失 = ($0.20)

9-12　1. 每一機器小時的維護成本 = $2.80

9-15　1. 分配給除草機的費用成本 = $10.07；
　　分配給修剪機的費用成本 = $20.14

9-16　2. 單位成本 = $22.60

9-17　2. 花瓶甲 = $50／每一單位

9-18　2. 借記製成品 730,000
　　貸記在製品原料 340,000
　　貸記加工成本統制帳目 390,000

成本管理（上冊）——基本概念與會計系統　　　企管叢書 4

著　　　者／Don R. Hansen, Maryanne M. Mowen

譯　　　者／吳惠琳

出　版　者／揚智文化事業股份有限公司

發　行　人／葉忠賢

總　編　輯／孟樊

責任編輯／賴筱彌

執行編輯／張明玲

登　記　證／局版北市業字第 1117 號

地　　　址／台北市新生南路三段 88 號 5 樓之 6

電　　　話／886-2-23660309・23660313

傳　　　眞／886-2-23660310

郵政劃撥／14534976

印　　　刷／偉勵彩色印刷股份有限公司

法律顧問／北辰著作權事務所　蕭雄淋律師

初版一刷／1999 年 10 月

定　　　價／新台幣 550 元

I S B N ／957-818-034-9

E - m a i l ／tn605547@ms6.tisnet.net.tw

網　　　址／http://www.ycrc.com.tw

❖ 本書如有缺頁、破損、裝訂錯誤，請寄回更換。

❖ 版權所有・翻印必究

國家圖書館出版品預行編目資料

成本管理 / Maryanne M. Mowen, Don R. Hansen 原著；
吳惠琳譯. -- 初版. -- 臺北市：揚智文化， 1999〔民88〕
冊； 公分. --（企管叢書）
譯自 Cost Management：accounting and control
ISBN 957-818-034-9（上冊：精裝）
ISBN 957-818-035-7（下冊：精裝）

1. 成本會計　2. 管理會計　3. 成本控制

495.71　　　　　　　　　　　　　　　　88009453